高等教育应用型本科人才培养系列教材

计算机系统结构

主　编　张佳琳
副主编　吕友波　李晓棠

哈尔滨工程大学出版社
Harbin Engineering University Press

内容简介

本书为研究者从事的各种实际工作提供必要的软件基础知识，以便能得心应手地用好和管好计算机，更好地完成各种计算机应用任务，为进一步学好数据库系统、计算机网络和分布式系统等课程奠定理论基础。

本书可作为计算机相关专业的学生及教师的学习和参考用书，也可作为计算机专业的专业基础课和必修课的参考教材。

图书在版编目(CIP)数据

计算机系统结构/张佳琳主编. —哈尔滨：哈尔滨工程大学出版社，2018.7（2020.12 重印）
ISBN 978-7-5661-2008-3

Ⅰ. ①计… Ⅱ. ①张… Ⅲ. ①计算机体系结构—高等学校—教材 Ⅳ. ①TP303

中国版本图书馆 CIP 数据核字(2018)第 150740 号

选题策划 夏飞洋
责任编辑 张忠远
封面设计 刘长友

出版发行 哈尔滨工程大学出版社
社　　址 哈尔滨市南岗区南通大街 145 号
邮政编码 150001
发行电话 0451-82519328
传　　真 0451-82519699
经　　销 新华书店
印　　刷 哈尔滨圣铂印刷有限公司
开　　本 787 mm×1 092 mm　1/16
印　　张 20.25
字　　数 534 千字
版　　次 2018 年 7 月第 1 版
印　　次 2020 年 12 月第 3 次印刷
定　　价 58.00 元
http://www.hrbeupress.com
E-mail:heupress@hrbeu.edu.cn

前　言

计算机系统结构课程的特点是概念性、理论性都很强，要求知识面宽，是计算机应用、软件、硬件、器件、语言、操作系统、编译原理等课程知识的综合运用，重视对考生的逻辑思维和软硬件知识综合分析处理能力的培养，提出系统结构设计研究的思路和方法，学习起来有一定的难度和深度。本书旨在使考生能进一步树立和加深对计算机系统整体的理解，熟悉有关计算机系统结构的概念、原理，了解常用的基本结构，领会结构设计的思想和方法，提高分析问题、解决问题的能力。

全书共分为 8 章，系统地反映了计算机系统结构的进展和今后发展的趋势。

第 1 章概论，介绍了计算机系统的多级层次结构、计算机系统的设计思路、性能评测及定量设计原理、实现软件可移植的途径、系统结构并行性开发的途径及计算机系统的分类等内容。第 2 章数据表示与指令系统，从数据表示、寻址方式、指令系统设计与改进几个方面分析如何合理分配软、硬件功能，给程序设计者提供好的机器级界面。第 3 章存储、中断、总线和输入/输出系统，介绍了存储系统的基本要求、并行主存、中断、总线、输入/输出系统的设计。第 4 章存储体系，介绍了存储体系的基本概念、虚拟存储器、高速缓冲存储器、三级存储体系相关内容。第 5 章标量处理机，主要介绍重叠方式、流水方式、指令级高度并行的超级处理机。第 6 章向量处理机，主要介绍片向量的流水处理和向量流水处理机，向量流水处理机的结构、阵列处理机的工作原理、构形、特点、并行算法、处理单元的互连、并行存储器的无冲突访问、脉动阵列流水处理机等内容。第 7 章多处理机，介绍多处理机结构、构形、机间互连、紧耦合多处理机多 Cache 的一致性、并行算法、程序并行性、并行语言、操作系统、多处理机的发展。第 8 章数据流计算机和规约机，主要介绍数据流计算机和规约机的原理、构形和发展。

本书第 1 章、第 2 章由张佳琳编写，第 3 章、第 4 章由李晓棠编写，第 5 章至第 8 章由吕友波编写，吴桐参编了部分章节。

限于编者水平，书中难免会有错误或不当之处，恳请读者批评指正。

编　者

2018 年 6 月

目　　录

计算机系统结构自学考试大纲

第1章 概　论

1.1 计算机系统的层次结构

计算机系统是由不同的层级组成的。计算机系统层次结构实际上分为软件层次和硬件层次两种,我们从计算机语言的角度来细致分层可分为六层,分别是微程序机器层次、传统语言机器层次、操作系统机器层次、汇编语言机器层次、高级语言机器层次和应用语言机器层次,整个计算机系统层次结构如图1-1所示。

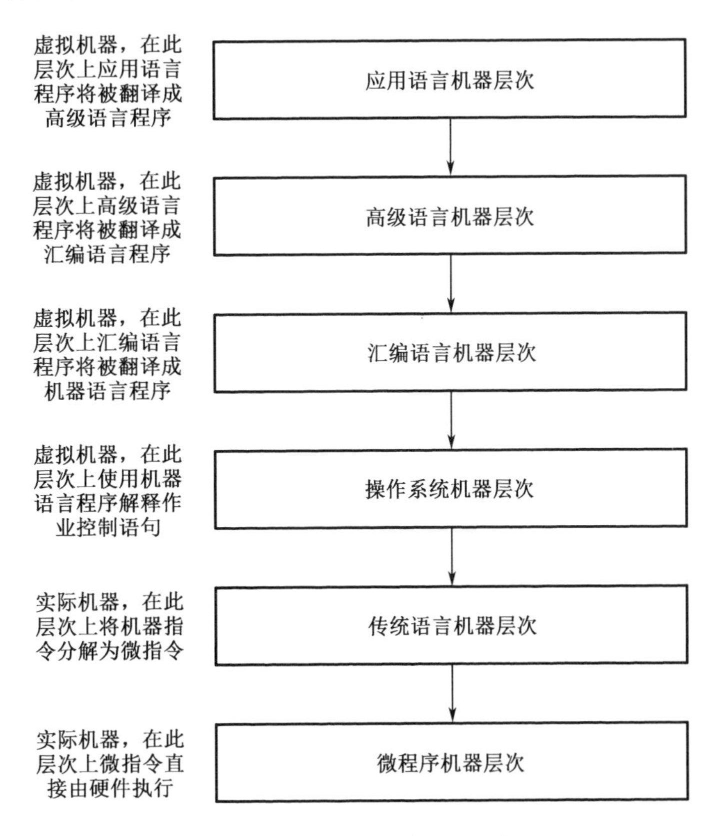

图1-1　计算机系统层次结构

软件层次是指用软件来实现的机器,称之为虚拟机器,在六层结构中虚拟机器包括操作系统机器层次、汇编语言机器层次、高级语言机器层次和应用语言机器层次。当然,虚拟机器并不一定完全是由软件来实现的,有些操作也有可能使用固件和硬件来实现,如操作系统的某些指令可以用微程序固件或者硬件来直接实现以加快系统的运行速度。

硬件层次是指用硬件或者固件来实现的机器,称之为实际机器,在六层结构中实际机器包括微程序机器层次、传统机器层次。在这里我们给出了固件的定义:"使用只读、读写存储器来实现软件功能的硬件。"目前只读、读写存储器一般基于超大规模集成电路,只是在蚀刻精度方面可以比 CPU、显卡、内存的精度稍低,InteL VPU、AMD CPU 和 AMD 显卡的蚀刻精度已全部达到 14 nm,英伟达显卡的蚀刻精度是 16 nm,内存的蚀刻精度不同;而固件的蚀刻精度则是根据实际应用的需求来采用,如果 65 nm 和 130 nm 能够满足实际应用需要,就不会采用价格更高的高精度芯片。

各个层次之间通过翻译或者解释来进行命令的转换。翻译是使用转换程序将上一层次的程序转换为下一层次上的等效程序,代表性语言是 C、C++、Fortran 等;解释是使用下一层次的指令来逐句模仿最终达成上一层次程序所能实现的功能,代表性语言是 Basic,Perl 等。另外,还有先进行编译再使用解释完成执行的,代表性语言是 Java。

1.1.1 微程序机器层次

从计算机语言角度进行的计算机系统分层的第一级是微程序机器层次,它属于计算机系统结构和计算机组成原理这两个学科,在计算机组成原理的书籍中一般将这一层次称为微指令系统。

微指令是由多个微命令(即控制信号)组成的,这些信号是由不同的门电路进行逻辑运算得到的。在同一个 CPU 周期中,由不同的微指令组成了一组能够实现某种操作的指令组合,这个指令组合就被称为微程序。按照次序执行微指令就实现了微程序,每一个微程序对应一条机器指令(第二层次),机器指令和微指令是通过解释来进行操作转换的,微指令的编译方法决定了微指令的格式,因此微指令可以分为水平型微指令和垂直型微指令。

水平型微指令是指在一次运行中可以多个并行操作的微命令。水平微指令的格式如图 1-2所示,包括控制字段、判别测试字段和下地址字段。控制字段用来表明相应操作的代码,判别测试字段是条件判断逻辑所占字段,下地址字段是控制存储单元格式的二进制表示。控制字段又可以分为直接控制和编码控制,直接控制是统计操作数量,操作数量就是控制字段的位数;编码控制是将操作分类,统计每一类操作的个数并计算其二进制位数,控制字段的位数就是所有类别的二进制位数的相加求和,我们以一道例题来说明直接控制和编码控制的区别。

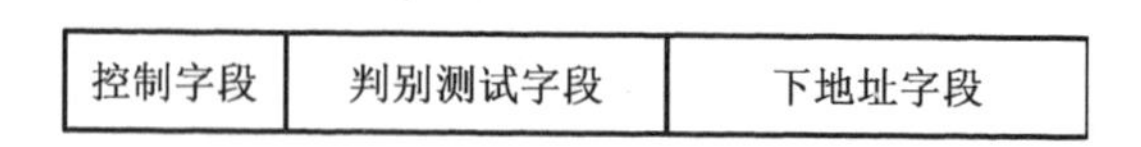

图 1-2 水平型微指令格式

【例 1-1】 某种计算机采用水平型微指令,已知机器一共有 35 条微命令,可以分为三个相斥类别,每类微命令数量为 20、6 和 9,判别测试字段为 6 位,存储控制单元为 4 096 个,请计算直接控制和编码控制水平微指令的各字段位数。

解 采用直接控制的水平微指令:35 条微命令需要 35 位,因此控制字段的位数为 35 位,已知判别测试字段位数为 6 位,控制存储单元个数为 4 096 个,可以计算出下地址字段位数为 12 位($4\ 096=2^{12}$),因此我们得到微指令位数总共为 $35+6+12=53$ 位。

采用编码控制水平微指令:35 条微命令分为三类,每类数量为 20、6 和 9,20 条需要 5 位($2^4<20<2^5$),6 条需要 3 位($2^2<6<2^3$),9 条需要 4 位($2^3<9<2^4$),此时控制字段的位数为 $5+3+4=12$ 位,判别测试字段位数和下地址字段位数同直接控制的水平微指令,因此我们得到的微指令位数总共为 $12+6+12=30$ 位。

垂直型微指令中设置微操作码字段,采用微操作码编译法,由微操作码规定微指令的功能。垂直型微指令的结构与机器指令结构比较类似,如图 1-3 所示,垂直型微指令可以包括一到两个微操作码,因此每条微指令能够实现的功能很简单,由垂直型微指令组成的微程序的长度要大于水平型微指令组成的微程序。

微操作码字段	微操作码字段	操作对象地址字段

图 1-3 垂直型微指令格式

根据上文的水平型微指令和垂直型微指令的介绍,下面从三个方面对两者的优缺点进行比较。

(1)并行操作和灵活程度方面,一条水平型微指令可以有很多条微命令,执行一条水平型微指令相当于同时执行多条微命令,而垂直型微指令一般只有 1~2 个微操作码,也就意味着执行一条垂直型微指令最多只能执行两条微命令,并且由于水平型微指令包含的微命令数量多,微命令组合的方式就可以很灵活。

(2)微程序长度和执行速度方面,由于水平型微指令包含很多条微命令,可以用相对较少的微指令组成微程序,冗余较少;而使用垂直型微指令则需要远大于水平型微指令的条数才能达到相同的效果,冗余较多。因此由水平型微指令组成的微程序长度较短,相同的机器上,长度短的微程序执行速度更快,水平型微指令也占据优势。

(3)掌握难度方面,水平型微指令的结构比较复杂,掌握难度较高,而垂直型微指令的结构比较简单,掌握难度较低,因此在学习难度上,垂直型微指令更有优势。

1.1.2 传统语言机器层次

计算机系统分层的第二级是传统语言机器层次,这一层次主要涉及指令集的相关内容,指令集存储在 CPU 中,是设定 CPU 操作的固定程序,CPU 指令集是计算机运行的最核心的部分。

目前,指令集包括复杂指令集(Complex Instruction Set Computing,CISC)、精简指令集(Reduced Instruction Set Computing,RISC)、显式并行指令集(Explicitly Parallel Instruction Computing,EPIC)和超长指令集(Very Long Instruction Word,VLIW)。

CISC 指令集的各个指令是串行执行的,每条指令中的各个操作也是串行执行的。顺序执行的优点是控制简单,但计算机各部分的利用率不高,执行速度慢。目前,主要采用 CISC 指令集的 CPU 包括 Intel 的 X86(IA-32)、EM64T、MMX、SSE、SSE2、SSE3、SSSE3(Super SSE3)、SSE4A、SSE4.1、SSE4.2、AVX、AVX2、AVX-512、VMX 指令集和 AMD 的 X86、X86-64、3D-Now! 指令集。CISC 指令集存在着两个较明显的缺点:其一,在 CISC 计算机中,典型程序的运算过程所使用的80%指令只占一个处理器指令系统的20%,这造成了大量的浪费;其二,复杂的指令系统必然带来结构的复杂性,既增加了设计的时间与成本,还容易造成设计失误。

RISC指令集对指令数目和寻址方式都做了精简,它的指令集中所有指令的格式都是一致的,所有指令的指令周期也是相同的,采用流水线技术,使指令并行执行程度更好,编译器的效率更高。目前,主要采用RISC指令集的CPU包括了Compaq的Alpha、HP的PA-RISC、IBM的PowerPC、MIPS的MIPS和SUN的Sparc。

EPIC指令集的代表是Intel的IA-64,它基于超长指令集架构(Very Long Instruction Word,VLIW),克服了VLIW指令集独立性太高的缺陷,但是其发展势头并不好,目前仅有HP依然坚守在Itanium阵营。

由于EPIC和VLIW的缺陷和发展趋势等原因,市场上的主流指令集还是RISC和CISC。RISC指令集相对于CISC指令集具有如下优点:

(1)RISC指令集使用统一的指令周期,避免了CISC指令周期不一致造成的系统运行不稳定性;

(2)RISC采用了流水线技术,并发性能较CISC有了很大的提高;

(3)RISC的指令格式标准化,大幅提高了流水线技术的效率;

(4)RISC基于超大规模集成电路采用了面向寄存器堆的指令,效率大幅超过CISC;

(5)RISC使用装入/存储指令完成对内存的访问,避免了CISC大量访问内存造成的时间损耗。

基于以上优点的分析,绝大多数Linux服务器工作站都是采用RISC指令集的CPU。

1.1.3 操作系统机器层次

计算机系统分层的第三级是操作系统机器层次,它的主要工作是管理计算机的软件资源和硬件资源。这一层次主要涉及宽泛指令,这里的宽泛指令是指操作系统定义和解释的软件指令,这些指令包括进程控制语言、PV原理作业控制语言等。由于操作系统是一门单独的课程,因此,本节仅对进程控制语言进行简单的介绍。

进程控制语言(PV原语)是通过操作信号量来完成进程之间的同步和互斥的。信号量的概念在1965年由荷兰科学家艾兹格·迪杰斯特拉提出,信号量被用来完成进程之间的同步和互斥的时候,进程不能够赋值,它完全由操作系统来管理,进程只能通过初始化和阻塞环型原语进行访问。

PV原语使用sem变量来记录某类当前可用资源的数量,这个变量有两种表示方法。

(1)sem变量的取值必须是大于或者等于0的整数,当变量值大于0的时候就说明系统存在可用的资源,而等于0的时候则说明系统没有可用的资源。

(2)sem变量的取值可以为任意正负整数,当变量值大于或者等于0的时候与第一种表示方式含义相同,当变量值小于0的时候则表示有多少个进程在等待使用资源。

P原语和V原语是设置进程状态的操作原语,PV原语必须成对使用并且在执行期间绝对不允许有任何中断发生,临界区是访问共享资源的等待区域,在此区域外的进程没有访问共享资源的权限。

P原语是阻塞原语,其工作内容是把进程的状态设置为阻塞,直到有某类资源才唤醒这个进程。P原语的操作过程如下:

(1)进程申请一个空闲资源,将信号量 sem 的值减 1;

(2)判断是否成功,如果成功,则是成功申请到资源,如果不成功,则说明没有空闲资源,将进程的状态设置为阻塞并放入需求此类资源的阻塞队列,转到进程调度。

V 原语是唤醒原语,其工作内容是把一个被阻塞的进程的状态设置为唤醒。V 原语的操作过程如下:

(1)其他进程释放了一个空闲资源,此时将信号量 sem 的值加 1;

(2)在需求此类资源的阻塞队列中唤醒一个进程,然后再返回原来的进程继续执行操作或者转到进程调度。

PV 原语的三种应用类型如下。

(1)实现对一个共享变量的互斥访问。下面的原语操作流程中 mutex 的初始值设为 1。

P(mutex);

V(mutex);

非临界区;

(2)实现对一类资源的互斥访问,在下面原语操作流程中 resource 的初始值为该资源的个数 N。

P(resource);

V(resource);

非临界区;

(3)作为进程同步工具。

临界区 C1;

P(sem);

V(sem);

临界区 C2;

下面我们用例子来说明 PV 原语的应用类型。

【例 1-2】 某超市门口为顾客准备了 20 辆手推车,每位顾客进去买东西时取一辆推车,在买完东西结完账以后再把推车还回去。试用 P、V 操作正确实现顾客进程的同步互斥关系。

分析 在这道例题中我们可以把手推车视为某类系统资源,每个顾客则是需要互斥访问该类资源的进程。因此例 1-2 实际上是 PV 原语的第二种应用类型,当这类资源的数量简化为 1 的时候,那么就会变成 PV 原语的第一种应用类型。

解
```
semaphore S_CartNum;//设置信号量表示空闲手推车数量,初始值为20
void consumer(void)//设置进程:申请空闲手推车,操作,释放手推车
{
    P(S_CartNum);
    买东西;
    结账;
    V(S_CartNum);
}
```

【例1－3】 桌子上有一个果盘，每一次可以往里面放入一瓣橘子。妈妈负责向盘子中放橘子，女儿负责吃盘子中的橘子。把妈妈、女儿看作两个进程，试用P、V操作使这两个进程能正确地并发执行。

分析 妈妈和女儿的操作是相互制约的，妈妈进程在执行完放入橘子后，女儿进程才能执行吃橘子的操作，说明该问题实际为第三种应用类型。

解
```
semaphore S_CartNum;//设置信号量表示空闲手推车数量，初始值为20
void consumer(void)//设置进程：申请空闲手推车，操作，释放手推车
{
  P(S_CartNum);
  买东西;
  结账;
  V(S_CartNum);
}
```

1.1.4 汇编语言机器层次

计算机系统分层的第四级是汇编语言机器层次，这一层次主要涉及汇编语言的相关内容，汇编语言分为数据传送、算术运算、逻辑运算、串操作、控制转移和处理器控制这六类，机器指令的格式如图1－4所示，包括地址码和机器码，一般长度都为8位。

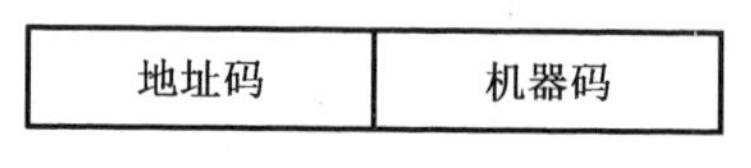

图1－4 机器指令格式

数据传送指令包括基本传送指令（MOV）、入栈指令（PUSH）、出栈指令（POP）、交换指令（XCHG）、查表指令（XLAT）、输入指令（IN）、输出指令（OUT）、取有效地址指令（LEA）、地址指针装入DS指令（LDS）、地址指针装入ES指令（LES）、标志装入AH指令（LAHF）、设置标志指令（SAHF）、标志压入堆栈指令（PUSHF）和标志弹出堆栈指令（POPF）。

算术运算指令包括不带进位的加减法指令（ADD，SUB）、带进位的加减法指令（ADC，SBB）、加法和减法的ASCII码调整指令（AAA，DAA，AAS，DAS）、自加自减指令（INC，DEC）、求补及比较指令（NEG，CMP）、无符号数乘法指令（MUL）、符号数乘法指令（IMUL）、无符号数除法指令（DIV）、符号数除法指令（IDIV）、转换指令（CWB，CWD）。

逻辑运算指令包括非指令（NOT）、与指令（AND）、或指令（OR）、异或指令（XOR）、测试指令（TEST）、移位指令（SHL/SHR，SAL/SAR，ROL/ROR，RCL/RCR）。

串操作指令包括重复前缀指令（REP）、串传送指令（MOVS）、串存储指令（STOS）、串读取指令（LODS）、串比较指令（CMPS）。

控制转移指令包括无条件转移指令（AJMP，SJMP，LJMP，JMP）、条件转移指令（JCXZ），循环指令（LOOP）、中断指令（INT，INTO，IRET）、过程指令（RET，CALL）。

处理器控制指令包括CF设置指令（CLC，STC，CMC）、IF设置指令（CLI，STI）、DF设置指令（CLD，STD）、暂停指令（HLT）、空操作指令（NOP）。

下面对一些典型的机器指令进行介绍。

INC指令和DEC指令：INC eax指令是将寄存器eax中的数加1，DEC指令是将寄存器

eax 中的数减 1，表 1 - 1 是 INC 指令的地址码、机器码和汇编指令，地址码和机器码都是 16 进制编码。

表 1 - 1　INC 指令

地址码	机器码	汇编指令
00000000	40	inc eax
00000001	41	inc ecx
00000002	42	inc edx
00000003	43	inc ebx
00000004	44	inc esp
00000005	45	inc ebp
00000006	46	inc esi
00000007	47	inc edi

我们将表 1 - 1 中的机器码都转换为二进制数字，分别是 01000000、01000001、01000010、01000011、01000100、01000101、01000110、01000111，我们可以发现机器码的开头都是 01000，仅仅是后三位的不同，实际上后三位就是寄存器在机器中表示的二进制机器码，总结出寄存器的二进制编码，如表 1 - 2 所示。

表 1 - 2　寄存器的二进制编码

机器码	寄存器	机器码	寄存器
000	eax	100	esp
001	ecx	101	ebp
010	edx	110	esi
011	ebx	111	edi

DEC 指令：DEC 指令包括地址码、机器码和汇编指令。DEC 指令对应的机器码开头是 01001，DEC 指令机器码部分组成就是 DEC 指令的机器码头部与寄存器机器码，如表1 - 3所示，例如 dec eax 的机器码就是机器码头部 01001 与 eax 寄存器的机器码 000 拼接生成的 01001000，转换为 16 进制就是 48，如表 1 - 4 所示。

表 1 - 3　拼接生成 DEC 机器码

机器码头部	寄存器机器码	拼接指令机器码	16 进制表示
01001	000	01001000	48
01001	001	01001001	49

表 1－3(续)

机器码头部	寄存器机器码	拼接指令机器码	16 进制表示
01001	010	01001010	4A
01001	011	01001011	4B
01001	100	01001100	4C
01001	101	01001101	4D

表 1－4　DEC 指令

地址码	机器码	汇编指令
00000008	48	dec eax
00000009	49	dec ecx
0000000A	4A	dec edx
0000000B	4B	dec ebx
0000000C	4C	dec esp
0000000D	4D	dec ebp
0000000E	4E	dec esi
0000000F	4F	dec edi

MOV 指令:MOV 指令是基本传送指令,其基本格式是(MOV eax,数字或寄存器),假设我们有一条 MOV eax,16H 的指令,这条指令的含义就是将 8 位数据 16H 传递给 eax 寄存器,表 1－5 是 MOV eax,reg 指令的地址码、机器码、二进制机器码和汇编指令。

表 1－5　MOV 指令

地址码	机器码	机器码后两位转换为二进制	汇编指令
00000010	8BC0	11000000	mov eax,eax
00000012	8BC1	11000001	mov eax,ecx
00000014	8BC2	11000010	mov eax,edx
00000016	8BC3	11000011	mov eax,ebx
00000018	8BC4	11000100	mov eax,esp
0000001A	8BC5	11000101	mov eax,ebp

以表 1－5 中第三行为例,二进制机器码最后 6 位是 000010,前三位 000 对应的是目标寄存器 eax 的机器码,后三位 010 对应的是源寄存器 edx 对应的机器码。

ADD 指令和 SUB 指令:ADD 指令是加法指令,其基本格式是 ADD OPRD1,OPRD2,此命令的含义是 OPRD1 中的数值加上 OPRD2 的数值并存储到 OPRD1 中,OPRD1 可以是表 1－4中的寄存器,也可以是存储器操作数;OPRD2 可以是一个数字,也可以是寄存器或者存储器操作数,但不允许两者同时为存储器操作数,ADD 指令见表1-6。SUB 指令是减法指令,其基本格式是 SUB OPRD1,OPRD2,这个命令的含义是 OPRD1 中的数值减去 OPRD2 的数值并存储到 OPRD1 中,SUB 指令见表1-7。

表1-6 MOV 指令

地址码	机器码	机器码后两位二进制	汇编指令
0000006A	03C0	11000000	add eax,eax
0000006C	03C1	11000001	add eax,ecx
0000006E	03C2	11000010	add eax,edx

表1-7 SUB 指令

地址码	机器码	机器码后两位二进制	汇编指令
00000072	2BC8	11000000	sub eax,eax
00000074	2BC9	11000001	sub eax,ecx
00000076	2BCA	11000010	sub eax,edx

1.1.5 高级语言与应用语言机器层次

计算机系统分层的第五级是高级语言机器层次,计算机系统分层的第六级是应用语言机器层次,在这两个层级上主要涉及高级程序语言的相关内容。第五级的功能是翻译应用程序使其能够在计算机上运行,第六级的功能是为满足各种用户需求进行应用开发。例如,常用的通信软件、办公软件、游戏及其他各种应用程序都在这两个层次上进行开发和运行。

相对于低级语言(包括机器语言指令集和汇编语言),高级程序语言的语法更接近于人们的日常生活用语,能够让致力于进行程序开发的人员更容易地学习,使程序开发工作不会局限于少部分机器语言开发人员。

高级语言分类方式有很多种,但是根据编写方式的不同一般分为两类,分别是面向过程语言和面向对象语言,下面简单介绍一下这两类语言。

面向过程语言也被称为结构化程序设计语言,在整个程序设计过程中,将大的任务分解成诸多的小任务,使用函数来完成这些小任务,面向过程语言实现了与计算机硬件无关、语言更接近自然语言、模块化设计和严格的书写规定等内容,完成从低级语言到高级语言的跃迁。常见的面向过程语言包括 C 语言和 Fortran 语言,C 语言是一种通用型程序设计语言,能够以非常简单的方式进行编译,并且不需要任何运行环境的支持,于1972年在美国贝尔实验室开始设计并于1973年年初完成主体内容。Fortran 语言是一种应用于科学计算和工程计算领域的程序设计语言,1951年,在 IBM 公司开始设计并于1954年完成了第一个版本。

面向对象语言在程序设计的过程中以类作为基本的结构单元、以描述对象为核心。面向对象语言有四个基本的特征,分别是抽象、继承、封装和多态性。常见的面向对象语言有两个类别:第一个类别是纯面向对象语言,包括 Smalltalk、Eiffel 等;第二个类别是混合面向对象语言,就是在过程语言中添加面向对象的特性,包括 C++、Java、Objective-C、PHP、Python、Javascript 等。

基于不同的场合,需要根据实际情况来选择高级语言,也需要比较不同类别高级语言的优缺点。面向过程语言的优点是性能高,缺点是不易维护、复用和扩展;面向对象语言的优点是易维护、复用和扩展,缺点是性能较面向过程语言低。在网站开发的过程中,需要大量的维护、复用和扩展操作,面向对象语言在维护复用扩展方面有着明显的优势,并且在性能方面也能够满足要求,这个时候我们就会选择面向对象语言进行开发。目前,网站开发语言主要是以.net、Java 和 PHP 等面向对象的语言为主,与此相反的是嵌入式开发,对性能要求极为严格,并且复用扩展操作很少,这种情况下我们就会选择面向过程语言进行开发。目前嵌入式开发使用的语言主要以 C 语言为主,C++基于 C 语言发展而来,在性能方面表现十分出色,所以在嵌入式开发中也会使用 C++。

1.2 计算机系统结构、计算机组成和计算机实现

1.2.1 计算机系统结构的定义及发展历史

1. 计算机系统结构的定义

定义 1-1 计算机系统多级层次结构是机器语言机器级的结构,它是软件和硬件/固件的主要交界面,是机器语言目标程序能在机器上正确运行所应具有的界面结构和功能。

计算机系统结构也称为计算机体系结构,一般是开发人员能够识别的概念性结构和功能特性(计算机的属性、计算机系统的逻辑和计算机系统的功能),这些内容包括了硬件和软件之间的关系。目前,计算机系统结构主要是 1946 年正式提出的冯·诺依曼结构,它的特点是以存储器和运算器为中心来集中控制,如图 1-5 所示。计算机的功能特性包括数据类型和格式,寻址方式,寄存器的组织方式规则,指令集的类型、格式排序方式,中断类型级别,存储系统的类型、格式、容量,计算机的工作状态,输入、输出系统,以及信息安全措施等方面的内容。

我们知道 Windows 操作系统自带的计算器工具,它给我们展示了计算机系统的一个功能计算功能,而从开发人员的视角看到的是输入数据(使用键盘或者鼠标输入需要计算的数据和逻辑运算符),将数据传输给存储设备(输入的数据将直接存放到内存中),由存储设备传输给计算设备(数据从内存经过缓存进入 CPU 进行逻辑运算),随后再把计算的结果传输到存储设备和输出设备(传值给内存和显示器,显示器显示计算结果)。在这个例子中,软件开发人员看到的计算器工作流程所展示的概念性结构、计算机工作状态、CPU 使用的指令集以及内存地址的编码方式等功能特性,无论是概念性结构还是功能特性都属于计算机系统结构的范畴。

对于硬件开发人员而言,他们所能够识别的系统结构是计算机的组成和实现。例如,IBM 370 系列机所有机型都具有相同的系统结构(包括相同的指令系统、字符编码等),但是采用了不同的组成和实现技术,导致了性能和价格的不同,在价格较低的机器上采用的指令运行方式是顺序执行策略,采用的数据通道位宽是较小的位宽(8 b)。而在价格较高的

机器上采用的指令运行方式包括重叠、流水线和其他并行处理方式，采用的数据通道位宽是较高的位宽(64 b)。

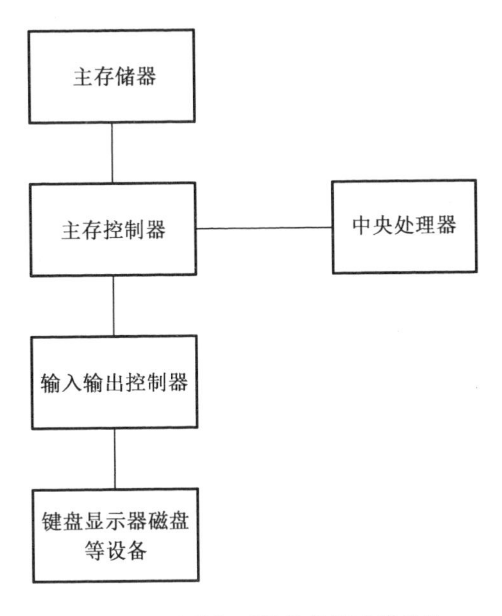

图1-5 计算机系统结构概念性结构

除此之外，有关于计算机系统结构的其他定义中比较有代表性的定义是认为计算机系统结构主要研究软硬件功能分配及对软硬件界面的确定。众所周知，计算机系统是由软件、硬件和固件组成的，软件包括操作系统软件(Windows 系列操作系统、Linux 操作系统、Mac OS操作系统等)、应用程序软件(Office 系列办公软件、Tencent 系列社交软件等)，硬件包括中央处理器(Central Processing Unit,CPU,包括 Intel 系列 CPU 和 AMD 系列 CPU)、主板(支持 Intel 系列 CPU 的主板和支持 AMD 系列 CPU 的主板)、内存(DDR3 800 MHz—DDR4 3 000 MHz)、显卡(英伟达系列显卡和 ATI 系列显卡)、硬盘(固态硬盘和机械硬盘)、显示器(扭曲向列液晶显示器、超扭曲向列液晶显示器和宽视角模式液晶显示器)、输入输出设备(键盘、鼠标、绘图板等)，如图1-6所示。固件包括主板基本输入输出系统(Basic Input Output System,BIOS)、显卡 BIOS、交换设备芯片等。同一种功能可以使用硬件来实现，也可以使用软件和固件来实现，只不过在性能和价格之间进行了取舍。Windows 操作系统里的计算器工具，如果单独使用硬件实现计算器功能，需要在某一芯片区域蚀刻能够进行科学计算的门电路，而使用软件实现仅需要进行相应的程序设计，并调用 CPU 的相应逻辑运算单元即可，两者比较而言，使用软件来实现是非常合适的。但是，若使用我国最新的分组数据加密算法 SM4 进行加密时，SM4 基本的密钥长度为 128 位，白化后的密钥长度为 384 位；若使用软件调用硬件资源的方式进行加密，那么耗时将不可接受；若仅采用硬件加密，那么加密一次就需要重新制作加密芯片，费用将无法接受。单纯的软件和硬件实现都是不可行的。因此，可以采用现场可编程门阵列(Field-Programmable Gate Array,FPGA)作为分组数据加密的实现手段，即是一种固件。上述两个例子说明了如何选择软件、硬件和固件实现相应的功能，在现实中组装一台满足实际工作和生活需求的个人电脑，就可以看作是简单的计算机系统设计和制造的过程，只是在这个过程中要选择适合自身的概念性结构、功能及计算机硬件。

图 1-6　计算机硬件(分别为 CPU、主板、内存、固态硬盘和显卡)

采用最为优秀的计算机系统结构和最前沿的硬件生产出具有最高性价比的计算机是所有计算机厂商的共同目的,计算机系统结构在计算机的设计中起到了决定性的作用。

2. 计算机系统结构的发展历史

计算机系统结构经历了四个发展阶段。

第一阶段是 20 世纪 60 年代中期,这个时期是计算机系统结构发展的最早阶段。20 世纪 50 年代末期,硬件的通用性有了很大的提升并且普及速度很快,但软件却必须针对具体应用进行单独编写,在这一时期,绝大多数计算机行业从业人员均认为软件开发是不需要进行预先计划的。大多数软件都是使用汇编语言或者 Fortran 语言进行编写,其主要的应用是工程计算和科学计算,这些程序的编写者和使用者往往是同一个人或是同一个项目组。由于程序的功能要求相对简单,使用汇编语言和最初的面向过程序言编写也较为容易,因此,也就没有程序开发的方法。程序开发方法的缺失意味着软硬件交界的模糊,这使得计算机系统结构没有用武之地。

第二阶段是从 20 世纪 60 年代后期到 20 世纪 70 年代中期,是第二代计算机系统结构的发展阶段,在这个时期,计算机技术有了很大进步,多程序、多用户系统引入了人机交互的概念,对计算机软件和硬件的配合度提出了严峻的挑战,也使得计算机系统结构要紧跟着时代的脚步。实时监控分析系统能够从多个信息源收集数据、分析数据和转换数据,使得进程控制必须达到毫秒级别,而以前的进程控制时间级别是分钟级。在线存储技术和存储管理的发展,以及第一代数据库管理系统的出现,都标志着计算机系统结构的进步。在这一阶段,出现的软件公司,虽然规模相对较小,却仍旧使用第一阶段的个体化开发方法,社会需求使得软件得到了大幅度的推广。伴随着计算机应用的普及和软件数量急剧上涨,出现了大量的程序运行时的错误无法及时更正,用户提出的新需求而软件修改进度效率低下、硬件或操作系统更新十分缓慢。以上几种情况,导致了个体开发者难于开展软件维护工作,所消耗的时间和资源数量急剧攀升,更为严重的是许多程序的个体化特性,导致它们最终成为不可维护的程序。因此,软件开发模式与硬件、操作系统资源不搭配,推动了计算机系统结构的发展。

第三阶段是从20世纪70年代后期到20世纪80年代中期,这一时期和第二个阶段的时长较为接近,计算机技术在这个阶段呈现出爆发式的进步。分布式系统的出现增加了计算机系统的复杂性,也对计算机系统结构提出了极大的挑战。如果计算机系统结构无法满足系统结构需求,那么技术发展将陷入瓶颈,而计算机网络的诞生对计算机系统结构产生了极大的技术压力。此时,软件依旧应用在工业界和学术界,个人应用仍旧较少。

第四阶段是从20世纪80年代后期开始至今。这一个阶段出现了超大规模集成电路,芯片的发展也是越来越快,基本架构已经搭建成功,在这一时期形成了完成的计算机系统层次结构,系统开发和用户使用脱节,用户们能够感受到的仅仅是人机交互界面,忽略了对于底层的硬件和处理过程。复杂操作系统控制的强大的服务器工作站、计算机网络与先进的应用软件相配合,已经成为当前的主流,计算机系统结构迅速地从集中式的单一主机环境转变成分布的客户机/服务器模式。

1.2.2 计算机组成和计算实现的定义及内容

1.计算机组成定义及内容

定义1-2 计算机组成是计算机系统结构的逻辑实现。

计算机组成包括确定数据通路的带宽,确定各种操作对功能部件的共享程度,确定专用的功能部件,确定功能部件的并行程度,设计缓冲和排队策略,确定采用何种可靠性技术等。

(1)确定数据通路的带宽。数据通路是一个宽泛的概念,一般情况下是指各个部件通过数据总线连接形成的数据传送网络。数据通路的设计决定了控制器的设计、计算机系统的速度和计算机的成本。提高计算机系统的速度有两种方法:其一是增加数据总线的带宽;其二是使用独立数据总线。使用独立的数据总线会导致控制器的复杂程度上升,在非特定环境下提高计算机系统速度主要是增加数据总线的带宽。目前,小型和个人的计算机系统一般采用单数据总线结构,只有在超级计算机和复杂系统中才会采取独立数据总线。对于一个计算机系统,根据实际应用所需的处理速度来确定数据通路的带宽,图形工作站的用途是处理图像数据,高清晰度图像的数据十分庞大,会频繁读写,因此,其读写过程所需要的数据通路带宽也就十分的庞大。如果此时数据通路的带宽比较小,就会发生数据通路阻塞等情况,严重时还会造成数据丢失,所以在这种情况下,必须将数据通路的带宽提高。对于一个小区监控系统,它需要严格准确的监控信息,这个系统采集到的是视频信息,若是数据通路较小则可能导致视频信息丢失采集不全面。若是发生犯罪,监控信息丢失可能会使犯罪分子逃脱法律的制裁,因此监控系统的数据通路带宽必须非常大。

(2)确定各种操作对功能部件的共享程度。目前,计算机的功能部件包括了主板、CPU、内存(即主存储器)、硬盘(即外存储器)、显卡(核心处理单元是GPU),其他部件本书称为辅助部件。计算机的核心操作是汇编语言的六种指令对应的操作,分别是数据传送操作、算术运算操作、逻辑运算操作、串操作、控制转移操作和处理器控制操作。每种操作所需要的功能部件不尽相同,并且对功能部件的需求程度也不同,进而导致共享程度不一致。数据传送操作需要用到 CPU、主板、内存、GPU 和硬盘等部件。数据传送操作是为其他操作提供基础,算数运算操作和逻辑运算操作则主要是在 CPU 和 GPU 中,串操作则可能用到 CPU、主板、内存、GPU 和硬盘等部件,控制转移操作需要使用 CPU、GPU 和内存等部件,处理器控制操作需要使用 CPU。同一时间各类操作对功能部件的需求优先度不同,同一类别内的操作对功能部件的需求也不尽相同,因此就需要确定各种操作对功能部件的共享程度。

(3)确定专用的功能部件。一些特定的功能需要独占一些逻辑运算单元,例如,北桥芯片(North Bridge,NB)和南桥芯片(South Bridge,SB),南、北桥芯片均是加快计算机系统运行速度的专用功能部件。北桥芯片是主板芯片组两枚大规模芯片中的一枚,是主板上离 CPU 最近的芯片,位于 CPU 的附近,这主要是考虑到北桥芯片与处理器之间的通信最密切。为了提高通信性能而缩短传输距离,它通常被用来处理高速信号,例如,处理 CPU、内存、PCI Express 和南桥芯片之间的通信。一般来说,芯片组的名称是以北桥芯片的名称来命名的,例如,英特尔 GM45 芯片组的北桥芯片就是 G45,由于北桥芯片的芯片组处理数据量较大,发热比较严重,所以一般覆盖散热片甚至水冷装置来保证其能够在正常温度运行。南桥芯片一般位于主板上离 CPU 插槽较远的下方,PCI 插槽的附近,这种布局是考虑到它所连接的 I/O 总线较多,离处理器远一点有利于布线,并且南桥芯片不直接与 CPU 连接,而是通过一些架构与北桥芯片连接,南桥芯片的功能主要是负责 I/O 总线(PCI 总线、USB、LAN)、外设接口(ATA、SATA、音频控制器、键盘控制器、实时时钟控制器)的控制。

(4)确定功能部件的并行程度。目前,计算机硬件中的 CPU、内存、主板总线、硬盘和显卡,在单位时间内读写数据的能力是不相同的,在 CPU、内存、主板总线和硬盘中读写能力最弱的是硬盘;读写能力居中的是主板总线和内存;读写能力最强的是 CPU。为了匹配硬盘和内存的读写速度,科研人员除了加快机械硬盘的转数、使用 DRAM 技术设计固态硬盘(Solid State Drives,SSD)之外,还根据时间局限性和空间局限性对内存调度算法进行了研究。为了匹配内存和 CPU 的读写速度,科研人员还设计了缓存机制,但是即使采用多种技术来提高各个部件的读写速度,CPU、内存、总线和硬盘的读写速度依旧是不匹配的,在这种情况下,如何让这些功能部件能够正常不间断的运行,这就必须考虑到部件的并行程度,例如,总线一直在运行,那么 CPU 占用总线的时间、内存占用总线的时间和硬盘占用总线的时间是不同的。

(5)设计缓冲和排队策略。为了解决各个功能部件速度不匹配的问题,研究人员设计了诸多的算法,从功能部件及其相互连接来说可以分为五类,分别是进程调度算法,CPU 缓存到主存储器的映射,内存分配策略、分配算法,内存调度算法和磁盘调度算法。

对进程调度而言,无论是何种系统进程的数量都多于处理单元的数量,这就会出现竞争处理单元的情况,为了避免死锁等情况的发生,就需要合理的进程调度。目前,常用的进程调度算法包括先来先服务算法(First Come First Served,FCFS)、最短作业优先算法(Shortest Job First,SJF)、最高响应比优先法(Highest Response Ratio Next,HRRN)、时间片轮转算法(Round-Robin,RR)和多级反馈队列算法(Multilevel Feedback Queue,MFQ)。

先来先服务算法的原理是进程按照它们请求 CPU 的顺序使用 CPU,谁先来谁就先用的原则。

最短作业优先算法是对预计执行时间短的进程优先分派 CPU，这种算法不利于处理长进程。

最高响应比优先算法是每当要进行作业调度时，系统计算每个作业的响应比，选择其中响应比最大者投入执行。

时间片轮转算法是将系统中所有的就绪进程按照先来先服务原则排队，每次调度时将 CPU 分派给队首进程，让其执行一个时间片，时间片从几毫秒到几百毫秒不等。当一个时间片结束后立即发生时钟中断，调度程序暂停当前进程的执行，并将其送到就绪队列的末尾，并通过上下文切换执行当前的队首进程，这种算法不利于处理紧急进程。

多级反馈队列算法的过程一般分为以下四步：

①进程在进入待调度的队列等待时，首先进入优先级最高的队列中等待；

②调度优先级高的队列中的进程，若高优先级队列中已没有调度的进程，则调度次优先级队列中的进程；

③对于同一个队列中的各个进程，按照时间片轮转法调度；

④当低优先级的队列中的进程运行时，又有新到达的作业，那么在运行完这个时间片后，CPU 马上分配给新到达的作业。

CPU 缓存到主存储器的映射是指 CPU 缓存中的块与主存储器的块的对应关系，共有三种映射关系，分别是全相联映射方式、直接相联映射方式和组相联映射方式。全相联映射方式是指主存储器中任意一个内存块都能映射到 CPU 缓存中任意块。直接相联映射方式是指主存储器中的第 j 内存块只能映射到 CPU 缓存中的第 i 块，其关系为 $i = j\text{mod}2^c$，2^c 是 CPU 缓存中块的数量。组相联映射方式下将 CPU 缓存分为 2^a 组，每组包括 2^b 个缓存块，主存储器的块与 CPU 缓存的组之间采用直接相联映射，而与组内的各块则采用全相联映射，主存储器中的内存块 j 与缓存中的组 k 满足 $k = j\text{mod}2^a$ 这种关系。

内存分配策略、分配算法是为进程分配内存的时候使用的，这里涉及三个问题，分别是最小物理块、物理块分配策略和物理块分配算法。最小物理块只需要分配给进程所需的最小物理块数即可。物理块分配策略包括固定分配局部置换策略、可变分配全局置换策略和可变分配局部置换策略。物理块分配算法包括平均分配算法、按比例分配算法和优先度分配算法。在这里不进行详细的解释，如果感兴趣可以查找专门的计算机组成原理方面的书籍进行学习。

内存调度算法是指若进程运行过程中所要访问的内容不在内存中，而内存又没有空间的情况下，如何选择调出的内容。内存调度算法包括最佳置换算法（置换出的内容永远不再使用）、先进先出页面置换算法（置换最先进入内存的内容）和最近最久未使用算法（置换最近的最久未使用内容）。

磁盘调度算法是指当许多进程访问磁盘时，允许哪个进程访问磁盘的算法。磁盘调度算法包括先来先服务算法、最短寻道时间算法和电梯算法。先来先服务算法是根据访问顺序来确定哪个进程可以访问磁盘；最短寻道时间算法是计算磁头当前位置和所有进程所需访问磁盘位置的距离，谁的距离最短就允许哪个进程访问磁盘；电梯算法是在最短寻道时间算法的基础上考虑了移动方向。

（6）确定采用何种可靠性技术。使系统能够尽可能地避免故障导致的系统错误运行和停止是计算机系统结构中极为重要的一环。目前，计算机系统能够正常运行的标志有四个,第一个标志是计算机系统能够不被损毁和停止;第二个标志是计算机系统输出的内容不包括故障引起的错误;第三个标志是计算机系统的程序执行时间在一个标准范围之内;第四个标志是计算机系统内部的程序必须运行在可以运行的范围之内。计算机系统的可靠性是使用概率论和数理统计方法来研究计算机系统故障时间分布、故障类型和故障分布参数。计算机系统是由各种元件组成的,这些元件除了包括上述的功能部件,还包括软件以及功能部件的生产工艺,因此,计算机系统的可靠性直接取决于元件的可靠性和它们之间的拓扑关系。由于计算机的大规模普及,工程人员没有办法对单独计算机系统进行可靠性保证,只能对工业生产流程进行控制,因此,维持计算机系统能可靠性需要基于电子产品可靠性工程,电子产品可靠性工程包括可靠性标准(可靠性基础标准、可靠性管理标准、可靠性设计标准等)、国家可靠性管理(可靠性认证制度、可靠性标准、可靠性数据交换等)和企业可靠性管理(可靠性管理系统、可靠性监督与审查、质量反馈等),电子产品的可靠性是从产品出厂到工作寿命终止的过程中显示出来的一种反应质量情况的性质。

2. 计算机实现定义及内容

定义 1－3 计算机实现是计算机系统结构的物理实现。

计算机实现主要是硬件器件技术和器件组织结构设计的实现,硬件的器件技术决定了采用何种的组织结构,在计算机的实现中具有核心地位。计算机实现包括 CPU、主存储器、主板和显卡等器件的物理结构设计,硬件的集成度和速度,专用器件的设计,信号传输技术和制造工艺等内容。

功能部件的物理结构设计包括制造工艺的内容,为了能够让功能部件满足资源需求量越来越高的软件,设计必须采用更为优秀的系统结构和更为优秀的制造工艺,实现这些系统结构必须要有硬件的支持,因此,必须设计更为优秀的物理结构。CPU 在功能部件中处于核心地位,伴随着制造工艺和蚀刻精度的大幅度提高,目前,它的物理结构已经比较稳定,主要包括五个部分:内核、基板、填充物质、封装和接口。CPU 物理结构中的内核是 CPU 的核心部位,所有的指令操作都在这里完成,是由单晶硅制作成的芯片。目前,最先进的 CPU 内部大约包含了数十亿个晶体管,为了实现如此超大规模的集成电路,Intel 公司和 IBM 公司分别研发出了世界上最强 CPU 制造工艺技术 Bulk SI FinFET 和 SOI SI 技术。使用两种技术的代表厂商分别是 Intel 公司和 AMD 公司,它们的蚀刻精度分别达到了 14 nm 和12 nm,并逐步向 10 nm、7 nm、5 nm 前进,Bulk SI FinFET 技术的针脚最低间隔已经达到了 42 nm。基板是 CPU 内核的电路板,主要负责内核芯片和外部的数据交换,一般采用印刷电路板(Printed Circuit Board,PCB)作为载体,基板上设置了与 CPU 内核芯片对应的电容器件,所有针脚都与内核相连。填充物质是内核和基板之间缝隙的填充物质,主要作用是进行散热和固定内核基板,为了保证稳定性和温度恒定性能,一般采用硅脂作为填充物质。封装是将 CPU 内核用绝缘材料包装起来的技术,主要功能是保护芯片、增强导热性能以及器件固定等,主要采用的材料是陶瓷材料。CPU 接口是与主板连接的通道,只有连接到主板上进行数据通信才能够让 CPU 正常运行,最为常见的接口就是针脚式。由于 CPU 的针脚数量可能不同,因此,必须选择合适的主板作为 CPU 的载体,在市面较为常见的 Intel Core i5 系列 CPU 的针脚是 1 151 个,Intel 最新的 Core i9 X 系列 CPU 由于性能提高导致的数据交换量大幅增加,因此,它的针脚就达到了 2 066 个。

硬件的集成度和速度:常见的硬件集成就是把功能部件放在一块印刷电路板上以达到想要的功能;硬件集成度就是完成这个功能需要功能部件的集成程度;硬件的速度就是在

单位时间内能够处理的数据量。硬件集成度表现最为明显的就是从1946年房屋般大小的计算机演化到现阶段笔记本大小的计算机，硬件速度表现最为明显的就是电脑运行速度的加快。截至2017年11月，超级计算机的峰值运行速度已经达到了12.5亿亿次每秒，而在2009年，超级计算机的峰值运行速度还没有突破0.2亿亿次每秒，8年的时间带来的是速度提高了60余倍。硬件的集成度和硬件速度发展离不开计算机系统结构和超大规模集成电路的发展，正因为有了计算机系统结构和超大规模集成电路的不断发展，才能够有今天体积和质量都非常小的计算机系统。

计算机专用器件的设计一般指南北桥芯片、音频卡（声卡）、网络接口板（网卡）的设计。南北桥芯片的功能已经在计算机组成中有了简单的介绍，它的设计和CPU内核的设计原理一样，只是由于性能要求没有那么严格，所以对于制造工艺的需求就会相对较低。声卡是一种控制声音播放的专用器件，一般由声音控制芯片、数字信号处理器、FM合成芯片、波形合成表芯片和DMA通道组成。声卡的录制声音的工作流程是读取声音的模拟信号，通过数模转换器转换成数字信号并储存到计算机中，播放声音的工作流程是从计算机中读取数字信号，并使用同样的制程将其还原为模拟信号并通过扬声器播放出来。网卡是一种进行网络数据交换的专用器件，一般包括物理地址（Media Access Control，MAC）控制芯片和物理层（Physical Layer，PHY）芯片，MAC芯片的功能是实现网络和计算机的数据交换，PHY芯片的功能是实现数据的传输。

信号传输技术是计算机系统内部的数据传输的基础，主要的功能是实现计算机数据传输的底层技术。文本、音频、视频等数据在计算机中都被编码成二进制数值，由于计算机系统的处理单元就是基于二进制的，为了可以有效地传输，这些二进制数值都是用电脉冲的形式进行传输，数据通路中的电压是在高低状态之间进行变化的。计算机系统内部的二进制，1是通过产生一个正电压来传输的，0则是通过产生一个负电压或者0电压来传输的。在计算机系统的工作中存在数模转换的情况，实质是将模拟信号转换为数字信号，在上一段落中的声卡就使用数模转换器来处理声音，数字信号和模拟信号的转换过程需要采用脉冲编码调制技术（Pulse Code Modulation，PCM）。

1.2.3 计算机系统结构、计算机组成和计算机实现的相互影响

计算机系统机构、计算机组成和计算机实现是相互影响的，但是伴随着技术和应用的逐渐发展，它们的界限变得模糊了。

计算机系统结构必须结合软件和算法的实现来设计，与此同时，还需要考虑计算机组成的相关技术。计算机系统结构的设计在这三者中处于最顶层，计算机组成设计受到计算机系统结构设计的制约，同时还受到计算机实现技术的现实发展的影响，因此，往往只能进行权衡折中设计。计算机实现技术则是依赖于底层硬件结构设计和制造工艺的发展。这三者在不同的时期所包含的具体内容是不一样的，但是伴随着超大规模集成电路的高速发展，计算机组成和计算机实现的关系越来越密切，因此，就有人将计算机组成称为计算机逻辑实现。

为了明确区分计算机系统结构、计算机组成和计算机实现的概念，下面我们用3道例题来说明他们的区别。

【例1-4】 指令在计算机系统结构、计算机组成和计算机实现中的表现。

解 指令在计算机系统结构层面的表现是计算机指令系统。指令在计算机组成层面

的表现是指令在逻辑上如何实现,如如何获取指令、指令操作码的译码、计算操作数地址、取数、对数字进行运算、将结果传送给所需进程等操作的顺序排列。指令在计算机实现层面的表现是指令在物理结构上如何实现,如加法指令的电路如何设计、乘法指令的电路如何设计、这些指令的电路如何组成一个功能部件和功能部件的装配技术等。

【例 1-5】 乘法指令在计算机系统结构、计算机组成和计算机实现中的表现。

解 乘法指令在计算机系统结构层面的表现是在计算机系统中是否需要设置乘法指令。乘法指令在计算机组成层面的表现是如何对其进行逻辑实现,是采用专门的高速乘法器实现还是采用加法器和移位器的叠加组合来实现。乘法指令在计算机实现层面的表现是设计加法器、移位器的物理电路并将其组合成乘法器。

【例 1-6】 主存储器在计算机系统结构、计算机组成和计算机实现中的表现。

解 主存储器在计算机系统结构层面的表现是确定计算机系统中主存储器的容量和编制方式。主存储器在计算机组成层面的表现是为了达到计算机系统结构层面的要求,主存储器的速度和逻辑结构的实现。主存储器在计算机实现层面的表现是主存储器硬件结构的设计、芯片的选用和采用何种组装技术。

1.3 计算机系统的软、硬件取舍和性能评测及定量设计原理

计算机系统结构设计要权衡计算机功能的实现和计算机硬件的性能,在软件功能不断丰富的情境下,单独计算机的硬件性能的提升速度相对于软件提升速度有所滞后,因此,要做好计算机系统中的软硬件取舍。

1.3.1 软、硬件取舍的基本原则

在一个计算机系统中包括软件部分和硬件部分,在理论上存在着全硬件计算机系统和只有一个加法器的全软件计算机系统,这两种情况基本可以说明软件和硬件在功能上是可以互通的,但是最大的问题在于价格,全软件实现计算机系统的运行速度太低导致不能接受,而全硬件实现计算机系统的成本则太过高昂。

软件实现计算机功能有四个特点,分别是运行速度比较低、重复容易并且重复价格低、灵活性比较好和占用内存较多。使用软件实现计算机功能要经过翻译和解释将计算机程序逐渐转换成为能操作计算机功能部件的机器指令,这就必然会导致程序运行速度比较低。软件实现计算机功能是通过计算机程序,计算机程序是采用各种编程语言来实现的,不同的计算机程序可能具有相同的功能,如果想要实现相同的功能,那么计算机程序的代码是可以大量重用的,这比重新设计硬件要灵活很多。计算机程序可以拆分为很多的进程,这些进程工作要占据大量的各类资源,并且计算机各个功能部件的性能是不匹配的,所以软件实现计算机功能就需要大量的内存。

硬件实现计算机功能也有四个特点,分别是运行速度快、成本高昂、灵活性较差和占用内存较少。使用计算机硬件来实现计算机功能是直接使用机器指令操作计算机功能部件,省去了高层次系统结构运行所消耗的时间,每一个操作指令都能省去大量的时间,这样整

个计算机系统的运行速度会得到大幅度的提高。一个功能的实现会需要很多的操作指令，对应每一个操作指令都需要设计单独的电路，当功能的数量达到一定量级的时候，硬件设计和制造成本就会大幅度的攀升，最终将会无法承受。对于不同的功能的实现，计算机硬件实现需要设计不同的电路，这些电路很难进行重用，导致计算机硬件实现的灵活性十分差。硬件实现功能只需要很少的数据交换，因此，硬件实现计算机功能仅仅需要很少的内存。

计算机软件的成本越来越高，在20世纪70年代，计算机软件的成本和计算机硬件的成本持平，随着时间的推移，计算机软件的成本在以越来越快的速度攀升，与此相反的是计算机硬件的成本在科技不断进步的情况下价值逐渐地降低。目前，从发展趋势来看，硬件实现功能的比例越来越高，但是软件所占计算机成本的比例则不断攀升。事实上，计算机系统中软件的价格是远超过硬件价格的，一台性能适中的个人电脑主机的价格大约是在3 000元人民币左右，但是Windows 7旗舰版操作系统的价格就在1 000元人民币左右，Windows 10旗舰版操作系统的价格在500元人民币左右，Office 2010系列办公软件的价格在200元人民币左右，这仅是保证最基本的系统运行所需要的软件，如果要使用其他的功能性软件，如MATLAB、SPSS等数学软件，其费用都相对高昂，学生版的价格都超过每年100元人民币。下面我们就以一道例题来分析计算机系统中软件和硬件的成本关系。

【例1－7】 已知硬件的设计费用为 $A_h=10\ 000$，软件的设计费用为 $A_s=10\ 000$，硬件的重复生产费用为 $D_h=10$，软件的重复生产费用为 D_s，而且 $A_s=10^4\times D_s$，软件实现功能所需要重新设计的次数为 $B=5$，软件重复生产次数为 $N=500$，生产此硬件的数量为 $M=10\ 000$个，试比较软件费用和硬件费用。

解 根据题意可以得知软件的总设计费用为 $A\times B$，软件的总生产费用为 $D_s\times N$。

已知每个硬件的费用是 $A_h/M+D_h$，每个硬件上的软件费用是 $(B\times A_s)/M+N\times D_s$，将数值带入到式中可以得到每个硬件的费用是11，每个硬件上的软件费用是505，我们可以发现每个硬件上的软件费用要比硬件的单独成本高很多。

根据这道题得出的费用公式可以发现，生产数量越大，硬件的成本就越低，这个结果符合现实情况，而软件的费用则并不会随着生产数量的增多而降低。

上面对硬件实现计算机功能、软件实现计算机功能和费用成本进行了较为详尽的介绍，通过这些内容软硬件取舍原则主要有以下三个方面。

（1）性价比原则，对功能需求性能和当前的计算机软硬件的价格、速度、结构等进行综合评价，使整个计算机系统具有高性价比。例如，要使用计算机系统来完成数学运算功能，完成同样的功能可以使用专用的数学计算处理器或者专业的数学软件与普通的计算机组合，由于专业的数学运算处理器的适用范围狭窄，生产数量比较低，因此，价格十分高昂。此时，能够满足需求的数学软件与普通计算机组合，在性价比上就高于专业的数学运算处理器。

（2）组成实现技术的广泛使用，不应该限制采用各种组成技术和各种实现技术，这种情况在CPU和显卡阵营中表现得十分明显。在现实生活中，英伟达的显卡虽然可以搭配Intel的CPU和AMD的CPU，但是对Intel的CPU支持效果更好一些。实际上这种厂商设限的情况在限制了各种组成技术和实现技术的广泛使用，如果支持度能够达到相同的水平，普通用户则能够以更低廉的价格购买性能更优秀的计算机系统。

（3）不仅要在硬件方面考虑计算机系统的组成和实现，还要为高级语言程序提供更多更好的硬件支持。换句话说,要提高软件对硬件平台的适应性,而支持度问题本质上就是软件对硬件平台的适应性。例如,有一种科学计算软件对于 Intel 的 CPU 架构支持效果非常出色,但是对 AMD 的 CPU 架构支持效果相对较差,而另外一种科学计算软件对 Intel 和 AMD 的 CPU 架构的支持都很出色。此时,在性能差距很小的情况下,科研工作者往往会选择使用对所有架构支持效果比较好的软件,此外还有的软件出现对同一品牌的不同架构的硬件支持度不相同的情况。因此,在性能比较接近的时候选择软件要尽量选择平台适应性更好的软件。

1.3.2 计算机系统的性能评测

计算机系统进行工作时需要一定的性能,而这些性能的评价就需要相应的标准,这些标准包括计算机的字长、计算机的时钟频率、计算机的指令执行速度、计算机浮点运算能力、计算机的存储容量、计算机基准程序测试、计算机的可靠性等方面。

计算机的字长是 CPU 最主要的技术指标,是 CPU 一次能够处理的二进制数据的位数,由于字节是计算机最小的信息存储单位,而一个字节等于 8 位(1 B = 8 b),所以计算机字长必须是 8 的整数倍。目前,计算机字长已经从早期的 8 位逐渐演化到 64 位。一台 8 位字长的计算机可以直接处理 2^8(256)以内的数字,而超过 256 的数字需要将其拆分处理。例如,300 × 600 的任务可以拆分成 4 个 150 × 150 的任务,然后再将其相加就可以得到结果了。目前,市面上最常使用的软件的位数一般是 32 位,这种情况导致目前 64 位处理器的性能优势并不明显,但是软件位数变为 64 位之后,64 位处理器的性能优势就会非常明显,对于极限数据的处理方面 64 位字长的计算机的性能将远超过 32 位字长的计算机。

计算机的时钟频率本质上是 CPU 的时钟频率,也就是常说的 CPU 的主频。CPU 的时钟频率表示在 CPU 内数字脉冲信号的震荡速度,脉冲信号是一个按照规定电压值发生的模拟信号。脉冲信号之间的时间间隔就是信号的周期,一秒内产生的脉冲信号个数是频率,频率的单位就是赫兹(符号为 Hz),CPU 的时钟频率就是 CPU 系统时钟发射脉冲信号的频率。但是 CPU 主频并不等同于 CPU 的运算速度,所以在某些情况下主频高的 CPU 的运算速度反倒低于主频低的 CPU,尤其在结构不一样的 CPU 中特别明显。例如,Intel 的奔腾 D 945 的主频是 3.4 GHz,Intel Core i3 的最低主频是 1.4 GHz,但是后者的运算速度是前者的几倍,这样我们能够发现主频并不能完全代表 CPU 的运算速度,不过在相同架构的 CPU 中,主频越高 CPU 运算速度就越快。主频虽然不能够完全代表 CPU 的运算速度,但是提高主频却依然能够提高 CPU 的运算速度。例如,奔腾 D 945 这个 CPU,默认频率是 3.4 GHz,假设它在一个时钟周期内能够执行一条运算指令,那么此时,它的运算速度是每秒 3.4 G 条指令,奔腾 D 945 是可以进行超频的,稳定超频频率是 4.2 GHz,那么当超频到这个频率的时候,它的运算速度是每秒 4.2 GHz,可以计算出运算速度提高了 23.5%。目前,较为主流的 CPU 的频率都在 2.4 GHz 以上,最新的 Intel Core i9 X CPU 的默认主频是 2.6 GHz,动态加速频率可以达到 4.2 GHz,可见,CPU 的主频对其运算速度而言也是非常重要的一个指标。

计算机存储包括计算机高速缓冲存储器(CPU 缓存)、计算机主存储器(内存)和外存储器(硬盘),计算机存储中存放各种程序和数据,这三级存储器的容量大小决定着计算机的总体运行速度。计算机存储的基本存储单位是字节(Byte, B),字节以上的存储单位是 KB、MB、GB、TB、PB 等,它们之间的进位都是 1 024(2^{10}),例如,1 MB = 1 024 KB。计算机的各级存储器的读写速度、容量大小和成本高低都是不一样的。CPU 缓存的读写速度最快、容量最小并且成本非常高。目前,最新的 Intel Core i9 X CPU 搭配的二级缓存和三级缓存的容量也仅仅为 18 MB 和 24.75 MB。内存的读写速度和成本在这三级存储器中位居第二,容量相对也要比 CPU 缓存大很多。例如,目前最新的 DDR4 3 200 MHz 的内存的读写速度是 3 200 MHz,内存单条容量也可以达到 32 GB,价格相对于 CPU 缓存更加平易近人。外存储器主要是指硬盘,硬盘分为固态硬盘和机械硬盘,固态硬盘的读写速度要低于内存,但比机械硬盘读写速度高,固态硬盘的容量已经可以达到机械硬盘的容量,民用固态硬盘和机械硬盘的容量均达到 TB 级,在价格方面固态硬盘比内存便宜,同等容量的固态硬盘价格达到了机械硬盘价格的 7 倍左右。硬盘的读写速度决定了计算机系统性能的下限,合适大小的内存、CPU 缓存和各级存储的调度算法,缓存策略能够提高计算机系统的性能,因此,计算机存储的大小是衡量一个计算机系统性能的重要指标。

计算机的指令执行速度是指 CPU 每秒钟能够执行的指令数量。设 F 为计算机 CPU 的主频,CPI 为每条指令所需要的平均时钟周期,IPC 为每个时钟周期可以执行的指令条数。一般情况下,使用 $MIPS = IPC \times F$ 来计算 CPU 的指令执行速度,对于 N 指令流水线的集群系统,它的峰值速度是单台计算机的 MIPS 与指令流水线的条数的乘积。峰值速度反映了计算机系统可以达到的最高理论性能,但是实际性能往往仅为峰值性能的 5% ~30% 不等(根据算法进行优化,超级计算机的实际性能能够达到峰值性能的 75%),下面使用一道例题来进行说明。

【例1-8】 已知 Intel 的奔腾Ⅲ 500 处理器的主频是 500 MHz,每条指令所需的平均时钟周期为 0.5 个,有三条指令流水线,一个计算机集群系统中由 5 台计算机组成,每台计算机里安装了 8 个奔腾Ⅲ 500 处理器,实际性能为峰值性能的 30%,问这种 CPU 的单条流水线指令执行速度是多少,集群系统峰值指令执行速度是多少,集群系统的实际指令执行速度是多少?

解 根据题中条件可知,奔腾Ⅲ 500 的 CPU 主频是 $F = 500$ MHz,此处理器的 $IPC = 2$ ($CPI = 0.50$),根据上面的公式,可以得到单条流水线指令执行速度:$MIPS_{\text{奔腾Ⅲ}} = 500 \times 2 = 1\ 000$(MIPS)

根据题意可知,奔腾Ⅲ 500 处理器的指令流水线是 3 条,这个集群拥有 $5 \times 8 = 40$ 个处理器,实际性能能够达到峰值性能的 30%,计算出集群系统的峰值指令执行速度和集群系统的实际指令执行速度为:

$$MIPS_{\text{集群峰值}} = 1\ 000 \times 3 \times 40 = 120\ 000(\text{MIPS})$$

$$MIPS_{\text{集群实际}} = 120\ 000 \times 30\% = 36\ 000(\text{MIPS})$$

根据计算机指令的执行速度来判断计算机性能有以下缺点:分别是不同指令的执行速度差别很大;不同指令使用频率的差别也很大;有很多的非功能性指令也要使用 CPU,指令执行速度指标不适合衡量向量处理机的性能,因为第一条和第二条的原因获得 CPU 的指令平均执行周期是非常困难的事情。

计算机浮点运算能力实际上就是实数的运算能力,当使用不同的计算机来计算圆周率的时候,会发现两台电脑的计算结果可能不一样,这个结果反映的是两台电脑浮点运算能力的差异。通常用 MFLOPS 来衡量计算机的浮点计算能力,标量处理机中执行浮点操作一般需要三条指令,这样就有一个转换公式 1MFLOPS = 3MIPS。浮点运算能力只能够反映计算机系统的浮点操作性能,不能反映其他方面的性能,因此,需要配合其他性能分析指标来综合评定计算机系统。

计算机可靠性是指在一定的时间范围内，计算机系统完成应有功能的能力，通常使用平均无故障时间(Mean Time Between Failure，MTBF)。平均无故障时间是指计算机系统能够正常运行多久才发生一次故障，这个参数能够相对准确地衡量计算机系统的可靠性，例如一个计算机系统在平均无故障时间达到了 40 000 小时，而另外一个计算机系统的平均无故障时间是 30 000 个小时，那么，前者的可靠性较高，能够在更长的时间稳定的运行，平均无故障时间的计算公式如下：

$$MTBF = \frac{\sum(\text{time}_{\text{失效时间}} - \text{time}_{\text{启动时间}})}{\text{count}} \tag{1.1}$$

在这里$\text{time}_{\text{失效时间}}$是指计算机系统发生故障的时间；$\text{time}_{\text{启动时间}}$是指计算机系统从上一次失效中回复的时间；count 则代表计算机系统共发生的故障次数。

计算机基准程序测试是把计算机使用最频繁的程序部分作为基准程序来测试。目前，测试程序包括整数测试程序(Dhrystone)、浮点测试程序(Linpack)、综合测试程序(Whetstone、SPEC、TPC)。整数测试程序(Dhrstone)使用 C 语言编写，包括 100 条语句，测试内容包括整数运算、赋值、控制和过程调用、参数传递。浮点测试程序(Linpack)使用 Fortran 语言编写，测试内容包括浮点加法和浮点乘法的运算测试。综合测试程序(Whetstone)使用 Fortran 语言编写，测试内容包括整数运算、浮点运算、功能调用、数组变址、条件转移等。综合测试程序 SPEC 是由全球性第三方非营利组织 SPEC 所建立的一套基准程序标准，它能够全面地反映计算机系统的性能，包括云测试、CPU 测试、图形测试、存储测试、网络测试等。TPC 是一个商务应用基准程序标准，它是由美国、欧洲和日本的大公司建立的，TPC 只给出基准程序的标准规范，由各个商场自行设计测试程序和测试平台，并将测试报告提交给事务处理性能委员会，目前所使用的基准程序分别是 TPC－C(在线事物处理基准程序)、TPC－D(决策支持基准程序)和 TPC－E(大型企业信息服务基准程序)。

这些计算机系统的性能评测方法和工具为建立适合需求的计算机系统提供了保证。

1.3.3 计算机系统设计的定量设计原理

在整个计算机系统的设计中，必须要定量设计，这里就涉及三个原理，分别是哈夫曼压缩原理、阿姆达尔定律和程序访问的局部性原理。

1. 哈夫曼压缩原理

哈夫曼压缩原理实际上是哈夫曼在 1952 年发表的一种编码压缩算法，这种算法是依据编码出现的概率来构造平局长度最短的编码序列。

定义 1－4 哈夫曼编码(Huffman Coding)是一种编码方式，哈夫曼编码是可变字长编码(VLC)的一种。

在计算机系统中我们将编码替换成为事件，使用哈夫曼压缩原理提升了高概率事件的执行速度，降低了低概率事件的执行速度。下面通过一个实例来说明哈夫曼编码的规则。

【例 1－9】 一个字符串的内容是“ABCDCEDABAAAC”，请用等长编码和哈夫曼编码来生成字符串的编码。

解 通过对字符串的观察可以看出，共有五种字符，这些字符分别是 A，B，C，D，E。

使用等长编码则每一个字符都需要使用 3 位二进制数字来表示，可以将这些字符表示为 000、001，010，011，100，这个时候字符串的编码就是 000001010011010100011000000100

0000000010，一共是39位二进制数字。

使用哈夫曼编码需要先确定字符的个数，这些字符分别在字符串中出现的次数是5，2，3，2，1，使用二叉树来建立哈夫曼编码和字典表（具体的哈夫曼树构建过程请查阅数据结构书籍），通过计算可以得到字典表是A：0，B：110，C：10，D：1110，E：1111，通过字典表来生成字符串的哈夫曼编码：01101011101011111110011000010，一共是29位二进制数字。

使用字符串、使用哈夫曼编码规则生成的编码，比等长编码规则生成编码的位数少了10位，当频次差距更大时，编码的压缩效果会更好。将上题中的字符替换成事件，可以得出，当高频事件的执行时间较短时，必然会提高整个计算机系统的速度。

2. 阿姆达尔定律

定义1－5 加快经常性事件的执行速度能够明显提高整个计算机系统的运行速度。

该定义就是我们常说的阿姆达尔定律，并且可以引申出推论1－1。

推论1－1 系统对某一功能部件采用更快的执行方式所能够获得的系统性能改进取决于这种执行方式被使用的频率或者所占总执行时间的比例。

加速比公式如下：

$$f_{\text{new}} = \frac{\text{可改进部分占用的时间}}{\text{改进前整个任务的执行时间}} \tag{1.2}$$

$$r_{\text{new}} = \frac{\text{改进前改进部分的执行时间}}{\text{改进后改进部分的执行时间}} \tag{1.3}$$

$$\eta_{\text{加速比}} = \frac{\text{没有采用改进措施前执行某个任务的时间}}{\text{采用改进措施后执行某个任务的}}$$

$$= \frac{T_{\text{old}}}{T_{\text{new}}} = \frac{1}{(1-f_{\text{new}}) + f_{\text{new}} \cdot r_{\text{new}}^{-1}} \tag{1.4}$$

在公式（1.2）中，f_{new}表示在一个任务中可以改进部分所占用时间和改进前这个任务所有的执行时间的比例；在公式（1.3）中，r_{new}表示选定的改进部分改进前和改进后的比例；公式（1.4）表示改进之后执行某个任务的加速比。下面以两道例题来说明阿姆达尔定律。

【例1－10】 采取某种措施可将计算机系统A的某一部件的执行速度加快到原来的5倍，这个部件在原处理时间中所占的比例是50%，同样采取这种措施可以将计算机系统B中的同一部件的执行速度加快到原来的20倍，但是这个部件在此系统中的处理时间占比为20%，请计算采取加速措施后整个系统性能是原来的多少倍？

解 根据题中内容可得，时间占比为$f_{\text{Anew}} = 0.5$和$f_{\text{Bnew}} = 0.2$，措施提高部件性能值$r_{\text{Anew}} = 5$和$r_{\text{Bnew}} = 20$，根据公式（1.4）可以计算得到结果如下：

$$\eta_{\text{A加速比}} = \frac{1}{(1-0.5) + 0.5/5} = \frac{1}{0.6} \approx 1.67$$

$$\eta_{\text{B加速比}} = \frac{1}{(1-0.2) + 0.2/20} = \frac{1}{0.81} \approx 1.23$$

根据这道题可以发现，提高时间占比的部件的性能能够有效地提高计算机系统的性能。

【例1－11】 目前，有两种方法来实现整数阶乘运算，第一种实现方法是采用专门的硬件来实现整数阶乘运算，整数阶乘操作的执行时间占整个测试程序执行时间的10%，执行速度提高了100倍。第二种实现方法是加快所有整数操作指令的速度，所有整数操作执行时间占整个测试程序执行时间的40%，执行速度提高了4倍，请问使用哪种方式可以使计算机系统性能得到最大的提高?

解 根据题中内容可以得到时间占比为 $f_{\text{Anew}}=0.1$ 和 $f_{\text{Bnew}}=0.4$，措施提高部件性能值 $r_{\text{Anew}}=100$ 和 $r_{\text{Bnew}}=4$，根据公式(1.4)可以计算得到结果如下：

$$\eta_{1\text{加速比}}=\frac{1}{(1-0.1)+0.1/100}=\frac{1}{0.901}\approx 1.11$$

$$\eta_{2\text{加速比}}=\frac{1}{(1-0.4)+0.4/4}=\frac{1}{0.7}\approx 1.43$$

根据计算得到的加速比，应该选择第二种实现方式。

【例1-12】 一个功能操作占据整个测试时间的50%，现在采用三种技术A,B,C来提高其性能，这三种性能能够分别提高这个功能的执行速度10倍、30倍和50倍，请分别计算使用这三种技术的加速比。

解 根据题中内容可以得到时间占比为 $f_{\text{Anew}}=f_{\text{Bnew}}=f_{\text{Cnew}}=0.5$，措施提高部件性能值 $r_{\text{Anew}}=10$、$r_{\text{Bnew}}=30$ 和 $r_{\text{Cnew}}=50$，根据公式(1.4)可以计算得到结果如下：

$$\eta_{\text{A加速比}}=\frac{1}{(1-0.5)+0.5/10}=\frac{1}{0.55}\approx 1.82$$

$$\eta_{\text{B加速比}}=\frac{1}{(1-0.5)+0.5/30}=\frac{1}{0.517}\approx 1.93$$

$$\eta_{\text{B加速比}}=\frac{1}{(1-0.5)+0.5/50}=\frac{1}{0.51}\approx 1.96$$

可以得到这三种技术的加速比分别为1.82、1.93和1.96。

定义1-6 如果对计算机系统中某一个部分做性能改进，改进程度越大，那么得到的性能提升效果越小。

定义1-6就是我们常说的性能递减规则。根据例1-12的计算结果，当采用第一种技术仅提高这个功能执行速度10倍，而计算机系统的加速比已经达到了1.82，但是当提高倍数达到30倍和50倍的时候，加速比也仅仅达到了1.93和1.96，从10倍提高到30倍，加速比提高了0.11，而从30倍提高到50倍的时候，加速比仅仅提高了0.05，由此可以得到推论1-2。

推论1-2 当性能提高倍数越多的时候，加速比就会越接近于 $1/(1-f_{\text{new}})$。

由此得出结论，一个高性价比的计算机系统一定是各个部件均匀提高的计算机系统，而不是仅仅提高某个部件的性能。

【例1-13】 现在有CPU A和CPU B两种CPU，A是通过比较指令设置条件码，然后测试条件码进行分支，B则是在分支指令中包括比较过程。在这两种CPU中，条件分支指令占用2个时钟周期而其他指令占用1个时钟周期，A的分支指令都占据总指令数量的20%，A和B的分支指令数量相等，B的非分支指令数量等于A的非比较指令和非分支指令的数量。请问，当A的时钟周期是B的时钟周期的0.8倍的时候，哪一个CPU的运行速度更快，当A和B的时钟周期相等的时候，哪一个CPU的运行速度更快?

解 根据题中条件可知，A的分支指令数量占总指令数量的20%，由于A的分支指令执行之前都需要执行比较指令，所以可以得到比较指令也占总指令数量的20%，并且条件分支指令和其他指令分别占用2个和1个时钟周期，所以A的平均指令周期 $CPI_{\text{A}}=0.2\times 2+0.8\times 1=1.2$，A的一个事件需要的指令条数是 IC_{A} 个，时钟周期为 T_{A}，计算得到A的事件完成时间为

$$TIME_A = IC_A \times 1.2 \times T_A$$

在计算第一个问题时，根据题意可以得到 $T_A = 0.8T_B$，由于在 B 中没有比较指令，在其他指令数量都相等的情况下，B 的分支指令所占的比例就是 25%（20%/80%），由此，可以计算出 B 的平均指令周期 $CPI_B = 0.5 \times 2 + 0.75 \times 1 = 1.75$，但是 B 的时钟需要的指令条数比 A 的数量少 20%，有 $IC_B = 0.8IC_A$，计算 B 的事件完成时间是 $TIME_B = IC_B \times 1.25 \times T_B = 0.8IC_A \times 1.25 \times 1.25T_A = 1.25 \times IC_A \times T_A$，对比 A 的事件完成时间我们可以看出虽然 B 的指令数量更少，但是 A 的时钟周期更短，所以 A 的运行速度要比 B 快。

在计算第二个问题时，根据第一个问题的计算过程，可以计算得到 $T_A = T_B$，因此 B 的事件完成时间是 $TIME_B = IC_B \times 1.25 \times T_B = 0.8IC_A \times 1.25 \times T_A = 1 \times IC_A \times T_A$，对比 A 的事件完成时间可以看出，当 A 和 B 的时钟周期相等的时候，由于 B 的指令数量更少，所以 B 的运行速度更快。

3. 程序访问的局部性规律

程序在访问过程中存在着局部性的规律。

定义 1－7 程序中近期被访问的信息项很可能很快就被再次访问，称为时间局部性规律。

定义 1－8 在程序已经访问地址的相邻的信息项很可能被一起访问，称为空间局部性规律。

定义 1－7 和定义 1－8 就是程序访问的局部性规律，整个计算机存储系统建立的基础就是程序访问的局部性规律。CPU 的运行速度越高，必然会要求数据传输速度越高。按照这种原则，数据必须存放在高速缓存中最接近 CPU 的一级中，我们不希望数据放在二级三级缓存和内存硬盘中，这样会花费过多的时间进行数据传输。所以，当 CPU 用了一个数据，计算机系统会将未来可能会用到的数据存放在高速缓存中，用到的可能性越大，就能存到越接近高速缓存的层次，而判断这些数据使用的可能性就需要使用程序访问的局部性规律来判断。

1.3.4 计算机系统设计过程

1. 计算机系统设计任务

计算机系统设计任务是提供给人们进行使用为目的，为了达到相应的要求，而对计算机系统的设计者提出了设计任务，基本设计任务包括以下三个方面。

（1）满足用户对功能上的要求及相应的价格性能比的要求。当一个普通的个人计算机用户需要一台能够运行 AE 的电脑，主要用来进行视频特效制作，AE 软件对计算机的 CPU 和内存要求比较明显，此时，设计者就必须设计一个 CPU 性能、内存性能及总线性能比较好的计算机系统，并且还要考虑 CPU 能够发挥多大的内存容量。使用 Intel Core i5 搭配 4 G 内存的计算机系统和 E3 1230v2 搭配 16 G 内存的计算机系统分别制作并渲染 10 个相同规模效果的视频特效，平均耗时为 15 分 17 秒和 1 分 13 秒。搭配其他相同硬件的情况下价格分别是 4 000 元和 4 600 元左右，毫无疑问，用户会选择后者作为使用 AE 软件平台。而在一个有关于型号为 E3 1230V2 的 CPU 测评中，分别搭配 16 G 内存和 32 G 内存，使用 AE 软件制作并渲染 10 个相同规模效果的视频特效，平均耗时为 1 分 13 秒和 1 分 15 秒。由此发现，搭配 32 G 内存的计算机系统反倒比搭配 16 G 内存的计算机系统性能更低了，这就说明需要考虑 CPU 能够发挥多少内存性能，而不是盲目的提升配置，E3 1230V2CPU 搭配 16 G

内存和32 G内存的计算机系统价格差距能达到1 000元人民币(2017年12月价格),而性能差距几乎没有,因此,用户会选择搭配16 G内存的计算机系统。从上面两个例子可以看出,计算机系统的设计者必须满足用户对功能的需求及较高的性价比。

(2)在满足功能要求的基础上进行优化设计。在实现用户需求的功能之后,如何能够更加快速、更加节省资源地完成计算机用户的需求,成为新的设计任务。如果使用相同的硬件,一个计算机系统没有进行优化设计,刚刚能够完成用户需要的功能,另外一个计算机系统由于进行了优化设计使得在完成用户需求之外,还能够完成更多的功能,那么后者的设计效果比前者更为优秀。由于使用同样的硬件,其价格也是相仿的,用户必然会倾向于后者,这很可能导致不同厂商的市场占有率的变化,因此,进行优化设计已经成为计算机设计者的设计任务。

(3)整个计算机系统的设计能够适应未来的发展趋势。计算机系统在实现用户需求的功能之后,就必须要考虑用户功能的升级和扩展问题,例如,用户习惯于使用 Adobe Premiere来完成视频剪辑。目前,使用E5 2620V4和Core i7 6700搭配32G内存,总体性能比较接近,但是必须考虑到未来Adobe Premiere软件的升级和操作系统的升级,未来的Adobe Premiere必然会对CPU性能提出更高需求。如果计算机系统是专门用来进行剪辑操作的,那么E5 2620V4可以升级为E5 2680/2690甚至2699V4(22核心44线程),也就是说,CPU可以不断地向上升级,并且不改变CPU的接口和指令集,但是Core i7 6700的向上升级必然会改变指令集和CPU接口,如将CPU升级成为Core i9 7980X,CPU的接口就由LGA1151变成LGA2066,因而主板也需要更换,这两款CPU对内存的支持性能也并不相同,所以内存也需要更换。如果CPU不满足视频剪辑的功能时,一个计算机系统只需要更换某些部件就能够继续满足功能,而另一个计算机就需要更换整个计算机系统才能够满足功能,从用户的角度来说会选择前者。从上面的例子我们可以看出计算机系统的设计必须能够适应未来的发展趋势。

2. 计算机硬件和软件的发展规律

计算机硬件包括CPU、内存、硬盘、总线、显卡等。其中,CPU、内存和显卡都涉及晶体管密度,内存和固态硬盘则涉及DRAM存储密度,总线、内存、硬盘则涉及访存周期和访问时间,机械硬盘涉及硬盘存储密度,计算机软件则涉及程序所需空间的大小和地址的位数。

定义1-9 当价格不变时,集成电路上可容纳的元器件的数目,每隔18~24个月便会增加一倍,性能也将提升一倍。

定义1-9就是大家所熟知的摩尔定律,这是一个衡量晶体管密度的定律,它是由戈登·摩尔在1965年提出的,截至2013年年底,晶体管的密度增加速度有所放缓,晶体管密度的增加速度大约为每年提高25%,也就是说每隔3年才能增加一倍,伴随着逐渐逼近单晶硅的物理极限,晶体管密度的增加速度也会越来越缓慢。

伴随着制造工艺的提高DRAM技术发展速度极快,从发展速度来看DRAM存储密度的增加速度大约为每年提高60%,也就是说每两年性能就能增加1.5倍以上,以三星的DDR2内存K4TS1083QC为例,它的存储密度就到达了512 Mb,目前的DDR4内存的存储密度已经远远超过上述的存储密度。

由于芯片、总线的频率不断地攀升和计算机系统的不断优化,计算机系统的访存周期和访问时间也在不断地减少,目前,访存周期和访问时间的减少速度大约为每十年33%,这相对于其他硬件性能的提升而言已经是偏慢的。

实际上硬盘存储密度主要衡量机械硬盘的存储性能，目前，由于固态硬盘主要采用 DRAM 技术和 NAND 技术，可以用硬盘存储密度来衡量，机械硬盘的硬盘存储密度在 2015 年就达到了 1.5Tb/i，但使用 PMR 磁头技术的机械硬盘的硬盘存储密度已经逐渐逼近了理论极限。从采用 SMR 和 HARM 磁头技术可以将存储密度做到 5Tb/i 级别，在硬件发展速度飞快地今天，未来将很快逼近物理极限。固态硬盘的存储密度在 2015 年已经达到了 2.77Tb/i，它的发展潜力要比机械硬盘高，硬盘存储密度的增加速度大约为每年 60%。

近些年来，软件所需程序空间和地址长度在增加速度极快，所需程序空间的增加速度大约为每年增加 1 ~2 位，也就是同类软件所需的空间大约每年增加 2 ~4 倍，这在各种软件中表现的都很明显。2012 年，某游戏软件所需程序空间大小约为 3 GB，到了 2017 年末，此游戏软件所需程序空间大小约为 81 GB。某数学软件的 2012 版所需程序空间大小是 2 G，2013 版所需程序空间大小就变为 4 G 以上。地址长度的增加速度约为每年增加 0.5 到 1 位。

3. 计算机系统的设计思路

如何设计计算机系统，计算机系统应该从哪里开始设计，不同的计算机系统设计人员也有不同的想法，目前可以分为以下三个方面。

(1) 自顶向下设计方法。自顶向下设计是一种逐步求精的设计程序的过程和方法，对要完成的功能进行细致分解，首先对最高层次中的问题进行定义和设计，然后将其中未解决的问题作为一个子任务放到下一层次中去解决，这样逐层的进行定义和设计，直到所有层次上的问题均能够解决，就能设计出具有层次结构的计算机系统。

根据计算机系统的层次结构，采用自顶向下的设计过程包括设计面向应用的数学模型、设计高级语言、设计操作系统、设计机器语言、设计硬件实现和微指令系统。整个设计过程逐层下降，包括 6 个步骤：

①确定应用语言层次的基本特性；

②设计或者选择适合这种应用的高级语言；

③设计适用于选用高级语言的编译语言；

④设计支持这种应用的操作系统；

⑤设计支持编译语言和操作系统的机器语言；

⑥设计支持机器语言的微指令系统和硬件实现。

从设计过程可以看出，自顶向下设计方法主要是针对特定功能和应用的，这是早期计算机的设计思路，针对单一功能的实现，这种设计方法的性能和价格都能十分出色，但是拓展性十分弱，伴随着通用计算机的普及，这种设计方法很少被采用。

(2) 自底向上设计方法。自底向上设计是根据系统功能要求，从具体的器件、逻辑部件开始，凭借计算机系统设计者的技巧和经验，通过对其修改和扩大，构成所要求的系统的过程。

根据计算机系统的层次结构包括设计硬件实现和微指令系统、设计机器语言、设计操作系统、设计编译语言、设计或者选择高级语言、设计应用程序。整个设计过程逐层向上，包括 6 个步骤：

①确定和设计硬件实现和微指令系统；

②设计能够使用此微指令系统的机器语言；

③设计或者选择能够使用这种机器语言的操作系统；

④设计或者选择能够使用这种机器语言的编译语言；

⑤设计或者选择支持此种编译语言的高级语言；

⑥使用高级语言设计应用程序。

从设计过程我们可以看出自底向上设计方法主要是设计基于通用硬件和微指令系统的应用程序，这也是早期计算机的设计思路之一，这种设计方法已经非常接近目前通用计算机的设计，但是容易造成软件和硬件的脱节，从硬件开始设计容易造成无法达到功能要求的情况发生，计算机系统的效率也比自顶向下设计的计算机系统低。

(3)混合设计方面。很多现代设计结合自顶向下和自底向上设计方法，这样就产生了混合设计方法(也有教材称之为中间设计方法)。在实践中，我们发现完全使用自顶向下方法或者自底向上方法都不能完美地解决计算机系统的设计问题，而这两种方法并不是完全不能结合。

采用混合设计方法设计计算机系统的过程包括两个步骤：

①划分软硬件的分界面，包括指令系统、存储系统、输入输出系统、中断系统、硬件对操作系统和编译系统的支持等；

②对各个层次进行设计，软件设计人员设计汇编语言、操作系统、高级语言和应用程序，硬件设计人员设计硬件实现和微指令系统等。

从设计过程可以看出，这种设计方法会使各类工作人员各司其职，相互结合能够充分地考虑各方面情况，整个设计周期也会因此而缩短，伴随着软硬件技术的发展，设计的分界面在逐渐向高层次转移。

4. 计算机系统的设计步骤

确定计算机系统的设计步骤需要明确计算机系统的设计任务，一般情况下，会采用混合设计方法来设计计算机系统，因此设计任务就包括分配软硬件功能和界面，并对界面进行具体确切的定义。

计算机设计的具体步骤包括以下四个方面。

(1)需求分析。无论设计任何系统和程序，都需要首先做好需求分析，需求分析的目标是把用户对计算机系统的要求进行分析与整理，确认后形成描述完整、清晰与规范的文档，确定系统需要实现哪些功能，完成哪些工作。对系统的需求一般包括功能性需求、非功能性需求和设计约束条件。需求分析方法包括结构化方法、原型法和面向对象方法等。需求分析的工作包括四个部分，分别是问题的识别、对问题的分析与综合、制定系统需求说明书和最后的评审。

(2)概要设计。设计者需要根据需求说明书对计算机系统进行概要设计，概要设计就是将一个复杂系统按功能进行模块划分、建立模块的层次结构及调用关系。概要设计需要对系统设计进行全面综合的考虑，包括系统的总体设计、结构设计、接口设计、运行设计、出错处理设计等，为计算机系统的详细设计提供基础。概要设计的方法包括模块化方法、功能分解方法和面向对象方法等。

(3)详细设计。设计者在概要设计的基础上需要对计算机系统进行详细的设计。在详细设计中，描述实现具体层次所涉及的主要语言方法及各层次之间调用关系，计算机系统各个层次中的每一种语言和工具的设计都必须要进行大量的测试，必须保证各个需求完全分配给整个系统，设计应该足够详细，并能够根据详细设计报告进行系统设计。

(4)组建、测试和优化。设计者在完成了计算机系统的详细设计之后就可以组建计算机系统，并对计算机系统进行严苛的测试，在测试中逐渐发现问题并优化系统性能。

通过以上的计算机设计步骤就可以设计出一个符合用户需求的计算机系统。

1.4　软件兼容性及软件可移植性

1.4.1　软件兼容性

定义1-10　软件兼容性(Software Compatibility,SC)是指某个软件能稳定地工作在若干种类的操作系统之中。软件兼容性是衡量软件性能非常重要的一个方面,兼容性越好的软件就可以在越多的平台上工作,这对于经常与不同的操作系统和硬件打交道的工作人员是非常有帮助的。

软件兼容性包括两个主要方面。

(1)向前兼容。软件向前兼容是指在某一平台的较低版本环境中编写的程序可以在较高版本的环境中运行,称为向前兼容。具有向前兼容的软件的早期版本能够打开较新版本中的文件并忽略早期版本中未实现的功能。例如:Word 2003 向前兼容 Word 2007,它能够成功地使用转换器打开 Word 2007 文件;基于 Intel 386 的 PC 兼容机上所有的软件也可以运行在486 或更高的机型上。向前兼容具有非常重要的意义,一些大型软件如 Office 系列办公软件,代码行数极多,工作量极大,如果这些软件都能做到兼容,则无须根据其他机器重新开发,可以节省大量的人力物力。

(2)向后兼容。在计算机中指在一个软件更新到较新的版本后,旧版本软件创建的数据仍能被正常操作或使用,较高版本的程序能顺利处理较低版本程序的数据,向后兼容可以使用户在进行软件升级时,厂商不必为新平台从头开始编写软件,以前的软件在新的环境中仍然有效。例如,较高版本的软件平台可以运行较低版本的软件平台所开发的程序,如使用 Window 7 操作系统的计算机系统可以运行基于 Windows XP 上的全部软件。Flash的两个版本 Flash 5 与 Flash MX 2004,其中 Flash MX 2004 是较新的版本,这两个版本虽然保存出来的文件都是 fla 格式,但是文件内部结构是不同的,由于 Flash MX 2004 是向后兼容的,所以仍然能处理 Flash 5 保存的 fla 格式的文件。

1.4.2　系列机及发展新机型的判断方法

定义1-11　在计算机系统结构上采用相同的方案,具有软件兼容性和标准的输入输出接口,在性能上呈现阶梯序列的计算机机型。

从定义可以了解到所有系列机中计算机的系统结构是相似,能够在较低性能的计算机上运行的软件一定能在同系列较高性能的计算机上运行,部分能够在较高性能的软件能够运行在较低性能的计算机上。

系列机有以下五个比较明显的特点。

(1)系列机中各个型号之间必须具备软件兼容性。系列机中各个型号之间存在着性能上的差异,例如 CPU 的运算速度、主存储器容量、外接设备的种类和数量等。有些软件在较高性能计算机上能够运行,在较低性能计算机上却不能运行,如一个 64 位软件在某系列机中的低性能电脑(CPU 为 32 位,操作系统不能安装 64 位操作系统)上就无法运行,在较高性能计算机上可以运行,而在较低性能计算机能运行的软件在较高性能计算机上也能够运行，这种特性就是软件的向后兼容性，同系列计算机内部的软件兼容性，可使不同机型使用相同的软件。

(2)系列机所有机型具有相同的系统结构。系列机的系统结构设计工作要求完整准确；而非系列机的系统结构设计并不要求，它可以在具体的硬件设计中不断完善，并且系列机的系统结构设计需要设计一个能够满足从较低性能型号计算机到较高性能型号计算机的操作系统。这些计算机在工作方式、指令格式、指令系统、中断系统、外围设备控制技术和操作系统等方面采用相同的标准。系列机的系统结构与机型无关，各机型的计算机组成和计算机实现都符合同一系统结构的规定。

(3)一个系列机中的各个型号在性能和价格上存在着一种规则的排列。最少需要2个机型才能组成系列机，一般情况下系列机的机型数量会超过5个。各个机型在中央处理器的运算速度、主存储器容量、总线宽度、显卡运算速度，以及外存储器容量等方面存在着明显的不同，这是为了满足各种不同需求用户，例如，戴尔T5810系列机是2014年上市的一个塔式系列机，这个系列中的CPU从低端的E5 1603V3到中端的E5 1620V4再到高端的E5 2670V3，硬盘也从500 GB机械硬盘到500 GB固态硬盘搭配机械硬盘，其他性能也各有差别。

(4)系列机除了在内部使用统一的系统结构以外，在外部的物理设计上制定和采用标准化的规定，这有利于设计、生产和维护，用以节约研发经费。例如，系列机的外接设备与主机接口的物理设计在系列机内部是一致的，在机箱的结构设计、主板的规格和电源的搭配等方面也是一致的。

(5)由一个设计集团(可能有一家或者几家公司的不同团队组成)，按先期计划设计出的同一系统结构的不同计算机型号才能称之为一个系列。设计与其他系列机软件兼容的系列机并不能看成是同一个系列。系列机除软件兼容性和同一系统结构外还有其他的特征，每一个系列机的设计计划，都应包括本身的设计目标、机型分级方法、器件标准化规定和市场的预测走势等方面。

同一系列机的新机型必须满足相同的计算机系统结构和软件兼容性两方面，仅满足软件兼容性则有可能是其他系列机的型号，例如上面提到的T5810系列机，上一代的T5810系列机主要采用的CPU是E5系列CPU和丽台的显卡，而新一代的T5810系列机采用的则是W-2100系列CPU和丽台或者英伟达GTX系列显卡，判断这些机型是同一系列机的理由就是相同的计算机系统结构和完善的软件兼容性。2014年戴尔公司推出了上一代T5810系列，到了2018年上一代T5810系列机的性能与其他厂商的系列机相比在性能上已经有了明显的弱势，为了避免市场份额的下降，推出新一代的机型已经是十分必要的，但是由于T5810系列机的系统结构比较优秀，其前瞻性比较好，截至2018年它的系统结构也并不落后，所以新一代的机型依然采用了原来的系统结构。

1.4.3 软件可移植性

1. 软件可移植性的定义

定义1-12 软件能够在不同的编译器、操作系统、辅助软件运行支持库和计算机系统下正常运行，这就是软件的可移植性。

软件的可移植性包括广义和狭义两个方面。

广义的可移植性包括了软件在规定环境下的安装、运行和匹配各种标准等方面的内容,可以分为软件的适应性、软件的安装性、软件的兼容性和软件的可替换性。

(1)软件的适应性是指软件能否适应不同的目标系统环境(主要是指操作系统及相关的软件运行环境)。

(2)软件的安装性是指在规定环境下安装软件的难易程度,例如 Microsoft Visual C++在 Windows 系统的安装难易程度和在 Linux 系统的安装难易程度是不一样的。

(3)软件的兼容性是指某个软件能稳定地工作在若干种类的操作系统之中,如 Mysql 数据库软件能够稳定的工作在 Windows 系统中和 Linux 系统中。

(4)软件的可替换性是指软件能否在规定的环境下替换其他软件及替换其他软件的难易程度。

狭义的软件可移植性主要是指软件能否适应不同的目标系统环境,也就是广义的软件可移植性中的适应性。软件的安装性和可替代性取决于用户的需求,在此不进行讨论,软件的兼容性在前面已经讨论过了,此处仅讨论狭义的软件可移植性。狭义的软件可移植性可以分解为两个层次,分别是源代码层次和可执行代码层次,前者是软件源代码在目标环境下重新编译,后者是在目标环境下直接运行软件的可执行代码。

目前,对于软件可移植性是有争议的,完全使用目标环境能够在一定程度上提高软件的质量,可移植的软件对目标环境的使用不如充分利用目标环境的软件,并且为了使软件具有可移植性,需要在代码中频繁使用条件判断语句,这些语句破坏了源代码的可读性。在软件的可移植性和软件的效率性能方面可能会发生冲突,因此必须研究可移植性和软件其他因素的关系。

2. 软件可移植性工程

软件可移植性工程以可移植性为目标,在软件工程中的分析、设计、实现和测试环节中引入可移植性方法,避免对具体环境的依赖,目标是开发出具有高度可移植性的软件。

(1)软件的可移植性分析。我们将软件可移植性引入需求分析的过程中,这一过程主要包括以下三个任务。

①确定软件可能应用的环境并对比各个环境之间的异同。例如,要进行开发的软件可能运行在 Windows 操作系统、Linux 操作系统和 Mac OS 操作系统上,因此,需要考虑软件在各个操作系统中的可移植性。

②确定软件在不同的目标环境下的支持库和软件。例如,用户界面可以选择可移植的支持库,也可以选择不同操作系统下的不同支持库,支持库对科学计算软件而言是非常重要的,因此若要使科学计算软件可以运行在不同的操作系统中就需要全平台支持库的辅助。

③需要从软件质量方面考虑软件可移植性、软件性能效率之间的关系。从软件工程方面考虑软件可移植性、软件成本和工程进度之间的关系,权衡这些关系后设置可移植性的目标,用来指导软件的具体开发过程。例如,一个软件在 Windows 操作系统和 Linux 操作系统中具备可移植性,并且性能效率进度成本都能够得到很好的控制,但是却很难在 Mac OS 中达到这种可移植性,此时,再结合用户的需求来判断在 Mac OS 中是否必须具有良好可移植性。

(2)软件的可移植性设计。在这一过程中需要在概要设计和详细设计中分别进行。在概要设计阶段需要将整个软件分为以下两个层面:

①主体层,这一层次是实现软件的主要功能,与目标环境无关;

②适配层,这一层次是软件主体与目标环境的接口,适配层是软件可移植性设计的关键部分,这一层由对应不同目标环境的适配器组成的,这些适配器能够让软件主体无法觉察到不同目标环境的差异,让软件主体能够在不同的目标环境下正常运行。

在详细设计阶段,则需要根据软件应用的目标环境来具体设计模块和适配器,也就是需要确定哪些模块是与环境变量相关的。常用软件适配器的设计内容是依据计算机的系统结构,包括进程设计、进程通信设计、内存管理设计等。

(3)软件的可移植性过程。软件实现阶段需要首先选择满足软件可移植性的程序语言,如 C、C++ 、Java 等,软件代码的结构和设计的结构是一一对应的,软件设计结构有三个部分,除了上述的主体层和适配层外还有配置平面,配置平面是用来设定与目标环境相关的属性信息,用来选择不同的适配器,配置平面可以通过开发人员手动配置、通过脚本程序自动配置以及通过代码识别目标环境并自动配置。适配层的实现考虑 CPU 和编译器等方面。

与 CPU 相关的可移植性主要包括计算机字长、计算机字节顺序和计算机字对齐方式。

①计算机字长。合适的字长能够使数据存储和访问的效率提升,但是不同类型的 CPU 字长是不相同的,目前最为常见的是 32 位和 64 位,随后上市的 CPU 将至少是 64 位,例如 Intel Core i9 X 和 AMD Ryzen 1700X 的字长就都是 64 位。

②计算机字节顺序。它包括高字节优先字节顺序和低字节优先字节顺序,高字节优先是高字节数据存放在低地址处,低字节数据存放在高地址处,低字节优先指低字节数据存放在内存低地址处,高字节数据存放在内存高地址处。例如,基于 X86 架构的计算机就是低字节优先字节顺序。

③计算机字对齐方式。字的地址往往都是对应计算机字长的倍数,也就是偶地址,对于绝大多数 CPU 进行奇地址访问就会报错,因此必须考虑计算机字对齐方式,避免奇地址错误的发生,这一类操作必须进行处理。

与编译器相关的可移植性主要包括数据长度、语义解释。

①数据长度。在数据通信类软件中表现得十分明显,由于每一个数据域的数据长度都进行了明确的规定,因此软件代码的实现中也必须明确定义不同长度的数据类型。

②语义解释。相同的语法在不同的编译器下的含义可能是不相同的,这类的语句就应该避免使用,如计算符号的优先级和先后结合顺序。

(4)软件的可移植性测试。可移植性软件设计完成后必须要进行可移植性的测试,否则无法判断开发人员做的可移植性工作是有效的。可移植性测试分为以下两步完成:

①在开发环境中对软件进行测试,这一步主要是为了测试软件的主体功能是否达到要求;

②在不同的目标环境下对软件进行测试,在需求分析时,对软件在不同的目标环境中具有可移植性范围进行了确定,因此需要在确定好的目标环境中进行软件测试,例如一款想要大范围推广的手机软件必须要在 IOS 和 Android 手机操作系统下进行测试,如果没有通过测试,那么这个手机软件是不适合大范围推广的。

在测试过程中需要将错误信息进行详细的记录,这对软件的修改和以后的工作非常有帮助。

3. 软件可移植性的定量分析

软件可移植性的定量分析能够对软件可移植性和开发人员的工作进行有效的度量,软件可移植性定量分析包括以下两个方面。

(1)现在工作内容,这一种定量分析包括了目标环境的个数、与目标环境相关的模块数量、移植到目标环境所需要的工作量以及移植到目标环境的成本。目标环境的个数适用于对比不同软件的可移植性,但是不能够对比移植到不同目标环境的难度。与目标环境相关的模块数量是反映软件在不同目标环境下的移植难度,但是由于模块完成的难度是不一样的,所以这个指标不能完全反映软件移植的难度。移植到目标环境所需要的工作量是软件需要进行修改部分的百分比,它依赖于软件的规模和复杂度,因此这个指标也不能完全反映软件移植的难度。软件移植到目标环境的成本与重新开发软件是对应的,如果一款软件移植到另外一个目标系统中的成本比重新开发功能完全移植的新软件的成本还要高昂时,那么就没有必要进行移植了,如果成本低自然就进行软件移植。

(2)成本周期模型、质量成本和周期是软件开发工作的三个因素。对于一个可移植的软件而言,移植的成本要低,并且移植周期要短。如果一个软件进行移植的成本比重新开发的成本低,移植周期比开发周期短,那么则会进行软件移植,在这里软件可移植性就是软件移植与软件重新开发在成本和时间上的差异具体公式如下:

$$\alpha = 1 - \frac{cost_{\text{port}} \times time_{\text{port}}}{cost_{\text{remake}} \times time_{\text{remake}}} \tag{1.5}$$

在公式(1.5)中,$cost_{\text{port}}$是软件移植的成本,$time_{\text{port}}$是软件移植的周期,$cost_{\text{remake}}$是软件重新开发的成本,$time_{\text{remake}}$是软件重新开发的周期。公式(1.5)表示软件移植的成本越低、周期越短,软件的可移植性就越好。

1.5　系统结构中的并行性开发及计算机系统的分类

1.5.1　并行性的概念和开发

定义1-13　计算机系统中,同时可以完成两种或者两种以上的工作称为计算机系统的并行性。

根据定义可以进行拓展,只要在同一时间间隔内完成两种及以上的性质相同或者不同的操作都能够体现并行性的特点,并行性实际上包括了同时性和并发性两个特性:

(1)同时性,两个及以上事件在同一时间内发生;

(2)并发性,两个及以上事件在同一时间间隔内发生。

从计算机执行方面可以对并行性进行分级,分为指令内部并行、指令之间的并行、进程之间的并行和程序之间的并行。指令内部并行是指一个指令内部的各个微指令的并行,如一条指令内部存在着加减微指令和条件转移微指令等,它们同时执行就是指令内部的并行。指令之间的并行是指多条指令之间的并行,如数据转移指令和加法操作指令的同时执行就是指令之间的并行。进程之间的并行是指多个进程之间的并行,一个程序的运行可能会需要多个进程,这些进程同时执行就被称为进程之间的并行。程序之间的并行是指多个程序之间的并行,如在操作系统中同时运行的通信软件和办公软件,它们同时运行就是程序之间的并行。

从计算机同时处理数据方面可以对并行性进行分级，分为位、字、多字和全字处理。位处理是指同时只能对一个字内的一位进行处理，字处理是指同时只能对一个字进行处理，多字处理是指同时能够对多个字进行处理，全字处理是指同时能够对全部字进行处理。

从信息处理方面，可以对并行性进行分级，分为存储器操作并行、处理器操作步骤并行、处理器操作并行和高级并行。存储器操作并行是指在一个存储周期内访问多个计算机字，处理器操作步骤并行是指将指令的具体操作步骤在时间上重叠并行（即同时执行这些具体操作步骤），处理器操作并行是指使用一条指令对多条数据进行操作，高级并行是指多个处理器使用多条指令对多个数据进行操作。

并行性开发途径主要包括时间重叠、资源重复和资源共享这三种方法。

（1）时间重叠的本质是将一条指令拆分成为不同的步骤，在同一时间上各个不同指令使用不同的功能部件，这样并行能够加快计算机系统的运行速度，设一条指令分为取指部分、分析部分和执行部分，则指令并行的时间关系图如图 1－7 所示。

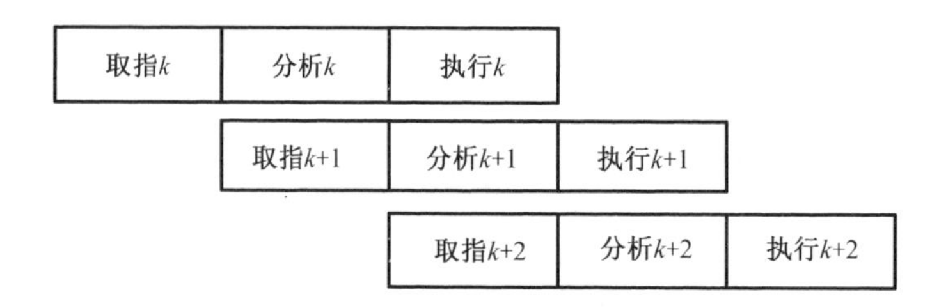

图 1－7　指令并行时间间关系图

如图 1－7 所示，第 $k+2$ 条指令的取指过程、第 $k+1$ 条指令的分析过程和第 k 条指令的执行过程在同一时间间隔内并行运行。

（2）资源重复是重复设置硬件资源来提高性能和可靠性，RAID 磁盘阵列就是通过多块硬盘组合来提高硬盘系统的可靠性。

（3）资源共享是让多个用户按照一定的时间顺序轮流的使用同一个资源，如共享打印机就是多个用户共同使用一个打印机硬件，并且按照先来先服务的策略来运行。

并行计算机是使用并行技术开发的计算机，其包括流水线计算机、阵列计算机、多处理机和数据流计算机。流水线计算机使用时间重叠技术；阵列计算机使用资源重复技术；多处理机使用资源共享技术。数据流计算机是指任何指令（可以有很多条执行）只要数据准备完毕，就可以并行执行，指令的执行结果直接传递给需要该结果的指令。

1.5.2　计算机系统的分类

计算机系统的分类方法有性能分类法、用途分类法、数据类型分类法、处理机种类个数分类法、器件分类法和并行度分类法。其中，并行度分类法还包括 Flynn 分类法、Kuck 分类法、冯式分类法和 ESC 分类法。

1. 性能分类法

性能分类法的分类原则就是性能，根据这种分类法可以将计算机分为巨型计算机、大型计算机、中小型计算机和微型计算机，这种分类方法最大的问题是不同时间段的计算机的性能差别过大。

(1)巨型计算机,这是一类超大型的计算机,是计算机中运行速度最快、存储容量最大、功能最强的计算机,主要用于天气预测、国防事务等关系国计民生的行业。

(2)大型计算机,它的性能比巨型计算机弱,主要是用于大型事务处理系统(企业的数据处理系统)。

(3)中小型计算机,它的性能要比大型计算机性能弱很多,但是它们之间的性能差距已经很小了,主要是用于中小型企业的商业服务器。

(4)微型计算机,它在功能方面比上述计算机都要少,并且在同时代它的性能也要比上述计算机低,主要用于个人使用。

2. 用途分类法

用途分类法的分类原则是用途,根据这种分类法可以将计算机划分为科学计算、事务处理、实时控制、图形工作站、网络服务器和个人计算机。目前,计算机的发展方向是具有上述所有分类功能的通用计算机。

(1)科学计算计算机,需要极快的浮点计算速度。

(2)事务处理计算机,需要强大的字符处理能力、十进制运算能力和数据存储能力。

(3)实时控制计算机,需要极高的中断响应速度。

(4)图形工作站,需要强大的图像处理能力。

3. 数据类型分类法和处理机种类个数分类法

根据数据类型可以将计算机划分为定点机、浮点机、向量机和堆栈机等。目前,计算机的发展方向是能够进行所有数据类型运算。

(1)定点机是使用定点整数和定点小数进行运算的计算机。

(2)浮点机是使用浮点数进行运算的计算机。

(3)向量机是进行向量运算的计算机。

(4)堆栈机是指内存以堆栈存储的计算机。

根据处理机种类和个数可以将计算机划分为单处理机、并行处理机、多处理机、分布式处理机、关联处理机、超标量处理机、超流水线处理机、对称多处理机、大规模并行处理机和集群系统。

4. 器件分类法

根据计算机使用的器件可以将计算机分为四代,主要是根据电子管和晶体管的规模来区分的。

(1)第一代计算机,使用电子管作为开关元件,运行速度慢、内存容量小。

(2)第二代计算机,使用晶体管作为开关元件,运行速度加快、内存容量加大。

(3)第三代计算机,使用集成电路作为基础元件,这一代计算机使用的是小规模集成电路(Small Scale Integration,SSI)和中等规模集成电路(Medium Scale Integration,MSI)。

(4)第四代计算机,使用大规模集成电路作为基础元件,20世纪70年代,这一代经历了大规模集成电路(Large Scale Integrated circuits,LSI)、超大规模集成电路(Very Large Scale Integrated circuits,VLSI)、特大规模集成电路(Ultra Large Scale Integrated circuits,ULSI)到目前的极大规模集成电路(Giga Scale Integration,GSI)。

5. 并行度分类法

按照指令的并行度分类有四种分类方法。

(1)Flynn 分类法。Flynn 分类法是 Michael1966 年提出的,它根据指令流和数据流的并行情况进行分类,指令流是指机器指令序列,数据流是指指令流调用的数据序列。Flynn 将计算机系统结构分成四类,分别是单指令流单数据流(Single Instruction Stream Single Data Stream,SISD)、单指令流多数据流(Single Instruction Stream Multiple DataStream,SIMD)、多指令流单数据流(Multiple Instruction Stream Single DataStream,MISD)和多指令流多数据流(Multiple Instruction Stream Multiple DataStream,MIMD)。Flynn 分类法由于提出时间的缘由导致了其对非冯·诺依曼计算机没有进行分类,并且由于数据流都是收到单一指令流的控制,这就导致了 MISD 的不存在。

单指令流单数据流是指单次执行仅编译一条指令,并且在执行的过程中仅仅提供一条数据,工作流程如图 1-8 所示,指令池发出一条指令,数据池提供一条数据,在处理单元进行执行指令操作。

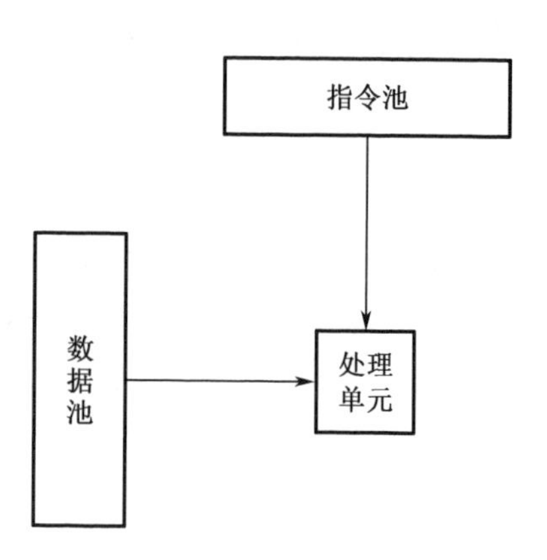

图 1-8 单指令流单数据流工作流程

单指令流多数据流是指单次执行仅编译一条指令,但是在执行过程中使用这条指令来处理多个数据流的数据,工作流程如图 1-9 所示,指令池发出一条指令,数据池提供 3 条数据,分别在 3 个处理单元执行同一条指令操作不同的数据。这种结构在 Intel 的 MMX 和 SSE、AMD 的 3D Now! 中得到了应用,但是由于大多数 CPU 并行处理能力弱于图形处理器(Graphics Processing Unit,GPU),所以在面对这种结构的时候一般采用 GPU 来进行处理。

多指令留单数据流是指一次执行中需要编译多条指令,在执行的过程中用这些指令来处理一个数据流数据,工作流程如图 1-10 所示,指令池发出了 3 条指令,数据池提供了一条数据,分别在 3 个处理单元执行不同的指令操作同一条数据。

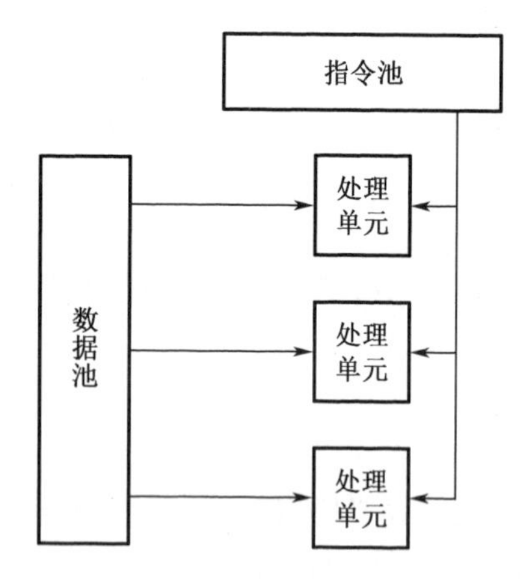

图 1-9 单指令流多数据流工作流程

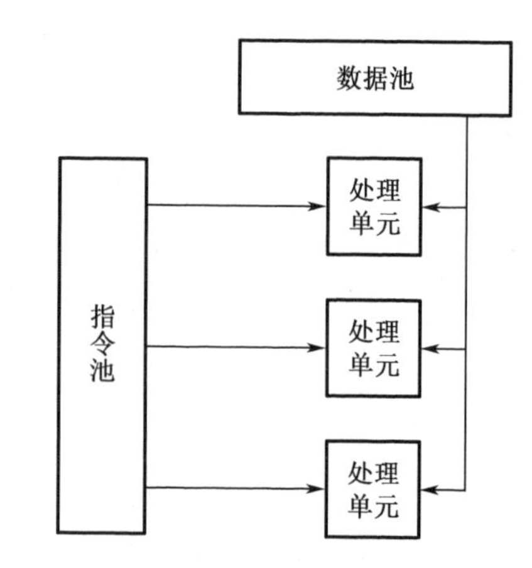

图 1-10 多指令流单数据流工作流程

多指令流多数据流是指在一次执行中需要编译多条指令,在执行的过程中用这些指令来处理多个数据流的数据,工作流程如图 1-11 所示,指令池发出了 2 条指令,数据池提供了 3 条数据,分别在 6 个处理单元执行不同的指令操作不同的数据。这种结构能够实现全面的并行计算,绝大多数并行计算机都采用这种结构,包括并行向量处理机(Parallel Vector Processor,PVP)、对称多处理机(Symmetrical Multi Processor,SMP)、规模并行处理机

(Massively Parallel Processor,MPP)、工作站机群(Cluster Of Workstations,COW)、分布式共享存储系统(Distributed shared Memory,DSM)。具体到计算机型号则包括 IBM370/168MP、UNIVAC1100/80、IBM3081/308、Burroughs D - 825、C. mmp、CRAY - 2、S - 1、CRAY - XMP、Denelcor HEP 等。

(2)Kuck 分类法。Kuck 分类法是 Kuck1978 年提出的,它根据指令流和执行流的并行情况进行分类,将计算机系统结构分成四类,分别是单指令流单执行流(Single Instruction Stream Single ExecutionStream,SISE)、单指令流多执行流(Single Instruction Stream Multiple ExecutionStream, SIME)、多指令流单执行流(Multiple Instruction Stream Single ExecutionStream, MISE)和多指令流多执行流(Multiple Instruction Stream Multiple ExecutionStream,MIME)。

(3)冯式分类法。冯式分类法是美籍华人冯泽云于 1972 年提出的,它根据最大并行度对计算机系统结构进行分类,此分类法只考虑了数据的并行性,并没有考虑指令的并行性。最大并行度是计算机在单位时间内能够处理的最大二进制位数。当一个计算机能够同时处理的字宽为 n,位宽为 m,则最大并行度为 $P_m = m \times n$,计算机的平均并行度计算如下:

$$P_n = \frac{\sum_{i=1}^{n} B_i \cdot t_i}{n} \tag{1.6}$$

式中 t_i——第 i 个时钟周期的时间;

B_i——t_i 能够同时处理的二进制位数;

P_n——在 n 个时钟周期内的平均并行度。

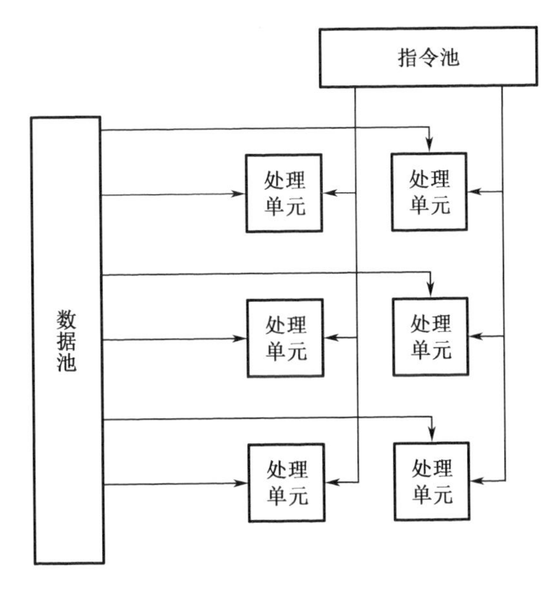

图 1 - 11 多指令流多数据流工作流程

冯式分类法分为四类,分别是字串位串计算机(Word Serial and Bit Serial,WSBS)、字并位串计算机(Word Parallel and Bit Serial,WPBS)、字串位并计算机(Word Serial and Bit Parallel,WSBP)和字并位并计算机(Word Parallel and Bit Parallel,WPBP)。字串位串计算机就是字宽为1、位宽为1的计算机,代表计算机是串行计算机;字并位串计算机就是字宽为大于1、位宽为1的计算机,包括并行计算机、大规模并行处理机等;字串位并计算机就是字宽为1、位宽为大于1的计算机,代表计算机是单处理机;字并位并计算机就是字宽为大于1、位宽为大于1的计算机,代表计算机是全并行计算机。

(4)ESC分类法。ESC分类法是Wolfgan Hindlee于1977年提出的,它根据并行度和流水线对计算机系统结构进行分类。它将计算机的硬件结构分为三层,包括程序控制部件、算术逻辑部件和算术逻辑部件中的逻辑线路,统计这三个层次各个部件的个数并考虑它们的并行性和流水处理程度。

1.5.3 高效能计算机系统的发展

高效能计算机系统主要是指大规模高性能计算机群,这类机群主要是解决科学计算和海量数据处理,包括气象研究、计算模拟(核爆模拟)、基因测序和图像处理等。高效能计算机系统的发展方向主要有百亿亿次计算研究、机器学习技术、图形图像处理单元的应用,以及量子计算等。

百亿亿次计算研究主要是研发一个具有百亿亿次运算能力的计算机系统,目前美国阿贡国家实验室修改了超级计算机Aurora的计划,使其在2020~2021年间成为一个具有百亿亿次运算能力的计算机系统。

机器学习技术在近年来发展速度极快,截至2017年12月,机器学习和各种人工智能学习算法在搜索引擎、图像识别、语言识别等方面表现出了超乎寻常的性能,机器学习技术与传统的高效能计算机系统的结合已经成为新的发展方向。

图形图像处理单元在机器学习中的深度学习领域表现出了极为优秀的能力,英伟达公司的Volta V100 GPU中的每个内核具有高达120万亿次的深度学习能力,并且其浮点运算能力极为强大,满足了高效能计算和深度学习的需求。

量子计算是一种遵循量子力学规律调控量子信息单元进行计算的新型计算模式,它在2017年从原理研究项目转变成为实物,是高效能计算领域发展最快的技术,IBM公司部署了一台20量子位的量子计算机,并设计了一台50量子位的原型机,Google公司也部署了一台22量子位的量子计算机。

习题1

1-1 计算机层次结构的硬件层次和软件层次都包括哪些内容?

1-2 计算机指令集包括哪几种指令集?

1-3 简述除法指令在计算机系统结构、计算机组成和计算机实践中的表现。

1-4 硬件的设计费用为$A_h=1000$,软件的设计费用为$A_s=500$,硬件的重复生产费用为$D_h=10$,软件的重复生产费用为D_s,而且$A_s=10^4\times D_s$,软件实现功能所需要重新设计的次数为$B=5$,软件重复生产次数为$N=5\ 000$,生产此硬件的数量为$M=100\ 000$个,试比较软件费用和硬件费用。

1 -5 已知 Intel 的奔腾Ⅲ 500 处理器的主频是 500 MHz,每条指令所需的平均时钟周期为0.5 个,有 3 条指令流水线,1 个计算机集群系统中由 2 台计算机组成,每台计算机里安装了 4 个奔腾Ⅲ 500 处理器,实际性能为峰值性能的 30%,请问集群系统峰值指令执行速度是多少? 集群系统的实际指令执行速度是多少?

1 -6 采取一种措施可以将计算机系统 A 的某一部件的执行速度加快到原来的 3 倍,这个部件在原处理时间中所占的比例是 20%,同样采取这种措施可以将计算机系统 B 中的同一部件的执行速度加快到原来的 8 倍,但是这个部件在此系统中的处理时间占比为 10%,请计算采取加速措施后整个系统性能是原来的多少倍。

1 -7 现在我们有 CPU A 和 CPU B,A 是通过比较指令设置条件码,然后测试条件码进行分支,B 则是在分支指令中包括比较过程,在这两种 CPU 中,条件分支指令占用 2 个时钟周期而其他指令占用 1 个时钟周期,A 的分支指令占据总指令数量的 30%,A 和 B 的分支指令数量相等,B 的非分支指令数量等于 A 的非比较指令和非分支指令的数量,请问在当 A 的时钟周期是 B 的时钟周期的 0.7 倍的时候,哪一个 CPU 的运行速度更快? 当 A 和 B 的时钟周期相等的时候,哪一个 CPU 的运行速度更快?

1 -8 简述计算机系统的设计思路的种类。

1 -9 简述软件兼容性的种类。

1 -10 简述系列机的特点。

1 -11 一个软件要从 Windows 平台移植到 Linux 平台,它的移植费用是 75 000 元,移植周期是 30 天,它的重构费用是 300 000 元,重构周期是 24 天,请问它的软件可移植性是多少?

1 -12 Flynn 分类法将计算机分成几个类别? 分别是什么?

第 2 章　数据表示与指令系统

数据在计算机内部的表现形式为数字 0 和数字 1 组合而成的各种编码，本章主要介绍各种数据的表示方式和运算方式如何表示和运算、指令系统的基本概念、指令系统的设计和发展改进。

2.1　数 据 表 示

2.1.1　数的符号表示

通常计算机参与运算的数放在寄存器中，寄存器的位数也称为计算机字长。在计算机中参与运算的数有两类，分别是有符号数和无符号数。无符号数是没有符号的数字，也就是寄存器中所有的位数都被用来进行数据存储。有符号数则是有符号的数字，会使用寄存器中的一位来表示符号，0 表示正数，1 表示负数。

通常将 +1 和 -1 这种带有符号的数称为真值，而将在计算机中表示的 01 和 11 这样将符号数字化的数称为机器数，符号数字化后再加上真值的绝对值就构成了有符号数。

【例 2-1】 有符号整数 +1000 和 -1000，有符号小数 +0.001 和 -0.001 在计算机中如何表示？

解　正整数 +1000 在计算机中表示为 01000，负整数 -1000 在计算机中表示为 11000，正小数 +0.001 在计算机中表示为 0.001，负小数 -0.001 在计算机中表示为 1.001。

这时还有一定的疑问，那就是在进行运算的时候，符号位是否参与运算，如果不参与运算那么应该怎样存储和表示，如果参与运算那么又应该怎么进行运算。这几个问题与编码方式有关系，有符号机器数的编码方式包括四种，分别是原码、补码、反码和移码。

1. 原码

原码的符号位在寄存器的最前端，使用 0 表示符号正，使用 1 表示符号负，数值位在符号位的后面，数值位的内容就是真值的绝对值，在例 2-1 中四个数字在计算机中的机器数就是原码，但是整数和小数往往区分得不明确，为此我们制定了两个规则，第一个规则是整数的符号位和数值位使用英文逗号（“,”）来间隔，第二个规则是小数的符号位和数值位使用小数点来间隔，例 2-1 中的整数就可以表示为 0,1000 和 1,1000，小数可以表示为 0.001 和1.001，这种间隔方式可以非常明显地区分出哪个机器数是整数，哪个机器数是小数。

整数的原码表示如公式(2.1)所示，小数的原码表示如公式(2.2)所示。

$$[x]_{整数原码}=\begin{cases}x, 0\leqslant x<2^n\\2^n-x,\ -2^n<x\leqslant 0\end{cases}\tag{2.1}$$

$$[x]_{小数原码}=\begin{cases}x, 0\leqslant x<1\\1-x, -1<x\leqslant 0\end{cases} \tag{2.2}$$

在公式(2.1)中,x 表示数的真值,n 表示整数的位数,公式(2.1)经过拓展可以转换为公式(2.2),公式(2.2)中的 n 值就等于 0。

【例 2-2】 已知有四个数字,它们的真值为 +110100、-101001、+0.101001 和 -0.011001,请根据原码公式计算它们的原码。

解 前两个真值是整数,分别是一正一负;后两个真值是小数,也是一正一负。

根据整数原码的计算公式可以得到两个整数的原码:

当 $x=+110100$ 时,$[x]_{整数原码}=0,110100$;

当 $x=-101001$ 时,$[x]_{整数原码}=2^6-(-101001)=1,101001$。

根据小数原码的计算公式可以得到两个小数的原码:

当 $x=+0.101001$ 时,$[x]_{小数原码}=0.101001$;

当 $x=-0.011001$ 时,$[x]_{小数原码}=1-(-0.011001)=1.011001$。

在这道题中,使用英文的逗号和小数点将符号位和数值位进行分隔。同理,根据公式(2.1)和公式(2.2),可以通过真值的原码求出真值。

【例 2-3】 已知有四个数字的原码,它们分别是 0,110100,1,101001,0.101001 和 1.011001,请通过原码公式计算它们的真值。

解 前两个原码是整数,分别是一正一负;后两个原码是小数,也是一正一负。

根据整数原码的计算公式可以得到两个整数:

当 $[x]_{整数原码}=0,110100$ 时,$x=+110100$;

当 $[x]_{整数原码}=1,101001$ 时,$x=2^6-(1,101001)=-101001$。

根据小数原码的计算公式可以得到两个小数:

当 $[x]_{小数原码}=0.101001$ 时,$x=+0.101001$;

当 $[x]_{小数原码}=1.011001$ 时,$x=1-(1.011001)=-0.011001$。

根据原码公式可以计算出 0 的原码,其中 $[+0]_{小数原码}=0.0000$,$[-0]_{小数原码}=1-(0.0000)=1.0000$,也就是说明,在原码中 0 有两种表示方法,因此在原码中必须区分 0 的正负号。原码表示十分清晰和简单,并且非常容易与真值进行转换,但是原码在进行加法计算的时候则比较复杂,尤其是两个数字的正负号不一样的时候,原码需要比较真值的绝对值并进行减法计算。

2. 补码

如果要将手表的时钟从 3 的位置转移到 12 的位置,那么有两种方法,一种是按照顺时针转移 9 个小时跨度,另外一种是按照逆时针转移 3 个小时跨度。顺时针转移 9 个小时实际上时间走到了 12 时,逆时针转移到 3 个小时实际上时间转移到了 0 时,但是在表盘上 0 时和 12 时是同一个位置,因此这两种方法对于手表来说起到了同一种作用。用数学来表示手表的转移使用模来表示,我们称 -3 是 +9 以 12 为模的补数,我们记作:

$$-3\equiv +9 \pmod{12}$$

同理,可以推得 $-6\equiv +6 \pmod{12}$ 和 $-7\equiv +5 \pmod{12}$,也就是说 -6 和 -7 分别是 +6 和 +5 以 12 为模的补数,当我们确定一个模数的时候可以找到一个与正数等价的负数,这样减去一个正数就等于加上一个负数。通过对不同的模数进行对比可以得出一个负数可用它的正补数来代替,这个正补数可以用模加上负数本身得到,并且当一个正数和一个负数互为补数的时候，它们的绝对值之和就是模数，正数的补数就是该正数。

整数的补码表示如公式(2.3)所示，小数的补码表示如公式(2.4)所示。

$$[x]_{整数补码}=\begin{cases}0,x,0\leqslant x<2^n\\2^{n+1}+x,\ -2^n<x\leqslant 0(\mathrm{mod}\ 2^{n+1})\end{cases} \tag{2.3}$$

$$[x]_{小数补码}=\begin{cases}x,0\leqslant x<1\\2+x,\ -1<x\leqslant 0(\mathrm{mod}\ 2)\end{cases} \tag{2.4}$$

在公式(2.3)中，x 表示数的真值，n 表示整数的位数，公式(2.3)经过拓展可以转换为公式(2.4)，公式(2.4)中的 n 值就等于0。

【例2-4】 已知有四个数字，它们的真值为 +110100、-101001、+0.101001 和 -0.011001，请根据补码公式计算它们的补码。

解 前两个真值是整数，分别是一正一负；后两个真值是小数，也是一正一负。

根据整数补码的计算公式，可以得到两个整数的补码：

当 $x=+110100$ 时，$[x]_{整数补码}=0,110100$；

当 $x=-101001$ 时，$[x]_{整数补码}=2^7+(-101001)=1,010111$。

根据小数补码的计算公式，可以得到两个小数的补码：

当 $x=+0.101001$ 时，$[x]_{小数补码}=0.101001$；

当 $x=-0.011001$ 时，$[x]_{小数补码}=2+(-0.011001)=1.100111$。

在这道题中，使用英文的逗号和小数点将符号位和数值位进行分隔。同理，根据公式(2.3)和公式(2.4)，可以通过真值的补码求出真值。

【例2-5】 已知有四个数字的补码，它们分别是 0,110100，1,010111，0.101001 和 1.100111，请通过补码公式计算它们的真值。

解 前两个补码是整数，分别是一正一负；后两个补码是小数，也是一正一负。

根据整数补码的计算公式可以得到两个整数：

当 $[x]_{整数补码}=0,110100$ 时，$x=+110100$；

当 $[x]_{整数补码}=1,010111$ 时，$x=2^6-(1,101001)=-101001$；

根据小数补码的计算公式可以得到两个小数：

当 $[x]_{小数补码}=0.101001$ 时，$x=+0.101001$；

当 $[x]_{小数补码}=1.100111$ 时，$x=1-(1.011001)=-0.011001$.

根据补码公式，可以计算出0的补码，其中 $[+0]_{小数补码}=0.0000$，$[-0]_{小数补码}=0.0000$，也就是说明在补码中0只有一种表示方法，因此在补码中不需要区分0的正负号。并且通过计算，可以发现这样一个规律：补码是由原码除符号位外每位取反，末位加1得到的，这一规则同样适用于补码转换成为原码。真值补码和真值相反数补码的转换规则是“连同符号位在内按位取反，末位加1”。除此之外还存在着双符号位补码，通常称之为变形补码，它经常被用在阶码运算和溢出判断中。

3. 反码

反码是原码求补码或者补码求原码的中间结果。

整数的反码表示如公式(2.5)所示，小数的反码表示如公式(2.6)所示。

$$[x]_{整数反码}=\begin{cases}0,x,0\leqslant x<2^n\\2^{n+1}+x-1,\ -2^n<x\leqslant 0[\mathrm{mod}(2^{n+1}-1)]\end{cases} \tag{2.5}$$

$$[x]_{小数反码}=\begin{cases}x, 0\leqslant x<1\\2+x-2^{-n}, -1<x\leqslant 0[\mathrm{mod}(2-2^{-n})]\end{cases} \tag{2.6}$$

在公式(2.5)中,x表示数的真值,n表示整数的位数,公式(2.5)经过拓展可以转换为公式(2.6),公式(2.6)中$2-2^{-n}$等于$2^{n+1}-1$除以2^n。

【例2-6】 已知有四个数字,它们的真值为+110100、-101001、+0.101001和-0.011001,请根据反码公式计算它们的反码。

解 前两个真值是整数,分别是一正一负;后两个真值是小数,也是一正一负。

根据整数反码的计算公式可以得到两个整数的反码:

当$x=+110100$时,$[x]_{整数反码}=0,110100$;

当$x=-101001$时,$[x]_{整数反码}=2^7+(-101001)-1=1,010110$。

根据小数反码的计算公式可以得到两个小数的反码:

当$x=+0.101001$时,$[x]_{小数反码}=0.101001$;

当$x=-0.011001$时,$[x]_{小数反码}=2+(-0.011001)-2^{-7}=1.100110$。

在这道题中,使用英文的逗号和小数点将符号位和数值位进行分隔。同理,根据公式(2.5)和公式(2.6),可以通过真值的反码求出真值。

【例2-7】 已知有四个数字的反码,它们分别是0,110100,1,010110,0.101001和1.100110,请通过反码公式计算它们的真值。

解 前两个反码是整数,分别是一正一负;后两个反码是小数,也是一正一负。

根据整数反码的计算公式可以得到两个整数:

当$[x]_{整数反码}=0,110100$时,$x=+110100$;

当$[x]_{整数反码}=1,010110$时,$x=2^6-(1,101001)=-101001$。

根据小数反码的计算公式可以得到两个小数:

当$[x]_{小数反码}=0.101001$时,$x=+0.101001$;

当$[x]_{小数反码}=1.100110$时,$x=1-(1.011001)=-0.011001$。

根据反码公式,可以计算出0的补码,其中$[+0]_{小数反码}=0.0000$,$[-0]_{小数反码}=1.1111$,也就是说明在反码中0有两种表示方法,因此在反码中需要区分0的正负号。并且通过计算,可以发现这样一个规律:补码是由原码除符号位外每位取反,这一规则同样适用于补码转换成为原码。

结合上面三种编码的介绍可以发现原码、补码和反码的关系:

(1)原码、补码和反码的最高位均是符号位,并使用英文的逗号和小数点将符号位和数值位进行分隔;

(2)真值为正数的时候,原码、补码和反码的值是相同的;

(3)真值为负数的时候,原码和补码的转换原则是“按位取反,末位加1”,原码和反码的转换原则是“按位取反”。

4. 移码

移码就是数的真值加上2^n(n为数的整数的位数),移码表示如公式(2.7)所示。

$$[x]_{移码}=2^n+x \tag{2.7}$$

在公式(2.7)中,x表示数的真值,n表示整数的位数。

【例2-8】 已知有四个数字,它们的真值为+110100、-101001、+0.101001和-0.011001,请根据移码公式计算它们的移码。

解　根据移码的计算公式可以得到两个整数的移码：

当 $x = +110100$ 时，$[x]_{移码} = 1110100$；

当 $x = -101001$ 时，$[x]_{移码} = 2^7 + (-101001) = 0010111$。

当 $x = +0.101001$ 时，$[x]_{移码} = 1.101001$；

当 $x = -0.011001$ 时，$[x]_{移码} = 1 + (-0.011001) = 0.100111$；

根据公式(2.7)，可以通过真值的移码求出真值。

【例 2－9】　已知有四个数字的移码，它们分别是 1110100，0010111，1.101001 和 0.100111，请通过移码公式计算它们的真值。

解　根据移码公式可以得到四个真值：

当 $[x]_{移码} = 1110100$ 时，$x = 1110100 - 2^6 = +110100$；

当 $[x]_{移码} = 0010111$ 时，$x = 0010111 - 2^6 = -101001$；

当 $[x]_{移码} = 1.101001$ 时，$x = 1.101001 - 1 = +0.101001$；

当 $[x]_{移码} = 0.100111$ 时，$x = 0.100111 - 1 = -0.011001$。

根据移码公式，可以计算出 0 的移码，其中 $[+0]_{移码} = 100000$，$[-0]_{移码} = 100000$，也就是说明在移码中 0 有一种表示方法，因此在移码中不需要区分 0 的正负号。并且通过计算，可以发现这样一个规律：移码是由补码的符号位取反得到的，同理，移动的符号位取反即可得到补码。

2.1.2　数的定点表示和浮点表示

在计算机中，小数点不用专门的器件或者数位来表示，而是使用规定来表示，有两种小数点表示方法，定点表示和浮点表示。定点表示的数叫作定点数，浮点表示的数叫作浮点数。

1. 定点数

小数点固定在某一位置的数为定点数，定点数有两种，第一种定点数是小数点在符号位和数值位之间，第二种定点数是小数点在数值位之后。使用定点数的计算机叫作定点机，定点机的概念在 1.5 节中已经进行了解释，由于定点数有两种，所以定点机也只有两种，即整数定点机和小数定点机，因此当定点机处理的数不是纯小数或者纯整数的时，就必须乘以一个小于 1 的数值，否则会产生溢出。

2. 浮点数

计算机处理的数字绝大多数都不是纯小数和纯整数，这些数字不能使用定点数来表示，但是可以用浮点数来表示，例如 $3.14 = 0.314 \times 10 = 0.0314 \times 10^2$，这三种表示形式代表的是一个数，很显然此处的小数点的位置是变化的，从上面这个等式得到浮点数的表示形式为公式(2.8)，使用浮点数的计算机称之为浮点机。

$$N = M \times B^i \tag{2.8}$$

其中，M 是尾数，B 是底数，i 是指数，目前，计算机系统中底数一般情况是 2 以及 2 的乘方。

浮点数在计算机中包括两个部分，分别是阶码 i 和尾数 M，数中阶码在前，尾数在后。阶码是整数，包括阶符和阶码位数，尾数包括数符和数值部分，数符表示数的正负，尾数的数值部分反映浮点数的精度。

假设浮点数的阶码数值为 m 位，尾数的数值为 n 位，可以计算得到浮点数的最大正数

为 $2^{(2^m-1)}\times(1-2^{-n})$，最小正数为 $2^{-(2^m-1)}\times2^{-n}$，最大负数为 $-2^{-(2^m-1)}\times2^{-n}$，最小负数为 $-2^{(2^m-1)}\times(1-2^{-n})$。当浮点数的阶码大于最大阶码时，出现上溢的情况，机器停止运算并进行溢出处理；当浮点数的阶码小于最小阶码的时候出现下溢的情况，此时一般将尾数强制归0，之后计算机可以正常运行。

为了提高浮点数的精度必须将浮点数的尾数进行规格化，如果不是规格化数，则可以通过修改阶码与移动尾数使其变为规格化数，这一过程称为规格化。当底数为2的时候，尾数的最高位为1的数为规格化数，规格化时尾数向左移动一位，阶码需要减1（这种方法称为向左规格化）；尾数向右移动一位，阶码需要加1（这种方法称为向右规格化）。浮点机确定底数之后就不再进行更改了，底数不同数的范围和精度都不同，一般而言底数越大，浮点机能够表示的数的范围就越大，但与此同时精度一般就会下降。

3. 浮点数和定点数的比较

(1)表示范围，当浮点数和定点数的位数相同时，浮点数的表示范围大于定点数的表示范围。

(2)表示精度，当浮点数为规格化数时，浮点数的表示精度比定点数高。

(3)运算速度，浮点数的运算结果需要规格化，浮点数运算步骤比定点数运算多，因此定点数运算的速度比浮点数运算的速度要快。

(4)溢出情况，浮点数对规格化的阶码进行判断，定点数是对数值本身进行判断。小数定点机只要数大于1就停止运算，必须在编程前选择比例，而浮点机只有在发生上溢的情况下才停止运算，因此在溢出性能方面浮点机比定点机要强。

从上面的比较可以看出浮点数在表示精度、范围和溢出情况方面都占据优势，但是在运算速度方面要比定点数要低。伴随着计算机硬件性能的不断提高，一般计算机都采用浮点数。

4. 浮点数计算

【例2－10】 设浮点数的字长为16位，其中阶码的位数是5位（1位阶符），尾数的位数为11位（1位数符），将十进制数 $+\frac{15}{128}$ 转换成二进制定点数和浮点数，并写出其在定点机和浮点机中的机器数形式。

解 十进制数 $+\frac{15}{128}$ 转换为二进制数是0.0001111000；

定点数表示是0.0001111000；浮点数规格化表示是 $0.1111000000\times2^{-11}$；

在定点机中原码、补码和反码都是0.0001111000；

在浮点机中原码是1,0011;0.1111000000，补码是1,1101;0.1111000000，反码是1,1100;0.1111000000。

【例2－11】 十进制数－27，将其表示为二进制定点数和浮点数，并写出其在定点机和浮点机中的机器数形式。

解：十进制数－27转换为二进制数是－11011；

定点数表示是－0000011011；浮点数规格化表示是 $0.1101100000\times2^{-101}$；

在定点机中原码是1,0000011011、补码是1,1111100101和反码是1,1111100100；

在浮点机中原码是0,0101;1.0010000000，补码是0,0101;1.1101100001，反码是0,0101;1.1101100000。

一般用补码来表示尾数,用移码来表示阶码。任何一个浮点数尾数为0时,不管阶码是多少,计算机都认为这个浮点数为0,这个就是机器零,而当阶码为0尾数为0的时候,机器零是000000……000000。

5. IEEE 754标准

目前,大多数计算机采用IEEE 754标准作为浮点数的国际标准,在这个标准中常用的浮点数有三种,分为短实数、长实数和临时实数,它们分别包括三个部分符号位、阶码和尾数,符号位表示浮点数的正负,阶码使用移码表示(不同的浮点数类型具有不同的偏移量),尾数部分使用规格化表示。

2.1.3 定点数运算及溢出处理

定点数的运算包括移位运算、加法运算、减法运算、乘法运算和除法运算这五种。

1. 移位运算

移位运算就是1 kg可以变成1 000 g,从数字角度1 000就是将1的小数点向右移动了三位并且在小数点前的位上添加0(换种说法就是数相对于小数点向左移动了三位),十进制的小数点向右移动几位就是将这个数字乘以10的几次方。计算机因为其进制为二进制,因此它的移位运算实际上就是乘以或者除以2的次方,移位运算和加法运算结合可以实现乘法运算和除法运算。

由于正数的原码、补码和反码都等于其真值,因此无论怎么移位出现的空位都填0,而负数的原码、补码和反码都表示形式不同,进行移位运算的时候其空位填补规则也是不同的。移位运算的规则见表2-1。

表2-1 移位运算的空位填补规则

<table>
<tr><th>真值</th><th>码制</th><th>填补代码</th></tr>
<tr><td>正数</td><td>原码、补码、反码</td><td>0</td></tr>
<tr><td rowspan="4">负数</td><td>原码</td><td>0</td></tr>
<tr><td rowspan="2">补码</td><td>左移填0</td></tr>
<tr><td>右移填1</td></tr>
<tr><td>反码</td><td>1</td></tr>
</table>

根据上表得到以下四方面结论。

(1)当真值为正数的时候,不论进行什么样的移位运算,空位均填0。

(2)负数的原码数值部分与真值是相同的,进行移位运算的时候符号位不变,其余空位均填0。

(3)负数的反码数值部分与原码相反,进行移位运算填的数也就与原码移位的数相对应,即填1。

(4)负数的补码数值部分最后一个1的左侧与反码相同,右侧与原码相同,因此在左移的时候也就是右侧会出现空位,这个时候与原码的移位规则相同(即填0),在右移的时候也就是左侧会出现空位,这个时候与反码的移位规则相同(即填1)。

下面来做一道例题来看看如何进行移位运算。

【例 2-12】 设计算机字长为 8 位(1 位符号位),若 A = +21,B = -18,写出这两个数进行左移一位、两位运算和右移一位、两位运算后的表现形式和其真值,并分析其结果。

解　A = +21,则 A 的原码、补码和反码的值是相同的,等于 0,0010101,我们对其进行移位运算,结果见表 2-2。

表 2-2　+21 的移位运算结果

移位操作	机器数	真值
真值	0,0010101	+21
左移一位	0,0101010	+42
左移两位	0,1010100	+84
右移一位	0,0001010	+10
右移两位	0,0000101	+5

对正数进行移位后可以发现,左移的时候最高位数丢失信息 1,结果错误,右移的时候最低位数丢失信息 1,影响精度。

B = -18,其真值等于 1,0010010,B 的原码、补码和反码分别进行移位操作,对其进行移位运算,结果见表 2-3。

表 2-3　-18 的移位运算结果

移位操作	机器数		真值
移位前原码	原码	1,0010010	-18
左移一位		1,0100100	-36
左移两位		1,1001000	-72
右移一位		1,0001001	-9
右移两位		1,0000100	-4
移位前补码	补码	1,1101110	-18
左移一位		1,1011100	-36
左移两位		1,0111000	-72
右移一位		1,1110111	-9
右移两位		1,1111011	-5
移位前反码	反码	1,1101101	-18
左移一位		1,1011011	-36
左移两位		1,0110111	-72
右移一位		1,1110110	-9
右移两位		1,1111011	-4

对负数的原码、补码和反码分别进行移位运算后可以发现,负数原码左移最高位丢失信息1,结果错误,右移最低位丢失信息1,影响精度;补码左移最高位丢失信息0,结果错误,右移最低位丢失信息1,影响精度;反码左移最高位丢失信息0,结果错误,右移丢失信息0,影响精度。

有符号位的移位运算称为算术移位,无符号位的移位称为逻辑移位。与算术移位不同,逻辑移位无论左移还是右移都会在空位填0。为了避免算术左移时最高位丢失信息1,可以采用带进位的移位,将符号位移动至进位,则最高位就不会丢失信息了。

2. 加法运算和减法运算

在计算机中,减法运算就是使用补数的原理来进行计算,减去一个数就等于加上这个数的负数,也就是 $A-B=A+(-B)$,因此在计算机中加法运算和减法运算的工作原理是相同的,并且使用补码作为加减法运算的编码。

加法运算的基本公式(2.9)和公式(2.10),分别是整数的加法和小数的加法。补码中一个正数的补码和其相反数的补码的转换规则是"连同符号位在内按位取反,末位加1",根据这个规则和 $A-B=A+(-B)$,可以将加法公式转换为减法公式,减法运算的基本公式(2.11)和公式(2.12),分别是整数的减法和小数的减法。

$$[A]_{整数补码}+[B]_{整数补码}=[A+B]_{整数补码}(\bmod 2^{n+1}) \tag{2.9}$$

$$[A]_{小数补码}+[B]_{小数补码}=[A+B]_{小数补码}(\bmod 2) \tag{2.10}$$

$$[A]_{整数补码}-[B]_{整数补码}=[A]_{整数补码}+[-B]_{整数补码}=[A-B]_{整数补码}(\bmod 2^{n+1}) \tag{2.11}$$

$$[A]_{小数补码}-[B]_{小数补码}=[A]_{小数补码}+[-B]_{小数补码}=[A-B]_{小数补码}(\bmod 2) \tag{2.12}$$

补码在进行加法运算时,可以把符号位及数值位一同运算,只要结果不超过表示范围,运算结果按照 2^{n+1} 取模(小数补码运算的时候 $n=0$),这样就能得到加法运算的结果,同理,减法运算也是如此。

【例2-13】 已知 $A=0.1000$,$B=-0.0010$,求 $[A+B]_{补码}$。

解 $A=0.1000$,$B=-0.0010$,这时有 $[A]_{补码}=0.1000$,$[B]_{补码}=1.1110$。

所以有 $[A]_{补码}+[B]_{补码}=[A+B]_{补码}=10.0110$,根据 mod 2 的原则,将最左侧的1丢弃,此时 $[A+B]_{补码}=0.0110$,经过验算后结果是正确的。

【例2-14】 已知 $A=+1100$,$B=-0011$,求 $[A+B]_{补码}$。

解 $A=+1100$,$B=-0011$,这时有 $[A]_{补码}=0,1100$,$[B]_{补码}=1,1101$。

所以有 $[A]_{补码}+[B]_{补码}=[A+B]_{补码}=10,1001$,根据 mod 2^5 的原则,将最左侧的1丢弃,这个时候 $[A+B]_{补码}=0,1001$,经过验算后结果是正确的。

【例2-15】 已知 $A=+1100$,$B=-0011$,求 $[A-B]_{补码}$。

解 $A=+1100$,$B=-0011$,这时有 $[A]_{补码}=0,1100$,$[B]_{补码}=1,1101$,$[-B]_{补码}=0,0011$。

所以有 $[A]_{补码}-[B]_{补码}=[A]_{补码}+[-B]_{补码}=[A-B]_{补码}=0,1111$,由于不产生进位,所以这个结果就是最后的结果,经过验算后结果是正确的。

【例2-16】 已知计算机字长为8位(1位符号位),$A=-71$,$B=+41$,求 $[A-B]_{补码}$。

解 $A=-71=-1000111$,$B=+41=+0101001$,这时有 $[A]_{补码}=1,0111001$,$[B]_{补码}=0,0101001$,$[-B]_{补码}=1,1010111$。

所以有 $[A]_{补码}-[B]_{补码}=[A]_{补码}+[-B]_{补码}=[A-B]_{补码}=11,0010000$,根据 mod 2^7

的原则将最左侧的 1 丢弃,这个时候$[A-B]_{补码}=1,0010000$,还原成真值是 -112,经过验算后结果是正确的。

【例 2-17】 已知计算机字长为 8 位(1 位符号位),A = -111,B = +41,求$[A-B]_{补码}$。

解 A = -111 = -1101111,B = +41 = +0101001,这时有$[A]_{补码}=1,0010001$,$[B]_{补码}=0,0101001$,$[-B]_{补码}=1,1010111$。

所以有$[A]_{补码}-[B]_{补码}=[A]_{补码}+[-B]_{补码}=[A-B]_{补码}=10,1101000$,根据 mod 2^7 的原则将最左侧的 1 丢弃,此时,$[A-B]_{补码}=0,1101000$,还原成真值是 104,这与正常结果 -152 不相符,实际上是因为 -152 超过了计算机字长能够表示的范围产生了溢出,因此必须对结果是否溢出进行判断。

溢出判断有两种方法,分别是使用一位符号位和两位符号位来判断溢出。

(1)一位符号位判断溢出。在加法中只有正数加上正数或者负数加上负数才可能发生溢出情况,在减法中只有正数减去负数或者负数减去正数才有可能发生溢出的情况,因此不需要考虑加法中符号不同和减法中符号相同的情况。参与运算的两个数的符号相同(减法运算的时候就是被减数的符号和减数相反数的补码的符号),结果与原操作数的符号不同就是溢出。如例 2-15 中,被减数的符号是负号,减数的相反数的符号也是负号,它们两个符号相同,计算结果的符号也是负号,这样就没有发生溢出;与此对应的就是例 2-16,被减数和减数相反数的符号都是负号,但是结果的符号是正号,这就说明发生了溢出。

(2)两位符号位判断溢出。两位符号位就是在补码中说到的变形补码,变形补码的定义如公式(2.13),使用变形补码进行运算时,两位符号位都参与运算,最高位进位自动丢弃,可以得到正确的结果。变形补码判断溢出的规则是当两位符号位不同的时候表示溢出,当两位符号位相同的时候则表示没有溢出,无论是否发生溢出,符号位的最高位就是正确的符号。

$$[x]_{补''}=\begin{cases}x,0\leqslant x<1\\4+x,\ -1\leqslant x<0(\mathrm{mod}\ 4)\end{cases}\tag{2.13}$$

【例 2-18】 已知计算机字长为 8 位(1 位符号位),A = -115,B = +59,求$[A-B]_{补码}$。

解 A = -115 = -1110011,B = +59 = +0111011,这时有$[A]_{补码}=1,0001101$,$[B]_{补码}=0,0111011$,$[-B]_{补码}=1,1000101$。

所以,有$[A]_{补码}-[B]_{补码}=[A]_{补码}+[-B]_{补码}=[A-B]_{补码}=10,1010010$,根据两位符号位判断溢出的规则,结果表明已经溢出了,符号位为 10,但是第一位符号是 1,表示结果的真正符号是负号。

上述的结论对小数也是成立的。在浮点机中,如果阶码也是使用两位符号位,那么判断溢出的规则与定点数判断溢出规则完全相同。

3. 乘法运算

二进制乘法运算的规则与十进制乘法运算的规则是类似的,但是二进制由于只有 0 和 1 这两个数字,所以它在计算机中的乘法运算规则比较简单,主要是进行了左移运算和加法运算。

【例 2-19】 A = 0.1101,B = 0.1011,求 A × B。

解 符号计算是由两个符号位来进行异或运算的,异或运算的规则见表 2-4,也就是说正数和正数、负数和负数相乘得到正数,正数和负数、负数和正数相乘得到负数。

表 2-4 异或运算值

异或运算	0	1
0	0	1
1	1	0

A×B 的计算思路是用 B 的数值位从低到高分别乘以 A 的数值位,并进行移位操作,这四个部分积相加就得到了 A×B 的结果 1101011。乘法运算的过程见表 2-5。

表 2-5 乘法运算过程

部分积	乘数	说明
0.0000 +0.1101	1011	部分积为 0,乘数为 1,加被乘数
0.1101 0.0110 +0.1101	1101	右移一位,得到新的部分积;乘数同时右移一位 乘数为 1,加被乘数
1.0011 0.1001 +0.0000	1 1110	右移一位,得到新的部分积;乘数同时右移一位 乘数为 0,加 0
0.1001 0.0100 +0.1101	11 1111	右移一位,得到新的部分积;乘数同时右移一位 乘数为 1,加被乘数
1.0001 0.1000	111 1111	右移一位,得到最后结果

根据例 2-19 可以总结出乘法运算的三个过程。

(1)乘法运算可以用移位运算和加法运算来完成,两个 4 位整数需要 4 次移位运算和 4 次加法运算。

(2)由乘数的末位值确定被乘数是否与原部分积相加,然后右移一位,形成新的部分积,与此同时乘数也右移一位,由倒数第二位作为新的末位,空出的最高位放部分积的最低位。

(3)每一次进行加法运算的时候,被乘数仅仅与原部分积的高位相加,其低位被转移到乘数空出来的高位。

上文介绍了乘法运算的原理,乘法运算包括原码乘法和补码乘法。原码乘法包括原码一位乘和原码两位乘;补码乘法包括补码一位乘和补码两位乘。原码与真值只相差一个符号,乘法的符号可以通过异或运算得到,因此乘法运算的原理可以直接使用,原码两位乘则使用两位高位乘数和触发器标志完成数值部分的计算。原码乘法比较好实现,机器内部如果使用原码乘法则会导致增加很多步骤，所以很多机器直接使用补码相乘，避免码制的转换。

原码一位乘的符号由两个原码符号的异或运算决定，数值部分等于两个真值的绝对值的乘积。假设$[x]_{原码}=x_0.x_1x_2\cdots x_n$，$[y]_{原码}=y_0.y_1y_2\cdots y_n$，则公式（2.14）如下。

$$[x]_{原码}\cdot[y]_{原码}=x_0\oplus y_0\cdot(0.x_1x_2\cdots x_n)(0.y_1y_2\cdots y_n)=[x\cdot y]_{原码} \tag{2.14}$$

【例 2-20】　已知$x=-0.1110$，$y=-0.1101$，求$[x\cdot y]_{原码}$。

解　$[x]_{原码}=1.110$，$[y]_{原码}=1.1101$，$[x]_{绝对值}=0.1110$，$[y]_{绝对值}=0.1101$，$x_0=1$，$y_0=1$，根据公式（2.14）可以得到以下结果：

$[x]_{原码}\cdot[y]_{原码}=1\oplus 1\cdot(0.1110)(0.1101)=0.10110110$。

在公式（2.14），绝对值的乘积过程与例 2-19 一致，直接带入数字即可，这里就不给出详细的计算过程了。

原码两位乘的符号由两位乘数的状态决定部分积如何形成，两位乘数有四种状态，见表 2-6。

表 2-6　两位乘数对应的部分积

乘数 $y_{n-1}y_n$	新的部分积
00	新部分积等于原部分积右移两位
01	新部分积等于原部分积加被乘数后右移两位
10	新部分积等于原部分积加 2 倍的被乘数后右移两位
11	新部分积等于原部分积加 3 倍的被乘数后右移两位

表中 2 倍的被乘数即相当于左移一位，3 倍的被乘数相当于减去一倍的被乘数再加上 4 倍的被乘数，加 4 倍的被乘数可以由比 11 高的两位乘数代替完成，可以看作是在高两位乘数上加 1，这个 1 存放在触发器中，当触发器的值为 1 的时候，就对高两位乘数加 1 并完成加上 4 倍的被乘数。原码两位乘的运算规则见表 2-7。

表 2-7　原码两位乘的运算规则

乘数 $y_{n-1}y_n$	触发器标志	操作内容
00	0	原部分积右移两位，y 的绝对值右移两位，触发器标志设置为 0
01	0	原部分积加上 x 的绝对值后右移两位，y 的绝对值右移两位，触发器标志设置为 0
10	0	原部分积加上 2 倍 x 的绝对值后右移两位，y 的绝对值右移两位，触发器标志设置为 0
11	0	原部分积减去 x 的绝对值后右移两位，y 的绝对值右移两位，触发器标志设置为 1
00	1	原部分积加上 x 的绝对值后右移两位，y 的绝对值右移两位，触发器标志设置为 0

表 2-7(续)

乘数 $y_{n-1}y_n$	触发器标志	操作内容
01	1	原部分积加上 2 倍 x 的绝对值后右移两位,y 的绝对值右移两位,触发器标志设置为 0
10	1	原部分积减去 x 的绝对值后右移两位,y 的绝对值右移两位,触发器标志设置为 1
11	1	原部分积右移两位,y 的绝对值右移两位,触发器标志设置为 1

为了统一用两位乘数和一位触发器标志管理全部操作,需要在乘数(乘数位数为偶数的时候)的最高位前加上 00,当乘数最高两个有效位出现 11 的时候就将触发器设置为 1,与加上的 00 结合形成 001 操作,是指加上 x 的绝对值并且不进行移位。

【例 2-21】 已知 $x=0.111111$,$y=-0.111001$,用原码两位乘来求$[x \cdot y]_{原码}$。

解 符号部分的确定是通过异或运算来完成的,即 $x_0 \oplus y_0 = 0 \oplus 1 = 1$,也就是符号部分是负号。

数值部分的计算过程见表 2-8,$[x]_{绝对值}=0.111111$,$[y]_{绝对值}=0.111001$,$[-x]_{补码}=1.000001$,$2[x]_{绝对值}=1.111110$。

表 2-8 例 2-21 数值部分计算过程

部分积	乘数 $y_{n-1}y_n$	触发器	说明
000.000000 +000.111111	00111001	0	开始,部分积为 0,触发器为 0,结合 $y_{n-1}y_n$ 和触发器有标志 010,即为加 x 的绝对值操作,触发器设置为 0
000.111111 000.001111 +001.111110	11001110	0	部分积右移两位,得到新的部分积,乘数同时右移两位,有标志 100,即为加 2 倍 x 的绝对值操作,触发器设置为 0
010.001101 000.100011 +111.000001	01110011	0	部分积右移两位,得到新的部分积,乘数同时右移两位,有标志 110,即为减 x 的绝对值(加$[-x]_{补码}$),触发器设置为 1
111.100100 111.111001 +000.111111	00011100	1	部分积右移两位,得到新的部分积,乘数同时右移两位,有标志 001,即为加 x 的绝对值,触发器设置为 0
000.111000	000111		部分积结合乘数 $y_{n-1}y_n$ 得到最终结果

根据表 2-8,计算得到数值部分为 0.111000000111,结合符号位的 1,得到$[x \cdot y]_{原码}=1.111000000111$。

补码一位乘法,假设被乘数为$[x]_{补码}=x_0.x_1x_2\cdots x_n$,乘数为$[y]_{补码}=y_0.y_1y_2\cdots y_n$,这个时候有三种情况:

(1)被乘数 x 的符号是任意的,乘数 y 的符号是正的,此时补码一位乘法如公式

(2.15)。

$$[x]_{补码}\cdot[y]_{补码}=2^{n+1}\cdot y+xy=[x\cdot y]_{补码}\bmod 2 \tag{2.15}$$

即$[x\cdot y]_{补码}=[x]_{补码}\cdot[y]_{补码}=[x]_{补码}\cdot y$。对照原码乘法规则，当 y 为正数时，不管被乘数 x 的符号是什么，都可以按照原码乘法规则运算，但是加法运算和移位运算必须按照补码的加法和移位来运算。

(2)被乘数 x 的符号是任意的，乘数 y 的符号是负的，此时被乘数$[x]_{补码}=x_0\cdot x_1x_2\cdots x_n$，乘数为$[y]_{补码}=1\cdot y_1y_2\cdots y_n=2+y(\bmod 2)$，有 $y=0\cdot y_1y_2\cdots y_n-1$，这时有$[x\cdot y]_{补码}=[x(0\cdot y_1y_2\cdots y_n)]_{补码}+[-x]_{补码}$。并且$[x(0\cdot y_1y_2\cdots y_n)]_{补码}=[x]_{补码}(0\cdot y_1y_2\cdots y_n)$，所以可以得到$[x\cdot y]_{补码}=[x]_{补码}(0\cdot y_1y_2\cdots y_n)+[-x]_{补码}$。由此得出，当乘数为负，候就是把乘数的补码去掉符号位，当成一个正数与被乘数的补码相乘，然后加上被乘数相反数的补码。

【例 2-22】　已知$[x]_{补码}=0.1101$，$[y]_{补码}=1.0101$，求$[x\cdot y]_{补码}$。

解　因为乘数小于0，所以将其符号位去掉，与被乘数的补码相乘，然后再加上被乘数相反数的补码，整个计算过程见表 2-9。

表 2-9　例 2-22 运算过程

部分积	乘数	说明
00.0000 +00.1101	0101	开始，部分积为 0，乘数第四位为 1，加上$[x]_{补码}$
00.1101 00.0110 00.0011 +00.1101	1010 0101	部分积右移一位，得到新部分积，乘数同时右移一位，乘数第三位为 0，加 0 右移一位，得到新部分积，乘数右移一位，成熟第二位为 1，加上$[x]_{补码}$
01.0000 00.1000 00.0100 +11.0011	01 0010 0001	部分积右移一位，得到新部分积，乘数同时右移一位，乘数第一位为 0，加 0 右移一位，得到新部分积，加上$[-x]_{补码}$
11.0111	0001	得到最终结果

根据表 2-9 计算过程得到最终的结果为$[x\cdot y]_{补码}=1.01110001$

(3)被乘数 x 的符号是任意的，乘数 y 的符号也是任意的，被乘数为$[x]_{补码}=x_0.x_1x_2\cdots x_n$，乘数为$[y]_{补码}=y_0.y_1y_2\cdots y_n$，补码一位乘法如公式(2.16)。

$$[x\cdot y]_{补码}=[x(0.y_1y_2\cdots y_n)]_{补码}+[-x]_{补码}\cdot y_0 \tag{2.16}$$

在运算过程中，由 $y_{i+1}-y_i$ 来决定原部分积是加$[x]_{补码}$、$[-x]_{补码}$还是 0，并且右移一位，到第 n 步的时候则是由 y_1-y_0 来决定原部分积是加$[x]_{补码}$、$[-x]_{补码}$还是 0，但是不进行移位运算了。表 2-10 体现了 $y_{i+1}-y_i$ 的值如何决定原部分积的操作。

表 2-10 $y_{i+1}-y_i$ 的值对应的操作

$y_{n-1}y_n$	$y_{i+1}-y_i$	说明
00	0	部分积右移一位
01	1	部分积加$[x]_{补码}$,右移一位
10	-1	部分积加$[-x]_{补码}$,右移一位
11	0	部分积右移一位

【例 2-23】 已知$[x]_{补码}=1.0101$,$[y]_{补码}=1.0011$,求$[x \cdot y]_{补码}$。

解 整个计算过程见表 2-11。

表 2-11 例 2-23 运算过程

部分积	乘数 y_n	附加位 y_{n+1}	说明
00.0000 +00.1011	10011	0	$y_{n-1}y_n=10$,部分积加$[-x]_{补码}$
00.1011 00.0101 00.0010 +11.0101	11001 11100	1 1	右移一位,得到新的部分积 $y_{n-1}y_n=11$,部分积右移一位,得到新的部分积 $y_{n-1}y_n=01$,部分积加$[x]_{补码}$
11.0111 11.1011 11.1101 +00.1011	11 11110 11111	0 0	右移一位,得到新的部分积 $y_{n-1}y_n=00$,部分积右移一位,得到新的部分积 $y_{n-1}y_n=10$,部分积加$[-x]_{补码}$
00.1000	1111		最后一步不移位,得到最终的结果

根据表 2-11 计算得到最终的结果为$[x \cdot y]_{补码}=0.10001111$,由此表明第三种方法不受到乘数和被乘数符号的限定,这就决定了其在计算机中广泛使用。

补码两位乘是将补码一位乘中的 $y_{n-1}y_n$ 和 y_ny_{n+1} 的比较操作合二为一得到的,补码两位乘的运算规则如表 2-12 所示,在 011 和 100 操作中可能引起溢出侵占符号位,因此采用 3 位符号位的设定。

表 2-12 补码两位乘的运算规则

判断位 $y_{n-1}y_ny_{n+1}$	具体操作
000	部分积右移两位
001	加$[x]_{补码}$,部分积右移两位
010	加$[x]_{补码}$,部分积右移两位
011	加 2 倍的$[x]_{补码}$,部分积右移两位

表 2－12(续)

判断位 $y_{n-1}y_ny_{n+1}$	具体操作
100	加2倍的$[-x]_{补码}$，部分积右移两位
101	加$[-x]_{补码}$，部分积右移两位
110	加$[-x]_{补码}$，部分积右移两位
111	部分积右移两位

【例 2－24】 已知$[x]_{补码}=0.0101$，$[y]_{补码}=1.0101$，求$[x \cdot y]_{补码}$。

解　整个计算过程见表 2－13。

表 2－13　例 2－24 运算过程

部分积	乘数	操作内容
000.0000 +000.0101	1101010	判断位是010，加$[x]_{补码}$
000.0101 000.0001 +000.0101	0111010	右移两位 判断位是010，加$[x]_{补码}$
000.0110 000.0001 +111.1011	01 1001110	右移两位 判断位是110，加$[-x]_{补码}$
111.1100	1001	最后一步不移位，得到最终结果

根据表 2－13 计算得到最终的结果为$[x \cdot y]_{补码}=1.11001001$，部分积的符号位为3位，乘数位的符号位为2位，这是由于乘数每次右移两位，所以用硬件更容易实现两位符号位。

整数的补码乘法和小数的补码乘法完全移植，仅仅将小数点改为英文的逗号即可。

4. 除法运算

二进制除法的计算思路：

(1)每次上商都是比较被除数和除数的大小，被除数大则上1，被除数小则上0；

(2)每做一次减法，总是保持余数不动，低位补0，再减去右移后的除数；

(3)上商的位置不固定；

(4)商的符号单独处理。

原码除法的符号位是使用$x_0 \oplus y_0$单独计算的，$[x]_{原码}=x_0.x_1x_2\cdots x_n$，$[y]_{原码}=y_0.y_1y_2\cdots y_n$，则原码除法的原理见公式(2.17)。

$$\frac{[x]_{原码}}{[y]_{原码}}=x_0 \oplus y_0 \cdot \frac{(0.x_1x_2\cdots x_n)}{(0.y_1y_2\cdots y_n)}=\left[\frac{x}{y}\right]_{原码} \tag{2.17}$$

原码除法中由于对余数的不同操作分为恢复余数法和不恢复余数法(加减交替法)。

(1)恢复余数法的特点是当余数为负数的时候，需要加上除数，将其恢复成原来的余数，商值是由被除数和除数的绝对值来决定的，即判断$[x]_{绝对值}-[y]_{绝对值}$的大小，由于计算机内部使用加法器实现减法操作，所以使用$[[x]_{绝对值}]_{补码}+[-[y]_{绝对值}]_{补码}$来实现。

【例 2-25】 已知$x=-0.1011$，$y=-0.1101$，求$[\frac{x}{y}]_{原码}$。

解 根据题中条件可以得到$[x]_{原码}=1.1011$，$[x]_{绝对值}=0.1011$，$[y]_{原码}=1.1101$，$[y]_{绝对值}=0.1101$，$[-[y]_{绝对值}]_{补码}=1.0011$，整个计算过程见表 2-14，表中结果能够计算商的符号位为$1\oplus1=0$，商的值为 0.1101。

表 2-14 例 2-25 运算过程

被除数	商	操作内容
0.1101 +1.0011	0.0000	加上$[-[y]_{绝对值}]_{补码}$
1.1110 +0.1101	0	余数是负数，上商 0，恢复余数加$[[y]_{绝对值}]_{补码}$
0.1011 1.0110 +1.0011	0	被恢复的被除数，左移一位，加上$[-[y]_{绝对值}]_{补码}$
0.1001 1.0010 +1.0011	01 01	余数是正数，上商 1，左移一位，加上$[-[y]_{绝对值}]_{补码}$
0.0101 0.1010 +1.0011	011 011	余数是正数，上商 1，左移一位，加上$[-[y]_{绝对值}]_{补码}$
1.1101 +0.1101	0110	余数是负数，上商 0，恢复余数加$[[y]_{绝对值}]_{补码}$
0.1010 1.0100 +1.0011	0110	被恢复的被除数，左移一位，加上$[-[y]_{绝对值}]_{补码}$
0.0111	01101	余数是正数，上商 1

根据商值和符号位可以得到$[\frac{x}{y}]_{原码}=0.1101$。

恢复余数法中每当余数为负时，都需要恢复余数操作，这增加了时间消耗和硬件线路的复杂程度。

(2)加减交替法，它是由恢复余数法改进而来的，恢复余数法当余数大于 0 的时候，余数左移一位减去除数，余数小于 0 的时候，恢复余数，再对恢复的余数左移一位减去除数。加减交替法就是将余数小于 0 的时候的操作化简为余数左移一位并加上除数，此时就不存在恢复余数的操作了，但实际结果是一样的。

【例 2-26】 已知$x=-0.1011$，$y=0.1101$，求$[\frac{x}{y}]_{原码}$。

解　根据题中条件可以得到$[x]_{原码}=1.1011$，$[x]_{绝对值}=0.1011$，$[y]_{原码}=0.1101$，$[y]_{绝对值}=0.1101$，$[-[y]_{绝对值}]_{补码}=1.0011$，整个计算过程见表2-15，表中结果能够计算商的符号位为$1\oplus0=1$，商的值为0.1101。

表2-15　例2-26运算过程

被除数	商	操作内容
0.1101 +1.0011	0.0000	加上$[-[y]_{绝对值}]_{补码}$
1.1110 1.1100 +0.1101	0 0	余数是负数，上商0，左移一位，加上$[-[y]_{绝对值}]_{补码}$
0.1001 1.0010 +1.0011	01 01	余数是正数，上商1，左移一位，加上$[-[y]_{绝对值}]_{补码}$
0.0101 0.1010 +1.0011	011 011	余数是正数，上商1，左移一位，加上$[-[y]_{绝对值}]_{补码}$
1.1101 1.1010 +0.1101	0110 0110	余数是负数，上商0，左移一位，加上$[-[y]_{绝对值}]_{补码}$
0.0111	01101	余数是正数，上商1

根据商值和符号位可以得到$[\frac{x}{y}]_{原码}=1.1101$。

上述的小数除法完全适用于整数除法，整数除法的被除数可以是除数的两倍，而且被除数的前n位一定要比除数小（n为除数的位数），否则就溢出，如果被除数和除数的位数都是单字长，那么必须要在被除数前加0，扩展成为双字长再进行运算。

补码除法也分为恢复余数法和加减交替法，目前计算机主要是使用加减交替法来完成补码除法，补码的加减交替法需要解决以下三个问题。

（1）确定商值。首先要比较被除数和除数的大小，当被除数与除数同号的时候进行减法操作，得到的余数的符号与除数同号则说明够减，若是异号则说明不够减；当被除数与除数异号的时候进行加法操作，得到的余数的符号和除数异号则说明够减，若是同号则说明不够减。然后进行商值的确定，当$[x]_{补码}$与$[y]_{补码}$同号时，商若是正则够减上商1，不够减上商0，当$[x]_{补码}$与$[y]_{补码}$异号时，商若为负则够减上商0，不够减上商1，根据这些就能得到商值确定的规律，见表2-16和2-17，通过表2-16的$[R]_{补码}$与$[y]_{补码}$的符号异同可以推得表2-17中结果，表中的$[R]_{补码}$表示余数的补码。

表 2-16　商值的确定

$[x]_{补码}$与$[y]_{补码}$	商	$[R]_{补码}$与$[y]_{补码}$	商值
同号	正	同号，够减	1
		异号，不够减	0
异号	负	异号，够减	0
		同号，不够减	1

表 2-17　简化的商值确定

$[R]_{补码}$与$[y]_{补码}$	商值
同号	1
异号	0

（2）确定商符。商符是在求商值时自动确定的，$[x]_{补码}$与$[y]_{补码}$同号，$[R]_{补码}$与$[y]_{补码}$异号，上商 0，恰好与商符一样（正），其他情况下也是一致的。

（3）获得新的余数$[R_{i+1}]_{补码}$的方法和原码的加减交替法一样，当$[R_i]_{补码}$与$[y]_{补码}$同号的时候上商 1，有$[R_{i+1}]_{补码}=2[R_i]_{补码}-[y]_{补码}=2[R_i]_{补码}+[-y]_{补码}$，当$[R_i]_{补码}$与$[y]_{补码}$异号的时候上商 0，有$[R_{i+1}]_{补码}=2[R_i]_{补码}+[y]_{补码}$。

如果对商的精度没有具体要求，可以采用末位商恒置 1 法，它的最大误差为 2^{-n}。

【例 2-27】　已知 $x=-0.1001$，$y=0.1101$，求$\left[\frac{x}{y}\right]_{补码}$。

解　根据题中条件可以得到$[x]_{补码}=1.0111$，$[y]_{补码}=0.1101$，$[-y]_{补码}=1.0011$，整个计算过程见表 2-18。

表 2-18　例 2-27 运算过程

被除数	商	操作内容
1.0111 +0.1101	0.0000	$[x]_{补码}$与$[y]_{补码}$异号，加$[y]_{补码}$
1.1110 1.1100 +0.1101	1 1	$[R]_{补码}$与$[y]_{补码}$同号，上商 1，左移一位，加上$[-y]_{补码}$
1.1011 1.0110 +0.1101	10 10	$[R]_{补码}$与$[y]_{补码}$异号，上商 0，左移一位，加上$[y]_{补码}$
0.0011 0.0110 +1.0011	101 101	$[R]_{补码}$与$[y]_{补码}$同号，上商 1，左移一位，加上$[-y]_{补码}$

表 2-18(续)

被除数	商	操作内容
1.1001 1.0010	1010 10101	$[R]_{补码}$与$[y]_{补码}$异号,上商 0,左移一位,末位商恒置 1

2.1.4　浮点数运算及溢出处理

根据公式(2.8)浮点数的定义,可知浮点数的尾数是小于 1 的规格化数,计算机中一般使用补码进行表示,浮点数的阶码一般使用补码或者移码来表示,并且浮点数的底数基本上都是 2。

1. 浮点数的加减运算

已知有两个浮点数 $x = M_x \times B^{i_x}$ 和 $y = M_y \times B^{i_y}$,浮点数位数 M 的小数点均固定在数值位第一位之前,其运算规则就是定点数的运算规则,根据码制的不同选择原码加减法和补码加减法,而阶码反映位数的有效值,所以当浮点数阶码不一样的时候,需要对阶码进行调整。整个浮点数的加减运算有以下五步:

(1)对阶运算。使两个浮点数的阶码相等,求出阶码的差值(简称阶差),阶差的求法是阶码较小的浮点数的尾数右移,直到两个浮点数的阶码相等,移动的位数等于阶差,尾数右移很有可能导致低位丢失精度。

(2)尾数求和。对阶运算之后,两个浮点数的阶码相等,将对阶后的两个尾数进行加减运算(一般使用原码和补码加减法运算)。

(3)规格化。在尾数求和之后我们需要对得到的浮点数进行规格化运算,当底数为 2 的时候,尾数 M 的规格化形式见公式(2.18):

$$\frac{1}{2} \leqslant |M| < 1 \tag{2.18}$$

当 $M>0$ 时,其补码的规格化形式为 $[M]_{补码} = 00.1xx\cdots x$;当 $M<0$ 时,其补码的规格化形式为 $[M]_{补码} = 11.0xx\cdots x$,换句话说,尾数的数值位的最高位和符号位不同时,就是其规格化形式。当 $M = -1/2$ 时,$[M]_{补码} = 11.100\cdots 0$,它不满足双符号位补码规格化形式,因此规定其部位规格化数;当 $M = -1$ 时,$[M]_{补码} = 11.000\cdots 0$,它满足双符号数并且小数补码允许表示 -1,所以 -1 是规格化数。

规格化的方法包括左规和右规两种。左规是当尾数出现 $00.0xx\cdots x$ 或者 $11.1xx\cdots x$ 这两种情况的时候,尾数需要左移一位,同时阶码值减 1,直到符合补码的规格化形式。右规则是当尾数出现 $01.xx\cdots x$ 或者 $10.xx\cdots x$ 这两种情况的时候,将尾数右移一位,同时阶码值加 1。

(4)舍入。在对阶和右规的过程中,可能会将尾数的低位丢弃,导致精度的降低,为此引入了两种舍入原则来提高精度,分别是 0 舍 1 入法和恒置 1 法。0 舍 1 入法是指在尾数右移的过程中,被移除的最高位若为 0,则舍去,若为 1,则将移位后的尾数加 1,这样做可能导致尾数继续溢出,还需要继续做右规。恒置 1 法就是尾数右移后,无论被移除部分的最高位是否为 1,尾数末位都恒置为 1。

(5)溢出判断。浮点数加减法运算最后一步需要进行溢出判断,当尾数出现 $01.xx\cdots x$ 或者 $10.xx\cdots x$ 这两种情况的时候,并不做溢出处理,而是将此数右规,再根据阶码来判断是否溢出，浮点数的溢出由阶码的符号来决定，阶码的补码$[i]_{补码}=01,xx\cdots x$表示上溢，$[i]_{补码}=10,xx\cdots x$表示下溢，下溢按照机器零来处理，因此只有当阶符为01的时候才需要进行溢出处理。

【例2-28】 已知$x=2^{-101}\times(-0.101000)$，$y=2^{-100}\times(+0.111011)$，阶符是两位，阶码的数值部分是前三位，尾数符号是两位，尾数的数值部分是前六位，求$x-y$。

解 根据步骤逐步求解，$[x]_{补码}=11,011;11.011000$，$[y]_{补码}=11,100;00.111011$。

第一步，对阶运算：

$[\Delta]_{补码}=[i_x]_{补码}-[i_y]_{补码}=11,011+00,100=11,111$，得到阶差为$-1$，$x$的尾数右移一位，阶码加1，即$[x]'_{补码}=11,100;11.101100$；

第二步，尾数求和：

$[M_x]'_{补码}-[M_y]_{补码}=[M_x]'_{补码}+[-M_y]_{补码}=11.101100+11.000101=10.110001$

即有$[x-y]_{补码}=11,100;10.110001$。

第三步，规格化：

尾数符号位是10，所以需要右规，右规后得到$[x-y]_{补码}=11,101;11.011000$，丢弃数值为1。

第四步，舍入处理：由于丢弃位为1，

采用0舍1入法，则尾数加1，有$11.011000+00.000001=11.011001$；

采用恒置1法，则尾数末位变为1，有11.011001；

这两种舍入处理在这道题中是一样的。

第五步，溢出判断：

由于计算结果的阶符是11，所以不溢出，不需要进行溢出处理；

最终结果即为$x-y=2^{-011}\times(-0.100111)$。

2. 浮点数的乘法运算和除法运算

两个浮点数相乘，乘积的阶码就是相乘两个数的阶码的和，乘积的尾数是两数的尾数的乘积，两个浮点数相除，商的阶码为被除数的阶码减去除数的阶码，尾数为被除数的尾数处于除数的尾数所得到的商。浮点数的乘法和除法也需要考虑规格化和舍入的问题，浮点运算包括阶码运算和尾数运算两个部分。

阶码采用补码运算时，乘积的阶码是$[i_x]_{补码}+[i_y]_{补码}$，商的阶码是$[i_x]_{补码}-[i_y]_{补码}$，两个同号的阶码相加或者异号的阶码相减可能产生溢出，这个时候就必须进行溢出判断。当阶码采用移码运算的时候，乘积的阶码是$[i_x]_{移码}+[i_y]_{补码}=[i_x+i_y]_{移码}$，商的阶码是$[i_x]_{移码}+[-i_y]_{补码}=[i_x-i_y]_{移码}$，由此可以看到，只需要将移码表示的加数或者减数的符号位取反（即变为补码），然后运算就可以得到阶码的移码。在移码符号位的前面增加一位0，溢出的条件是移码的最高符号位为1，低位符号位为0的时候则发生上溢，低位符号位为1的时候发生下溢。移码的最高符号位为0则没有溢出，低位为1，结果为正，低位为0结果为负。

尾数运算包括乘法的尾数运算和除法的尾数运算。

乘法的尾数运算包括下列步骤。

（1）检测尾数是否有0，若有0，则乘积为0；若不为0，则进行乘法运算。

（2）乘法运算可以使用定点数任何一种乘法运算来完成，相乘结果可能进行左规，若阶码发生下溢，进行机器零处理，若阶码发生上溢，做溢出处理。

尾数的乘积会得到一个双倍字长的结果，一般限定只取一倍字长，乘积的低位通常使用两种方法来处理，第一种方法是全部丢弃，第二种方法是使用浮点数加减法的舍入原则进行处理。对于原码采用 0 舍 1 入法时，舍会使尾数的绝对值变小，入会使尾数的绝对值变大；对于补码采用 0 舍 1 入法的时候，正数的舍入和原码相同，负数的舍入与原码结果相反，舍会使尾数的绝对值变大，入会使尾数的绝对值变小。为了让原码和补码在舍入处理后值相同，需要修改负数补码的舍入规则，当丢失各位为 0 的时候不舍入，当丢失各位中的最高位为 0 或者最高位为 1，其余各位为 0 的时候舍去丢失位，当丢失各位中的最高位为 1 且其余各位不全为 0，在保留的尾数的最末尾加 1。原码与补码舍入操作的对比表见表 2－19，根据对比可以发现同一真值的原码和补码按照上面的操作处理后结果是一样的。

表 2－19　浮点乘法原码舍入和补码舍入操作

码制	舍入前	舍入后	真值
原码	1.10010000	1.1001（不舍不入）	－0.1001
	1.10001000	1.1001（入）	－0.1001
	1.10001011	1.1001（入）	－0.1001
	1.10000100	1.1000（全舍去）	－0.1000
补码	1.01110000	1.0111（不舍不入）	－0.1001
	1.01111000	1.0111（全舍去）	－0.1001
	1.01110101	1.0111（全舍去）	－0.1001
	1.01111100	1.1000（末位加 1）	－0.1000

【例 2－29】　已知 $x=2^{-101}\times(0.0110011)$，$y=2^{011}\times(-0.1110010)$，机器数阶码三位，尾数七位，阶码是移码，尾数是补码，求 $x\cdot y$（最后结果保留一倍字长）。

解　可以得到$[x]_{补码}=11,011;00.0110011$，$[y]_{补码}=00,011;11.0001110$。

第一步，阶码运算，$[i_x]_{移码}=00,011$，$[i_y]_{补码}=00,011$，

$[i_x+i_y]_{移码}=[i_x]_{移码}+[i_y]_{补码}=00,011+00,011=00,110$，对应真值是 －2。

第二步，尾数相乘，使用补码乘法的第三种方法，整个尾数相乘的计算过程见表 2－20。

表 2－20　例 2－29 尾数相乘过程

部分积	乘数 y_n	附加位 y_{n+1}	说明
00.0000000 00.0000000 +11.1001101	1.0001110 01000111	0 0	右移一位 加$[-M_x]_{补码}$
11.1001101 11.1100110 11.1110011 11.1111001 +00.0110011	0 10100011 01010001 10101000	1 1 1	右移一位 右移一位 右移一位 加$[M_x]_{补码}$

表 2-20　例 2-29 尾数相乘过程

部分积	乘数 y_n	附加位 y_{n+1}	说明
00. 0101100 00. 0010110 00. 0001011 00. 0000101 +11. 1001101	1010 01010100 00101010 10010101	0 0 0	右移一位 右移一位 右移一位 加$[-M_x]_{补码}$
11. 1010010	1001010		

第三步,规格化,从第二步得到尾数的相乘结果是 11. 10100101001010,即

$[x \cdot y]_{补码}$ = 11,110;11. 10100101001010,这就需要左规,可以得到$[x \cdot y]_{补码}$ = 11,101;11. 01001010010100。

第四步,舍入处理,尾数为负数,按照负数补码的舍入规则,取一倍的字长,丢失的 7 位是 0010100,首位为 0 全部舍去,最后得到$[x \cdot y]_{补码}$ = 11,101;11. 0100101,最后得到 $x \cdot y = 2^{-011} \times (-0.1011011)$。

除法的尾数运算包括以下步骤:

(1)检测被除数是否为 0,为 0 则商为 0,再检测除数是否为 0,为 0 则商无穷大,需要另行处理,两数都不为 0 则进行除法运算。

(2)尾数相除可以采用任何顶点小数除法运算。对已规格化的尾数,为了防止除法结果的溢出,可以先比较被除数和除数的绝对值,如果被除数的绝对值大于除数的绝对值,则先将被除数右移一位阶码加 1,再做尾数除法,得到的结果肯定是规格化的小数。

【例 2-30】　已知 $x = 2^5 \times \left(+\frac{9}{16}\right)$,$y = 2^3 \times \left(+\frac{13}{16}\right)$,求$\frac{x}{y}$。

解　可以得到$[x]_{补码}$ = 00,101;00. 1001,$[y]_{补码}$ = 00,011;11. 0011,$[-M_x]_{补码}$ = 00. 1101。

第一步,阶码运算,$[i_x]_{移码}$ = 00,101,$[i_y]_{补码}$ = 00,011,

$[i_x - i_y]_{移码}$ = 00,101 - 00,011 = 00,101 + 11,101 = 00,010,对应真值是 2。

第二步,尾数相除,采用补码除法(即加减交替法),整个尾数相除的计算过程见表2-21。

表 2-21　例 2-30 尾数相除过程

被除数	商	说明
00. 1001 +11. 0011	0. 0000	$[M_x]_{补码}$与$[M_y]_{补码}$异号,加$[M_y]_{补码}$
11. 1100 11. 1000 +00. 1101	1 1	$[R]_{补码}$与$[M_y]_{补码}$同号,上商 1,左移一位,加$[-M_y]_{补码}$

表 2－21(续)

被除数	商	说明
00.0101 00.1010 +11.0011	10 10	$[R]_{补码}$与$[M_y]_{补码}$异号,上商 0,左移一位,加$[M_y]_{补码}$
11.1101 11.1010 +00.1101	101 101	$[R]_{补码}$与$[M_y]_{补码}$同号,上商 1,左移一位,加$[-M_y]_{补码}$
00.0111 +00.1110	1010 10101	$[R]_{补码}$与$[M_y]_{补码}$异号,上商 0,左移一位,末位商恒置 1

所以可以得到$[\frac{M_x}{M_y}]_{补码}=1.0101$。

第三步,规格化,尾数相除的结果直接是规格化数,因此不需要再进行规格化处理,

$$[\frac{x}{y}]_{补码}=00,010;11.0101$$

则

$$\frac{x}{y}=2^{010}\times(-0.1011)=[2^2\times\left(-\frac{11}{16}\right)]$$

2.2　指 令 系 统

本节的指令系统主要包括指令的格式和指令的寻址方式。

2.2.1　机器指令

计算机能够处理进程的本质是计算机能够处理二进制数据,而能够处理二进制数据则说明计算机本身也必须要有操作来完成这些处理过程,而描述这些过程并能够让计算机理解的就是机器语言,机器语言是由一条一条的语句组成的,每一条语句分别表达各种操作。例如,需要计算机进行数据的传递和各种运算时,就需要使用机器语言来告诉计算机参与运算的数据在哪里、需要传递到什么地方、需要进行何种的运算并将运算结果存放到哪里等内容。计算机按照机器语言的顺序不断的运行实现了无人参与的自动工作。通常将机器语言中的一条语句称为机器指令,而将全部的机器指令的集合成为计算机的指令系统,计算机指令系统的全面与否及好坏直接决定了机器的功能和性能。计算机的设计人员研究如何用硬件电路、芯片来实现计算机的指令系统,计算机的使用者则根据计算机的指令系统,使用汇编语言等低层语言来编写各种程序。

指令的一般格式包括两个部分,分别是操作码和地址码,在计算机中表示则是一条指令包括操作码字段和地址码字段,如图 2－1 所示。

操作码字段	地址码字段

图 2－1　指令的一般格式

1. 操作码

操作码是用来指明这条指令需要完成的操作，包括加法、减法、传送、转移等操作。通常操作码字段的尾数反映了计算的操作种类，也就是计算机包括的指令个数，如果操作码占据 5 位，那么这台计算机最多包括 $2^5=32$ 条指令。

操作码的长度可以是固定的，也可以是变化的。

长度不可变的操作码将指令放在一个字段内，如图 2－1 所示。这种方式硬件实现的设计工作量和工作时间都比较少，并且指令译码的时间非常短，非常适合用于字长较长的超级计算机、大中型计算机等机器中，例如，IBM 370 系列机的操作码长度就是固定不可变的，其操作码的长度为 8 位，可以表示的指令个数为 256 个。

操作码的长度是可变的，指令将其操作码分散在指令字的各个字段中，这种方式可以将操作码的长度缩短很多，这对于字长较短的计算机是非常实用的，例如，采用 Intel 80386 CPU 的计算机的操作码长度都是可变的。

操作码长度的可变性会导致指令译码和分析的难度大幅度提高，使得控制器的设计难度和设计时间都大幅度提高，因此一般采用扩展操作码技术，使操作码的长度随着地址数的减少而增加，不同地址数的指令可以具有不同长度的操作码，这样能够有效地缩短指令的字长。图 2－2 就是一种扩展操作码的示意图。图中表明指令的字长为 16 位，有最基本的 4 位操作码字段和 3 个 4 位地址码字段，图中的最上面的指令格式，在图中下面部分我们使用 A1、A2 和 A3 来分别代表这三条地址码字段。如果将最基本的操作码都用于三地址指令，那么可以有 16 条三地址指令。但是如果采用扩展操作码技术，当操作码取 4 位时，有 15 条三地址指令，操作码 1111 作为二地址指令的头部，第一条地址码字段 A1 也全部变成操作码字段，这种情况下就可以再扩展出 15 条二地址指令。继续拓展，将操作码 1111 和 A1 地址码 1111 作为一地址指令的头部，这样第二条地址码字段 A2 也变成了操作码字段，这种情况下，可以继续扩展得到 15 条一地址指令；继续扩展，将操作码 1111、A1 地址码 1111 和 A2 地址码 1111 作为零地址指令的头部，第三条地址码字段 A3 也变成了操作码字段，因为字长只有 16 位，当 16 位都是操作码的时候就没有办法继续拓展，这种情况下，可以得到 16 条零地址码字段。根据这种扩展模式，得到了 15 条三地址指令、15 条二地址指令、15 条一地址指令和 16 条零地址指令，一共有 61 条指令，远比 16 条三地址指令多。

除了上述的安排方法之外，还有很多扩展方法，例如，形成 15 条三地址指令、14 条二地址指令、31 条一地址指令和 16 条零地址指令，共 76 条指令。

【例 2－31】 指令的字长为 16 位，操作数的地址码长度为 6 位，指令有零地址指令、一地址指令和二地址指令三种格式。

（1）当操作码固定的时候，零地址指令有 M 种，一地址指令有 N 种，二地址指令有多少种？

（2）若采用扩展操作码技术，若二地址指令有 X 种，零地址指令有 Y 种，则一地址指令有多少种？

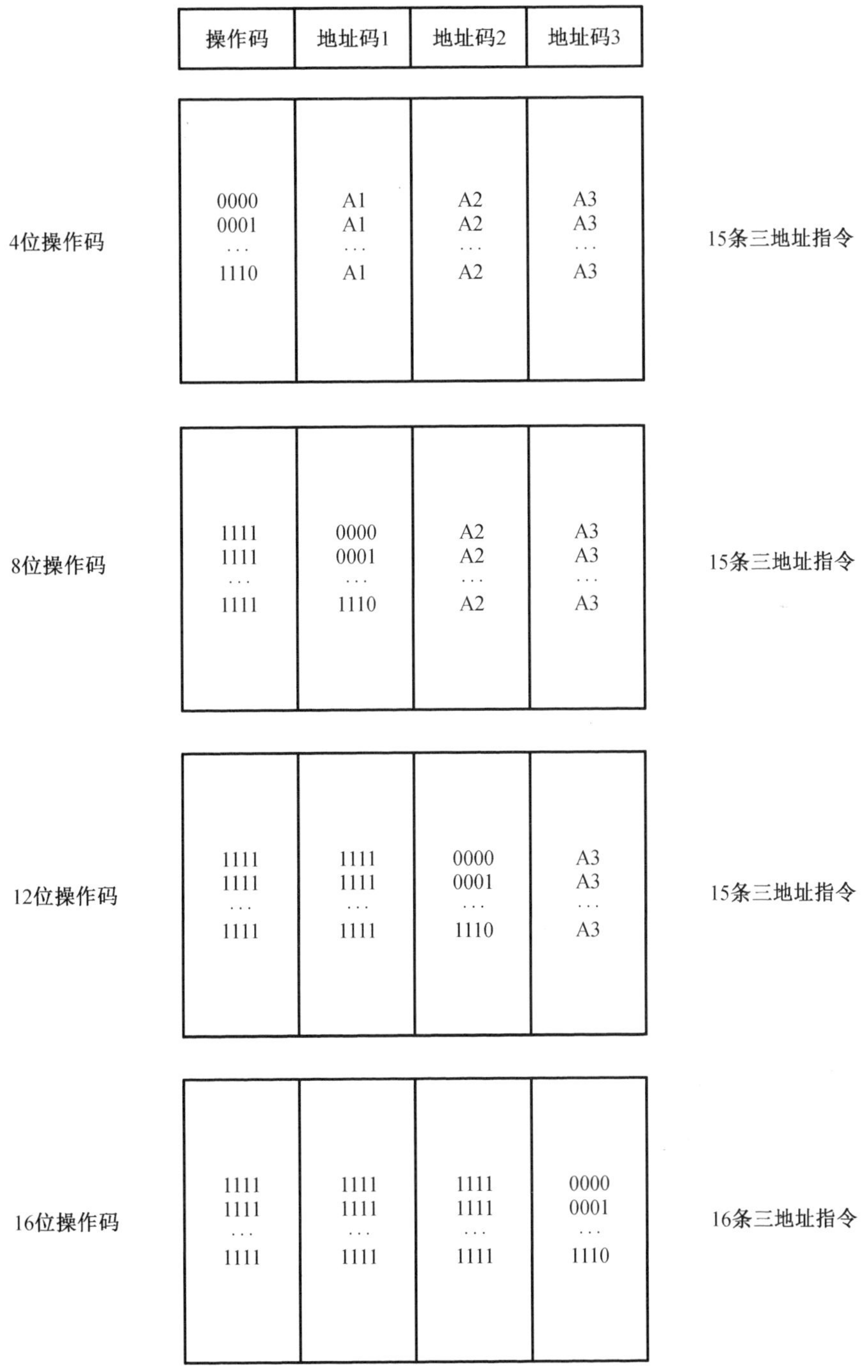

	操作码	地址码1	地址码2	地址码3	
4位操作码	0000 0001 … 1110	A1 A1 … A1	A2 A2 … A2	A3 A3 … A3	15条三地址指令
8位操作码	1111 1111 … 1111	0000 0001 … 1110	A2 A2 … A2	A3 A3 … A3	15条三地址指令
12位操作码	1111 1111 … 1111	1111 1111 … 1111	0000 0001 … 1110	A3 A3 … A3	15条三地址指令
16位操作码	1111 1111 … 1111	1111 1111 … 1111	1111 1111 … 1111	0000 0001 … 1110	16条三地址指令

图 2－2　扩展操作码

解

(1)从题中可知,操作数的地址码长度为 6 位,那么由于有二地址指令这种格式,可得操作码的位数是 16－6－6＝4 位。4 位操作码可以得到 $2^4=16$ 种操作,这时操作码固定,除去零地址指令 M 种和一地址指令 N 种,剩下的就是二地址指令,有 $16-M-N$ 种。

(2)采用扩展操作码技术,操作码的位数不是固定的,这三种指令的操作码长度分别是4位、10位和16位,二地址指令操作码每减少一种,一地址指令操作码就可以增加 $2^6=64$ 种,同理一地址指令码没减少一种,零地址指令操作码就可以增加 $2^6=64$ 种。

通过题中的二地址指令有 X 种、零地址指令有 Y 种和上面的规律,一地址指令最多能有 $(2^4-X)\times2^6$,假设一地址指令有 Z 种,则零地址指令最多能有 $[(2^4-X)\times2^6-Z]\times2^6$,则有 $Y=[(2^4-X)\times2^6-Z]\times2^6$,继而可以得到 $Z=(2^4-X)\times2^6-Y\times2^{-6}$,$Z$ 就是所求的一地址指令的数量。

通过例2-31可以自行设计各种扩展方法,但是这些扩展方法必须考虑到指令的使用频率,让使用频率高的指令占用短的操作符,使用频率低的指令可以占据长的操作符,于是同时还需要考虑到地址码的需求位数。

2.地址码

地址码是用来指出这条指令的源操作数的地址、结果存放的地址和下一条指令的地址,这里的地址可以是寄存器(CPU 中和高速缓存)的地址、主存储器中的地址、硬盘中的地址以及输入输出设备的地址。

下面以主存储器地址为例,说明指令的地址码字段,其他地址与主存储器中的地址含义是一样。

(1)四地址指令

这种指令有五个字段,其格式如图2-3所示。

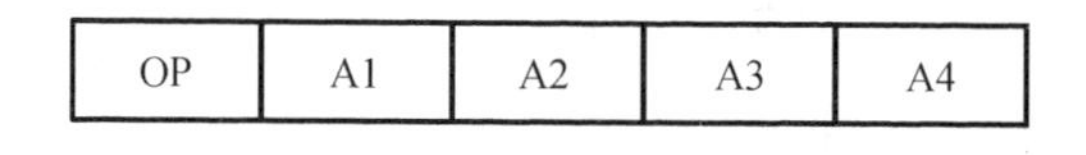

图2-3 四地址指令格式

在四地址指令中,操作码字段位于指令最前端,图2-3中使用 OP 表示,A1 表示第一个操作数的地址,A2 表示第二个操作数地址,A3 表示结果存放地址,A4 为下一条指令的地址。这条指令完成 A1(OP)A2→A3 操作,它表示的是 A1 与 A2 进行 OP 操作,并将结果存放到 A3 中,随后执行下一条指令,指令地址是在 A4 中存放的。这种指令非常容易理解,A4 可以任意填写,指令的操作数的直接寻址范围与地址字段的位数有关,当地址字段的长度为 n 位的时候,直接寻址范围是 2^n。如果指令字长为32位,操作码的长度为8位,4个地址字段的长度都是6位,则指令操作数的寻址范围就是 $2^6=64$,在前面已经假设了地址字段均为主存储器的地址,因此完成一次四地址指令的操作需要访问四次主存储器,取指令一次,取两个操作数地址一共两次,存放操作结果一次。

在1.1.1.5中学习可知,面向对象语言是由面向过程语言发展而来的,无论什么语言编写的程序在执行的过程中指令的执行顺序都是顺序执行,程序计数器(Program Counter,PC)既能够存放当前执行指令的地址,又有计数的功能,因此根据当前执行指令的地址和计数能够形成下一条指令的地址,这样 A4 就可以省略掉了,这样就可以得到三地址指令。

(2)三地址指令

这种指令有四个字段,其格式如图2-4所示。

在三地址指令中,操作码字段也位于指令的最前端,OP、A1、A2 和 A3 表示的内容和四地址指令中的含义是一样的。这条指令依然是完成 A1(OP)A2→A3 操作,原来的下一条指令地址被当前执行指令的地址和程序计数组成的地址替换。如果指令的字长依旧是32位,操作码的长度不变，依然为8位，那么地址字段的长度则变成8位，指令操作数的直接寻址范围就变大了，由四地址指令的$2^6=64$变成了$2^8=256$，指令的寻址范围变为原来的4倍，按照相同结构，指令的字长越长，那么指令的寻址范围增加幅度就越高。若完成一次三地址指令的操作同样访问四次主存储器，在计算机运行的过程中，可能这次指令的运行结果下一条指令就需要使用，这样就没有必要存入到主存储器中，将其存放到CPU的寄存器(例如通用寄存器)中，这样既节省资源也加快了指令的运行速度，同时指令也可以省去一个地址字段A3。

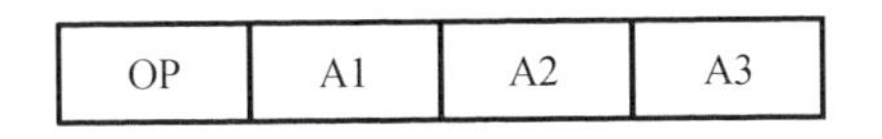

图2-4　三地址指令格式

(3)二地址指令

这种指令有三个字段，其格式如图2-5所示。

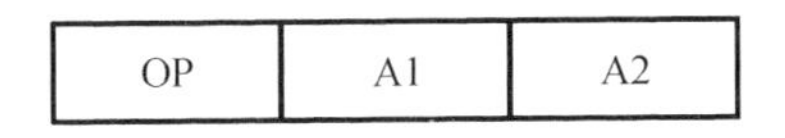

图2-5　二地址指令格式

在二地址指令中，操作码字段也位于指令最前端，OP、A1和A2表示的内容和前两种指令中的含义是一样的。这条指令完成的是A1(OP)A2→A1操作，它表示的是A1与A2进行OP操作，并将结果存放到A1中，A1既是源操作数的地址，也是运算结果的存放地址。有的指令也可以表示A1(OP)A2→A2操作，其表示的含义与上一种操作是一样的，只不过存放位置不一样，完成这两种操作依然需要访问四次主存储器，若将结果暂存于寄存器中A1(OP)A2→REG，这样的指令访问主存储器的次数就变为三次。假如指令的字长依旧是32位，操作码的长度不变是8位，指令操作数的直接寻址范围继续变大，由三地址的$2^8=256$变成了$2^{12}=4\ 096$，由此发现指令的寻址范围变成了四地址指令的64倍和三地址指令的16倍。如果将一个操作数的地址放在寄存器中，则指令中只需要一个地址字段，又省去一个地址字段A2。

(4)一地址指令

这种指令有两个字段，其格式如图2-6所示。

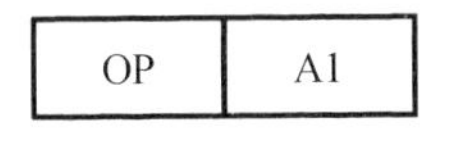

图2-6　二地址指令格式

在一地址指令中，操作码字段依旧位于指令的最前端，OP和A1表示的内容与其他指令是一样的。这条指令完成的是REG(OP)A1→REG操作，它的操作与其他指令类似，只不过将存储在主存储器中的数据放在寄存器中，完成这个操作值需要访问两次主存储器。假如指令的字长依旧是32位，操作码的长度不变是8位，指令操作数的直接寻址范围继续变大，由二地址的$2^{12}=4\ 096$变成了$2^{24}=16\ 777\ 216$，由此发现指令的寻址范围变成二地址指令的4 096倍，极大地拓展了指令的直接存执范围。除了有地址指令外还存在着一种没有地址的指令。

(5)零地址指令

零地址指令没有地址码,这种指令一般表示特殊操作,如空操作(NOP)、停机操作(HLT)、子程序返回(RET)和中断返回(IRET)等操作。空操作和停机操作没有地址码,而子程序返回和中断返回操作的操作数隐含在堆栈指针(Stack Pointer,SP)中。

在上面的指令中,使用了一些硬件资源(程序计数器和寄存器)来承担指令中操作数的地址码存放操作,可以在不改变指令字长的前提下,极大地扩展操作数的直接寻址范围。此外,还可以减少访问主存储器的次数,从四地址指令的四次访问到二地址指令的两次访问,这极大提高了指令的执行速度。这些地址字段也可以用在寄存器上,当 CPU 中有几个通用寄存器时,对不同的寄存器给予不同的编号,这样就可以表明操作数的存放地址和结果存储地址,同样可以有三地址、二地址和一地址的区分,将操作数放在寄存器中就不需要访问主存储器,也能够极大地提高指令的执行速度,但是寄存器的数量和容量都是有限的,因此指令执行还是需要访问主存储器。

3. 指令字长

根据上面对操作码和地址码的介绍可以发现操作码的位数和地址码的位数的和等于指令的字长。不同计算机的指令字长是不相同的,伴随着硬件技术的不断发展,指令字长在逐渐增加并且逐步转向为可变字长。早期的计算机指令字长、计算字长和存储字长均相等,因此访问存储单元就可以取得完整的指令或者数据,控制方式十分的简单。直到现在,计算机的存储容量极大,处理数据的类型也变得极多,计算机的指令字长可以采用位数不同的指令(变长指令),而变长指令的电路相当复杂,多字长的指令需要多次访问存储器才能够组成一条完整的指令,这也导致了 CPU 运算速度的下降,因此常用的指令都会被设计成单字长指令或者更短,这样能够提高计算机指令的运行速度。目前的指令字长都是 8 的整数倍,这与字节和位的关系有关。

2.2.2 操作数类型和操作类型

1. 操作数类型

机器中常见的操作数包括地址、数字、字符和逻辑数据等。

(1)地址是一种数据,在很多情况下需要计算操作数的地址。

(2)常见的数字有定点数、浮点数和十进制数,定点数和浮点数已经在 2.1 节中进行了介绍,读者可以自行复习十进制数。

(3)字符是计算机中常见的数据类型,一般采用 ASCII 码,它是使用非常广泛的字符编码,共有 128 个编码,主要用于英语环境下,但是某些语言是 128 个编码无法表示的,这就可以用到 Unicode 编码,目前为止它是最全的符号集。

(4)逻辑数据是指进行逻辑运算的数据,例如,布尔类型的数据一般是用来表示逻辑判断。

数据一般是放在存储器或者寄存器中,寄存器的位数往往反映计算机的字长,目前计算机的字长已经全面转到 64 位,不同计算机的数据字长不一样,能够处理的数据字长也是不一样的。为了便于硬件实现,通常要求多字节的数据在存储器中的存放方式能够满足对准边界原则(即一个数据存储在一个存储单元中),在对准边界的计算机中,字节次序包括低字节为低地址和低字节为高地址两种。在数据不对准边界的计算机中,一个数据可能存储在两个存储单元中,这个时候需要访问两次存储器并对高低字节的位置进行调整才能取得一个字。对比对准边界和不对准边界后,可以发现对准边界能够有效地提高计算机的整体运行速度。

2. 操作类型

不同计算机的操作类型不尽相同,但是有一些操作类型是通用的。

(1)数据传输操作。数据传输操作包括 CPU 中的寄存器之间的传输、寄存器和主存储器之间的传输,对存储器的读操作和写操作、交换内容操作、清空存储单元、进栈出栈等操作。

(2)算术逻辑操作。算术逻辑操作包括算术运算和逻辑运算,算术运算包括加法运算、减法运算、乘法运算、除法运算、加减 1 运算、求补运算,逻辑运算包括与运算、非运算、或运算和异或运算等,并且目前的计算机还具有位操作功能,例如,按位取反操作。

(3)移位操作。移位操作包括算术移位操作和逻辑移位操作,算术移位操作主要是对计算机中的数进行左移和右移操作,并且移位操作比乘除法运算操作的时间步骤少很多,执行速度也快很多,移位运算在 2.1.3 节中有详细的介绍。

(4)转移操作。转移操作包括无条件转移操作、条件转移操作、跳转操作、过程返回操作以及陷阱操作等。无条件转移操作是不需要任何条件程序直接转移到下一条需要执行指令的地址。条件转移操作是指根据指令的执行结果来决定是否转移,如果满足条件则转移,如果不满足条件则继续按顺序执行。过程的调用操作是重复使用特定功能程序的操作,在一个程序运行的过程中调用另外一个程序的功能代码就需要用到过程调用操作。当从调用程序返回的主程序时,就需要返回指令,因此过程调用操作和返回操作是相互配合的指令。陷阱操作是指计算机发生意外故障,计算机在监测到这些信号之后就发出一个中断信号让程序暂时停止并转入故障处理过程。

(5)输入输出操作。输入输出操作是指外设的寄存器与 CPU 的寄存器进行数据传输的操作,它能够完成从外设的寄存器中读取数据传给 CPU 的寄存器,也能完成将数据从 CPU 的寄存器传输到外设的寄存器。

(6)通用操作。通用操作包括等待指令、停机指令、空操作指令、各种中断指令等。

伴随着计算机的发展和计算机种类的增多,操作类型也随之增多,如需要适应计算机信息管理的非数值指令(字符串类的操作)、适用于多用户计算机系统的超级权限操作以及适用于超级计算机系统的矩阵运算指令等。

2.2.3　寻址方式

寻址方式是确定正在执行指令的数据地址和下一条即将执行的指令地址的方法,它与硬件结构关系十分密切,能够直接影响指令格式和指令功能。寻址方式包括指令寻址和数据寻址两个种类。

1. 指令寻址

指令寻址包括两种寻址方法,分别是顺序寻址和跳跃寻址。顺序寻址是通过程序计数器来实现的,它根据现在程序计数器中的地址码加上 1 生成了新的指令,如果程序的首地址是 0 的话,只要将 0 先送入程序计数器中,开始执行指令之后,程序便按照 0,1,2,3,4,…,的顺序执行下去,当在指令部分出现转移类指令时(不再按照顺序执行),转移之后则继续按照顺序执行下去,直到程序终止。跳跃寻址是通过转移类指令完成跳跃的,如何通过转移指令完成跳跃,将在下一小节的直接寻址和相对寻址中进行说明。

2. 数据寻址

常见的数据寻址方式有十种,分别是立即寻址、直接寻址、隐含寻址、间接寻址、寄存器寻址、寄存器间接寻址、基址寻址、变址寻址、相对寻址和堆栈寻址。数据寻址必须在指令中设置一个字段来指明是哪种寻址方式,指令的地址码字段通常都是形式地址,并不是操作数的真实地址,在这里将其记作 A。操作数的真实地址被称为有效地址,在这里将其记作 EA,有效地址是由寻址方式和形式地址通过运算得到的,因此我们可以得到指令的格式如图 2-7 所示。同时,为了直观的认识各种寻址方式,设计算机字长、存储字长和指令字长都是相同的。

图 2-7 一地址指令格式

(1)立即寻址

立即寻址本身包括操作数,形式地址 A 存放的不是操作数的地址而是操作数本身,这个操作数被称为立即数,立即数是使用补码来存放的,整个立即寻址的指令格式如图 2-8 所示,寻址方式用#来作为特征记号。

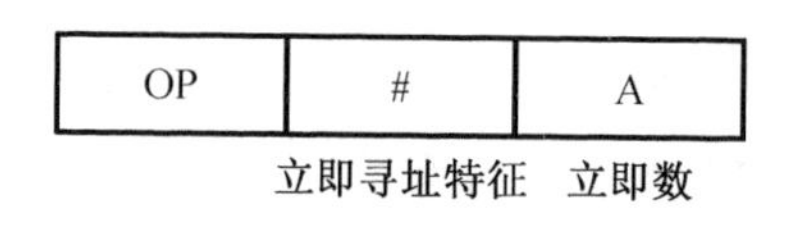

图 2-8 立即寻址指令格式

在图 2-8 中,OP 是操作码,#代表寻址方式,A 是立即数。通过上述内容可以知道只要取出指令就可以立即获得操作数,在执行的过程中不需要访问存储器,这种指令的执行速度非常快,但是有一个明显的缺点,就是立即数的大小受到了形式地址 A 的位数的制约,立即数不能超过形式地址 A 能表示的立即数范围。

(2)直接寻址

直接寻址的形式地址 A 就是操作数的真实地址 EA,即 EA = A,如图 2-9 所示,直接寻址的过程,读取形式地址 A 的值,这个值等于真实地址,使用这个值找到主存储器中对应的地址码就完成了寻址过程。

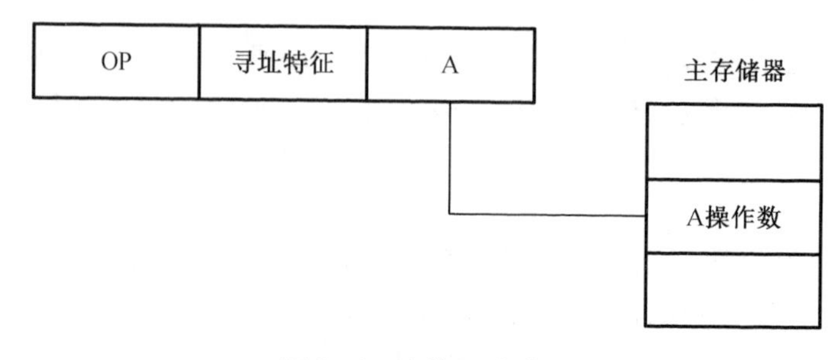

图 2-9 直接寻址过程

直接寻址寻找操作数是非常简单的，不需要使用形式地址 A 和寻址方式计算操作数的真实地址，在执行过程中只需要访问一次主存储器，这种指令的执行速度也很快。它的缺点与立即寻址也比较类似，就是形式地址 A 的位数限制了操作数的寻址范围，而想要修改操作数的地址必须修改形式地址 A 中的值。

(3)隐含寻址

隐含寻址在指令中不给出操作数的地址，其操作数的地址是隐含在操作码或者寄存器中的，例如，在一地址格式的加法指令中只给出了一个操作数的地址，另外操作数的地址则存放在累加器寄存器中，这样累加器寄存器就成为另外一个操作数的地址，隐含寻址的过程如图 2－10 所示为了。

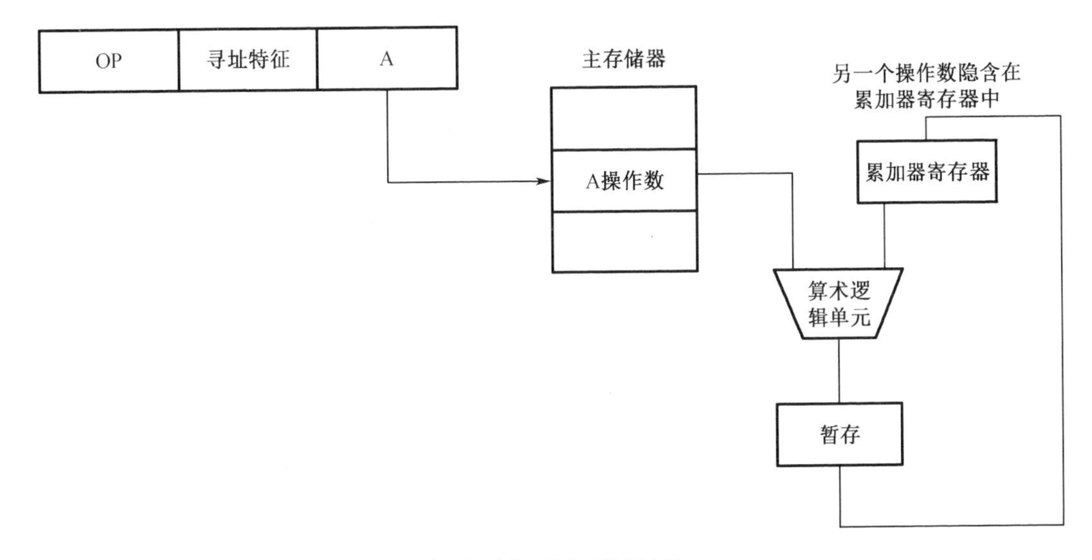

图 2－10　隐含寻址过程

使用 Intel 8086 CPU 的计算机的乘法指令就是一个隐含寻址的例子，它的乘数地址是放在地址码中的，但是被乘数是隐含在寄存器 AX(16 位)或者寄存器 AL(8 位)中，寄存器 AX(AL)就是被乘数的地址。字符传送指令 MOVS 的源操作数的地址隐含在 SI 寄存器中，目的操作数的地址隐含在 DI 寄存器中。由于隐含寻址方式的操作数地址只有一个，比两个地址的寻址方式有利于缩短指令字长和增加寻址范围。

(4)间接寻址

间接寻址就是在指令中不给出操作数的地址，而是给出了操作数有效地址(真实地址)存放的地址，最终的有效地址是通过形式地址 A 间接提供的，即 EA = (A)，如图 2－11 和图 2－12 所示的一次间接寻址和两次间接寻址的过程。在图 2－11 中形式地址 A 指向的存储单元内存放的是有效地址，通过一次中间过程可以找到有效地址，这一寻址过程被称为一次间接寻址。在图 2－12 中，形式地址 A 指向的存储单元内存放的是另外一个形式地址 A1，这个形式地址 A1 内存放的有效地址，通过两次中间过程可以找到有效地址，这一寻址过程被称为两次间接寻址。

间接寻址方式与直接寻址方式相比扩大了寻址范围，形式地址 A 的位数小于指令字长，存储字长和指令字长相等。假设指令字长和存储字长均为 8 位，形式地址 A 的字段位数为 5 位，这种情况下直接寻址的范围是 2^5，而间接寻址的范围是 2^8。如果采用多次间接寻址方式,可以在存储单元的首位来标志间接寻址是否结束,当首位是 1 时,继续进行间接寻址,当首位是 0 时,则标志间接寻址结束。

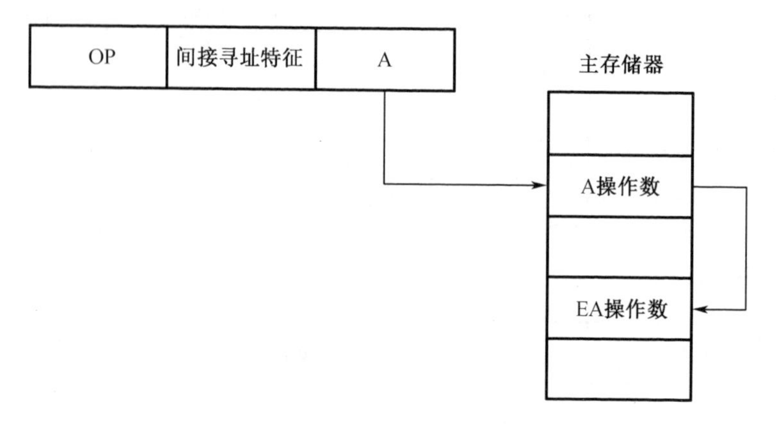

图 2-11　一次间接寻址过程

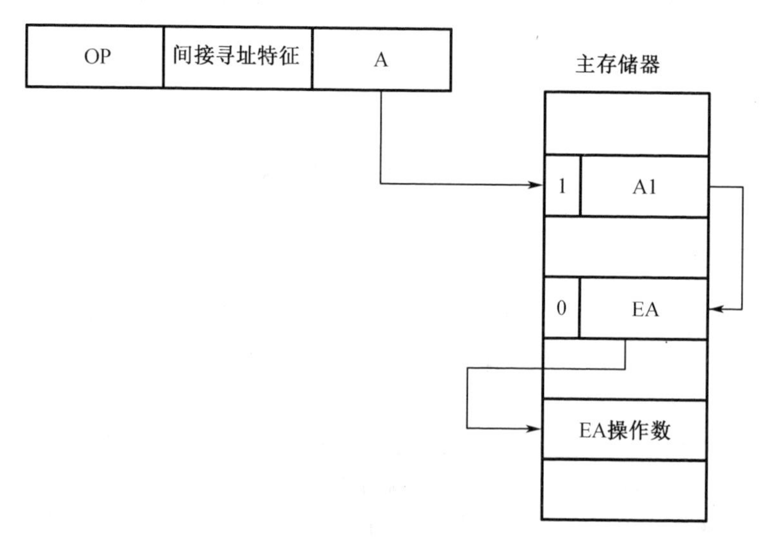

图 2-12　两次间接寻址过程

间接寻址方便编程,尤其是在程序调用和返回时,图 2-13 所示为程序调用和返回的过程。在调用子程序之前将返回地址存放在子程序的最末端并设置无条件跳转指令,程序第一次调用子程序的地址是 50,在调用前设置返回地址 A=51。当子程序执行到最末端的指令 JMP@ A 的时候就从子程序中跳出并返回到主程序的指令地址 51,程序第二次调用子程序的地址是 111,在调用前设置返回地址 A=112,当子程序执行到最末端的指令 JMP@ A 的时候就从子程序中跳出并返回到主程序的指令地址 112。

间接寻址相对于直接寻址而言需要至少访问两次主存储器(第一次是通过指令的形式地址 A 访问有效地址存储单元,第二次是通过有效地址访问操作数),使用 n 次间接寻址就需要访问 $n+1$ 主存储器,这种情况会导致指令的执行速度下降。

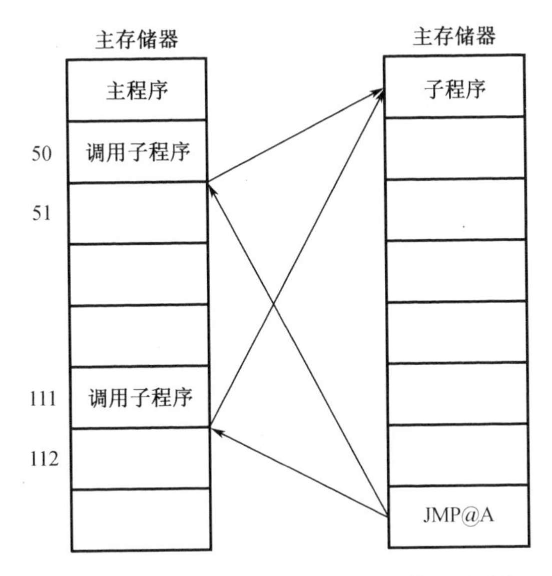

图2-13　主程序调用子程序使用间接寻址过程

(5)寄存器寻址

寄存器寻址地址码字段直接给出了寄存器的编码，即 EA = R_1，其操作数被存放在 R_1 指向的寄存器中。整个寄存器寻址过程如图2-14所示，指令的地址码字段给出了有效地址(CPU内的寄存器编号)，通过有效地址可以访问到操作数。操作数不在主存储器中，指令的执行过程中不需要访问主存储器，因此其执行速度比访问主存储器的寻址方式更快。地址字段指明的是寄存器的编号，但是CPU中的寄存器数量是有限的，所以指令的字长可以较短，节约了存储空间。

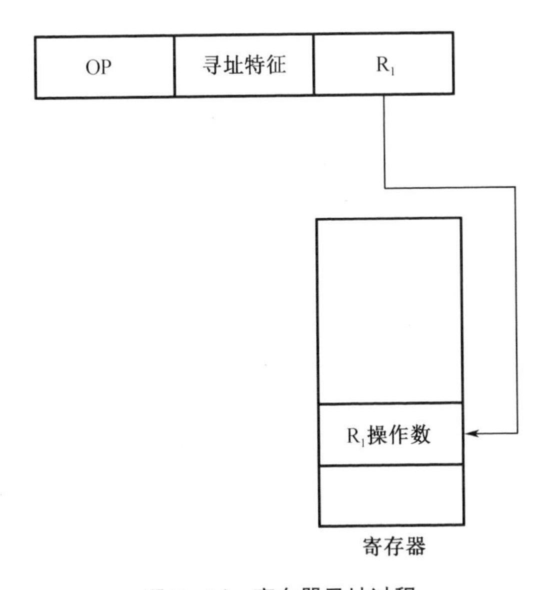

图2-14　寄存器寻址过程

(6)寄存器间接寻址

寄存器间接寻址地址字段给出的是寄存器的编号,但是对应编号的寄存器中保存的并不是操作数而是操作数在主存储器中的地址,即 $EA=(R_1)$。寄存器间接寻址方式的原理和间接寻址方式类似,整个寄存器间接寻址过程如图 2-15 所示,指令的地址码字段给出了寄存器编号,对应编号的寄存器给出了操作数的有效地址,操作数实际上存放在主存储器中,指令的执行过程中需要访问一次主存储器,这比间接寻址方式少访问主存储器一次,比寄存器寻址访问次数多,同时比寄存器的寻址范围和操作数字长也大。

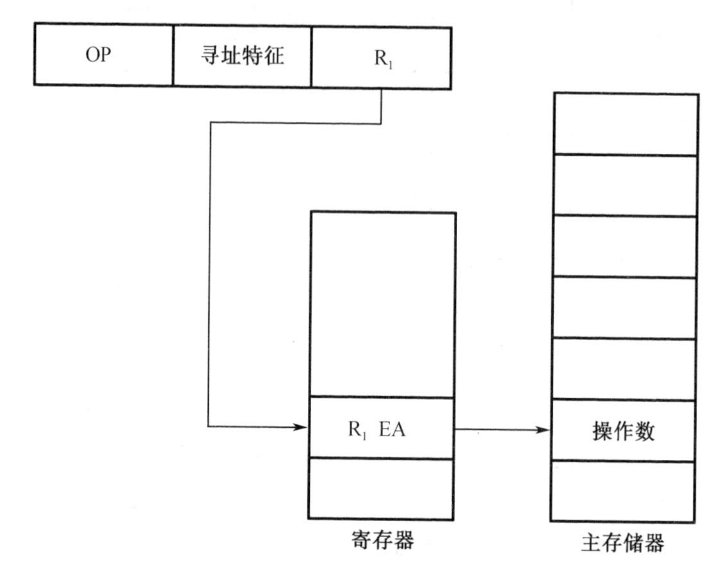

图 2-15 寄存器间接寻址过程

(7)基址寻址

基址寻址方式设置一个基址寄存器 BR 或者使用通用寄存器,其操作数的有效地址 EA 等于指令字中的形式地址与基址寄存器中的内容相加,即 $EA=A+(BR)$。整个基址寻址过程如图 2-16 和图 2-17 所示,图 2-16 是使用专门的基址寄存器来实现有效地址的构建,此时不需要用户来指明所需的寄存器,图 2-17 是使用通用寄存器来实现有效地址的构建,此时需要用户来指明所需的寄存器。

基址寻址可以扩大寻址范围,基址寄存器的位数可以大于形式地址 A 的位数,当主存储器的容量比较大的时候,直接寻址无法访问到所有的主存储器地址,这种情况下我们就可以使用基址寻址方式来访问所有的主存储器地址。基址寻址在多程序运行环境下非常占有优势,操作系统根据主存储器的使用状态设置程序的存放位置。

(8)变址寻址

变址寻址方式的原理和基址寻址方式的原理非常的类似,它的有效地址 EA 等于指令地址字段的形式地址 A 与变址寄存器 IX 的内容相加,$EA=A+(IX)$,显然的和基址寻址方式一样,只要变址寄存器的位数足够大,那么就具有足够大寻址范围。变址寻址方式也有两种情况,一种是使用专用的变址寄存器,另外一种是使用通用寄存器,整个变址寻址过程如图 2-18 和图 2-19 所示,图 2-18 中是使用专用变址寄存器的寻址过程,图 2-19 中是使用通用寄存器的寻址过程。

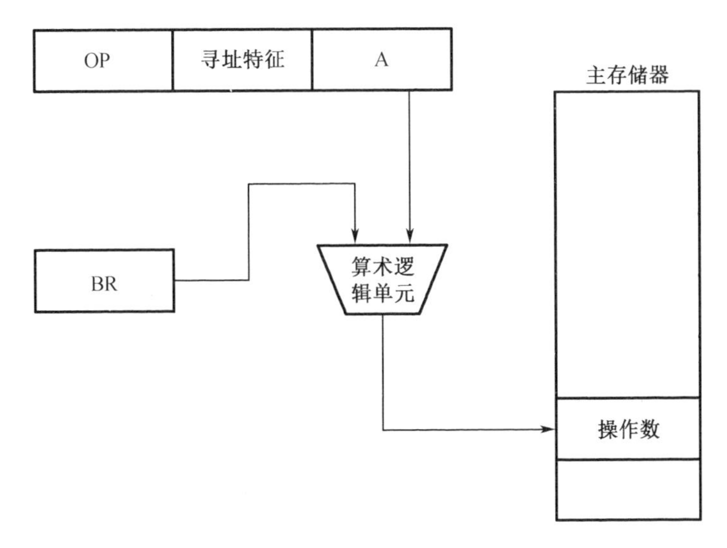

图 2－16　使用基址寄存器的基址寻址过程

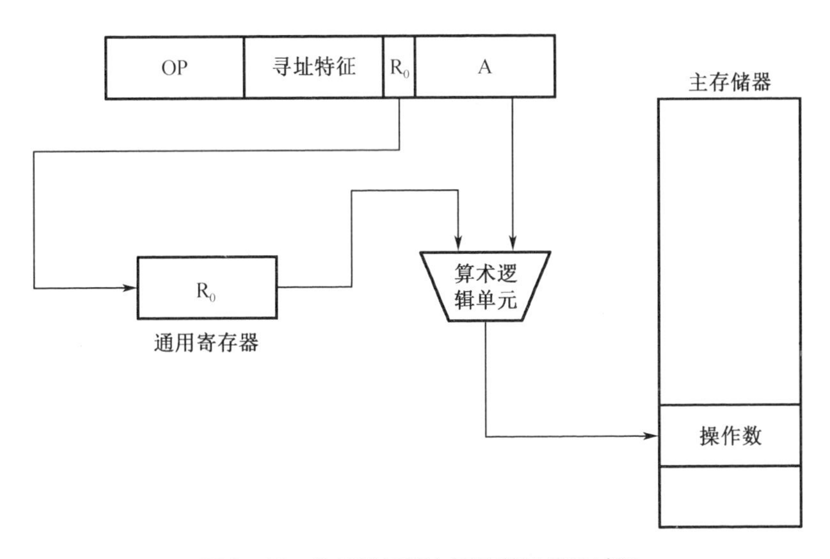

图 2－17　使用通用寄存器的基址寻址过程

基址寻址主要是为了程序分配主存储器空间，变址寻址则是用于数组处理，基址寻址的内容主要是由操作系统来确定，变址寻址的内容主要是由程序来确定。我们可以设定形式地址 A 为数组的首地址，变址寄存器存放后续地址，不断地改变变址寄存器的内容就可以读取不同位置上的数据，并且由于数组往往是顺序存储的，变址寄存器的内容也不需要复杂的更改，很容易就能实现数组内容的连续访问。有的计算机的变址寻址方式具备自动变址的功能，可以根据数据长度进行自动增加和减少，例如，使用 Intel 8086 系列 CPU 的计算机。

变址寻址可以与多种寻址方式结合使用，例如变址寻址与基址寻址结合使用，此时的有效地址等于形式地址 A 加变址寄存器的内容再加上基址寄存器的内容，即 EA = A + (IX) + (BR)，除此之外，变址寻址还可以与间接寻址等方式结合，形成不同的寻址方式。

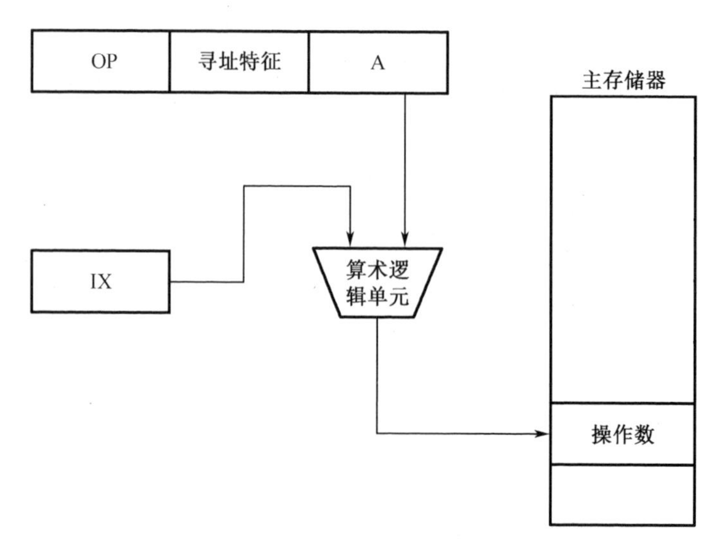

图 2－18　使用变址寄存器的变址寻址过程

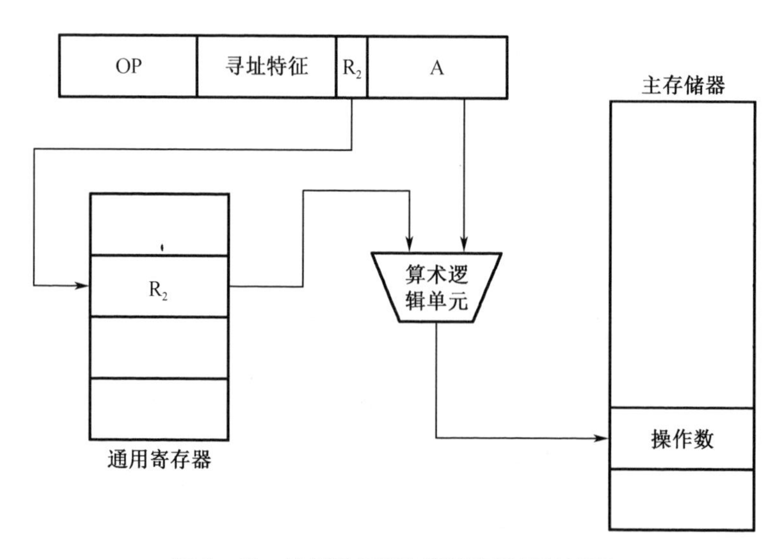

图 2－19　使用通用寄存器的变址寻址过程

(9)相对寻址

相对寻址的有效地址是将程序计数器中的内容(一般是当前指令的地址),与当前指令中的形式地址 A 相加得到的,即 EA = A + (PC),相对寻址方式的寻址过程如图 2－20 所示。当前指令的位置是 20,从主存储器中的 20 位置读取到的当前的指令的形式地址 A,并与当前指令的地址结合形成了有效地址,可以发现有效地址与当前指令的地址的距离就是形式地址 A。通过图 2－20 的过程演示可以得出,相对寻址往往是被用于转移类指令,转移的距离就是形式地址 A,在相对寻址就称 A 为位移量(可以是正数也可以负数,用补码表示)。

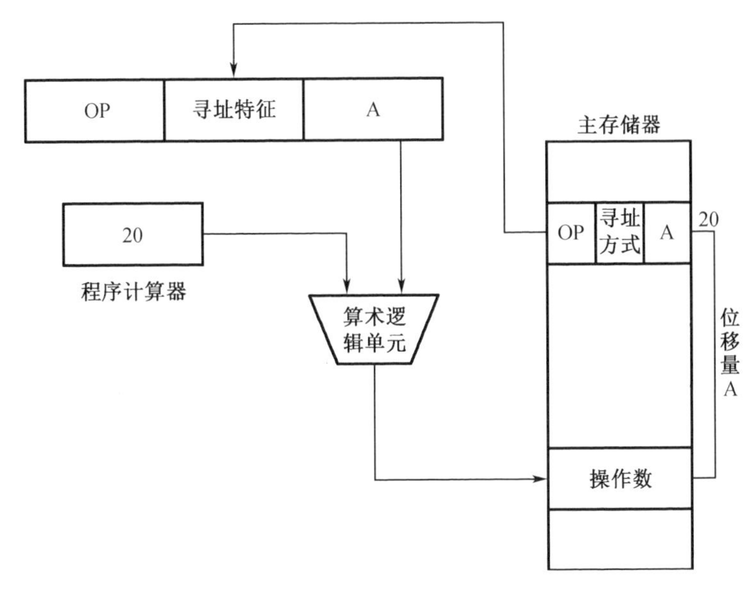

图 2－20　使用程序计数器的相对寻址过程

通过寻址过程可表明相对寻址的转移地址是不固定的，它随着程序计数器的内容变化而变化，这样无论程序放在主存储器中的任何部分都可以正常运行。相对寻址也可以与其他寻址方式相结合，例如相对寻址和间接寻址结合使用。下面使用一个例子来详细解释相对寻址的过程。

【例 2－32】　相对寻址的转移指令有 24 位，操作码占据 8 位，形式地址（也就是位移量，使用补码）是 16 位，数据在主存储器中使用低字节地址为字地址的存放方式，CPU 从主存储器中读取一个字节的时候程序计数器自动加 1。

（1）当程序计数器的值为 240 的时候，要求转移到 290，则转移指令的形式地址代码是多少？

（2）当程序计数器的值为 240 的时候，要求转移到 200，则转移指令的形式地址代码是多少？

解　根据题意，当前的程序计数器值为 240，取出转移指令相当于 CPU 从主存储器读取 3 字节的内容（24 位），这个时候程序计数器变为 243。

第一问中要求转移到 290，因此有转移量 290－243＝47，转换成补码是 00101111，转换成 16 进制数值后是 2FH（H 代表 16 进制），由于说明数据在贮存期中使用低字节地址作为字地址的存放方式，故改转移指令的第二个字节是 2FH，第三个字节没有数据，故为 00H。

第二问中要求转移到 200，因此有转移量 200－243＝－43，转换成补码为 11010101，转换成 16 进制数值后是 D5H，故改转移指令的第二个字节是 D5H，第三个字节为 00H。

（10）堆栈寻址

堆栈寻址要求计算机中设有堆栈，堆栈可以使用寄存器和主存储器实现。根据数据结构的知识可以得知堆栈的有先进先出和先进后出两种运行方式，先进后出运行方式使用一个接口进行进出栈操作，先进先出运行方式使用两个接口进行进出栈操作。先进后出运行方式中操作数只能从栈顶地址进行进出栈，使用堆栈指针作为栈顶地址（可以使用寄存器实现），从这个角度来看，堆栈寻址也可以看作是寄存器间接寻址，如图 2－20 所示，进栈和出栈的过程,堆栈指针始终指向栈顶地址,因此无论是进栈还是出栈都需要改变堆栈指针的值,在进栈的过程中栈顶指针的值从 100 变为 0FF,栈顶的值由 X 变为 30,X 变为的栈的第二位;出栈过程中栈顶指针的值从 0FF 变为 100,栈顶的值由 30 变为 X,寄存器中的 Y 变成了 30。

【例 2 - 33】 一双字长的直接寻址程序调用指令,第一个字是操作码和寻址特征,第二个字是地址码 3000H,当前程序计数器 PC 的值为 1000H,堆栈指针 SP 的内容为 0010H,栈顶内容为 1511H,存储器按字节编址,进栈操作是先执行(SP) - Δ→SP 再存入数据,请问下列几种情况下程序计数器 PC、堆栈指针 SP 和栈顶内容是多少?

(1)程序调用指令执行前。

(2)程序调用指令执行后。

(3)子程序返回后。

解

(1)程序调用指令执行前,PC = 1000H,SP = 0010H,栈顶内容为 1511H。

(2)程序调用指令执行后,由于存储器是按字节编址,我们可以看到地址码是两个字节,因此一个程序调用指令占据 4 个字节,程序断点(1000 + 4)H 进栈,此时,SP = (0010 - 2)H = 000EH,栈顶内容为 1004H,PC 被更新为 3000H。

(3)子程序返回后,程序断点出栈,此时 PC 为 1004H,SP 为 0010H,栈顶内容为 1511H。

上文把十种常用的寻址方式介绍了一遍,还有一些寻址方式没有提到。从高级语言的角度而言寻址方式对开发人员没有什么作用,但是如果使用低级语言进行编程,那么开发人员必须掌握寻址方式才能正确编程。

2.3 指令系统的设计

指令系统除了各种功能指令的设计,还需要考虑计算机的硬件结构,在指令系统的设计中尤以指令格式的设计最为重要,综合而言指令系统的设计必须考虑各种方面的因素,并且在设计完成后需要进行模拟运行,如果出现问题还需要进行修改。

2.3.1 设计指令格式因素

在硬件基础一样的情况,指令系统决定了计算机的性能上限,并决定了可以在计算机上运行的软件的编写方法。软件开发人员在编写程序的时候一方面想让指令系统的功能特别的丰富,便于实现软件的功能,但是又希望计算机运行软件的速度要快、占用的存储空间要少。除此之外,还要考虑到软件的兼容性及可移植性等方面的问题,因此设计新的指令系统要与同一系列机具有兼容性(兼容性能的内容在 1.4.1 中已经介绍了)。

指令格式则体现了计算机指令系统的功能,要从 5 个方面来考虑计算机的指令格式:

(1)操作类型,即计算机指令系统应该具备何种操作类型,在 2.2.2 中介绍了操作类型;

(2)数据类型,即计算机指令系统可以操作何种数据类型,这里的数据类型和计算机的数据表示并不相同;

(3)指令格式,即指令的各种信息,包括指令字长(可变字长)、操作码的位数(可变操作码位数）、地址码的位数、地址的个数、寻址方式等内容；

（4）寻址方式，即计算机采用何种指令寻址方式，一个计算机系统中可以采用多种寻址方式；

（5）寄存器的数量，寄存器主要是指 CPU 中的寄存器，寄存器的数量直接决定了指令的执行速度，也是计算机系统采用何种寻址方式的决定因素之一。

2.3.2　指令格式及设计

不同机器的指令格式有很大区别，本书介绍几种具有代表性的指令格式，这些指令都是已公开的指令格式（Intel、AMD 和 IBM 公司开发的最新的指令格式处于其专利权期间范围内）。介绍完代表性指令格式时，用几道例题来介绍如何进行简单的指令格式设计。

1. 指令格式举例

（1）PDP－11

PDP－11 是美国数字设备公司与 20 世纪 70 推出的小型计算机，PDP－11 由于采用了 Macro－11 汇编语言而广受软件开发人员的喜爱，是最早的 16 位字长的计算机。指令系统高度正规化的设计使软件开发人员可以记住所有指令并且能够指定运算方法。PDP－11 的 CPU 内设 8 个 16 位通用寄存器，其中两个通用寄存器作为堆栈指针和程序计数器。

PDP－11 的指令字长有 16 位、32 位和 48 位三种，采用操作码扩展技术（2.2.2.1 中进行了介绍），操作码位数不固定，该系统的指令地址格式有零地址、一地址和二地址共 13 种指令格式，图 2－21 中列出了其中的 5 种。

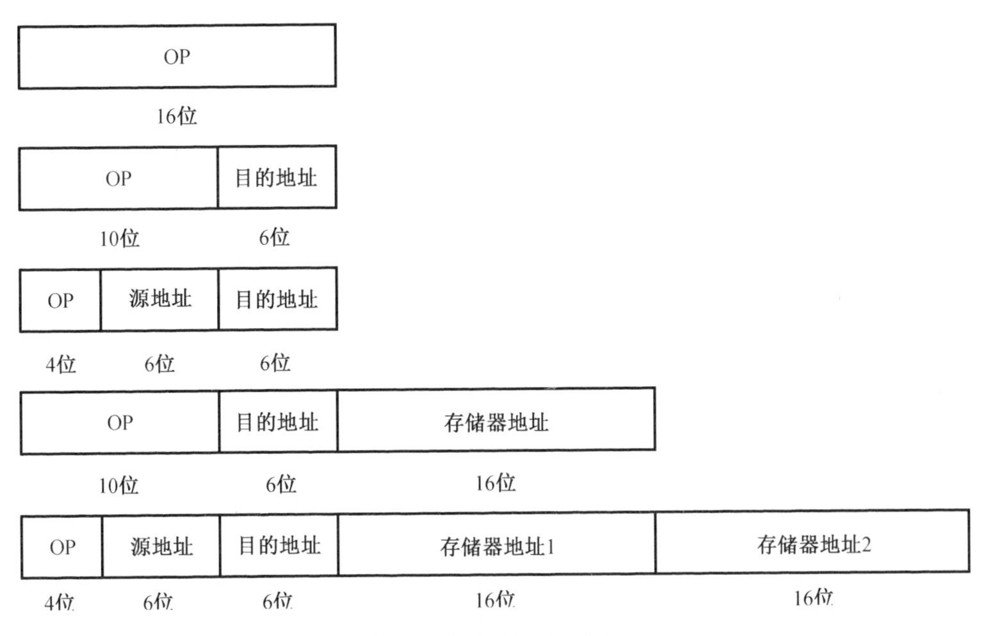

图 2－21　PDP－11 指令

图 2－21 中，第一条指令是零地址指令，操作码是 16 位；第二条指令是一地址指令，操作码是 10 位，地址码是 6 位；第三条到第五条指令是二地址指令，操作码分别是 4 位、10 位和 4 位，地址码都是 6 位，但是这三条指令的操作数来源是不同的。第三条是寄存器－寄存器型，第四条是寄存器－存储器型，第五条是存储器－存储器型。PDP－11 指令系统和寻址方式比较复杂，硬件的成本很高并且编写程序也很复杂，但是 PDP－11 编写的程序效率非常高。

（2）IBM 370

IBM 370 系列机包括了高中低档计算机，其指令系统基本上是一致的，具有相同计算机体系结构，IBM 370 系列机的计算机字长是 32 位，按字节寻址，可以支持多种数据类型，这些数据类型包括字节、半字、字、双字、字符串等。IBM 370 系列的 CPU 中有 16 个 32 位通用寄存器，这些寄存器都可以用作基址寄存器和变址寄存器，除了 16 个通用寄存器外还有 4 个双精度浮点寄存器。指令的字长为 16 位、32 位和 48 位，指令格式如图 2－22 所示。

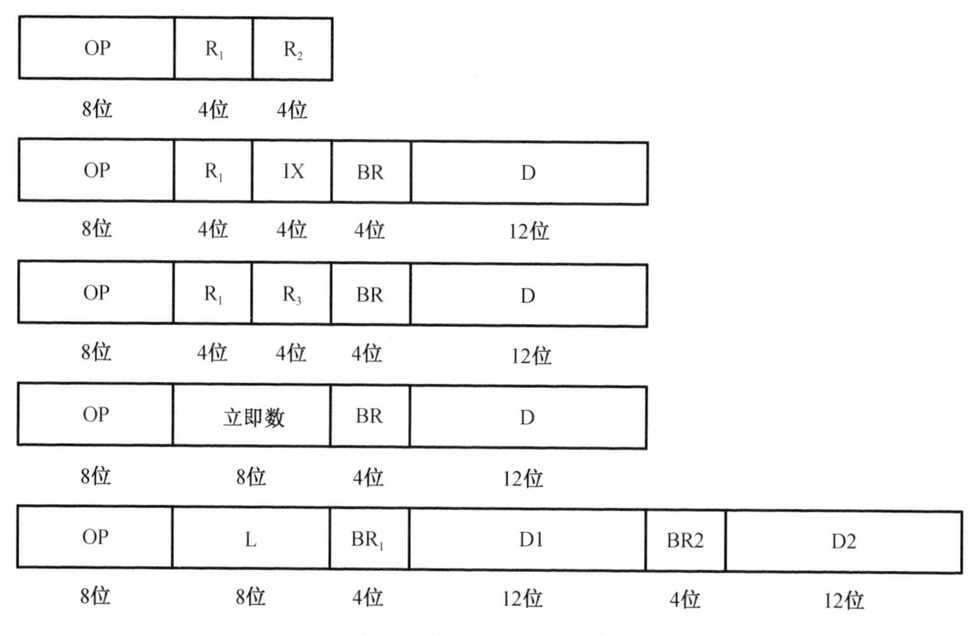

图 2－22　IBM 370 指令

在图 2－22 中，所有的指令的操作码均为 8 位。第一种格式被称为 RR 格式，是一种寄存器－寄存器格式指令，也就是两个操作数均在寄存器之中，其指令全长为 16 位，是半字指令；第二种指令被称为 RX 格式，是一种二地址格式的寄存器－存储器格式指令，其中一个操作数在寄存器中，另一个操作数在主存储器中，其有效地址有变址寄存器（IX）和基址寄存器（BR）来求得，其指令全长为 32 位，是字指令；第三种指令被称为 RS 格式，是一种三地址格式的寄存器－存储器格式指令，一个操作数在寄存器中，另一个操作数在主存储器中，其指令全长为 32 位，是字指令；第四种指令被称为 SI 格式，第二个字段的内容即为立即数，指令全长为 32 位，是字指令；第五种指令被称为 SS 格式，所有操作数都存储在主存储器中，这类指令往往用于字符串的操作，数据长度 L 可以定义一个长度（这一个长度为 $2^8=256$ 位）或者两个长度（两个长度都为 $2^4=64$ 位），指令全长为 48 位，即一字半。

(3) Intel 80486

Intel 80486 的指令字长为 8 位到 48 位不等，是一种不定长的指令系统。80486 的空操作是零地址格式，指令字长只有 8 位，调用操作是一地址格式，指令字长分别是 24 位和 40 位。二地址格式的指令中两个操作数可以是寄存器 - 寄存器型、寄存器 - 存储器型、寄存器 - 立即数型和存储器 - 存储器型，它们的位数分别是 16 位、16 位到 32 位、16 位到 24 位和 24 位到 48 位。

2. 简单的指令格式设计

【例 2 - 34】 某计算机字长为 16 位，存储器的直接寻址空间为 128 字，变址位移量为 -64 ~ +63，16 个通用寄存器均可以作为变址寄存器，设计一套指令格式满足下列寻址类型的要求：

(1) 直接寻址的二地址指令 3 条；

(2) 变址寻址的一地址指令 6 条；

(3) 寄存器寻址的二地址指令 8 条；

(4) 直接寻址的一地址指令 12 条；

(5) 零地址指令 32 条。

解 题目中给出了直接寻址空间为 128 字，则可以推得地址码的位数是 7 位。直接寻址的二地址指令 3 条，这三条指令的操作码为 00，01 和 10，剩下的 11 作为下一种格式指令的操作码扩展用，指令格式如下所示。

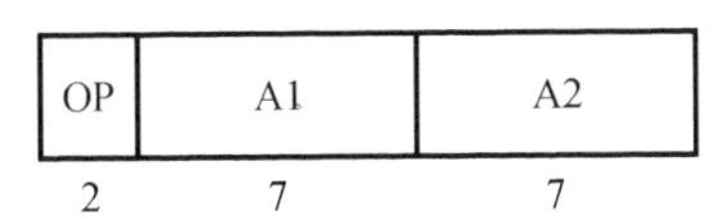

在变址寻址的一地址指令中，其位移量的绝对值为 128，故形式地址 A 取 7 位，16 个通用寄存器均可作为变址寄存器，因此编号需要 4 位，剩下的 5 位就可以作为操作码。而又知道变址一地址指令为 6 条，则取前 6 作为操作码，分别是 11000，11001，11010，11011，11100 和 11101，剩下的两个编码 11110 和 11111 作为下一种格式指令操作码扩展用，指令格式如下所示。

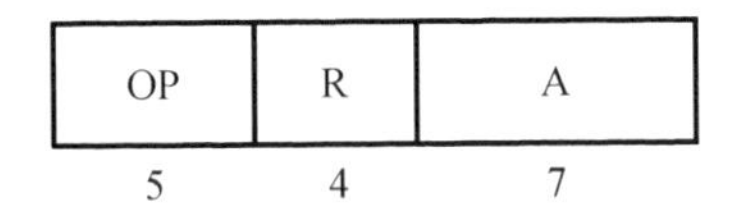

寄存器寻址的二地址指令中，两个寄存器地址一共需要 8 位，剩下 8 位可以作为操作码，比第二种指令多 3 位，由上一个的扩展可以得到 16 个操作码，题中给出了 8 个，分别是 11110000，11110001，11110010，11110011，11110100，111110101，11110110 和 11110111，剩下 8 个编码可以作为扩展使用，指令格式如下所示。

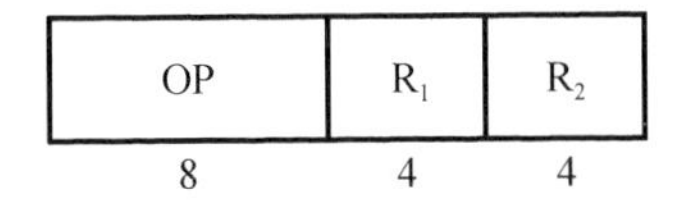

在直接寻址的一地址指令中，7 位地址码，其余 9 位为操作码，比第三种操作码扩展 1 位，由上一个的扩展可以得到 16 个操作码，题中给出 12 个，剩下 4 个编码可以作为扩展使

用,指令格式如下所示。

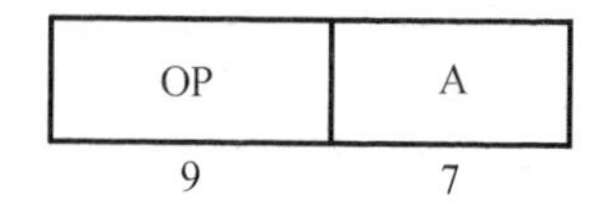

在零地址指令中,指令 16 位都为操作码,比第四种操作码扩展了 7 位,由上一个的扩展可以得到 $4\times2^{7}=512$ 种编码,但题中给出了 32 条,所以还有 480 种代码没有使用,指令格式如下所示。

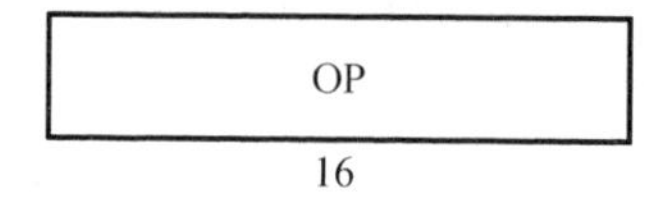

【例 2-35】 某计算机一共有 64 种操作,操作码位数固定,有以下特点,请设计其运算指令格式(算术运算和逻辑运算)、取/存数指令和相对转移指令格式。

(1)采用一地址和二地址格式;

(2)有寄存器寻址、直接寻址和相对寻址(位移量 -128 ~ +127)三种寻址方式;

(3)有 16 个通用寄存器,运算的操作均在寄存器中,结果也保存在寄存器中;

(4)取/存数指令在通用寄存器和主存储器中传送数据;

(5)存储容量为 1 MB,按照字节进行编址。

解 根据操作数 64 种和操作码位数固定,可以得到操作码位数为 6 位。

(1)运算指令格式为寄存器-寄存器型,寄存器为 16 个,寄存器编码为 4 位,寻址模式有三种,故寻址模式编码为 2 位,于是取 16 位字长为运算指令字长,指令结构如下所示。

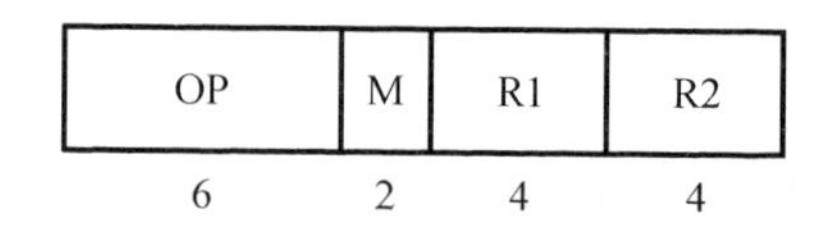

(2)取/存数为寄存器-存储器型,存储容量为 1 MB,按字节进行编制,则有直接寻址范围为 1 MB,则说明地址码的长度一共 20 位,跨字将其分为两部分,一部分为 4 位,另一部分为 16 位,操作码依旧是 6 位,寻址模式 2 位,寄存器 4 位,指令结构如下所示。

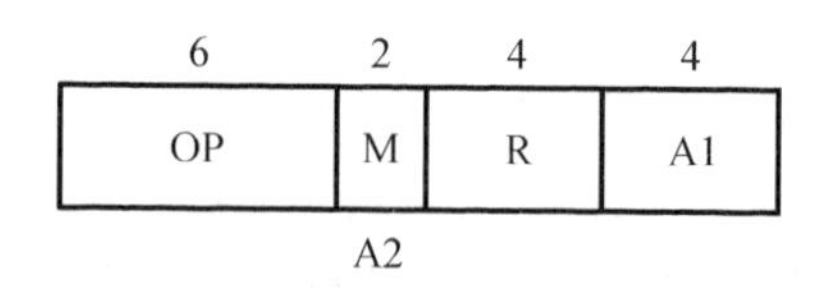

(3)相对转移指令为一地址格式,取单字长 16 位,操作码 6 位不变,寻址模式 2 位不变,A 的位移量是 256,对应的 8 位,指令格式如下所示。

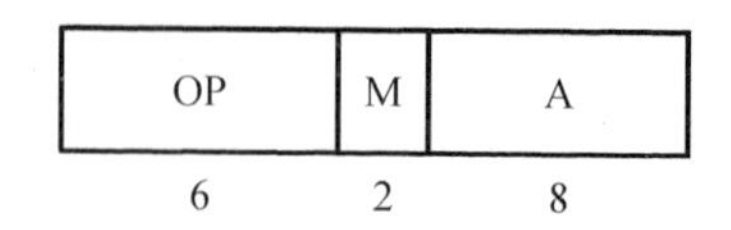

2.4　指令系统的发展和改进

在 1.2 节中对指令集进行了一些简单的介绍，本节研究指令系统复杂的原因和改进方向。

2.4.1　指令系统复杂的原因

计算机发展到今天，能够完成的工作越来越多，其硬件结构越来越复杂，软件研发的价格也越来越高，为了让已经开发的软件在未来的计算机系统中能够运行，这就希望新的计算机的指令系统包括以前计算机的指令系统，这样操作可以降低新计算机的研发周期和研发成本，能留住更多的老用户。于是出现了各种类型的系列机，在系列机的发展过程之中，一系列计算机的指令系统越来越复杂，一些计算机的指令系统的指令数量达到了几百条，这对于计算机系统而言是不可承受之重。例如，美国数字设备公司的 VAX－11（也就是 PDP－11 的 32 位改进型号）有 16 种寻址方式、9 种数据格式和 303 条指令，这导致了在计算机硬件技术极速发展的同时，整个系统的运行速度并没有得到明显的提高。与此相同的是摩托罗拉 68020 计算机，它的指令种类数量是摩托罗拉 6800 的两倍多，寻址方式 18 种，指令长度从一个字（16 位）发展到了 16 个字（256 位）。上述的这种计算机被称为复杂指令系统计算机（也叫复杂指令集计算机）。

通常对指令系统的改进都是围绕着缩小与高级语言之间差距进行的，这样就导致了增加复杂指令来实现语言语义的接近，但是复杂指令太多则会导致降低指令的执行速度、降低流水性能等负面效果，并且指令系统过于复杂时，会出现计算机系统的研发周期拉长、研发费用增长的问题。Intel 公司在研发 80386 系列计算机的时候研发费用达到了 1.5 亿美元（1985 年市价），研发周期长达 3 年，推出后却发现其运行结果经常会出现错误，维护性能极差。与此类似，1975 年 IBM 公司研发高速计算机 FS，投资高达 10 亿美元，最终因为采用复杂指令系统而导致研发失败，这也导致了 IBM 公司加大对精简指令系统的研发。

综上所述指令复杂的原因包括两个方面，一方面是原有的指令系统，另一方面是缩小与高级语言之间的语义差距。20 世纪 70 年代中期，各大计算机公司开始研究解决复杂指令系统产生的问题，通过对复杂指令系统的研究发现 80－20 规律，即程序中 80% 的语句仅使用计算机中 20% 的指令，这些指令都是简单指令，很少使用复杂指令。在进入超大规模集成电路时代之后，由于复杂指令系统需要复杂的控制器，这就需要占据更多的芯片面积，在 20 世纪 80 年代复杂指令系统的控制器占到芯片面积的一半以上，这对设计和实现的要求都越来越高。

2.4.2　按 RISC 方向发展和改进指令系统

在得到 80－20 规律之后，诸多研究者开始重新组合不常用的 80% 的指令，在 1975 年 IBM 公司首先提出了精简指令系统的想法。

精简指令系统由于指令条数比较少，而且指令复杂程度比复杂指令系统大幅降低，进而导致逻辑电路的规模变小，占据芯片面积也变小，其他的芯片面积可以做成寄存器。作为数据暂存区域，这也能减少精简指令系统调用数据的时间。1982 年，美国加州伯克利大学的研究人员研发了精简指令系统,指令数量为 31 条,寻址方式为 2 中,但是有 128 个寄存器,这个指令系统极为简单,但是其能实现的功能超过了 VAX-11,其运行速度也比 VAX-11 快了一倍。与此同时,美国斯坦福大学的研究人员结合了 IBM 公司和伯克利大学的研究成果,研发出 RX000 系列作品。在 1990 年 IBM 公司推出了著名的 IBM RS/6000 系列产品。

精简指令系统的芯片发展经历了最开始的 32 位时代、32 位改进时代和 64 位时代。最初的 32 位精简指令系统支持高速缓存,但是支持这些系统的软件很少,与复杂指令系统的性能相当。32 位改进时代依然采用了 32 位的数据通路,但在这个时期,研发人员提高了其集成度,增加了对多处理机系统的支持,提高了时钟频率,建立了完善的存储管理体系并且越来越多的软件开始支持精简指令系统。64 位时代的精简指令系统采用了超流水线技术和超标量技术,提高了指令的并行处理能力。

计算机程序的执行时间一般可以表述为机器指令条数、每条指令的平均机器周期和每个机器周期的执行时间的乘积。从执行时间方面来看,可以减少指令的执行周期,减少指令的执行周期最简单的方法就是减少复杂指令的数量,在 20 世纪 50 年代的研究中,得出了复杂指令可以通过其他部件和软件来替代,因此减少复杂指令的数量是可行的。

2.4.3 RISC 系统采用的关键技术

精简指令系统关键技术主要包括以下七个方面。

(1)复杂指令分解方面,主要是使用简单指令的组合来实现复杂指令的功能;

(2)指令具体属性方面,指令的属性包括指令的字长、指令格式和寻址方式,精简指令系统的指令字长固定、指令格式种类少、并且寻址方式少;

(3)单独指令执行速度方面,绝大多数指令都在 CPU 内的寄存器中执行,只有存/取数操作需要访问主存储器;

(4)硬件增加性能方面,减少芯片中逻辑电路的面积,增加寄存器的面积,使指令都能够在 CPU 内执行;

(5)指令并行执行方面,采用流水线技术,让大多数指令可以同时执行;

(6)控制器方面,采用组合逻辑控制而不采用微程序控制来实现控制器,这样能够加快精简指令系统的运行速度,复杂指令系统由于过于复杂,导致无法采用组合逻辑控制;

(7)编译程序方面,采用针对精简指令系统优化后的编译程序。

经过以上七个方面的改进和优化,精简指令系统相对于复杂指令系统在硬件利用方面、计算机系统的运行速度方面、研发成本和可靠性方面以及支持高级语言方面都有极大的优势。但是近些年,复杂指令系统和精简指令系统开始逐渐融合,特别是伴随着极大规模集成电路时代的到来,精简指令系统也变得越来越复杂,复杂指令系统则变得越来越精简。

2.4.4 主要的 RISC 产品

比较著名的 RISC 计算机包括 IBM 公司的 IBM RT 系列、美国数字设备公司的 Alpha、惠普公司的 HPPA(精密结构计算机)、MIPS 公司的 R2000/3000/4000、摩托罗拉公司的 M88000 系列、Intel 公司的 80960、AMD 公司的 AM29000、inmos 公司的 Transputer、仙童公司的 Clipper、Sun 公司的 SPARC 以及阿波罗公司的 Series 10000 等机型。

习题 2

2－1 有符号整数 +1010 和 −1010，有符号小数 +0.101 和 −0.011 在计算机中如何表示？

2－2 已知有四个数字，它们的真值为 +111101、−001101、+0.101111 和 −0.000001，请计算它们的原码、补码和反码。

2－3 浮点数的字长为 16 位，其中阶码的位数是 5 位（1 位阶符），尾数的位数为 11 位（1 位数符），将十进制数 +11/64 转换成二进制定点数和浮点数，并写出其在定点机和浮点机中的机器数形式。

2－4 设计算机字长为 8 位（1 位符号位），若 A = +25，B = −31，写出这两个数进行左移一位两位运算和右移一位两位运算后的表现形式和其真值。

2－5 计算机字长为 8 位（1 位符号位），A = −70，B = +42，求 A + B 和 A − B 的补码。

2－6 已知 $x = 2^{-101} \times (-0.101011)$，$y = 2^{-110} \times (+0.101011)$，阶符是两位，阶码的数值部分是前三位，尾数符号是两位，尾数的数值部分是前六位，求 $x - y$。

2－7 已知 $x = 2^{-101} \times (0.0110011)$，$y = 2^{011} \times (-0.1110010)$，机器数阶码三位，尾数七位，阶码是移码，尾数是补码，求 $x \cdot y$（最后结果保留一倍字长）。

2－8 已知 $x = 2^{5} \times \left(+\frac{9}{16}\right)$，$y = 2^{3} \times \left(+\frac{13}{16}\right)$，求 $\frac{x}{y}$。

2－9 相对寻址的转移指令有 24 位，操作码占据 8 位，形式地址（也就是位移量，使用补码）是 16 位，数据在主存储器中使用高字节地址为字地址的存放方式，CPU 从主存储器中读取一个字节的时候程序计数器自动加 1。当程序计数器的值为 150 的时候，要求转移到 175，则转移指令的形式地址代码是多少？当程序计数器的值为 150 的时候，要求转移到 100，则转移指令的形式地址代码是多少？

2－10 某计算机一共有 16 种操作，操作码位数固定，有以下特点：采用一地址和二地址格式；有寄存器寻址、直接寻址和相对寻址（位移量 −512 ~ +511）三种寻址方式；有 32 个通用寄存器，运算的操作均在寄存器中，结果也保存在寄存器中；取/存数指令在通用寄存器和主存储器中传送数据。存储容量为 2 MB，按照字节进行编址。请设计其运算指令格式（算术运算和逻辑运算）、取/存数指令和相对转移指令格式。

2－11 简述指令系统复杂的原因。

2－12 精简指令系统应具备哪七个改进方面内容？

第3章 存储、中断、总线和输入/输出系统

3.1 存储系统的基本要求和并行主存系统

3.1.1 存储系统的基本要求

存储系统是指计算机中由存放程序和数据的各种存储设备、控制部件及管理信息调度的设备(硬件)和算法(软件)所组成的系统。计算机的主存储器不能同时满足存取速度快、存储容量大和成本低的要求,在计算机中必须有速度由慢到快、容量由大到小的多级层次存储器,以最优的控制调度算法和合理的成本,构成具有性能更好的存储系统。

主存储器是CPU能直接访问的存储器,主存的主要技术指标更是反映了存储系统的技术要求。主存由随机读写存储器RAM和只读存储器ROM组成,能快速地进行读或写操作。衡量一个主存储器性能的技术指标主要有存储容量、存取时间、存储周期和存储器带宽。

1.存储容量

在一个存储器中可以容纳的存储单元的总数称为存储容量(Memory Capacity)。

存储单元可分为字存储单元和字节存储单元。所谓字存储单元,是指存放一个机器字的存储单元,相应的单元地址称为字地址;而字节存储单元,是指存放1个字节(8位二进制数)的存储单元,相应的地址称为字节地址。如果一台计算机中可编址的最小单位是字存储单元,则该计算机称为按字编址的计算机;如果一台计算机中可编址的最小单位是字节存储单元,则该计算机称为按字节编址的计算机。一个机器字可以包含数个字节,所以一个字存储单元也可包含数个字节存储单元。

为了描述方便和统一,目前大多数计算机采用字节为单位来表征存储容量。在按字节寻址的计算机中,存储容量的最大字节数可由地址码的位数来确定。例如,一台计算机的地址码为n位,则可产生2^n个不同的地址码,如果地址码被全部利用,则其最大容量为2^n个字节。一台计算机设计定型以后,其地址总线、地址译码范围也已确定,因此其最大存储容量是确定的,而实际配置存储容量时,只能在这个范围内进行选择,通常情况下主存储器的实际存储容量远远小于理论上的最大容量。一般而言,存储器的容量越大,所能存放的程序和数据就越多,计算机的解题能力就越强。存储容量的单位通常用KB,MB,GB来表示。1 KB = 1024 B,1 MB = 1 024 KB,1 GB = 1 024 MB。

2. 存取时间

存取时间即存储器访问时间(Memory Access Time),是指启动一次存储器操作到完成该操作所需的时间。

具体地说,读出时为取数时间,写入时为存数时间。取数时间就是指存储器从接受读命令到信息被读出并稳定在存储器数据寄存器中所需的时间;存数时间就是指存储器从接受写命令,直到把数据从存储器数据寄存器的输出端传送到存储单元所需的时间。

3. 存储周期

存储周期又称为访问周期,是指连续启动两次独立的存储器操作所需间隔的最小时间,它是衡量主存储器工作性能的重要指标,存储周期通常略大于存取时间。

4. 存储器带宽

存储器带宽是指单位时间里存储器所存取的信息量,是衡量数据传输速率的重要指标,通常以位/秒(b/s,bit per second)或字节/秒(B/s)为单位。例如,总线宽度为32位,存储周期为250 ns,则

存储器带宽 = 32 b/250 ns = 128 Mb/s = 128Mb/s。

存储容量、存取时间、存储周期、存储器带宽都反映了主存的主要指标,也反映了存储系统的要求,对存储系统的基本要求是大容量、高速度和低价格。

按照与CPU的接近程度,存储器分为内存储器与外存储器,简称内存与外存。内存储器又常称为主存储器(简称主存),属于主机的组成部分;外存储器又常称为辅助存储器(简称辅存),属于外部设备。CPU不能像访问内存那样,直接访问外存,外存要与CPU或I/O设备进行数据传输,必须通过内存进行。在80386以上的高档微机中,还配置了高速缓冲存储器(cache),这时内存包括主存与高速缓存两部分。对于低档微机,主存即为内存。一般说来,速度越高的存储器价位就越高;容量越大的存储器价位就越低,而且容量越大速度也越低。人们追求大容量、高速度和低价位的存储器,可惜这是很难达到的。把存储器分为几个层次可以解决存系统速度、容量、价位达不到统一要求的目标。

合理解决速度与成本的矛盾,以得到较高的性能价格比。半导体存储器速度快,但价格高,容量不宜做得很大,因此仅用作与CPU频繁交流信息的内存储器。磁盘存储器价格较便宜,可以把容量做得很大,但存取速度较慢,因此用作存取次数较少,且需存放大量程序、原始数据(许多程序和数据是暂时不参加运算的)和运行结果的外存储器。计算机在执行某项任务时,仅将与此有关的程序和原始数据从磁盘上调入容量较小的内存,通过CPU与内存进行高速的数据处理,然后将最终结果通过内存再写入磁盘,这样的配置价格适中,综合存取速度则较快。

为解决高速的CPU与速度相对较慢的主存的矛盾,还可使用高速缓存。它采用速度很快、价格更高的半导体静态存储器,甚至与微处理器在一起,存放当前使用最频繁的指令和数据。当CPU从内存中读取指令与数据时,将同时访问高速缓存与主存。如果所需内容在高速缓存中,就能立即获取;如没有,再从主存中读取。高速缓存中的内容是根据实际情况及时更换的。这样,通过增加少量成本即可获得很高的速度。

使用磁介质存储器和光介质存储器作为外存,不仅价格便宜,可以把存储容量做得很大,而且在断电时它所存放的信息也不丢失,可以长久保存,且复制、携带都很方便。

因此,提出了三级存储结构,即由缓存、主存和辅存构成了三级存储结构。CPU和缓存、主存都能直接交换信息;缓存能直接和CPU、主存交换信息;主存可以和CPU、缓存、辅

存交换信息。

缓存－主存层次主要解决 CPU 和主存速度不匹配的问题。由于缓存的速度比主存的速度高，只要将 CPU 近期要使用的信息调入缓存，CPU 便可以直接从缓存汇总获取信息，从而提高访存速度。但由于缓存的容量小，因此需要不断地将贮存的内容调入缓存，使缓存中原来的信息被替换掉。主存和缓存之间的数据调动是由硬件自动完成的，对程序员是透明的。

主存－辅存层次要解决存储系统的容量问题。辅存的速度比主存的速度低，而且不能和 CPU 直接交换信息，但是它的容量比主存大得多，可是存放的是大量暂时用不到的信息。当 CPU 需要用到这些信息的时候，再将辅存的内容调入主存，供 CPU 直接访问，主存和辅存之间的数据调动是由硬件和操作传统共同完成的。

从 CPU 角度来看，缓存－主存这一层次接近于缓存，高于主存，其容量和价位却接近于主存，这就从速度和成本的矛盾中获得了理想的解决办法。主存－辅存这一层次，从整体分析，其速度接近于主存，容量接近于辅存，平均价位也接近于低速、廉价的辅存价位，这又解决了速度、容量、成本这三者的矛盾。

在主存－辅存这一层次的不断发展中，逐渐形成了虚拟存储系统。在这个系统中，程序员编程的地址范围与虚拟存储器的地址空间相对应。例如，机器指令地址码为 24 位，则虚拟存储器存储单元的个数可达 16 M。可是这个数与主存的实际存储单元的个数相比要大得多，称这类指令地址码为虚地址或者逻辑地址，而把主存的实际地址称为物理地址或者实地址。物理地址是程序在执行过程中能够真正访问的地址，也是实实在在的主存地址。对于具有虚拟存储器的计算机系统而言，程序员编程时可用的地址空间远大于主存空间，使得程序员认为已占用了一个容量极大的主存，其实这个主存并不存在，因此，将其称为虚拟存储器的原因。对虚拟存储器而言，其逻辑地址变换为物理地址的工作是由计算机系统的硬件和操作系统自动完成的，对程序员是透明的。当虚地址的内容在主存时，机器便可立即使用；若虚地址的内容不在主存，则必须先将此虚地址的内容传递到主存的合适单元后再为机器所用。

3.1.2 并行主存系统

随着计算机应用领域的不断扩大，处理的信息量越来越多，对存储器的工作速度和容量要求也越来越高。此外，由于 CPU 的功能不断增强，I/O 设备的数量不断增多，致使主存的存取速度已成为计算机系统的瓶颈。可见，提高访存速度也成为迫不及待的任务。为了解决此问题，除了寻找高速元件和采用层次结构以外，调整主存的结构也可以提高访存速度，便提出了并行存储系统。

1. 单体多字系统

如图 3－1 所示，是一个字长为 W 位的单体主存，一次可访问一个存储器字，所以主存最大频宽 $Bm = W/TM$。要想提高主存频宽 Bm，使之与 CPU 速度相匹配，在同样的器件条件（即同样的 TM）下，只有设法提高存储器的字长 W。例如，改用图 3－2 的方式组成，主存在一个存储周期内就可读出 4 个 CPU 字，相当于 CPU 从主存中获得信息的最大速率提高为原来的 4 倍，即 $Bm = W \times 4/TM$，人们称这种主存为单体多字存储器。

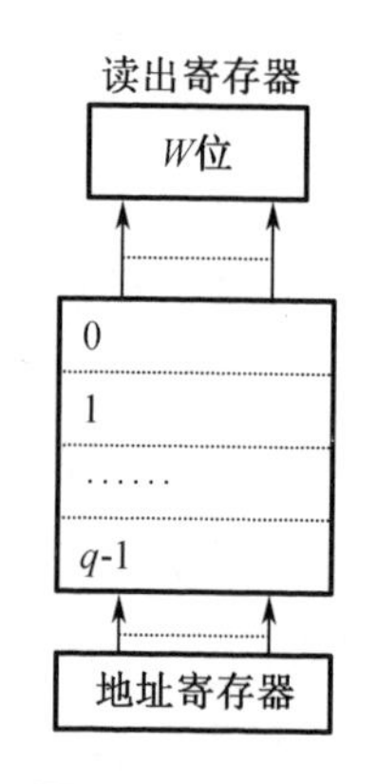

图 3－1 单体单字存储器

然而,采用这种办法的前提是指令和数据在主存内必须是连续存放的,一旦遇到转移指令,或者操作数不能连续存放,这种方法的效果就不明显了。

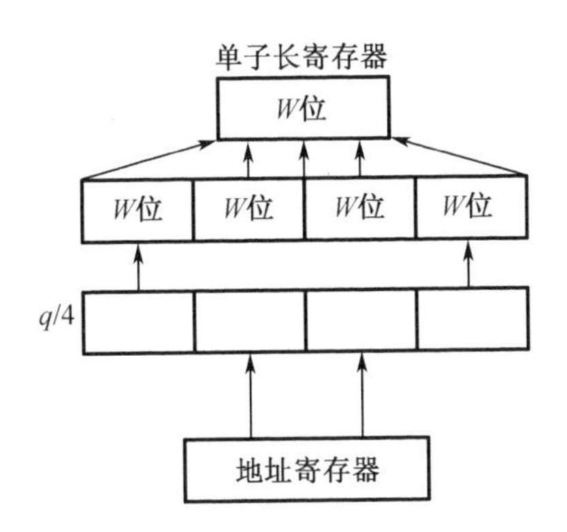

图 3-2　单体字多字($m=4$)存储器

2. 多体并行系统

一个大容量的半导体主存往往是由许多容量较小、字长较短的存储器片子组搭而成的,多体并行系统就是采用多体模块组成的存储器。每个模块有相同的容量和存取速度,各模块各自都有独立的地址寄存器、数据寄存器、地址译码、驱动电路和读/写电路,它们能并行工作,又能交叉工作,可采用如图 3-3 所示的多体单字交叉存储器。CPU 字在主存中可按模 m 交叉编址,根据应用特点,这种交叉又有低位交叉和高位交叉两种。现以低位交叉为例。在单体多字方式中,m 为一个主存字所包含的 CPU 字数,在多体单字方式中则为分体体数。以多体单字交叉为例,单体容量为 l 的 m 个分体,其M_j体的编址模式为 $m\times i+j$,其中,$i=0,1,2,\cdots,q-1$,$j=0,1,2,\cdots,m-1$。表 3-1 列出了如图 3-3 中各分体的编址序列。

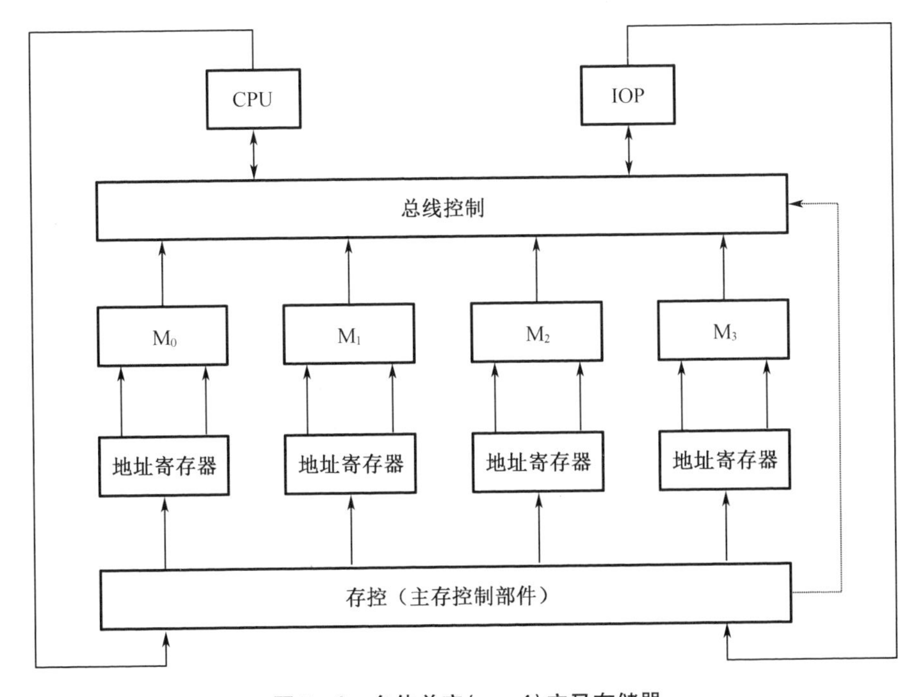

图 3-3　多体单字($m=4$)交叉存储器

各分体可以采用同时启动或如图 3－4 所示的分时启动方式工作。相对而言，分时启动方式所用的硬件较节省。

表 3－1　地址的模 4 低位交叉编址

模体	地址编制序列	对应二进制地址码最末两位的状态
M_0	$0,4,8,12,\cdots,4i+0,\cdots$	00
M_1	$1,5,9,13,\cdots,4i+1,\cdots$	01
M_2	$2,6,10,14,\cdots,4i+2,\cdots$	10
M_3	$3,7,11,15,\cdots,4i+3,\cdots$	11

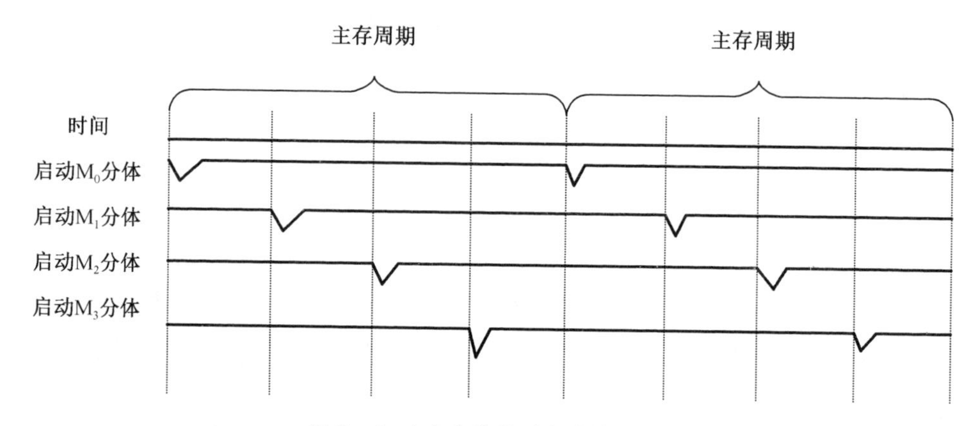

图 3－4　4 个分体分时启动的时间关

主存采用多分体单字方式组成，其器件和总价不比用单体多字方式组成的多，但是其实际频宽却可以比较高。这是由于前者只要 m 个地址不发生分体冲突（即没有发生两个以上地址同属于一个分体），哪怕地址之间不是顺序的，仍可以并行读出；而后者要求可并行读出的 m 个字必须是地址顺序且处于同一存储单元。当然，还可以将多分体并行存取与单体多字相结合，构成多体多字交叉存储器来进一步提高频宽。

将能并行读出多个 CPU 字的单体多字和多体单字、多体多字的交叉访问主存系统称为并行主存系统。

对于有 m 个独立分体的主存系统，假设处理机发出的是一串地址为$A_1,A_2,\cdots,A_q$的访存申请队列。显然，k 是随机变量，最大可以为 m，但由于会发生分体冲突，往往小于 m。截取的这个长度为 k 的申请序列可以同时访问 k 个分体，因此，这个系统的效率取决于 k 的平均值，k 越接近于 m，效率就会越高。

假设 $P(k)$ 表示申请序列长度为 k 的概率，其中，$k=1,2,\cdots,m$。k 的平均值用 B 表示，则

$$B = \sum_{k=1}^{m} kp(k)$$

它实际上就是每个主存周期所能访问到的平均字数，正比于主存实际频宽，只差一个常数比值 TM/W，$P(k)$与程序密切相关。如果访存申请队列都是指令，那么影响最大的是

转移概率 λ，它定义为给定指令的下条指令地址为非顺序地址的概率。指令在程序中一般是顺序执行的，但是遇到成功转移，申请序列中在转移指令之后的，或与它在同一存储周期读出的其他顺序单元内容就没用了。即使转向地址与转移指令不产生分体冲突，也会产生处理机响应时间来不及，不可能与转移指令安排在同一个存储周期内访存。因此，申请序列中如果第一条就是转移指令且转移成功，则与第一条指令并行读出的其他 $m-1$ 条指令就是没用的，相当于 $k=1$，所以 $P(1)=\lambda=(1-\lambda)^0\lambda$；$k=2$ 的概率自然是第一条指令没有转移，第二条是转移指令且转移成功的情况，所以，$P(2)=(1-P(1))\lambda=(1-\lambda)^1\lambda$；同理，$P(3)=(1-P(1)-P(2))\lambda=(1-\lambda)^2\lambda$。由此类推，$P(k)=(1-\lambda)^k\lambda$，其中 $1\leqslant k<m$。如果前 $m-1$ 条指令均不转移，则不管第 m 条指令是否转移，k 都等于 m，故 $P(m)=(1-\lambda)^{m-1}$。

$$B=\sum_{k=1}^{m}kp(k)=1\lambda+2(1-\lambda)\lambda+3(1-\lambda)^2\lambda+\cdots+(m-1)(1-\lambda)^{m-1}\lambda+m(1-\lambda)^{m-1}$$

经数学归纳法化简可得

$$B=\sum_{i=0}^{m-1}(1-\lambda)^i$$

它是一个等比级数，因此

$$B=1-(1-\lambda)^m/\lambda$$

由上式可见，若每条指令都是转移指令且转移成功（$\lambda=1$），则 $B=1$，也就是说，使用并行多体交叉存取的实际频宽低到和使用单体单字的一样。若所有指令都不转移（$\lambda=0$），则 $B=m$，即此时使用多体交叉存储的效率最高。

如图 3-5 所示，m 为 4,8,16 时 B 与 λ 的关系曲线。不难看出，如果转移概率 $\lambda>0.3$，$m=4,8,16$ 的 B 差别不大，即此时模数 m 取值再大，对系统效率也不会带来多大的好处。而在 $\lambda<0.1$ 时，m 值的大小对 B 的改进会有显著影响。

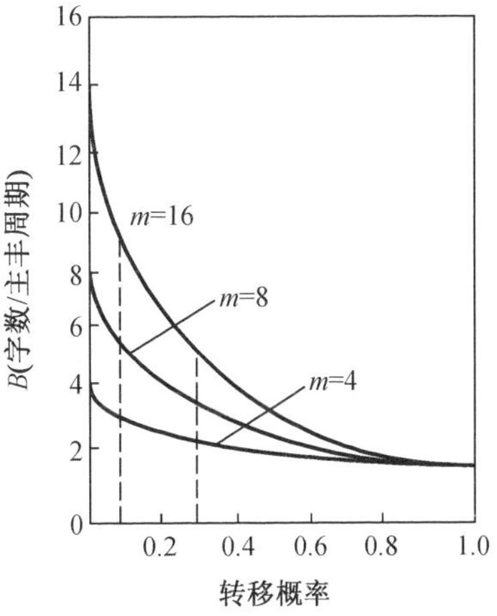

图 3-5　m 个分体并行存取的 $B=f(\lambda)$ 曲线

【例 3-1】　设访存申请队的转移概率 λ 为 25%，比较在模 32 和模 16 的多体单字交叉存储器中，每个周期能访问到的平均字数。

每个存储周期能访问到的平均字数为

$$B=1-(1-\lambda)^m/\lambda$$

将 $\lambda=25\%$，$m=32$ 代入上式，可求得

$$B=(1-0.75^{32})/0.25=4$$

将 $\lambda=25\%$，$m=16$ 代入上式，可求得

$$B=(1-0.75^{16})/0.25=4$$

即每个存储周期平均能访问到 3.96 个字。

可见，当转移概率 λ 为 25%，比较大时，采用模 32 与模 16 的每个存储周期能访问到的平均字数非常接近。就是说，此时提高模数 m 对提高主存实际频宽的影响已经不显著了。实际上，模数 m 的进一步增大，会因工程实际的问题，可能导致实际性能反而比模 16 的还要低，且价格更高，所以，模数 m 不宜太大。对于 $\lambda=25\%$ 的情况，可以计算出 $m=8$ 时，其

B 值已经接近于 3.6 了。

从不利的情况考虑,设所有申请都是全随机的,用单来单服务、先来先服务的排队论模型进行模拟,可得出随 m 的提高,主存频宽只是近似$\sqrt{m}$的关系得到改善。当然,指令流不会是完全随机的,就是数据流也不会是全随机的,例如阵列、表格等就会是顺序存取的。因此,总的来看,B 的值总是会比$\sqrt{m}$的值要大。

正是因为程序的转移概率不低,数据分布的离散性较大,所以单纯靠增大 m 来提高并行主存系统的频宽是有限的,而且性能价格还会随 m 的增大而下降。如果采用并行主存系统仍不能满足速度上的要求,就必须从系统结构上进行改进,采用存储体系。

3.2 中断系统

CPU 终止正在执行的程序,转去处理随机提出的请求,待处理完后,再回到原来被打断的程序继续恢复执行的过程称为中断。响应和处理各种中断软、硬件总体称为中断系统。在计算机中,中断可分为内部中断、外部中断和软件中断三类。内部中断有 CPU 内的异常引起;外部中断由中断信号引起;软件中断由自陷指令引起,用于操作系统服务。外部中断又分为可屏蔽中断和不可屏蔽中断。

3.2.1 中断的分类和分级

1. 中断的分类

一个进程在正常执行过程中,其逻辑控制流会因为各种特殊事件被打断,例如,在每个时间片到时,当前进程的执行被新进程打断。除此之外,打断进程正常执行的特殊事件还有用户按下 Ctrl + C 键、当前指令执行时发生了不能使指令继续执行的意外事件、I/O 设备完成了系统交给的任务需要进一步处理等。这些特殊事件统称为异常或中断。当发生异常或中断时,正在执行进程的逻辑控制流被打断,CPU 转到具体的处理特殊事件的内核程序去执行。显然,这与上下文切换一样会引起一个异常控制流,但是它与上下文切换有个明显的不同,上下文切换后 CPU 执行另一个用户进程,但是,中断或异常处理程序执行的代码不是一个进程,而是一个"控制路径",它代表异常或是中断发生时正在运行的当前进程在执行一个独立的执行序列。作为一个内和控制路径,它比进程更"轻",其上下文信息比一个进程的上下文信息少得多。

不同计算机体系结构和教科书对异常和中断这两个概念规定了不同的内涵。例如,Power - PC 体系结构用"异常"表示各种来自 CPU 内部和外部的意外事件,而用"中断"表示正常程序执行控制流被打断这个概念。本教材主要以 IA - 32 为教学模型,将使用 Intel 体系结构规定的"中断"和"异常"的概念。

从广义视角的来说,中断通常被定义为一个事件,该事件触发改变处理器执行指令的顺序。从广义视角来说,针对 80 ×86 体系,中断被分为中断和异常,又叫同步中断和异步中断。在早期的 Intel 8086/8088 微处理器中,并不区分异常和中断,两者统称为中断,由 CPU 内部产生的意外事件称为"内中断",从 CPU 外部通过 CPU 的中断请求引脚 INTR 和 NMI 向 CPU 发出的中断请求为"外中断"。如果强调异常是 CPU 内部执行指令时发生的,而中断是 CPU 外部的 I/O 设备向 CPU 发出的请求,特称异常为"内部异常",而称中断为"外部中断”。在80×86体系中,中断和异常的区别主要体现在中断是由其他硬件依照CPU时钟信号随机产生,引起中断的各种事件称为中断源。而异常是由CPU本身执行指令时,CPU控制单元在一条指令终止之后产生。

外部I/O设备通过特定的中断请求信号线向CPU提出中断申请,CPU在执行指令的过程中,每执行完一条指令就查看中断请求引脚,如果中断请求引脚的信号有效,则进入中断响应周期。在中断响应周期后,CPU先将当前PC值(称为断点)和当前的机器状态保存到栈中,并设置成“关中断”状态,然后,从数据总线读取中断类型号,根据中断类型号跳转到对应的中断服务程序执行。中断响应过程由硬件完成,而中断服务程序执行具体的中断处理工作,中断处理完成后,再回到被打断程序的“断点”处继续执行。

发出中断请求的设备称为中断源。按中断源的不同,中断可分为内中断、外中断、软件中断三类。其中,内中断即程序运行错误引起的中断;外中断即由外部设备、接口卡引起的中断;由写在程序中的语句引起的中断程序的执行,称为软件中断。

从CPU是否接收中断,即是否能够限制某些中断发生的角度,Intel将外部中断分为可屏蔽中断和不可屏蔽中断。

(1)可屏蔽中断

可屏蔽中断是指通过可屏蔽中断请求线INTR向CPU进行请求的中断,主要来自I/O设备的中断请求。CPU可以通过在中断控制器中设置相应的屏蔽字来屏蔽它或者不屏蔽它,若一个I/O设备的中断请求被屏蔽,则它的中断请求信号将不会被送到CPU。可被CPU通过指令限制某些设备发出中断请求的中断。

(2)不可屏蔽中断

不可屏蔽中断通常是非常紧急的硬件故障,通过专门的不可屏蔽中断请求线NMI向CPU发出中断请求。例如,电源掉电,硬件线路故障等,这类中断请求信号一旦产生,任何情况下它都不可以被屏蔽,因此一定会被送到CPU,以便让CPU快速处理这类紧急事件。通常,这种情况下,中断服务程序会尽快保存系统重要信息,然后在屏幕上显示相应的消息或直接重新启动系统。

2. 中断的分级

由于中断源相互独立而随机地发出中断请求,因此常会同时发生多个中断请求。为使系统能及时响应并处理发生的所有中断,系统根据引起中断事件的重要性和紧迫程度,硬件将中断源分为若干个级别,称作中断优先级。

引入多级中断的原因是为使系统能及时地响应和处理所发生的紧迫中断,同时又不至于发生中断信号丢失。计算机发展早期,在设计中断系统硬件时,根据各种中断的轻重在线路上做出安排,从而使中断响应能有一个优先次序。多级中断的处理原则为当多级中断同时发生时,CPU按照由高到低的顺序响应。高级中断可以打断低级中断处理程序的运行,转而执行高级中断处理程序。当同级中断同时到时,则按位响应。当多级中断同时发生时,CPU按照由高到低的顺序响应。另外,优先级高的中断源可以中断优先级低的中断服务程序,这就形成了中断服务程序中套着中断服务程序的情况,即形成了所谓的中断嵌套。

3.2.2　中断的响应次序与处理次序

中断的响应次序是在同时发生多个不同中断类的中断请求时,中断响应硬件中的排队器所决定的响应次序。然而,中断的处理要由中断处理程序来完成,而中断处理程序在执行前或者执行中是可以被中断的。这样,中断处理完的次序(下面简称中断处理次序)就可以不同于中断的响应次序。

一般在处理某级中断请求时,是不能被与它同级的或比它低级的中断请求所中断的。只有比它高一级的中断请求才能中断其处理,等响应和处理完后再继续处理原先的那个中断请求。

中断响应的次序用排队器硬件实现,次序是由高到低固定的。为了能根据需要,由操作系统灵活改变实际的中断处理次序,很多机器都设置了中断级屏蔽位寄存器,以决定某级中断请求能否进入中断响应排队器。只要能进入的,总是让高级别的优先得到响应。程序状态字中包含有中断级屏蔽位字段。操作系统只要将每一类中断处理程序的现行程序状态字中的中断级屏蔽位设置成不同状态,就可以实现希望的中断处理次序。

图 3-6 给出了一个中断响应硬件部分的原理简图。

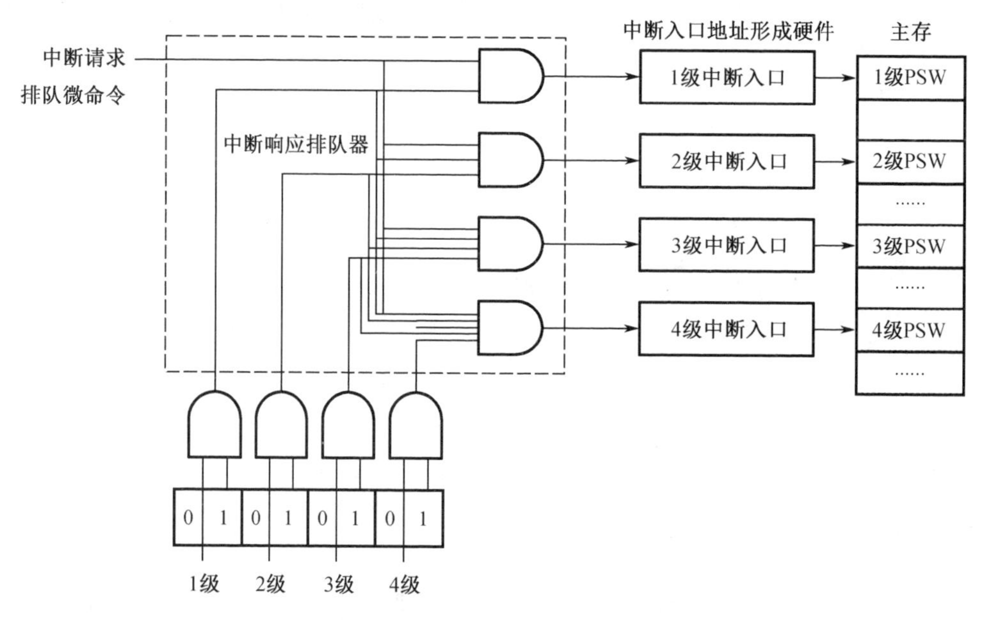

图 3-6　中断响应硬件部分原理简图

【例 3-2】　假设某系统有 4 个中断级,相应地每一级中断处理程序的现行 PSW 中都有 4 位中断级屏蔽位,那么,要让各级中断处理次序和各级中断响应次序都一样,都是 1→2→3→4,就只需按表 3-2 设置好各级中断处理程序现行程序状态字中的中断级屏蔽位即可。

表 3-2　中断级屏蔽位设置

中断处理程序级别	中断级屏蔽位			
	1 级	2 级	3 级	4 级
第 1 级	0	0	0	0
第 2 级	1	0	0	0

表3－2(续)

中断处理程序级别	中断级屏蔽位			
	1级	2级	3级	4级
第3级	1	1	0	0
第4级	1	1	1	0

这里，应注意的是有关中断级屏蔽位“0”“1”是“屏蔽”还是“开放”中断，不同机器有着不同的定义。在设置中断级屏蔽位时，应遵守正在执行某级中断处理程序，现行PSW中应屏蔽同级和低级的中断请求。为了保证中断嵌套时可以原路返回，应设置一个返回地址堆栈，中断时将断点地址用硬件的方法自动压入栈顶保存，等中断返回时，再用硬件的方法将断点地址从当前栈顶弹回到程序计数器，利用堆栈的后进先出，实现正确的返回。另外，用户程序(目态程序)是不能屏蔽任何中断的，即用户程序的现行PSW中的中断级屏蔽位对各级中断都应当是开放。

现假定运行用户程序的过程中先后出现了如图3－7所示的中断请求。执行用户程序时其现行PSW的中断级屏蔽位(放置于中断级屏蔽位寄存器中)均为“1”。当2、3级中断请求同时到来时，均进入排队器，中断请求排队微命令到来时，优先响应2级中断请求(此时去除相应的2级中断请求源)，中断用户程序的执行，中断断点地址被压入返回地址堆栈，通过交换PSW实现程序切换。将用户程序所用到的关键寄存器、中断码、断点等现状作为旧PSW保存到内存指定单元，再从内存另一指定单元取出1 000放置到中断级屏蔽位寄存器，尽管3级中断请求还在，但被屏蔽掉不予响应，开始执行2级中断处理程序。即使2级中断处理程序执行过程中又遇到了4级中断请求也不予理睬，直到2级中断处理程序执行完后，交换PSW，返回到被中断前的用户程序。此时，用户程序状态字的中断级屏蔽位全为“1”，使3、4级中断请求才又同时进入排队器。在优先响应3级中断请求并进行处理后返回到被中断的用户程序，再响应并处理4级中断请求。待处理完后又返回被中断的用户程序继续执行。后来，又发生了2级中断请求，在对其响应和处理过程中又发生了1级中断请求。因为2级中断处理程序PSW中的1级中断级屏蔽位为“1”，所以让1级中断请求进入排队器，从而转去响应1级中断请求并进行处理。由于级中断处理程序的中断级屏蔽位为全“0”，因此只有等运行完1级中断处理程序后返回到上一次被打断的2级中断程序才能继续处理完，再依次返回到前一次的断点，即用户程序继续执行。由此例可见，实际的中断处理完的次序为1→2→3→4。

如果想把中断处理次序改为1→4→3→2，那么只需由操作系统将各中断级处理程序的中断级屏蔽位设置成如表3－3所示的值即可。

现按上述假设发出中断请求，则其程序运行过程如图3－8所示，可以看出，此时各级中断处理完的先后顺序变成了1→4→3→2。

由以上分析可以看出，只要操作系统根据需要的方法，改变各级中断处理程序的中断级屏蔽位状态，就可以改变实际的中断处理(完)的先后顺序。这就是中断系统采用软、硬件结合的好处。中断响应排队器硬件实现，可以加快响应和断点现场的保存，中断处理采用软件的技术可以提供很大的灵活性。因此，中断系统的软、硬件功能的实质是中断处理程序软件和中断响应硬件的功能分配。但为了改善性能，可以部分改变硬件来实现。

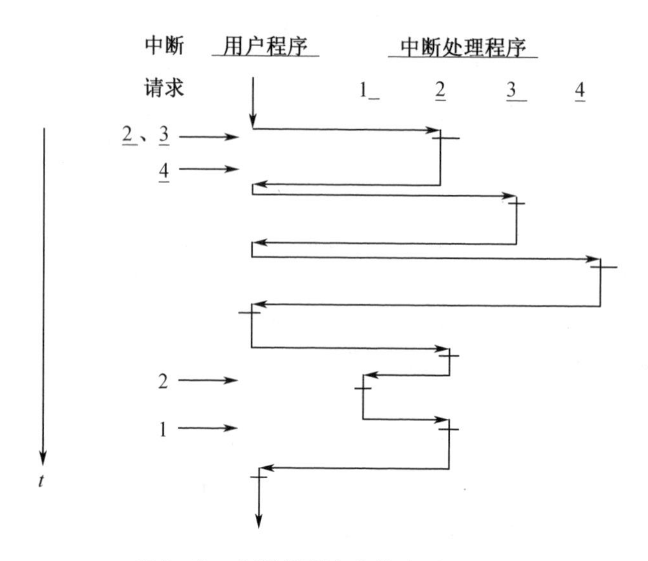

图 3-7 中断处理次序为 1→2→3→4

表 3-3 中断级屏蔽位设置
（中断处理次序和中断响应次序不一样）

中断处理程序级别	中断级屏蔽位			
	1 级	2 级	3 级	4 级
第 1 级	0	0	0	0
第 2 级	1	0	1	1
第 3 级	1	0	0	1
第 4 级	1	0	0	0

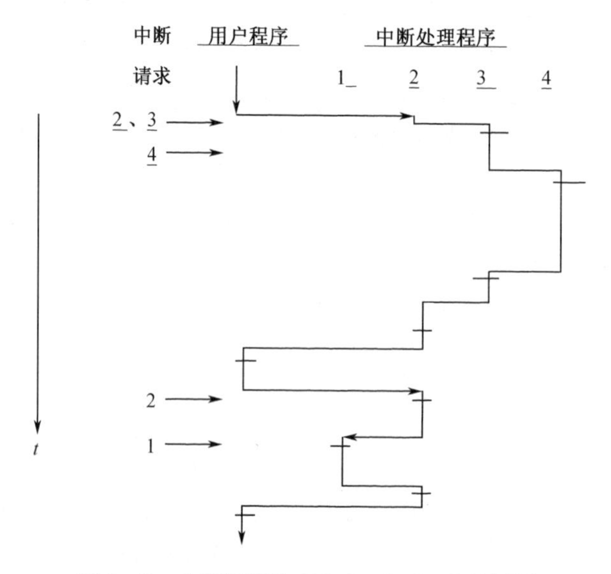

图 3-8 中断处理次序为 1→4→3→2 的例子

3.2.3 中断系统的软、硬件功能分配

中断系统的功能包括中断请求的保存和清除、优先级的确定、中断断点及现场的保存、对中断请求的分析和处理以及中断返回等。可以归纳为如下四点：

(1)并行操作；

(2)硬件故障报警与处理；

(3)支持多道程序并发运行，提高计算机系统的运行效率；

(4)支持实时处理功能。

在发生中断时，需要中断现场的保护，中断现场包括软件状态(如作业名称和级别，上、下界值，各种软件状态和标志等)和硬件状态(如现行指令地址、条件码等状态信息、各种控制寄存器及通用寄存器内容)。

中断响应时间主要取决于交换PSW的时间，以IBM 370为例，PSW为64位，因而交换PSW只需写、读两个访存周期即可。

为减少中断处理程序保存通用寄存器内容所耗费的时间，设置通用寄存器组与主存或堆栈之间的成组传送指令是必要的，至少可以减少大量的取指令时间。以上都是针对所有任务均在同一个处理机上实现的集中式处理机系统而言的。

3.3 总线系统

3.3.1 总线的分类

任何一个微处理器都要与一定数量的部件和外围设备连接，但如果将各部件和每一种外围设备都分别用一组线路与CPU直接连接，那么连线将会错综复杂，甚至难以实现。为了简化硬件电路设计、简化系统结构，常用一组线路，配置以适当的接口电路，与各部件和外围设备连接，这组共用的连接线路就是总线。采用总线结构便于部件和设备的扩充，制定了统一的总线标准，容易使不同设备间实现互连。总线(Bus)是计算机各种功能部件之间传送信息的公共通信干线，它是由导线组成的传输线束，按照计算机所传输的信息种类，计算机的总线可以划分为数据总线、地址总线和控制总线，分别用来传输数据、数据地址和控制信号。总线是一种内部结构，它是CPU、内存、输入设备、输出设备传递信息的公用通道，主机的各个部件通过总线相连接，外部设备通过相应的接口电路再与总线相连接，从而形成了计算机硬件系统。在计算机系统中，各个部件之间传送信息的公共通路叫总线，微型计算机是以总线结构来连接各个功能部件的。

总线按功能和规范可分为五大类型：

(1)数据总线(Data Bus)，在CPU与RAM之间来回传送需要处理或是需要储存的数据；

(2)地址总线(Address Bus)，用来指定在RAM(Random Access Memory)之中储存的数据的地址；

(3)控制总线(Control Bus)，将微处理器控制单元(Control Unit)的信号，传送到周边设备，一般常见的为USB Bus和1394 Bus；

(4)扩展总线(Expansion Bus),可连接扩展槽和电脑;

(5)局部总线(Local Bus),取代更高速数据传输的扩展总线。

其中,数据总线 DB(Data Bus)、地址总线 AB(Address Bus)和控制总线 CB(Control Bus),也统称为系统总线,即通常意义上所说的总线。

有的系统中,数据总线和地址总线是复用的,即总线在某些时刻出现的信号表示数据而另一些时刻表示地址;而有的系统是分开的。例如,51 系列单片机的地址总线和数据总线是复用的,而一般 PC 中的总线则是分开的。

"数据总线 DB"用于传送数据信息。数据总线是双向三态形式的总线,即它既可以把 CPU 的数据传送到存储器或 I/O 接口等其他部件,也可以将其他部件的数据传送到 CPU。数据总线的位数是微型计算机的一个重要指标,通常与微处理的字长相一致。例如,Intel 8086 微处理器字长 16 位,其数据总线宽度也是 16 位。需要指出的是,数据的含义是广义的,它可以是真正的数据,也可以是指令代码或状态信息,有时甚至是一个控制信息,因此,在实际工作中,数据总线上传送的并不一定仅仅是真正意义上的数据。常见的数据总线为 ISA、EISA、VESA、PCI 等。

"地址总线 AB"专门用来传送地址,由于地址只能从 CPU 传向外部存储器或 I/O 端口,所以地址总线总是单向三态的,这与数据总线不同。地址总线的位数决定了 CPU 可直接寻址的内存空间大小,例如 8 位微机的地址总线为 16 位,则其最大可寻址空间为 $2^{16}=64$ KB,16 位微型机(x 位处理器指一个时钟周期内微处理器能处理的位数(1,0)多少,即字长大小)的地址总线为 20 位,其可寻址空间为 $2^{20}=1$ MB。一般来说,若地址总线为 n 位,则可寻址空间为 2^n 字节。

"控制总线 CB"用来传送控制信号和时序信号。由于数据总线、地址总线都是被挂在总线上的所有部件共享的,如何使各个部件能在不同的时刻占有线使用权,需要依靠控制总线来完成,因此控制总线是用来发出各种控制信号的传输线。通常对任意控制线而言,它的传输是单向的,是微处理器送往存储器和 I/O 接口电路的。例如,读/写信号,片选信号、中断响应信号等。但是对于控制总线总体来说,又可以认为是双向的,因为其他部件可以反馈给 CPU 信号,例如,中断申请信号、复位信号、总线请求信号、设备就绪信号等。因此,控制总线的传送方向由具体控制信号而定,(信息)一般是双向的,控制总线的位数要根据系统的实际控制需要而定。实际上控制总线的具体情况主要取决于 CPU。此外,控制总线还起到监视各个部件状态的作用。例如,查询该设备是处于"忙"还是"闲"的状态,是否出错等。因此,对 CPU 而言控制信号既有输出的又有输入的。

常见的控制信号如下。

①时钟:用来同步各种操作。

②复位:初始化所有部件。

③总线请求:表示某部件需要获得总线使用权。

④总线允许:表示需要获得总线使用权的部件已经获得了控制权。

⑤中断请求:表示某部件提出中断请求。

⑥中断响应:表示中断请求已被接收。

⑦存储器写:将数据总线上的数据写至存储器的指定地址单元内。

⑧存储器读:将制定存储单元中的数据读到数据总线上。

⑨I/O 读:从指定的 I/O 端口将数据读到数据总线上。

⑩I/O 写:将数据中线上的数据输出到指定的 I/O 端口内。

⑪传输响应:表示数据已经被接收,或已经将数据送至数据总线上。

计算机通信方式可以分为并行通信和串行通信,相应的通信总线被称为并行总线和串行总线。并行通信速度快、实时性好,但由于占用的口线多,不适于小型化产品;而串行通信速率虽低,但在数据通信吞吐量不是很大的微处理电路中则显得更加简易、方便、灵活。串行通信一般可分为异步模式和同步模式。随着微电子技术和计算机技术的发展,总线技术也在不断地发展和完善,而使计算机总线技术种类繁多,各具特色。二进制数据逐渐通过一根数据线发送到目的器件;并行总线的数据线通常超过 2 根。常见的串行总线有 SPI、I2C、USB 及 RS232 等。

按照时钟信号是否独立,可以分为同步总线和异步总线。同步总线的时钟信号独立于数据,而异步总线的时钟信号是从数据中提取出来的。SPI、I2C 是同步串行总线,RS232 采用异步串行总线。

按照总线的连接位置不同一般有内部总线、系统总线和外部总线。内部总线是微机内部各外围芯片与处理器之间的总线,用于芯片一级的互连;而系统总线是微机中各插件板与系统板之间的总线,用于插件板一级的互连;外部总线则是微机和外部设备之间的总线,微机作为一种设备,通过该总线和其他设备进行信息与数据交换,它用于设备一级的互连。

就总线允许信息传送的方向来说,可以有单向传输和双向传输两种。双向传输又有半双向和全双向的不同。半双向可以延相反方向传送,但同时只能有一个方向传送;全双向允许同时向两个方向传送,全双向的速度快,造价高,结构复杂。

总线按照用法不同可以分为专用和非专用总线。只连接一对物理部件的总线称为专用总线,其优点是多个部件可以同时收、发信息,不争用总线,系统流量高;通信时不用指明目的,控制简单;任何总线的实效只会使连接于该总线的两个部件无法直接通信,但它们仍可以通过其他部件间接通信,因而系统可靠。总线专用的缺点是总线数多,如果 N 个部件用双向总线在所有可能路径都互连的话,则需要 $N \times (N-1)/2$ 组总线。N 较大时,总线数将与部件数 N 成平方倍关系增加,不仅增加了转接头,难以小型化、集成电路化,增加一个部件要增加许多新的接口和连线。如图 3-9 所示,实线是 $N=4$ 的情况,虚线表示因增加部件 E 后需要增设的接口和总线。所以,在一般的 I/O 系统中,专用总线只适用于实现某个设备(部件)仅与另一个设备(部件)的连接。

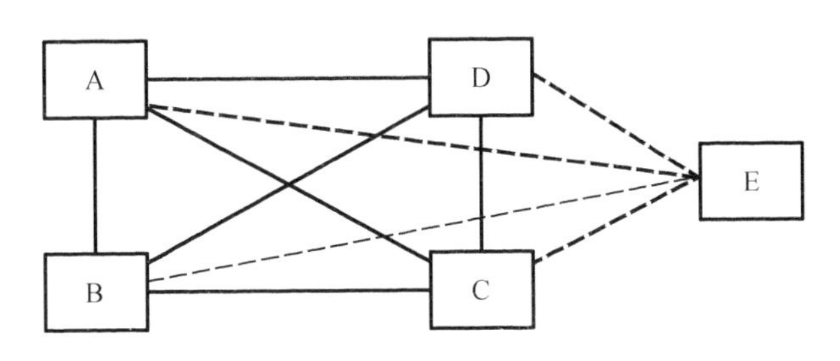

图 3-9　所有部件之间用专用总线互连

非专用总线可以被多种功能或多个部件所分时共享,同一时间只有一对部件可使用总线进行通信。例如,低性能微、小型机中使用的单总线,既是主存总线又是 I/O 总线;高速中、大型系统为解决 I/O 设备和 CPU、主存间传送速率的差距,使用的主存、I/O 分开的双总线或多总线;多个远程终端共享主机的系统使用的远距离通信总线,多处理机系统互连用的纵横交叉开关等,都是非专用总线。

非专用总线的优点是总线数少、造价低;总线接口标准化、模块性强;可扩充能力强部件的增加不会使电缆、接口和驱动电路激增;易用多重总线来提高总线的带宽和可靠性,是故障弱化。缺点是系统流量小,经常会出现争用总线的情况,使未获得总线使用权的部件不得不等待而降低效率。如果处理不当,非专用总线有可能成为系统速度性能的"瓶颈",对单总线结构尤其如此,此外,共享总线失效会导致系统瘫痪。因此,I/O 系统适合用非专用总线。

采用总线结构的优点如下几个方面。

(1)面向存储器的双总线结构信息传送效率较高,但 CPU 与 I/O 接口都要访问存储器时,仍会产生冲突。

(2)CPU 与高速的局部存储器和局部 I/O 接口通过高传输速率的局部总线连接,速度较慢的全局存储器和全局 I/O 接口与较慢的全局总线连接,从而兼顾了高速设备和慢速设备,使它们之间不互相牵扯。

(3)简化了硬件的设计,便于采用模块化结构设计方法,面向总线的微型计算机设计只要按照这些规定制作 CPU 插件、存储器插件以及 I/O 插件等,将它们连入总线就可工作,而不必考虑总线的详细操作。

(4)简化了系统结构,整个系统结构清晰,连线少,底板连线可以印制化。

(5)系统扩充性好,一是规模扩充,规模扩充仅仅需要多插一些同类型的插件;二是功能扩充,功能扩充仅仅需要按照总线标准设计新插件,插件插入机器的位置往往没有严格的限制。

(6)系统更新性能好,因为 CPU、存储器、I/O 接口等都是按总线规约挂到总线上的,因而只要总线设计恰当,随时可以随着处理器的芯片及其他有关芯片的进展,设计新的插件,新的插件插到底板上对系统进行更新,其他插件和底板连线一般不需要改。

(7)便于故障诊断和维修,用主板测试卡可以很方便找到出现故障的部位,以及总线类型。

由于在 CPU 与主存储器之间、CPU 与 I/O 设备之间分别设置了总线,从而提高了微机系统信息传送的速率和效率。但是外部设备与主存储器之间没有直接的通路,它们之间的信息交换必须通过 CPU 才能进行中转,因而降低了 CPU 的工作效率(或增加了 CPU 的占用率)。一般来说,外设工作时要求 CPU 干预越少越好,CPU 干预越少,这个设备的 CPU 占用率就越低,说明设备的智能化程度越高,这是面向 CPU 的双总线结构的主要缺点,同时还包括以下几方面:

(1)利用总线传送具有分时性,当有多个主设备同时申请总线的使用时必须进行总线的仲裁;

(2)总线的带宽有限,如果连接到总线上的某个硬件设备没有资源调控机制,则容易造成信息的延时(这在某些即时性强的地方是致命的);

(3)连到总线上的设备必须有信息的筛选机制,要判断该信息是否是传给自己的。

总线按在系统中的位置分为芯片级(CPU 芯片内的总线)、板级(连接插件板内的各个组件,也称局部总线或内部总线)和系统级(系统间或主机与 I/O 接口或设备之间的总线)等 3 级。

3.3.2　总线的控制方式

由于总线上连接着多个部件,何时由哪个部件发送信息、如何给信息传送定时、如何防止信息丢失、如何避免多个部件同时发送。如何规定接收信息的部件等一系列问题都需要由总线控制器统一管理。总线的控制方式主要包括判优控制(或称为仲裁逻辑)和通信控制。

总线上所连接的各类设备,按其对总线有无控制功能可以分为主设备(模块)和从设备(模块)两种。主设备对总线有控制权,从设备对总线没有控制权,只能响应主设备发来的总线命令,对总线没有控制权。总线上信息的传送是由主设备启动的,例如某个主设备欲与另一个设备(从设备)进行通信时,首先由主设备发出总线请求信号,若多个主设备同时要用总线时,就由总线控制器的判优、仲裁逻辑按照一定的优先等级顺序来确定哪个主设备能够使用中线,只有获得总线使用权的主设备才能开始传送数据。

总线判优控制可以分为集中式和分散式两种,前者将控制逻辑集中在一处(如 CPU中),将控制逻辑做在一个专门的总线控制器或总线裁决器中,通过将所有的总线请求集中起来,后者将控制逻辑分散在总线连接的各个部件或设备上。

常见的集中控制优先权仲裁方式有以下三种。

1. 链式查询方式(串行链接)

链式查询方式如图 3－10 所示。图中控制总线有 3 根线:BS(总线忙)、BR(总线请求)、BG(总线允许)。其中,总线同意信号 BG 是串行地从一个 I/O 接口送到下一个 I/O 接口。如果 BG 到达的接口有总线请求,BG 信号就不再往下传,意味着该接口获得了总线使用权,并建立总线忙 BS 信号,表示它占用了总线。可见在链式查询中,离总线控制部件最近的设备具有最高的优先权。这种方式的特点是只需要很少几根线就能按一定优先次序实现总线控制,并且很容易扩充设备,但是对电路故障很敏感,且将 BG 串行地从一个部件(I/O 接口)送到下一个部件,直到有请求的部件为止,优先级别低的设备可能很难获得请求,离总线控制器最近的部件具有最高使用权,离它越远,优先权越低。链式查询靠接口的优先权排队电路实现。

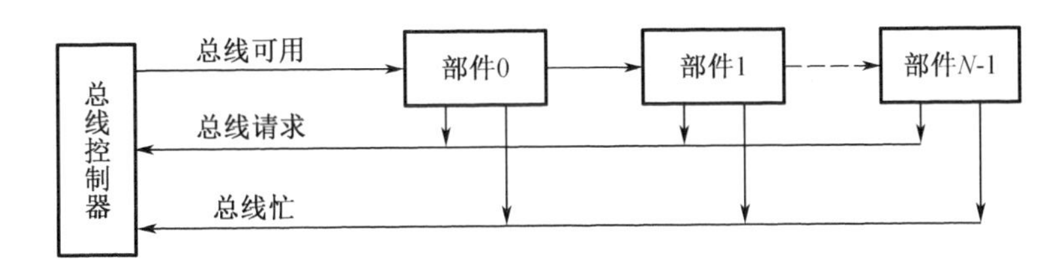

图 3－10　集中式链接

2. 计数器定时查询方式

图 3－11 所示为集中式定时查询方式。与链式查询相比,多了一组设备地址线,少了一根总线同意线 BG。总线控制部件接到由 BR 送来的总线请求信号后,在总线未被使用(BS＝0)的情况下,总线控制部件中的计数器开计数并且通过设备地址线向各个设备发出一组地址信号。当某个请求占用总线的设备地址与计数值一致时,便获得的总线使用权,此时终止技术查询。这种方式的特点是计数可以从“0”开始,此时一旦设备的优先次序被

固定,设备的优先级就按照 0,1,2,…,n 的顺序降序排列,而且固定不变;计数也可以从上次计数的终点开始,即是一种循环方法,此时设备使用总线的优先级相等;计数器的初始值还可以由程序设置,故优先次序可以改变。这种方式对电路故障不如链式查询方式敏感,但增加了控制线(设备地址)数,控制也较复杂。总线上的任一设备要求使用总线时,通过 BR 线发出总线请求。

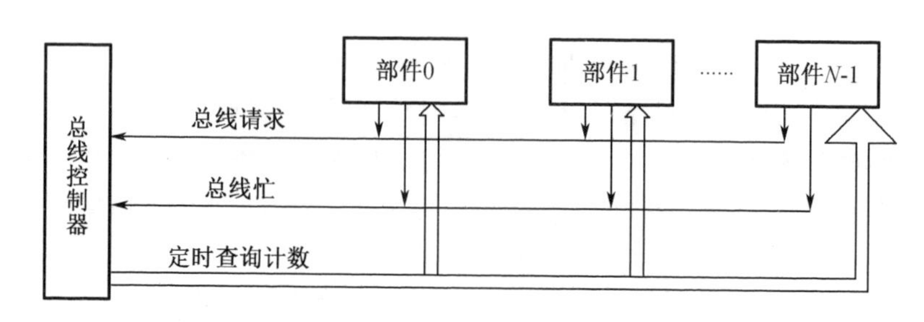

图 3-11　集中式定时查询

3. 独立请求方式

如图 3-12 所示,为集中式独立请求方式。由图 3-12 可知,每一台设备均有一对总线请求线 BRi 和总线同意线 BGi。当设备要求使用总线时,便发出该设备的请求信号。总线控制部件中有一排队电路,可根据优先次序确定响应那一台设备的请求。这种方式的特点是响应速度快,优先次序控制灵活(通过程序改变),可以预先固定也可以通过程序来改变优先次序,还可以用屏蔽(禁止)某个请求的办法,不响应来自无效设备的请求。但控制线数量多,总线控制更复杂。链式查询中仅有两根线确定总线使用权属于哪个设备,在计数器查询中大致用 log2n 根线,n 是允许接纳的最大部件数。

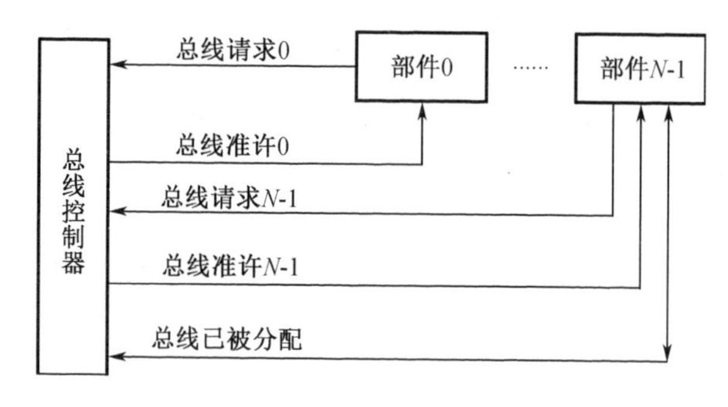

图 3-12　集中式独立请求

三种判优控制方式的比较时,独立请求方式——要用 2n 根线,链式查询方式——只用 2 根线,计数器定时查询方式大致用 log2n 根线,n 是允许接纳的最大部件数。非专用总线上所挂的多个设备或部件如果同时请求使用总线,就得由总线控制机构按某种优先次序裁决,保证只有一个高优先级的申请者首先取得对总线的使用权。

3.3.3　总线的通信技术

众多部件共享总线,在争夺总线使用权时,应该按照各个部件的优先等级来解决。在通信时间上,则应该按照分时方式来处理,即已获得使用权,接着下一时刻传送,这样一个接一个轮流交替传送。

通常将完成一次总线操作的时间称为总线周期，可以分为以下四个阶段。

(1)申请分配阶段，由需要使用总线的主模块(或主设备)提出申请，经总线仲裁机构决定下一传输周期的总线使用权授予某一个申请者；

(2)寻址阶段，取得了使用权的主模块通过总线发出本次要访问的从模块(或从设备)的地址及有关命令，启动参与本次传输的从模块；

(3)传输阶段，主模块和从模块进行数据交换，数据由源模块发出，经数据总线流入目的模块；

(4)结束阶段，主模块的有关信息均从系统总线上撤销，让出总线使用权。

对于仅有一个主模块的简单系统，无须申请、分配和撤除，总线使用权始终归它占用，对于包括中断、DMA 控制或多处理器的系统，还需要有其他管理机构来参与。

总线通信控制主要解决通信双方如何获知传输开始和传输结束，以及通信双方如何协调如何配合。常用通信方式有：同步通信、异步通信、半同步通信和分离式通信。

1. 同步通信

通信双方由同一时标控制数据传送称为同步通信。时标通常由 CPU 的总线控制部件发出，送到总线上的所有部件。也可以由每个部件各自的时序发生器发出，但是必须由总线控制部件发出的时钟信号对它们进行同步。

如图 3-13 所示，某个输入设备向 CPU 传输数据的同步通信过程。图中总线传输周期是连接在总线上的两个部件完成一次完整且可靠的信息传输时间，它包括 4 个时钟周期T_1、T_2、T_3、T_4。CPU 在T_1上升沿发出地址信息；在T_2的上升沿发出读命令；与地址信息相符合的输入设备按照命令进行一系列的内部操作，且必须在T_3的上升沿到来之前将 CPU 所需要的数据送到数据总线上；CPU 在T_3时钟周期内，将数据线上的信息送到其内部寄存器中；CPU 在T_4的上升沿撤销读命令，输入设备不再向数据总线上传送数据，撤销它对数据总线的驱动。如果总线采用三态驱动电路，则从T_4起，数据总线呈浮空状态。T_4起，数据总线呈浮空状态。

同步通信在系统总线设计时，对T_1，T_2，T_3，T_4都有明确、唯一的规定。

对于读命令，其传输周期如下：

T_1：主模块发送地址。

T_2：主模块发送读命令。

T_3：从模块提供数据。

T_4：主模块撤销读命令，从模块撤销数据。

对于写命令，其传输周期如下：

T_1：主模块发送地址。

$T_{1.5}$：主模块提供数据。

T_2：主模块发出写命令，从模块接收到命令后，必须在规定时间内将数据总线上的数据写到地址总线所指明的单元中。

T_4：主模块撤销写命令和数据等信号。

写命令传输周期的时序如图 3-14 所示。

这种通信的优点是规定明确、统一，模块间的配合简单一致；其缺点是主模块、从模块时间配合属于强制性"同步"，必须在限定时间内完成规定的要求，并且对所有从模块都同一限时。这就势必造成对各个不同速度的部件必须按照最慢速度的部件来设计公共时钟，严重影响总线的工作效率，也给设计带来了局限性，缺乏灵活性。

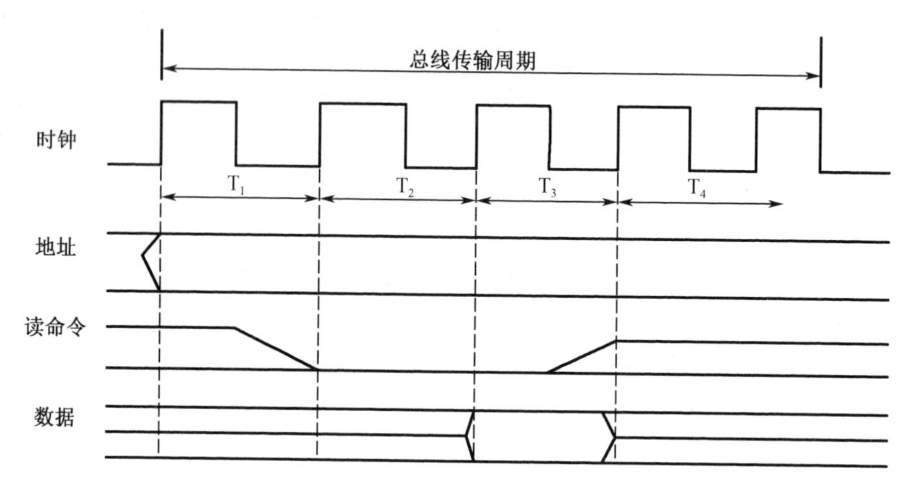

图 3-13　同步式数据输入传输

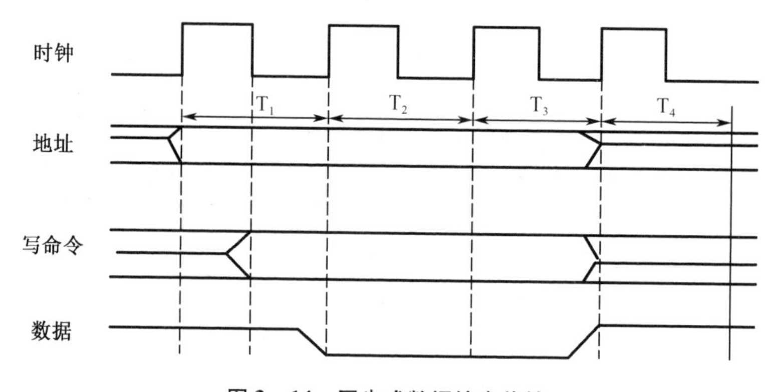

图 3-14　同步式数据输出传输

同步通信一般用于总线长度较短、各个部件存取时间比较一致的场合。

在同步通信的总线系统中，总线传输周期越短，数据线的位数越多，直接影响总线的数据传输率。

【例 3-3】　假设一个 16 位总线，时钟频率为 50 MHz，总线数据传输周期是 4 个时钟周期传输一个字，总线数据传输率是多少？为提高总线传输率，将总线的传输线改为 32 位，这时总线的传输率又是多少？

解　总线的数据传输率 = 总线的带宽（总线的位数/8）× 总线的频率 × 时钟周期/N（N 表示的是在一个时钟周期内总线传输的位数）

总线的数据传输率 = 16/8 × 50 × 4/4 = 100 mb/s

总线的数据传输率 = 32/8 × 50 × 4/4 = 200 mb/s

解释：N 等于一个字的位数除以周期的个数，即 16/4 = 4。

2. 异步通信

总线异步通信也称为异步定时方式。异步通信允许总线上的各部件有各自的时钟，在部件之间进行通信时没有公共的时间标准，而是靠发送信息的同时发出本设备的时间标志信号,用“应答方式”来进行。

异步通信又分为单向方式和双向方式两种。单项方式不能判别数据是否正确传送到对方,在单总线系统或双总线中的I/O总线,大多采用双向方式。因此这里介绍双向方式,即应答式异步通信。

发送部件将数据放在总线上,延迟t时间后发出READY信号,通知对方数据已在总线上。接收部件以READY信号作为选通脉冲接收数据,并发出ACK作回答,表示数据已接收,发送部件收到ACK信号后可以撤除数据和READY信号,以便进行下一次传送。

另外,接受部件在收到READY信号下降延时必须结束ACK信号。这就使得在ACK信号结束以前不会产生下一个READY信号,从而保证了数据传输的可靠性。在这种全互锁的双向通信中,READY信号和ACK信号的宽度是依据传输情况的不同而浮动变化的。传输距离不同,或者部件的存取速度不同,信号的宽度也不同,即“水涨船高”式变化,从而解决了数据传输中存在的时间同步问题。

由于异步通信采用了应答式全互锁方式,它就能够适用于存取周期不同的部件之间的通信,对总线长度也没有严格的要求。

由于I/O总线一般被不同速度的许多I/O设备所共享,因此宜采用异步通信。异步通信又分为单向控制和请求/回答双向控制两种。

图3-15所示为异步单向源控式通信。

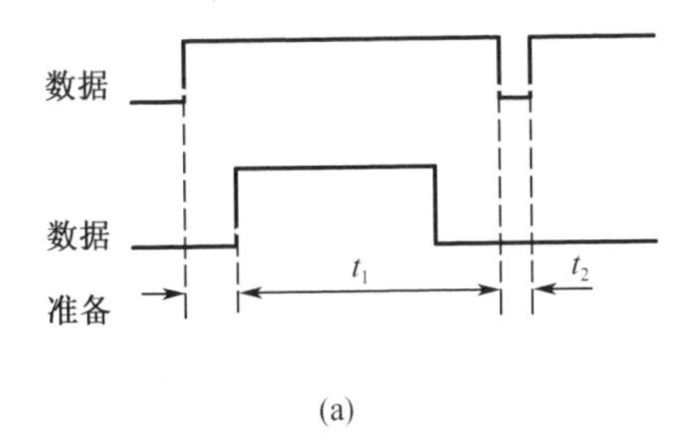

(a)

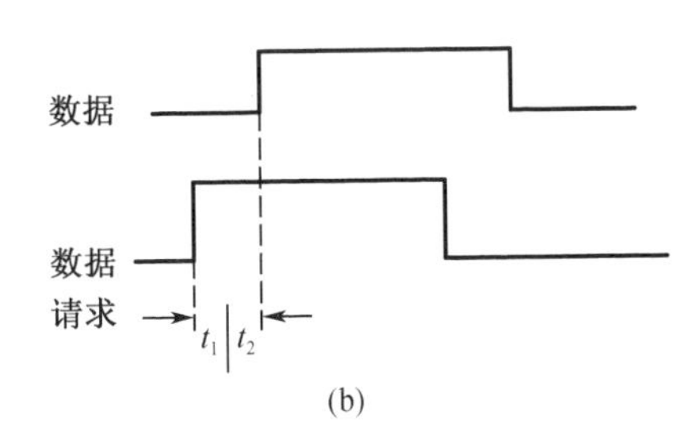

(b)

图3-15 异步单向源控式通信

异步单向源控式通信的优点是简单、高速。缺点是没有来自目的部件指明传送是否有效的回答;不同速度的部件间通信比较困难,部件内需设置缓冲器以缓冲来不及处理的数据;效率低,高速部件难以发挥其效能;要求“数据准备”干扰要小,否则易误认成有效信号。

图3-16,为源控到异步双向控制通信非互锁方式。

3. 半同步通信

半同步通信既保留了同步通信的基本特点,例如所有的地址、命令、数据信号的发出时间,都严格参照系统时钟的某个前沿开始,而接收方都采用系统时钟后沿时刻来进行判断识别。同时,又像异步通信那样,允许不同速度的模块和谐地工作。为此增设了一条“等待”(WAIT)响应信号线,采用插入时钟(等待)周期的措施来协调通信双方的配合问题。

半同步通信适合系统工作速度不高,但是又包含了由许多工作速度差异较大的各类设备组成的简单系统。半同步通信控制方式比异步通信控制方式简单,在全系统内各模块又在统一的系统时钟控制下同步工作,可靠性较高,同步结构简单方便。其缺点是对系统时钟频率不能要求太高,故从整体上来看,系统工作的速度还不是很高。

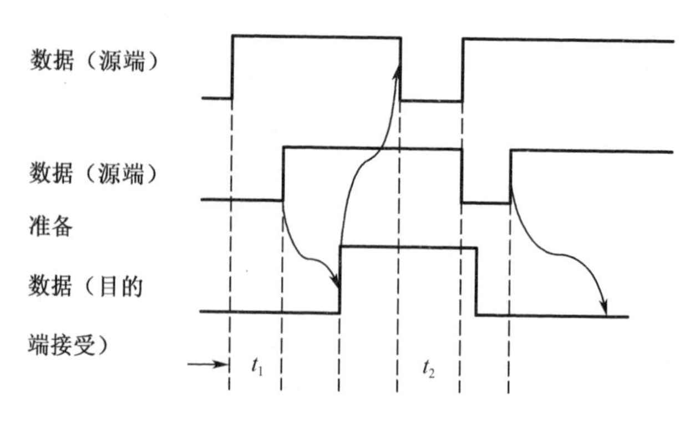

图3-16 源控制异步双向控制通信非互锁方式

4. 分离式通信

以上三种通信方式都是从主模块发出地址和读命令开始，直到数据传输结束。在整个传输周期中，系统总线的使用权完全由占有使用权的主模块和由它选中的从模块占据。进一步分析读命令传输周期，发现除了申请总线这一阶段外，其余时间主要花费在如下三个方面：

(1)主模块通过传输总线向从模块发送地址和命令；

(2)从模块按照命令进行读数据的必要准备；

(3)从模块经数据总线向主模块提供数据。

对系统总线而言，从模块内部读数据过程并无实质性的信息传输，总线纯属于空闲等待。为了克服和利用这种消极等待，尤其在大型计算机系统中，总线的负载已经处于饱和状态，充分挖掘系统总线每瞬间的潜力，对提高系统性能起到极大作用，为此人们又提出了“分离式”的通信方式，其基本思想是将一个传输周期(或总线周期)分解为两个字周期。在第一个子周期中，主模块A在获得总线使用权后将命令、地址以及其他有关信息，包括该主模块编号(当有多个主模块时，此编号尤其重要)发到系统总线上，经过总线传输后，由有关的从模块B接收下来。主模块A向系统总线发布这些信息只占用总线很短的时间，一旦发送完毕，立即放弃总线使用权，以便其他模块使用。在第二个子周期中，当模块B收到模块A发来的有关命令信号后，经过选择译码、读取等一系列内部操作，将模块A所需的数据准备好，便由模块B申请总线使用权，一旦获准，模块B便将模块A的编号、模块B的地址、模块A所需要的数据等一系列信息送到总线上，供模块A接收。很明显，上述两个传输子周期都只有单方向的信息流，每个模块都变成了主模块。

这种通信控制的特点如下四方面：

(1)各模块欲占用总线使用权都必须提出申请；

(2)在得到总线使用权后，主模块在限定的时间内向对方传送信息，采用同步方式传送，不再等待对方的回答信号；

(3)各个模块在准备数据的过程中都不占用总线，使总线可接受其他模块的请求；

(4)总线被占用时都在做有效工作，或者通过它发送命令，或者通过它传送数据，不存在空等待的时间，充分地利用了总线的有效占用，从而实现了总线在多个主、从模块间进行信息交叉重叠并行式传送，这对大型计算机系统是极为重要的。

当然，这种控制方式比较复杂，一般在普通微型计算机上很少使用。

3.3.4　总线宽度与总线线数

1. 总线宽度

总线宽度是数据总线的根数,它影响吞吐量。总线宽度和 MDR 位数相同,存储字长等于总线宽度的整数倍。按字节编制,就是每 1 个字节占一个地址,也就是说取 0000H 这个地址时,只能取一个字节;按字编址时,0000H 的地址能够取出一个字,一个字的长度是字节的整数倍。寻址范围,就是用主存容量除以字节或者字的长度。例如,16 MB 主存,按字节编址,寻址空间就 16 M 按字编址,字长 32 位,也就是 4 B,16 MB/4 B = 4 M。

2. 总线线数

总线要有发送/接收电路、传输导线或电缆、转接插头和电源等,其成本比逻辑线路的高很多,而且转接器占去了系统中相当大的物理空间,是系统中可靠性较低的部分。总线的线数越多,则成本越高,干扰越大,可靠性越低,占用的空间也越大,当然,传送速度和流量也越高。此外,总线的长度越长,则成本越高,干扰越大,波形畸变越严重,可靠性越低。为此,总线越长,线数就应减少。数据总线的宽度有位、字节、字或双字等。

在满足性能前提下应尽量减少线数。总线线数可通过用线的组合、编码及并/串—串/并转换来减少,但一般会降低总线的流量。

线的组合能减少只按功能和传送方向所需的线数。例如性质相似、方向相反且不同时发生的两根单向线可用一根半双向线代替。线的编码是对少数几根功能线进行编码来取代每种功能都用单独线完成的多根单功能线。并/串—串/并转换是在总线两端设并/串、串/并转换器,使用较少的线数,经多次分拆移位传送后,在目的端组装成完整的字,串/并的程度取决于系统成本与性能的权衡,极端的一位串行传送的总线只用于远距离通信。

总线的类型、控制方式、通信技术、数据宽度和总线的线数等确定后,总线的申请、使用方式及相应的规范也就确定了。所谓 I/O 设备或 I/O 控制器的"接口",除了接口线编号外,还包括能满足 I/O 总线要求的申请、使用范围。因此,I/O 总线接口的标准化非常重要,总线标准一般包括机械、功能、电气及过程(同步)等四个方面的标准。例如,Nubus(Texes)、Fastbus、Nanobus(Eocorn 计算机)等。

I/O 总线的结构设计除了在权衡系统功能和性能要求下制定出上述规范约定外,一个重要的问题是流量的设计。I/O 总线所需要的流量取决于该总线所接外设的数量、种类以及传输信息的方式和速率要求。总线的价格一般正比于流量,当流量超过某个范围后,价格将会呈指数上升,且 I/O 设备接口的价格也随之上升。因此,系统要求的流量过大时,可以采用多组总线,进行合理的流量分配,并可以限制每组总线的长度及所允许加接的 I/O 设备数量。这样,系统的总价格可能比使用高流量的单总线便宜,为了使总线上各设备满负荷工作时也不丢失信息,还必须使总线的允许流量不低于所接多台外设的平均流量之和,并设有一定容量的缓冲器。

3.4 输入/输出系统

3.4.1 输入/输出系统概述

输入输出系统是计算机系统中的主机与外部进行通信的系统。它由外围设备和输入输出控制系统两部分组成,是计算机系统的重要组成部分。外围设备包括输入设备、输出设备和磁盘存储器、磁带存储器、光盘存储器等。从某种意义上也可以把磁盘、磁带和光盘等设备看成一种输入输出设备,所以输入输出设备与外围设备这两个名词经常是通用的。在计算机系统中,通常把处理机和主存储器之外的部分称为输入输出系统,输入输出系统的特点是异步性、实时性和设备无关性。

从信息传输速率来讲,相差也很悬殊。如果把高速工作的主机与不同速度工作的外围设备相连接,保证主机与外围设备在时间上同步要讨论的是外围设备的定时问题。

输入/输出设备同 CPU 交换数据的过程可以分为输入过程和输出过程。

(1)输入过程

①CPU 把一个地址值放在地址总线上,这一步将选择某一输入设备;

②CPU 等候输入设备的数据成为有效;

③CPU 从数据总线读入数据,并放在一个相应的寄存器中。

(2)输出过程

①CPU 把一个地址值放在地址总线上,选择输出设备;

②CPU 把数据放在数据总线上;

③输出设备认为数据有效,从而把数据取走。

输入/输出(I/O)系统包括输入/输出设备,设备控制器以及输入/输出操作有关的软、硬件。低性能单用户计算机的输入/输出操作多数仍由程序员直接安排。输入/输出系统结构设计的好坏会直接影响计算机系统的性能,不仅影响输入/输出速度,各用户从程序输入到运算结果输出的时间,CPU、主存的利用率,还会影响到整个 I/O 系统的兼容性、可扩展性、综合处理能力和性能价格比等。

输入/输出设备分外存和传输设备两大类,外存有磁盘、磁带、光盘等。

1. CPU 与外围设备之间的定时公式

由于输入/输出设备本身的速度差异很大,因此,对于不同速度的外围设备,需要有不同的定时方式,总的说来,CPU 与外围设备之间的定时,有以下三种情况。

(1)速度极慢或简单的外围设备

对这类设备,例如机械开关、显示二极管等,CPU 总是能足够快地做出响应。换句话说,对机械开关来讲,CPU 可以认为输入的数据一直有效,机械开关的动作相对 CPU 的速度来讲是非常慢的;对显示二极管来讲,CPU 可以认为输出准备就绪,只要给出数据,二极管就能进行显示,所以,在这种情况下,CPU 只要接收或发送数据就可以了。

(2)慢速或中速的外围设备

由于这类设备的速度和 CPU 的速度并不在一个数量级,或者由于设备(如键盘)本身是在不规则时间间隔下操作的,因此,CPU 与这类设备之间的数据交换通常采用异步定时方式，其定时过程如下内容。

如果 CPU 从外设接收一个字，则首先询问外设的状态，如果该外设的状态标志表明设备已"准备就绪"，那么 CPU 就从总线上接收数据。CPU 在接收数据以后，发出输入响应信号，告诉外设已经把数据总线上的数据取走。然后，外设把"准备就绪"的状态标志复位，并准备下一个字的交换。如果 CPU 起先询问外设时，外设没有"准备就绪"，那么它就发出表示外设"忙"的标志。于是，CPU 将进入一个循环程序中等待，并在每次循环中询问外设的状态，一直到外设发出"准备就绪"信号以后，才从外设接收数据。

CPU 发送数据的情况也与上述情况相似，外设先发出请求输出信号，而后，CPU 询问外设是否准备就绪。如果外设已准备就绪，CPU 便发出准备就绪信号，并送出数据，外设接收数据以后，将向 CPU 发出"数据已经取走"的通知。

通常，把这种在 CPU 和外设间用问答信号进行定时的方式叫作应答式数据交换。

(3)高速的外围设备

由于这类外设是以相等的时间间隔操作的，而 CPU 也是以等间隔的速率执行输入/输出指令的，因此，这种方式叫作同步定时方式。一旦 CPU 和外设发生同步，它们之间的数据交换便靠时钟脉冲控制来进行。

2. 外围设备种类

外围设备的种类相当繁多，有机械式和电动式，也有电子式和其他形式。其输入信号，可以是数字式的电压，也可以是模拟式的电压和电流。外围设备包括输入设备、输出设备和磁盘存储器、磁带存储器、光盘存储器等。

(1)输入设备

输入设备是向计算机输入数据和信息的设备；是计算机与用户或其他设备通信的桥梁；是用户和计算机系统之间进行信息交换的主要装置之一。键盘、鼠标、摄像头、扫描仪、光笔、手写输入板、游戏杆、语音输入装置等都属于输入设备。输入设备是人或外部与计算机进行交互的一种装置，用于把原始数据和处理这些数的程序输入到计算机中。计算机能够接收各种各样的数据，既可以是数值型的数据，也可以是各种非数值型的数据，如图形、图像、声音等都可以通过不同类型的输入设备输入到计算机中，进行存储、处理和输出。

(2)输出设备

输出设备是人与计算机交互的一种部件，用于数据的输出。它把各种计算结果数据或信息以数字、字符、图像、声音等形式表示出来。常见的有显示器、打印机、绘图仪、影像输出系统、语音输出系统、磁记录设备等。将计算机输出信息的表现形式转换成外界能接受的表现形式的设备，利用各种输出设备可将计算机的输出信息转换成印在纸上的数字、文字、符号、图形和图像等；或记录在磁盘、磁带、纸带和卡片上；或转换成模拟信号直接送给有关控制设备。有的输出设备还能将计算机的输出转换成语声。

(3)存储器

存储器是计算机系统中的记忆设备，用来存放程序和数据。计算机中的全部信息，包括输入的原始数据、计算机程序、中间运行结果和最终运行结果都保存在存储器中，它根据控制器指定的位置存入和取出信息。存储器是用来存储程序和数据的部件，有了存储器，计算机才有记忆功能，才能保证正常工作。按用途存储器可分为主存储器(内存)和辅助存储器(外存)。外存通常是磁性介质或光盘等，能长期保存信息。内存指主板上的存储部件，用来存放当前正在执行的数据和程序，但仅用于暂时存放程序和数据，关闭电源或断电,数据就会丢失。

输入输出系统是在计算机中对外围设备实施控制的系统。它包含同输入输出操作有关的硬件、软件和输入－输出设备控制器等。输入－输出设备和辅助存储器都须通过输入－输出控制系统同中央处理器和主存储器交换数据。输入－输出控制系统的主要功能:

①向外围设备发送动作命令;

②控制输入输出数据的传送;

③检测外围设备的状态。

常用的输入输出指令有 IN 指令和 OUT 指令,都是累加器专用指令,其用法如下。

①INAX/AL,I/O 端口地址;表示从外部设备输入数据给累加器,如果从外设端口中输入一个字节,则给 8 位累加器 AL,若输入一个字,则给 16 位累加器 AX,如 IN AL,80H。

②OUTI/O 端口地址,AX/AL;表示将累加器的数据输出给外部设备,如果向外设端口输出一个字节,则用 8 位累加器 AL,若输出一个字,则用 16 位累加器 AX。如 OUT 81H,AL

说明:当 I/O 端口地址不超过 8 位时,则直接放在指令中,若超过 8 位,则用 DX 间址。

3. CPU 管理外围设备的方式

早期的计算机,由中央处理器直接控制外围设备。20 世纪 60 年代初引入中断系统,使外围设备能和中央处理器并行工作,进而研究出输入－输出控制系统直接控制主存储器存取数据的方式。随着分时系统的出现,要求许多外围设备高效率地并行工作并于 20 世纪 60 年代中期研制出专门执行输入输出操作的通道和外围处理机,成为大、中型计算机输入－输出控制系统的主要形式。

在计算机系统中,CPU 管理外围设备也有几种类似的方式。

(1)程序查询方式

程序查询方式输入和输出操作的执行(包括外围设备和主存储器之间的数据传送)全部由中央处理器通过指令直接控制。中央处理器直接控制外围设备的启动、停止、运行方式和数据传送长度。输入时,中央处理器先从外围设备接收数据,再将数据送到主存储器;输出时,中央处理器先从主存储器取出数据,再发送到外围设备。借助中断系统,中央处理器能同一台或若干台外围设备并行工作,这种方式的结构简单,但输入输出占用中央处理器的时间太多,影响整机效率,它只适用于外围设备速度较慢且台数不多的小型或微型计算机。

程序查询方式是一种程序直接控制方式,这是主机与外设间进行信息交换的最简单的方式,输入和输出完全是通过 CPU 执行程序来完成的。

一旦某一外设被选中并启动后,主机将查询这个外设的某些状态位,查看其是否准备就绪,若外设未准备就绪,主机将再次查询;若外设已准备就绪,则执行一次 I/O 操作。

这种方式控制简单,但外设和主机不能同时工作,各外设之间也不能同时工作,系统效率很低,因此,仅适用于外设的数目不多,对 I/O 处理的实时要求不高,CPU 的操作任务比较单一,且不忙的情况。

程序查询方式是早期计算机使用的一种方式,数据在 CPU 和外围设备之间的传送完全靠计算机程序控制,查询方式的优点是 CPU 的操作和外围设备的操作能够同步,而且硬件结构比较简单。但外围设备动作很慢,程序进入查询循环时将白白浪费掉 CPU 很多时间,CPU 此时只能等待,不能处理其他业务。即使 CPU 采用定期由主程序转向查询设备状态的子程序进行扫描轮询的办法,CPU 宝贵资源的浪费也是可观的。因此当前除单片机外,很少使用程序查询方式。

(2)程序中断方式

中断是外围设备用来“主动”通知CPU,准备送出输入数据或接收输出数据的一种方法。通常,当一个中断发生时,CPU暂停它的现行程序,而转向中断处理程序,从而可以输入或输出一个数据。当中断处理完毕后,CPU又返回到它原来的任务,并从它停止的地方开始执行程序。这种方式和我们前述例子的第二种方法相类似。可以看出,它节省了CPU宝贵的时间,是管理I/O操作的一个比较有效的方法。中断方式一般适用于随机出现的服务,并且一旦提出要求,应立即进行。同程序查询方式相比,硬件结构相对复杂一些,服务开销时间较大。

程序中断是指计算机执行现行程序的过程中,出现某些急需处理的异常情况和特殊请求,CPU暂时终止现行程序,而转去对随机发生的更紧迫的事件进行处理,在处理完毕后,CPU将自动返回原来的程序继续执行。

当主机启动外设后,无须等待查询,而是继续执行原来的程序,外设在做好输入输出准备时,向主机发出中断请求,主机接到请求后就暂时中止原来执行的程序,转去执行中断服务程序对外部请求进行处理,在中断处理完毕后返回原来的程序继续执行。显然,程序中断不仅适用于外部设备的输入输出操作,也适用于对外界发生的随机事件的处理。

程序中断在信息交换方式中处于最重要的地位,它不仅允许主机和外设同时并行工作,并且允许一台主机管理多台外设,使它们同时工作。但是完成一次程序中断还需要许多辅助操作,当外设数目较多时,中断请求过分频繁,可能使CPU应接不暇;另外,对于一些高速外设,由于信息交换是成批的,如果处理不及时,可能会造成信息丢失,因此,它主要适用于中、低速外设。

程序中断与调用子程序的区别主要有以下几方面。

①程序中断是指计算机执行现行程序的过程中,出现某些急需处理的异常情况和特殊请求,CPU暂时终止现行程序,而转去对随机发生的更紧迫的事件进行处理,在处理完毕后,CPU将自动返回原来的程序继续执行;

②子程序的执行是由程序员要先安排好的,而中断服务程序的执行则是由随机的中断事件引起的;

③子程序的执行受到主程序或上层子程序的控制,而中断服务程序一般与被中断的现行程序毫无关系;

④不存在同时调用多个子程序的情况,而有可能发生多个外设同时请求CPU为自己服务的情况。

(3)直接内存访问(DMA)方式

输入-输出控制系统在直接存储器存取方式的输入输出控制过程中,首先通过中央处理器在直接存储器存取控制器(简称DMA控制器)中装入必要的输入输出控制数据,例如,传输方式、主存储器起始地址、外围设备编号和成组传输字节数等DMA方式。在数据传送过程中,没有保存现场、恢复现场之类的工作。由于CPU根本不参加传送操作,因此就省去了CPU取指令、取数、送数等操作。内存地址修改、传送字节数的计数等,不是由软件实现,而是用硬件线路直接实现的,所以DMA方式能满足高速I/O设备的要求,也有利于CPU效率的发挥。

用中断方式交换数据时,每处理一次I/O交换,约需几十微秒到几百微秒。对于一些高速的外围设备,以及成组交换数据的情况,速度仍较慢。直接内存访问(DMA)方式是一种完全由硬件执行I/O交换的工作方式,这种方式既考虑到中断响应,同时又要节约中断开销。此时,DMA控制器从CPU完全接管对总线的控制,数据交换不经过CPU,而直接在内存。

DMA是在专门的硬件(DMA)控制下,实现高速外设和主存储器之间自动成批交换数据,尽量减少CPU内存和外围设备之间进行,以高速传送数据。主要优点是数据传送速度很高,传送速率仅受到内存访问时间的限制。与中断方式相比,需要更多的硬件,DMA方式适用于内存和高速外围设备之间大批数据交换的场合。

直接存储器的存取控制方式是输入输出设备同主存储器之间的数据传送,由输入输出控制系统直接控制,至于其他控制操作,例如外围设备的启动和状态检测等,仍由中央处理器控制。这种方式常用成组传输形式传送数据,成组传输就是每次连续传送一组数据,并且这组数据的字节数是预先置定的。

中央处理器启动DMA控制器和外围设备控制器,中央处理器继续执行主程序。当外围设备需要传送数据时,便向DMA控制器发送请求信号,DMA控制器响应后直接控制,并完成外围设备和主存储器之间的数据传送。每次传送一个数据后,DMA控制器计数一次并修改主存储器存取地址,为下一次传送做好准备。重复执行上述的传送、计数和地址修改操作,直到传送字节数达到成组传输的设定数为止,外围设备和DMA控制器复原、控制过程到此结束。

DMA控制器对主存储器存取数据常采用周期挪用的方式,即在中央处理器执行程序期间,DMA控制器为存取数据,强行插入若干周期使用主存储器。在周期挪用期间,中央处理器仅处于等待使用存储器的状态,中央处理器自身的数据和状态不受干扰。这种方式适用于外围设备速度较快而台数不多的情况(如磁盘机、磁带机),多用于小型、微型计算机。对于大、中型计算机、外围设备速度较快而且台数较多,需要应用通道或外围处理机控制方式。一个设备接口试图通过总线直接向另一个设备发送数据(一般是大批量的数据),它会先向CPU发送DMA请求信号。外设通过DMA的一种专门接口路——DMA控制器(DMAC),向CPU提出接管总线控制权的总线请求,CPU收到该信号后,在当前的总线周期结束后,会按DMA信号的优先级和提出DMA请求的先后顺序响应DMA信号。CPU对某个设备接口响应DMA请求时,会让出总线控制权。在DMA控制器的管理下,外设和存储器直接进行数据交换,而不需CPU干预。数据传送完毕后,设备接口会向CPU发送DMA结束信号,交还总线控制权。实现DMA传送的基本操作如下:

①外设可通过DMA控制器向CPU发出DMA请求;

②CPU响应DMA请求,系统转变为DMA工作方式,并把总线控制权交给DMA控制器;

③由DMA控制器发送存储器地址,并决定传送数据块的长度;

④执行DMA传送;

⑤DMA操作结束,并把总线控制权交还CPU。

DMA的组成如下:

①主存地址寄存器;

②数据数量计数器;

③DMA的控制/状态逻辑;

④数据缓冲寄存器；

⑤中断机构；

⑥DMA 请求触发器。

DMA 传送数据的过程由如下三个阶段组成：

①传送前的预处理；

②数据传送在 DMA 卡控制下自动完成；

③传送结束处理。

一次完整的 DMA 传送过程包括 DMA 预处理，CPU 向 DMA 送命令（如 DMA 方式，主存地址，传送的字数等），CPU 执行原来的程序。其中，传送前的预处理由 CPU 完成，CPU 向 DMA 卡送入设备识别信号，启动设备，测试设备运行状态，送入内存地址初值，传送数据个数，DMA 的功能控制信号。

DMA 卡上应包括通用接口卡的全部组成部分，除此之外，还包括主存地址寄存器、传送字数计数器、DMA 控制逻辑、DMA 请求、DMA 响应、DMA 工作方式、DMA 优先级及排队逻辑等。

DMA 控制在 I/O 设备与主存间交换数据的流程：准备一个数据，向 CPU 发 DMA 请求，取得总线控制权，进行数据传送，修改卡上主存地址，修改字数计数器内且检查其值是否为零，不为零则继续传送，若已为零，则向 CPU 发中断请求。

DMA 传送方式有 3 种：单元传送方式、块传送方式及 on - the - fly 传送方式。与外部 DMA 请求/应答协议不同的是 DMA 传送方式定义了每次传送读/写的单元数。

①单元传送方式意味着每个 DMA 请求对应一对 DMA 读/写周期，即 1 个单元读，然后 1 个单元写。

②块传送方式意味着在连续 4 个字的 DMA 写周期前有连续的 4 个字的 DMA 读周期，即 4 个字突发读，然后 4 个字突发写，因此传输的数据个数应该是 16 字节的倍数。

如果传送大小或者 DMA 计数值不是 16 的倍数，则 DMA 将不能完整地传送完数据。假设要传送的数据为 50 个字节，则 $3 \times 16 = 48$ 字节，会导致 2 个字节不能被传送，DMA 在传送 48 个字节后停止。所以，选择 DMA 块传送方式时，一定要注意这一点。

③在 on - the - fly 传送方式下 DMA 读/写可以同时进行，DMA 应答信号通知外部设备去读或者写。同时，存储控制器将产生与读/写相关的控制信号给外部存储器。如果外部设备能够支持 on - the - fly 传送方式，将会使得外设的数据传输速率大大地增加。

当外围设备要求传送一批数据时，由 DMA 控制器发一个停止信号给 CPU，要求 CPU 放弃对地址总线、数据总线和有关控制总线的使用权。DMA 控制器获得总线控制权以后，开始进行数据传送，在一批数据传送完毕后，DMA 控制器通知 CPU 可以使用内存，并把总线控制权交还给 CPU，在这种 DMA 传送过程中，CPU 基本处于不工作状态或保持状态。其优点是控制简单，它适用于数据传输率很高的设备进行成组传送。缺点是在 DMA 控制器访内阶段，内存的效能没有充分发挥，相当一部分内存工作周期是空闲的。这是因为，外围设备传送两个数据之间的间隔一般总是大于内存存储周期，即高速 I/O 设备也是如此。

当 I/O 设备没有 DMA 请求时，CPU 按程序要求访问内存，一旦 I/O 设备有 DMA 请求，则由 I/O 设备挪用一个或几个内存周期。I/O 设备要求 DMA 传送时可能遇到以下两种情况。

①此时 CPU 不需要访内，如 CPU 正在执行乘法指令。由于乘法指令执行时间较长，此

时 I/O 访内与 CPU 访内没有冲突，即 I/O 设备挪用一两个内存周期对 CPU 执行程序没有任何影响。

②I/O 设备要求访内时 CPU 也要求访内，这就产生了访内冲突，在这种情况下 I/O 设备访内优先，因为 I/O 访内有时间要求，前一个 I/O 数据必须在下一个访内请求到来之前存取完毕。显然，在这种情况下 I/O 设备挪用一两个内存周期，意味着 CPU 延缓了对指令的执行，或者更明确地说，在 CPU 执行访内指令的过程中插入 DMA 请求，挪用了一两个内存周期。

与停止 CPU 访内的 DMA 方法比较，周期挪用的方法既实现了 I/O 传送，又较好地发挥了内存和 CPU 的效率，是一种广泛采用的方法。但是 I/O 设备每一次周期挪用都有申请总线控制权、建立总线控制权和归还总线控制权的过程，所以传送一个字对内存来说要占用一个周期，对 DMA 控制器来说一般要 2 ~5 个内存周期（视逻辑线路的延迟而定）。因此，周期挪用的方法适用于 I/O 设备读写周期大于内存存储周期的情况。

如果 CPU 的工作周期比内存存取周期长很多，此时采用交替访内的方法可以使 DMA 传送和 CPU 同时发挥最高的效率。假设 CPU 工作周期为 1.2 μs，内存存取周期小于 0.6 μs，那么一个 CPU 周期可分为 C1 和 C2 两个分周期，其中，C1 供 DMA 控制器访内，C2 专供 CPU 访内。

这种方式不需要总线使用权的申请、建立和归还过程，总线使用权是通过 C1 和 C2 分时进行的。CPU 和 DMA 控制器各自有访内地址寄存器、数据寄存器和读/写信号等控制寄存器。在 C1 周期中，如果 DMA 控制器有访内请求，可将地址、数据等信号送到总线上。在 C2 周期中，如 CPU 有访内请求，同样传送地址、数据等信号。事实上，对于总线，这是用 C1、C2 控制的一个多路转换器，这种总线控制权的转移几乎不需要时间，所以对 DMA 传送来讲效率是很高的。

这种传送方式又称为“透明的 DMA”方式，其来由是这种 DMA 传送对 CPU 来说，如同透明的玻璃一般，没有任何感觉或影响。在透明的 DMA 方式下工作，CPU 既不停止主程序的运行，也不进入等待状态，是一种高效率的工作方式。当然，相应的硬件逻辑也就更加复杂。工作过程如下。

在预处理阶段：

测试设备状态；向 DMA 控制器的设备地址寄存器中送入设备号，并启动设备；向主存地址计数器中送入欲交换数据的主存起始地址；向字计数器中送入欲交换的数据个数。

外部设备准备好发送的数据（输入）或上次接收的数据已处理完毕（输出）时，将通知 DMA 控制器发出 DMA 请求，申请主存总线。

在数据传送阶段：

输入操作：

①从外部设备读入一个字（设每字 16 位）到 DMA 数据缓冲寄存器 IODR 中（如果设备是面向字节的，一次读入一个字节，需要将两个字节装配成一个字）；

②外部设备发选通脉冲，使 DMA 控制器中的 DMA 请求标志触发器置“1”；

③DMA 控制器向 CPU 发出总线请求信号（HOLD）；

④CPU 在完成了现行机器周期后，即响应 DMA 请求，发出总线允许信号（HLDA），并由 DMA 控制器发出 DMA 响应信号，使 DMA 请求标记触发器复位。此时，由 DMA 控制器接管系统总线；

⑤将 DMA 控制器中主存地址寄存器中的主存地址送地址总线；

⑥将 DMA 数据缓冲寄存器中的内容送数据总线；

⑦在读/写控制信号线上发出写命令；

⑧将 DMA 地址寄存器的内容加 1，从而得到下一个地址，字计数器减 1；

⑨判断字计数器的值是否为“0”。若不为“0”，说明数据块没有传送完毕，返回⑤，传送下一个数据；若为“0”，说明数据块已经传送完毕，则向 CPU 申请中断处理。

输出操作：

①当 DMA 数据缓冲寄存器已将输出数据送至 I/O 设备后，表示数据缓冲寄存器为“空”；

②外部设备发选通脉冲，使 DMA 控制器中的 DMA 请求标志触发器置“1”；

③DMA 控制器向 CPU 发出总线请求信号（HOLD）；

④CPU 在完成了现行机器周期后，即响应 DMA 请求，发出总线允许信号（HLDA），并由 DMA 控制器发出 DMA 响应信号，使 DMA 请求标记触发器复位，此时，由 DMA 控制器接管系统总线；

⑤将 DMA 控制器中主存地址寄存器中的主存地址送地址总线，在读/写控制信号线上发出读命令；

⑥主存将相应地址单元的内容通过数据总线读入 DMA 数据缓冲寄存器中；

⑦将 DMA 数据缓冲寄存器的内容送到输出设备；

⑧将 DMA 地址寄存器的内容加 1，从而得到下一个地址，字计数器减 1；

⑨判断字计数器的值是否为"0"。若不为"0"，说明数据块没有传送完毕，返回到⑤，传送下一个数据；若为"0"，说明数据块已经传送完毕，则向 CPU 申请中断处理。

传送后处理：

①校验送入主存的数据是否正确；

②决定是否继续用 DMA 传送其他数据块；

③测试在传送过程中是否发生错误。

DMA 是所有现代电脑的重要特色，它允许不同速度的硬件装置来沟通，而不需要依于 CPU 的大量中断负载。否则，CPU 需要从来源把每一片段的资料复制到暂存器，然后把它们再次写回到新的地方，在这个时间中，CPU 对于其他的工作来说就无法使用。

DMA 传输将一个内存区从一个装置复制到另外一个，CPU 初始化这个传输动作，传输动作本身是由 DMA 控制器来实行和完成。例如，移动一个外部内存的区块到芯片内部更快的内存去，此类操作并没有让处理器工作拖延，反而可以被重新排程去处理其他的工作，DMA 传输对于高效能嵌入式系统算法和网络是很重要的。

例如，PC、ISA、DMA 控制器拥有 8 个 DMA 通道，其中的 7 个通道是可以让 PC 的 CPU 所利用。每一个 DMA 通道有一个 16 位元位址暂存器和一个 16 位元计数暂存器。要初始化资料传输时，装置驱动程序同时设定 DMA 通道的位址和计数暂存器，以及资料传输的方向，读取或写入，然后指示 DMA 硬件开始传输动作。当传输结束的时候，装置就会以中断的方式通知 CPU。

但是，DMA 传输方式只是减轻了 CPU 的工作负担，系统总线仍然被占用。特别是在传输大容量文件时，CPU 的占用率可能不到 10%，但是用户会觉得运行部分程序时系统变得相当的缓慢，主要原因是在运行这些应用程序（特别是一些大型软件），操作系统也需要从系统总线传输大量数据,故造成过长的等待时间。

(4)通道方式

DMA 方式的出现已经减轻了 CPU 对 I/O 操作的控制,使得 CPU 的效率有显著的提高,而通道的出现则进一步提高了 CPU 的效率。由于 CPU 将部分权力下放给通道,通道是一个具有特殊功能的处理器,某些应用中称为输入输出处理器(IOP),它可以实现对外围设备的统一管理和外围设备与内存之间的数据传送。这种方式与前述例子的第四种方法相仿,大大提高了 CPU 的工作效率,然而这种提高 CPU 效率的办法是以花费更多硬件为代价的。

通道是专门用于控制输入输出过程的处理机,它有自身的指令和程序,分别称为通道指令(或称通道控制字)和通道程序。通道按通道指令对外围设备实施控制的过程是:首先,中央处理器转入输入-输出管理程序,在主存储器形成通道程序并启动通道;其次,中央处理器返回原来程序继续运行;再次,通道启动相应的外围设备,从主存储器的通道程序中读取通道指令并一一执行。通道完成按通道程序所要求的数据传送以后,便向中央处理器发出中断信号,中央处理器响应后进行必要的登记和善后处理,再返回原来的程序继续运行下去。

输入-输出控制系统通道能执行下列操作:

①通过输入-输出接口向外围设备发送控制命令或从外围设备接收信号;

②传送数据并对它进行奇偶校验和计数;

③及时向中央处理器发出请求中断的信号或对外围设备送来的中断信号实行排队和控制;

④接收并保存外围设备的状态信息,或将它存入主存储器的指定单元内,并随着所接收的中断信号而更新(通道内具有通道状态字寄存器,用以保存通道和外围设备的状态信息),一个计算机系统可以按照需要配接几个通道,每个通道并行执行各自的通道程序。

(5)外围处理机方式

外围处理机(PPU)方式是通道方式的进一步发展。由于 PPU 基本上独立于主机工作,它的结构更接近一般处理机,甚至就是微小型计算机。在一些系统中,设置了多台 PPU,分别承担 I/O 控制、通信、维护诊断等任务。从某种意义上说,这种系统已变成分布式的多机系统。在这种控制方式的输入-输出控制系统中,有专门的处理机执行输入-输出的主要操作,包括外围设备的控制、检测和输入-输出的数据传送等。输入-输出处理机和中央处理器并行操作,输入-输出处理机有通道控制和外围处理机控制两种方式。

外围处理机也就是用于控制外围设备的处理机,但它的结构比通道更接近于一般处理机,甚至就是利用小型通用机来构成。它不但具有控制外围设备的指令和控制数据传送的指令,而且还有运算指令;它除了具有通道的功能之外,还能完成输入-输出过程中的码制变换。

程序查询方式和程序中断方式适用于数据传输率比较低的外围设备,而 DMA 方式、通道方式和 PPU 方式适用于数据传输率比较高的设备。在单片机和微型机中多采用程序查询方式、程序中断方式和 DMA 方式,通道方式和 PPU 方式大都用在中、大型计算机中。

输入-输出控制系统按照外围处理机和中央处理器共享主存储器与否,输入-输出控制系统可有两种连接方式。

共享主存储器的连接方式,中央处理器和外围处理机都能直接对主存储器存取。外围处理机的例行程序平时放在主存储器内,当需用时再调入外围处理机的存储器中。因此,外围处理机的存储器容量不必太大(例如,4000 字)。

不共享主存储器的连接方式,各外围处理机有单独的容量较大的存储器(例如 36 000 字),它的工作程序放在自身的存储器内,工作上有更大的独立性。

3.4.2　通道处理机的工作原理和流量设计

通道处理机是 IBM 公司提出来的一种 I/O 处理机方式,曾被广泛用于 IBM 360/370 等系列机上。

1. 通道处理机的工作原理

一般说来,通道的功能应该包括如下几个方面:

(1)接受 CPU 发来的 I/O 指令,根据指令要求选择一台指定的外围设备与通道相连接;

(2)执行 CPU 为通道组织的通道程序,从主存中取出通道指令,对通道指令进行译码,并根据需要向被选中的设备控制器发出各种操作命令;

(3)给出外围设备的有关地址,即进行读/写操作的数据所在的位置,例如,磁盘存储器的柱面号、磁头号、扇区号等;

(4)给出主存缓冲区的首地址,这个缓冲区用来暂时存放从外围设备上输入的数据,或者暂时存放将要输出到外围设备中去的数据;

(5)控制外围设备与主存缓冲区之间数据交换的个数,对交换的数据个数进行计数,并判断数据传送工作是否结束;

(6)指定传送工作结束时要进行的操作,例如,将外围设备的中断请求及通道的中断请求送往 CPU 等;

(7)检查外围设备的工作状态是正常或故障,根据需要将设备的状态信息送往主存指定单元保存;

(8)在数据传输过程中完成必要的格式变换,例如,把字拆卸为字节,或者把字节装配成字等。

为此,通道应该能够执行一组通道指令,而且还要具有完成上述功能的硬件。通道的主要硬件包括寄存器部分和控制部分,寄存器部分主要包括:数据缓冲寄存器、主存地址计数器、传输字节数计数器、通道命令字寄存器、通道状态字寄存器。控制部分主要包括:分时控制、地址分配、数据传送、数据装配和拆卸等控制逻辑。

通道对外围设备的控制通过 I/O 接口和设备控制器进行,对于各种不同的外围设备,设备控制器的结构和功能也各不相同。然而,通道与设备控制器之间一般采用标准的 I/O 接口来连接。指令通过标准接口送到设备控制器,设备控制器解释并执行这些通道命令,完成命令指定的操作,并且将各种外围设备产生的不同信号转换成标准接口和通道能够识别的信号。另外,设备控制器还能够记录外围设备的状态,并把状态信息送往通道和 CPU。

访管指令是目态指令,当目态程序执行到要求输入/输出的访管指令后,产生自愿访管中断。在一般用户程序中,通过调用通道程序来完成一次数据输入输出的过程,如图 3 - 17 所示。CPU 执行用户程序和管理程序,通道处理机执行通道程序的时间关系,如图 3 - 18 所示,CPU 响应此中断请求后,转向该管理程序入口,进入管态。

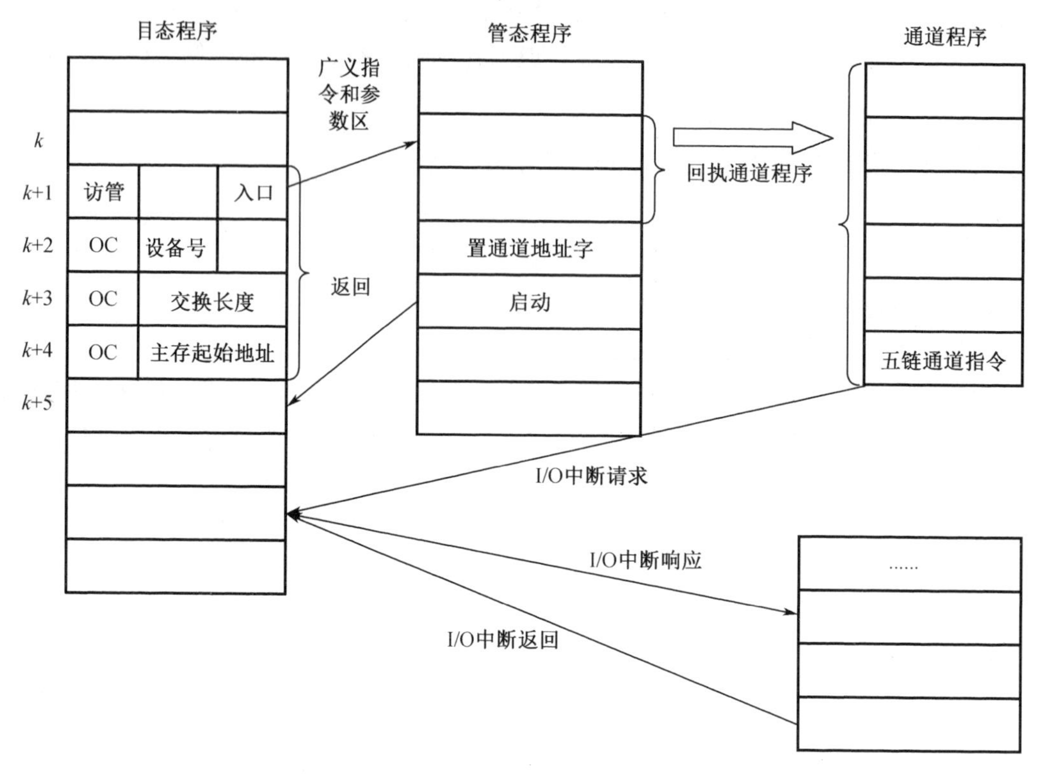

图 3－17　通道处理机输入/输出的主要过程

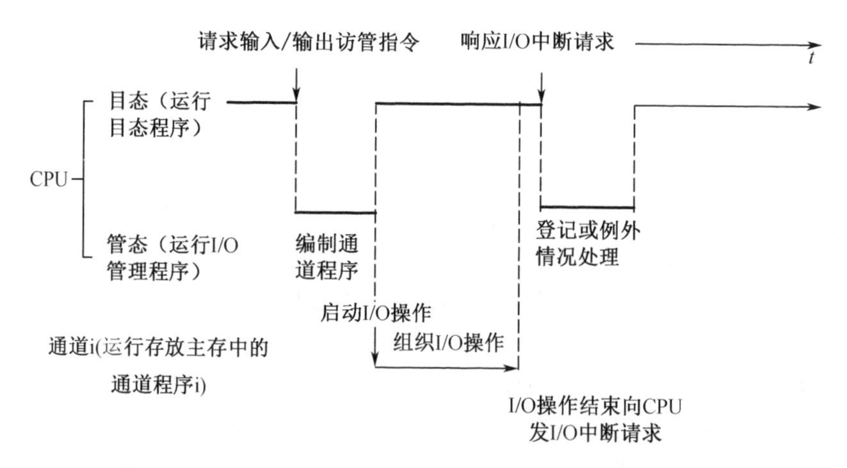

图 3－18　通道处理机输入/输出主要过程的时间关系示意图

"启动 I/O"指令是主要的输入/输出指令，属管态指令操作流程如图 3－19 所示。先选择指定的通道、子通道，如它被连通且空闲时，就从主存中取出通道地址字，按通道地址字给出的通道程序首地址，从主存通道缓冲区中取出第一条通道指令。经校验，其格式无误后，再选择相应设备控制器和设备，如该设备是被连着的，就向设备发启动命令，如果设备启动成功，即用全"0"字节回答通道，则结束通道开始选择设备期。

通道被启动后，CPU 退出管态，继续运行目态程序。而通道进入通道数据传送期，执行通道程序，组织 I/O 操作，开始通道与设备间的数据传送。当通道程序执行完无链通道指令后，传送完成，转入通道数据传送结束期，想 CPU 发出 I/O 中断请求。当然，如果出现故障、错误等异常时也向 CPU 发出 I/O 中断请求。CPU 响应此中断请求后，第二次转管态，调出相应管理程序对中断请求进行处理。如属正常结束，就进行登记计费；如属故障、错误，则进行处理。之后，再返回目态，继续目态程序的执行。这样，每完成一次输入/输出只需要两次进管，大大减少了对目态程序的干扰，显著提高了 CPU 运算和外设操作的重叠度。系统中多个通道各自的通道程序可以同时运行，使多种、多台设备可以进行工作。

通道在通道数据传送期里，当所连接的多台设备同时要求交换信息，或者是通道的数据宽度与要传送的信息宽度不等时，还要多次选择当前要传送信息的是哪台设备，即每传送一个数据宽度就要重新选择设备。

根据通道数据传送期中，信息传送方式的不同，分为字节多路、数组多路和选择三类通道。

(1)字节多路通道

字节多路通道适合用于连接大量的像光电机那样的字符类低速设备。它们传送一个字符(字节)的时间很短，但字符(字节)间的等待时间很长。因此，通道数据宽度为单字节，以字节交叉方式轮流为多台低速设备服务，以提高效率。字节多路通道又可以有多个子通道，各个子通道能独立执行通道指令，并行操作，以字节宽度分时进出通道。接在每个子通道上的多台设备也能分时使用子通道。

(2)数组多路通道

数组多路通道适合于链接多台像磁盘那样的高速设备。这些设备的传送速率很高，但是传送开始前的寻址辅助操作时间很长。为了充分利用并尽可能重叠各台高速设备的辅助操作时间，不让通道空闲等待，采用成组交叉方式工作。其数据宽度为定长块，传送完 K 个字节数据后就重新选择下一个设备。它可以有多个子通道，同时执行多个通道程序，所有子通道能分时共享输入/输出通道，是以成组交叉方式传送的，既具有多路并行操作的能力，又具有很高的数据传送速率。

(3)选择通道

选择通道适合于连接优先级高的磁盘等高速设备，让它独占通道，只能执行一道通道程序。数据传送以不定长块方式进行，相当于数据宽度为可变长块，一次对 N 个字节全部传送完。所以，在数据传送期内只能选择一次设备。

通道处理机主要过程分为如下三步。

(1)在用户程序中使用访管指令进入管理程序，由 CPU 通过管理程序组织一个通道程序，并启动通道。

(2)通道处理机执行 CPU 为它组织的通道程序，完成指定的数据 I/O 工作。从图3－18中给的时间关系可以看出，通道处理机执行通道程序是与 CPU 执行用户程序并行的。通道被启动后，CPU 就可以退出操作系统的管理程序，返回到用户程序中继续执行原来的程序，而通道开始与设备之间的数据传送。当通道处理机执行完通道程序的最后一条通道指令“断开通道”时，通道的数据传输工作就全部结束了。

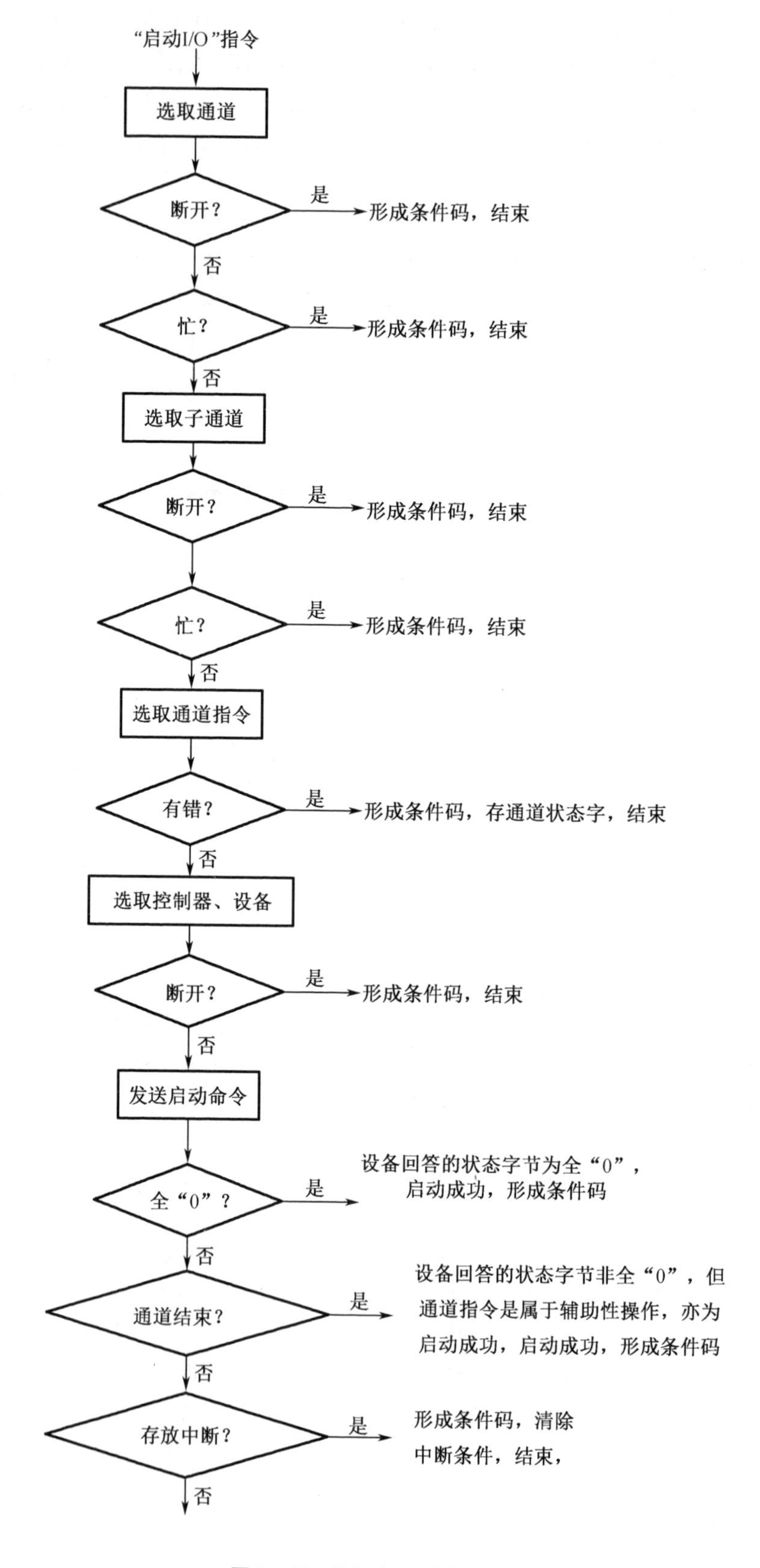

图 3－19 "启动 I/O"指令流程

(3)通道程序结束后向 CPU 发中断请求。CPU 响应这个中断请求后,第二次进入操作系统,调用管理程序对 I/O 中断请求进行处理。如果是正常结束,管理程序进行必要的登记等工作;如果是故障、错误等异常情况,则进行异常处理,然后,CPU 返回到用户程序继续执行。这样,每完成一次 I/O 工作,CPU 只需要两次调用管理程序,大大减少了对用户程序的打扰。当系统中有多个通道同时工作时,CPU 与多种不同类型、不同工作速度的外围设备可以充分并行工作。在通道与设备之间的数据传送过程中,如果在同一个通道中有多台设备同时工作则要反复重新选择设备,即找出当前要传送数据的是哪一台设备。对于低速设备,每传送完一字节就要重新选择设备,而对于高速设备,通常每传送完一个数据块后需要重新选择设备。当然,如果一个通道只管理一台高速设备,那么,完成一次数据传送过程只需要做一次设备选择工作。

2. 通道流量的设计

通道流量是通道在数据传送期内,单位时间内传送的字节数。它能达到的最大流量称为通道极限流量。通道的极限流量与其工作方式、数据传送期内选择一次设备的时间T_S和传送一个字节的时间T_D的长短有关。

字节多路通道每选择一台设备只传送一个字节,其通道极限流量为

$$f_{\max.\,\mathrm{byte}} = 1/(T_S + T_D)$$

数组多路通道每选择一台设备就能传送完 K 个字节。如果要传送 N 个字节,就得分 $[N/K]$ 次传送才行,每次传送都要选一次设备,通道极限流量为

$$f_{\max.\,\mathrm{block}} = K/(T_S + K\,T_D) = 1/(T_S/K + T_D)$$

选择通道每选择一台设备就把 N 个字节全部传送完,通道极限流量为

$$f_{\max.\,\mathrm{select}} = N/(T_S + N\,T_D) = 1/(T_S/N + T_D)$$

显然,若通道的T_S、T_D一定,且 $N > K$ 时,字节多路方式的极限流量最小,数据多路方式的极限流量居中,选择方式的极限流量最大。

由通道工作原理可知,当挂上设备后,设备要求通道的实际最大流量与三种通道工作方式有关。以字节多路方式工作的应是该通道所接各设备的字节传送速率之和,即

$$f_{\mathrm{byte}.\,j} = \sum_{i=1}^{p_j} f_{i.\,j}$$

多路和选择方式的应是所接各设备的字节传送速率中之最大者,即

$$f_{\mathrm{block}.\,j} = \max_{1 \leqslant i \leqslant p_j} f_{i.\,j}$$

$$f_{\mathrm{select}.\,j} = \max_{1 \leqslant i \leqslant p_j} f_{i.\,j}$$

式中　j——通道的编号;

$f_{i.\,j}$——第 j 号通道上所挂的第 i 台设备的字节传送速率;

p_j——第 j 号通道中所接设备的台数。

为了保证第 j 号通道上所挂设备在满负荷的最坏情况下都不丢失信息,必须使设备要求通道的实际最大流量不超过通道的极限流量,因此,上述三类通道应分别满足

$$f_{\mathrm{byte}.\,j} \leqslant f_{\max.\,\mathrm{byte}.\,j}$$

$$f_{\mathrm{blcok}.\,j} \leqslant f_{\max.\,\mathrm{block}.\,j}$$

$$f_{\mathrm{select}.\,j} \leqslant f_{\max.\,\mathrm{select}.\,j}$$

如果 I/O 系统有 m 个通道,其中 1 至 $m1$ 为字节多路,$m1+1$ 至 $m2$ 为数组多路,$m2+1$

至 m 为选择,则 I/O 系统的极限流量为

$$f_{max} = \sum_{j=1}^{m_1} f_{max.byte.j} + \sum_{j=m_1+1}^{m_2} f_{max.block.j} + \sum_{j=m_2+1}^{m} f_{max.select.j}$$

必然会满足

$$f_{max} \geqslant \sum_{j=1}^{m_1}\sum_{i=1}^{p_j} f_{i.j} + \sum_{j=m_1+1}^{m} \max_{1\leqslant i\leqslant p_j} f_{i.j} + \sum_{j=m_2+1}^{m} \max_{1\leqslant i\leqslant p_j} f_{i.j}$$

可以用不等式左右两边的差值衡量 I/O 系统流量的利用率,差值越小,其利用率越高,设计越合理。

f_{max}也是 I/O 系统对主存频宽B_m的要求。除 I/O 系统外,CPU 也要使用主存。从保持计算机系统各部件频带平衡出发,由f_{max}根据一定比例可以大致估算出主存应达到的频带宽度B_m。I/O 系统占主存频宽B_m中的比例与机器的用途有很大关系。

【例 3-4】 如果通道在数据传送期中,选择设备需 9.8 μs,传送一个字节数据需 0.2 μs。某低速设备每隔 500 μs 发出一个字节数据请求,那么至多可接几台这种低速设备?对于如下 A-F 共 6 种高速设备,一次通信传送的字节数不少于 1 024 个字节,则哪些设备可挂,哪些不能挂?其中,A-F 设备每发一个字节数据传送请求的时间间隔分别,如表 3-4 所示。

表 3-4　A-F 设备发请求间隔时间

设备	A	B	C	D	E	F
发请求间隔时间/μs	0.2	0.25	0.5	0.19	0.4	0.21

通道在数据传送期中,低速设备每隔 500 μs 发出一个字节数据传送请求,不难得出,挂低速设备的通道应该是按字节多路通道方式工作的。那么,由于字节多路通道的通道极限流量是:

$$f_{max.byte} = 1/(T_S + T_D)$$

所以,在各设备均被启动后,满负荷的最坏情况下,要想在宏观上不丢失设备的信息,通道极限流量就应大于或等于设备对通道要求的流量 fbyte,即应满足 fmax · byte≥fbyte,如果字节多路通道上所挂设备台数为 m,设备的速率 f_i 实际上就是设备发出字节传送请求的间隔时间的倒数。m 台相同设备,其速率之和为 mf_i,这样,为不丢失信息,就应满足:

$$1/(T_S + T_D) \geqslant mf_i$$

于是可求得在字节多路通道上能挂的设备台数 m 应满足:

$$m \leqslant 1/(T_S + T_D)f_i$$

对于第 2 个问题,A-F 属高速设备,一次通信传送的字节数 n 不少于 1 024 个字节,意味着此通道是选择通道。如果通道上挂有 m 台设备,则选择通道的极限流量为

$$f_{max.select} = n/(T_S + nT_D) = 1/(T_S/T_D + T_D)1B/(9.8\mu s/nB + 0.2\mu s/B)$$

所以,限制通道上所挂的设备速率

$$f_i \leqslant 1/(9.8/n + 0.2)B.\mu s^{-1} n \geqslant 1024$$

才行,根据所给出的各台设备每发一个字节数据传送请求的间隔时间,可得各台设备的速率,如表 3-5 所示。

表3-5　A-F各台设备的速率

设备	A	B	C	D	E	F
设备速率/μs	1/0.2	1/0.25	1/0.5	1/0.19	1/0.4	1/0.21

这样，能满足上述 f_i 不等式要求，只能挂B、C、E、F4台设备，A和D因为超过了 $f_{byte \cdot max}$，所以不能挂。

【例3-5】 假设有一个字节多路通道，它有3个子通道："0"号、"1"号高速印字机各占一个子通道；"0"号打印机、"1"号打印机和"0"号光电输入机合用一个子通道。假定数据传送期内高速印字机每隔25 μs发送一个字节请求，低速打印机每隔150 μs发送一个字节请求，光电输入机每隔800 μs发送一个字节请求，则这5台设备要求通道的流量为

$$f_{byte.j} = \sum_{i=1}^{5} f_{i.j} = 1/25 + 1/25 + (1/150 + 1/150 + 1/800) \approx 0.095\ \text{MB/s}$$

根据流量设计的基本要求，该通道的极限流量可以设计成0.1 MB/s，即所设计的通道工作周期 $T_S + T_D = 10\ \mu s$，这样各个设备的请求就都能及时得到响应和处理，不会丢失信息。通常，高速设备请求的响应优先级也高。让各设备请求得到响应的优先次序定为："0"号高速印字机→"1"号高速印字机→"0"号低速打印机→"1"号低速打印机→"0"号光电输入机。如果各设备要求传送字节数据的请求时刻，如图3-20中的"↑"所示。由图3-20可知，每台设备都是在发出下一个申请之前或是同时就处理完了上次的申请，不会丢码，但各设备处理完每个字节请求的间隔时间并不相等。

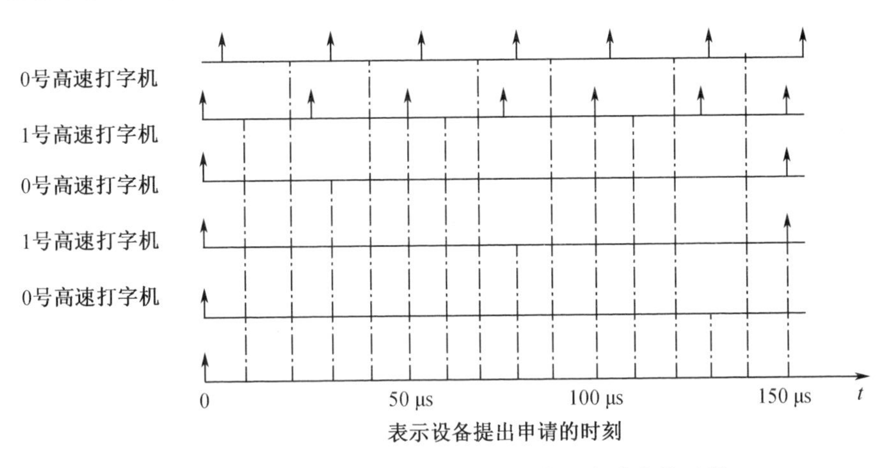

图3-20　字节多路通道响应和处理各设备请求的时间

注意：上述流量设计IDE基本条件只保证了宏观上不丢失设备信息，并不能保证微观上每一个局部时刻都不丢失信息。特别是当设备要求通道的实际最大流量接近于通道极限流量时，由于高速设备频繁发出请求并总是优先得到响应和处理，速率较低的设备就可能长期得不到通道而丢失信息。为此，可在设备或设备控制器中设置一定容量的缓冲器以缓冲一时来不及处理的信息，或是从微观上通过动态提高低速设备的响应优先级保证不丢失信息。但是很明显，上述流量设计的基本条件如果得不到满足，则无论设置多大容量的缓冲器或无论怎样改变通道，响应设备请求的优先权次序也还是要丢失信息的。

3.4.3 外围处理机

通道处理机实际上不能看成是独立的处理机,因为其指令(通道指令)的功能简单,只具有面向外设控制和数据传送的功能,又没有大容量的存储器。就是在输入/输出的过程中,也还需要CPU承担工作,例如,输入/输出的前处理和后处理,设备或通道出现错误、异常后的处理,对所传送数据信息的代码和格式转换,数据块整体的正确性校验及像文件管理、设备管理等操作系统的工作。另外,为了使CPU能够高速运行所采用的流水灯组成技术常会因为遇到输入/输出中断而发挥不了作用,速度严重下降。通道处理机的每调用一次输入/输出设备就得经“访管”中断转入输入/输出管理程序的做法,不仅妨碍了CPU资源的合理利用,也利用不上CPU本来具有的高速性能。外围处理机(PPU)的发展,使CPU进一步摆脱对输入/输出操作的控制,以便更好地集中精力专注于自己的事情。

这种外围处理机很接近于一般的处理机,通常采用一般的通用机。由于它具有较丰富的指令,功能也较强,因此还有利于简化设备控制器,甚至还可以进一步承担起诊断、维修、显示系统工作情况及改善人机界面的功能。

外围处理机基本上是独立于主处理机异步工作,它可以与主处理机共享主存,也可以不共享主存。例如,CDC－CYBER、ASC、B6700等系统都采用共享主存的连接方式,这种方式的外围处理机存储器(局存)容量较小。外围处理机要执行的例行程序一般放在主存中,为各台PPU共享,只有当需要用到时才通过加载或更换覆盖等形式,把它调入相应PPU的主存中。在这种共享主存的连接方式中,有的系统,如B6700,各PPU具有独立的运算部件与主存相连。而另外的系统,如CDC－CYBER和ASC则是让各PPU合用同一运算部件和指令处理部件,并通过公用部件与主存通信,这可以降低外围处理机子系统的造价,但是控制较复杂。STAR－100则属于不共享主存的连接方式,各PPU具有更强的独立性,但是却需要有很大容量的内存。

采用外围处理机方式,可以自由选择通道和设备进行通信。主存、PPU、通道和设备控制器互相独立,可以视需要用程序动态地控制它们之间的连接,具有比通道处理机方式强的灵活性。由于PPU是独立的处理机,具有一定的运算功能,可以承担一般的外围运算和操作控制任务,还可以让各台外设不必通过主存就可以直接交换信息,这些都进一步提高了整个计算机系统的工作效率。

I/O处理机功能的进一步扩展已超出单纯进行输入/输出设备管理和数据传送的范围,出现了各种前端机(如网络、远程终端控制前端机)以及后台机(如数据库机器等)。

外围处理机方式就其硬件利用率和成本来讲,不如通道处理机方式好,但随着微处理器和微处理机的迅速发展,不仅功能不断提高和加强,而且成本也在迅速下降。在设计I/O系统时,这种硬件的利用率和成本已经不再是着重强调的问题,而是应当考虑怎样才能进一步减少CPU对I/O系统的介入,充分提高整个系统的功能和性能。为此,进一步增强输入/输出设备与设备控制器的“智能化”,发展智能外设,让管理、控制操作尽可能在端点完成,使调用外部设备的过程变成是在I/O系统中各微处理器之间及各缓冲存储器之间的信息传送过程,这些都将会继续提高I/O系统的数据吞吐率并减轻CPU输入/输出控制管理负担。

不同交换机有不同的外围处理机,它们的功能和名称不一样,这与控制系统结构、中央处理机能力以及设计者的偏好都有关系。外围处理机类型如下三种。

1. 用户处理机

用户处理机负责控制一个用户模块或远端模块，和中央处理机配合工作，实现对该模块中各用户的呼叫处理。用户处理机的基本任务通常是对用户线信号（摘、挂机和拨号信号）的扫描和向用户送出用户线信号（如铃流和各种信号音）。用户处理机还要负责对用户级交换网络的控制以及根据中央处理机的命令选择并占用局间的中继线，它也负责和中央处理机之间的通信，有的用户处理机还管理有关用户数据。

2. 中继处理机

中继处理机负责控制各种类型的中继接口电路、接收和发送相关的线路信号，并通过和中央处理机之间的通信，辅助后者实现局间的连接以及传递记发器信号。

3. 区域处理机

区域处理机是中央处理机和硬件间的一个接口，它负责硬件和中央处理机之间的信息转换，即将从硬件取得的信息转送给中央处理机，并将后者的控制命令转送给硬件（这里可以是各种类型的硬件）。根据所控制的硬件类型的不同，区域处理机也可以有不同功能。

这些处理机所控制的对象往往是较多数量的同类硬件（如用户电路、中继电路、交换网络等），因此它们由多台处理机组成，按话务分担方式工作，即每一台处理机负责一部分控制对象。例如，一台用户处理机负责控制一个用户模块（或远端用户模块），一台中继处理机负责控制若干条中继电路，一台区域处理机负责控制若干条中继电路或部分交换网络等。

此外，还有根据不同功能而设置的不同外围处理机，例如，负责控制信号发送和接收的处理机，负责控制时钟和信号音的处理机，负责处理机间通信的处理机。有的将负责计费、话务统计、接通率统计和人机通信等各种运行和维护功能的处理机划入外围处理机行列。总之，外围处理机是一个统称，它代表这样一类处理机，即在中央处理机统一控制下工作，担负一定的、较为单纯的工作，以减轻中央处理机的负担。

外围处理机所负担的多为重复、简单并且占机时较多的工作，例如，对用户线信号或线路信号的扫描和对硬件输出控制命令。至于较复杂的分析处理工作，一般由中央处理机来完成。因此外围处理机的处理能力决定于对这些工作的“开销”。这些开销往往和话务量无关或关系甚少，称作“固有开销”。根据这些固有开销便可以算出它能够负担多少硬件的控制任务或处理任务。

习题 3

3－1 简述计算机主存储器的重要技术及指标。

3－2 什么是并行存储系统？

3－3 按照中断源不同有哪些中中断？

3－4 程序存放在模 32 单字交叉存储器中，设访存申请队的转移概率为 25%，求每个存储周期能访问到的平均字数？当模为 16 呢？由此可以得出什么结论？

3－5 设主存每个分体的存取周期为 2 μs，宽度为 4 个字节。采用模 m 多分体交叉存取，但实际频宽只能达到最大频宽的 60%。现要求主存实际频宽为 4 MB/s，问主存模数 m 应取多少方能使两者速度基本适配（m 取 2 的幂）？

3－6 常用的输入输出指令有 IN 指令和 OUT 指令，都是累加器专用指令，简述 IN 指令和 OUT 指令的用法。

3－7 总线控制方式有哪三种？各需要增加几根用于总线控制的控制线？

3－8 对 CPU 而言控制信号既有输出的又有输入的，常见的控制信号有哪些？

3－9 DMA 是在专门的硬件(DMA)控制下，实现高速外设和主存储器之间自动成批交换数据尽量减少 CPU 干预的输入/输出操作方式，简述实现 DMA 传送的基本操作。

3－10 有 8 台外设，各设备要求传送信息的工作速率分别如下表所示。

设备	工作频率/($KB \cdot s^{-1}$)
A	500
B	240
C	100
D	75
E	50
F	40
G	14
H	10

(1)设计的通道在数据传送期，每选择一次设备需要 2 μs，每传送一个字节数据也需要 2 μs。若用作字节多路通道，通道工作的最高流量是多少？

(2)作字节多路通道用时，希望同时不少于 4 台设备挂在此通道上，最好多挂一些，且高速设备尽量多挂一些，请问应该选哪些设备挂在通道上，为什么？

(3)作数组多路通道用时，应该选哪些设备挂在通道上，为什么？

第4章 存储体系

4.1 基本概念

4.1.1 存储体系及其分支

存储系统是指计算机中由存放程序和数据的各种存储设备、控制部件及管理信息调度的设备(硬件)和算法(软件)所组成的系统。计算机的主存储器不能同时满足存取速度快、存储容量大和成本低的要求,在计算机中必须有速度由慢到快、容量由大到小的多级层次存储器,以最优的控制调度算法和合理的成本,构成具有性能可接受的存储系统。

前面已经讲过,为了同时满足存储系统的大容量、高速度和低价格,需要将多种不同工艺的存储器组织在一起。存储器的多级结构中最内层是 CPU 中的通用寄存器,很多运算可直接在 CPU 的通用寄存器中进行,减少了 CPU 与主存的数据交换,很好地解决了速度匹配的问题,但通用寄存器的数量是有限的,一般在几个到几百个之间,例如,Pentium CPU 中有 8 个 32 位的通用寄存器。

高速缓冲存储器(Cache)设置在 CPU 和主存之间,可以放在 CPU 内部或外部,其作用也是解决主存与 CPU 的速度匹配问题。Cache 一般是由高速 SRAM 组成,其速度要比主存高 1 ~2 个数量级。由主存与 Cache 构成的“主存 - Cache”存储层次,从 CPU 来看,有接近于 Cache 的速度与主存的容量,并有接近于主存的每位价格。通常,Cache 还分为一级 Cache 和二级 Cache。但是,以上两层仅解决了速度匹配问题,存储器的容量仍受到内存容量的制约。因此,在多级存在储结构中又增设了辅助存储器(由磁盘构成)和大容量存储器(由磁带构成)。随着操作系统和硬件技术的完善,主存之间的信息传送均可由操作系统中的存储管理部件和相应的硬件自动完成,从而构成了“主存 - 辅存的”价格,从而弥补了主存容量不足的问题。

虚拟存储器是因为主存容量满足不了要求而提出来的。在主存和辅存之间,增设辅助的软、硬件设备,让它们构成一个整体,所以也称之为“主存 - 辅存”存储层次,如图 4 - 1 所示。

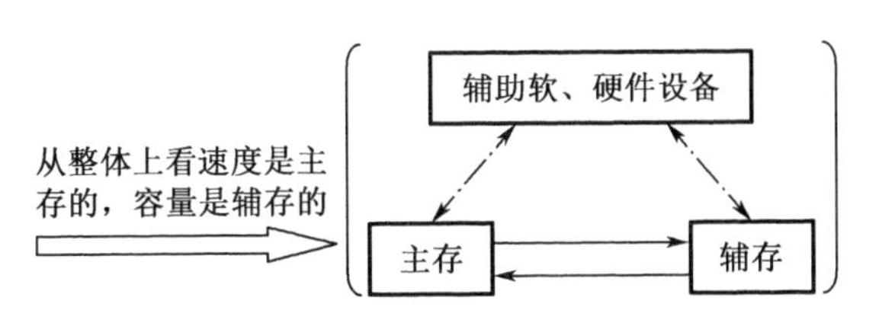

图 4 - 1 主存 - 辅存存储层次

从 CPU 看,速度是接近于主存的,容量是辅存的,每位价格是接近于辅存的。因为主存速度满足不了要求而引出了 Cache 存储器。在 CPU 和主存之间增设高速、小容量、每位价格较高的 Cache,用辅助硬件将其和主存构成整体,图 4 –2 所示为 Cache 存储器(或称为 Cache – 主存存储层次)。

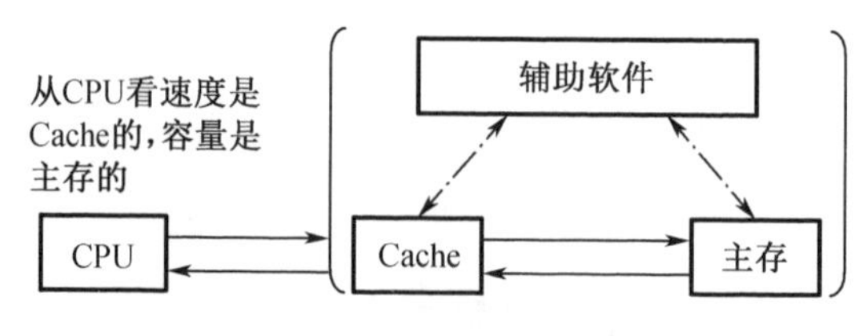

图 4 –2　Cache – 主存存储层次

由二级存储层次可以组合成如图 4 –3 所示的多级存储层次。从 CPU 看,它是一个整体,有接近于最高层 M_1 的速度,最低层 M_n 的容量,并有接近于最低层 M_n 的每位价格。

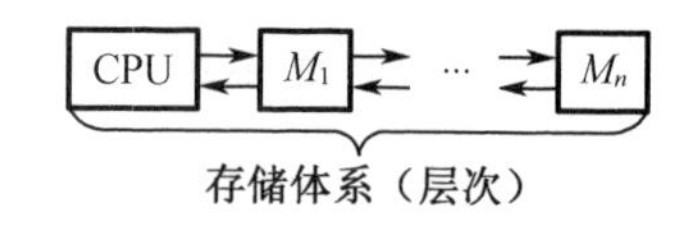

图 4 –3　多级存储层次

多级存储体系是指将多级存储器结合起来的一种方式。在一个计算机系统中,对存储器的容量、速度和价格这三个基本性能指标都有一定的要求。存储容量应确保各种应用的需要;存储器速度应尽量与 CPU 的速度相匹配并支持 I/O 操作;存储器的价格应比较合理。然而,这三者经常是互相矛盾的。例如,存储器的速度越快,则每位的价格就越高;存储器的容量越大,则存储器的速度就越慢。按照现有的技术水平,仅仅采用一种技术组成单一的存储器是不可能同时满足这些要求的。只有采用由多级存储器组成的存储体系,把几种存储技术结合起来,才能较好地解决存储器大容量、高速度和低成本这三者之间的矛盾。

多级存储结构构成的存储体系是一个整体。从 CPU 看来,这个整体的速度接近于 Cache 和寄存器的操作速度、容量是辅存的容量,每位价格接近于辅存的位价格。从而较好地解决了存储器中速度、容量、价格三者之间的矛盾,满足了计算机系统的应用需要。

随着半导体工艺水平的发展和计算机技术的进步,存储器多级结构的构成可能会有所调整,但由多级半导体存储器芯片集成度的提高,主存容量可能会达到几百兆字节或更高,但由于系统软件和应用软件的发展,主存的容量总是满足不了应用的需求,只要这一现状仍然存在,由主存 – 辅存为主体的多级存储体系也就会长期存在下去。

4.1.2　存储体系的构成依据

为了使存储体系能有效地工作,当 CPU 要用到某个地址的内容时,总希望它已在速度最快的M_1中,这就要求未来被访问信息的地址能预知,这对存储体系的构成是非常关键的。这种预知的可能性是基于计算机程序具有局部性,它包括时间上的局部性和空间上的局部性。前者指的是在最近的未来要用到的信息很可能是现在正在使用的信息,这是因为程序存在循环。后者指的是在最近的未来要用到的信息很可能与现在正在使用的信息在程序空间上是临近的,这是因为指令通常是顺序存放、顺序执行的。数据通常是以向量、阵列、树形、表格等形式簇集地存放的。所以,程序执行时所用到的指令和数据时相对簇聚成自然的块或页面(存储器中较小的连续单元区)。这样,层次的M_1级不必存入整个程序,只需将近期用过的块或页(根据时间局部性)存入即可。在从M_2级取所要访问的字送M_1时,一并把该字所在的块或页整个取来(根据空间的局部性),就能使要用的信息已在M_1的概率显著增大,这是存储层次构成的主要依据。

预知的准确性是存储层次设计好坏的主要标志,很大程度取决于所用算法和地址映像变换的方式。一旦出现被访问信息不在M_1中时,原先申请访存的程序就暂停执行或者被挂起,直到所需信息被调到M_1为止。然而这时是指的虚拟存储器。若M_1为 Cache,则不将程序挂起,只是暂停执行,等待信息调入M_1。同时,为缩短 CPU 空等时间,还让 CPU 与 Cache 及主存有直接通路。也就是说,虚拟存储器只能适用于多道程序(多用户)环境,而 Cache 存储器既可以是单用户也可以是多用户环境。

4.1.3　存储体系的性能参数

为简单起见,以图 4－4 所示的二级存储体系(M_1,M_2)为例来分析。设c_i为M_i的每位价格,S_{Mi}为M_i计算的存储容量,T_{Ai}为 CPU 访问到M_i中的信息所需的时间,为评价存储层次性能,引入存储层次的每位价格 c、命中率 H 和等效访问时间T_A。

存储层次的每位价格为

$$c=(c_1 \cdot S_{M_1}+c_2 \cdot S_{M_2})/(S_{M_1}+S_{M_2})$$

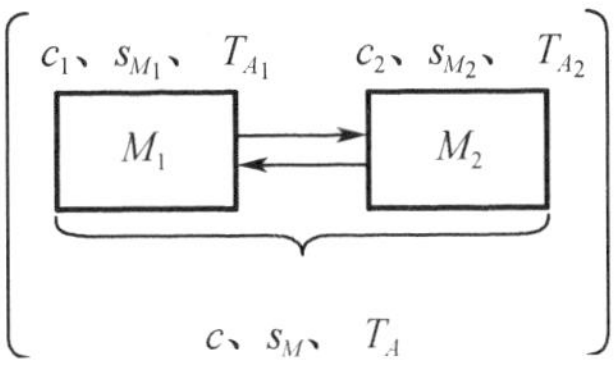

图 4－4　二级存储体系的评价

假设存储层次的每位价格能接近于c_2,为此应该使用S_{M_1},S_{M_2}。同时,上式中并未把采用存储体系所增加的辅助软、硬件价格计算在内,所以要是 c 接近于c_2,还应该限制所增加的这部分辅助软件、硬件价格只能是总价格中一个很小的部分,否则将显示降低存储体系的性能价格比。

命中率 H 定义为 CPU 产生的逻辑地址能在M_1中访问到(命中到)的概率。命中率可以用实验或者模拟方法求得,即执行或模拟一组有代表性的程序,若逻辑地址流的信息能在M_1中访问到的次数为R_1,当时在M_2中还未调用到M_1的次数为R_2,命中率 $H=R_1/(R_1+R_2)$ 显然,命中率 H 与程序的地址流,所采用的地址预判算法及M_1的容量都有很大关系。我们总希望 H 愈大愈好,即 H 越接近于 1 越好。相应的,不命中率或者失效率是指由 CPU 产生的逻辑地址在M_1中访问不到的概率。对二级存储层次,失效率为 $1-H$。

存储层次的等效访问时间$T_A=H\,T_{A_1}+(1-H)\,T_{A_2}$。希望$T_A$越接近于$T_{A_1}$,即存储层次的访问效率 $e=T_{A_1}/T_A$越接近于 1 越好。

设 CPU 对存储层次相邻二级的访问时间比 $r=T_{A_2}/T_{A_1}$,则

$$e=T_{A_1}/T_A=T_{A_1}/(H\,T_{A_1}+(1-H)\,T_{A_2})=1/(H+(1-H)r)$$

据此,可得 $e=f(r,H)$的关系,如图 4－5 所示。由图 4－5 可知,要使访问效率 e 趋于 1,在 r 值越大时,就要求命中率 H 越高。为了降低对 H 的要求,可以减小相邻二级存储器

的访问速度比,还可减小相邻二级存储器的容量比,也能提高 H,但这与为了降低每位平均价格而要求提升容量比相矛盾。

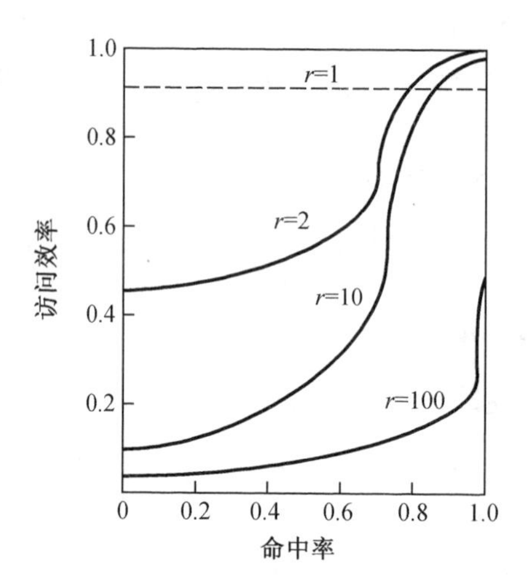

图 4-5　对于不同的 r,命中率 H 与问效率 e 的关系

4.2　虚拟存储器

4.2.1　虚拟存储器的管理方式

电脑中所运行的程序均需经由内存执行,若执行的程序占用内存很大或很多,则会导致内存消耗殆尽。为解决该问题,Windows 中运用了虚拟内存技术,即匀出一部分硬盘空间来充当内存使用。当内存耗尽时,电脑就会自动调用硬盘来充当内存,以缓解内存的紧张。若计算机运行程序或操作所需的随机存储器(RAM)不足时,则 Windows 会用虚拟存储器进行补偿,它将计算机的 RAM 和硬盘上的临时空间组合。当 RAM 运行速率缓慢时,它便将数据从 RAM 移动到称为"分页文件"的空间中。将数据移入分页文件可释放 RAM,以便完成工作。一般而言,计算机的 RAM 容量越大,程序运行得越快。若计算机的速率由于 RAM 可用空间匮乏而减缓,则可尝试通过增加虚拟内存来进行补偿。但是,计算机从 RAM 读取数据的速率要比从硬盘读取数据的速率快,因而扩增 RAM 容量(可加内存条)是最佳选择。虚拟内存设置界面虚拟内存是 Windows 为作为内存使用的一部分硬盘空间。虚拟内存在硬盘上其实就是为一个硕大无比的文件,文件名是 PageFile. Sys,通常状态下是看不到的。必须关闭资源管理器对系统文件的保护功能才能看到这个文件。虚拟内存有时候也被称为是"页面文件"就是从这个文件的文件名中来的。

内存在计算机中的作用很大,电脑中所有运行的程序都需要经过内存来执行,如果执行的程序很大或很多,就会导致内存消耗殆尽。为了解决这个问题,Windows 运用了虚拟内存技术,即拿出一部分硬盘空间来充当内存使用,这部分空间即称为虚拟内存,虚拟内存在硬盘上的存在形式就是 Pagefile. Sys 这个页面文件。

虚拟存储器作为一种机制,它被用来掩盖底层物理存储器的细节,向人们提供一个更加方便的存储器环境。实质上,虚拟存储器系统造成了一个克服了物理存储和物理寻址方案的局限的地址空间和存储器存取方案的假象。这个定义看起来还有些含糊,还需要涉及各种各样的技术及使用。

系统设计师使用术语存储器管理部件(MMU)来作为灵巧的存储器控制器。MMU 为处理器创建一个虚拟地址空间,处理器产生的地址是虚拟地址。为了便于区分虚拟存储器和物理存储器,系统设计师将物理存储器的部分叫作实际的部分。例如,用术语实际地址指代物理地址,用术语实际地址空间指代物理存储器认同的地址集合。

一个将字节地址变换成底层字地址的 MMU,能够被扩展创建更加复杂的存储器组织。例如,Intel 公司研制了一种网络处理器,它使用了 SRAM 和 DRAM 两种物理存储器。值得注意的是,这两种底层物理存储器里,每字的字节数是不同的:SRAM 用每字 4 字节,而 DRAM 用每字 8 字节。Intel 的网络处理器包含一个嵌入式 RISC 处理器,它对两种存储器都可以存取,并且这个 RISC 处理器使用字节寻址。Intel 的设计没有采用不同的指令对两种存储器存取,而是遵循了标准的方法:把两种存储器整合成一个统一的虚拟地址空间,要利用硬件来实施必要的转换。

用户编制程序时使用的地址称为虚地址或逻辑地址,其对应的存储空间称为虚存空间或逻辑地址空间;而计算机物理内存的访问地址则称为实地址或物理地址,其对应的存储空间称为物理存储空间或主存空间。程序进行虚地址到实地址转换的过程称为程序的再定位。

虚存空间的用户程序按照虚地址编程并存放在辅存中。程序运行时,由地址变换机构依据当时分配给该程序的实地址空间把程序的一部分调入实存。每次访存时,首先判断该虚地址所对应的部分是否在实存中,如果在实存中,则进行地址转换并用实地址访问主存,否则,按照某种算法将辅存中的部分程序调度进内存,再按同样的方法访问主存。由此可见,每个程序的虚地址空间可以远大于实地址空间,也可以远小于实地址空间。前一种情况以提高存储容量为目的,后一种情况则以地址变换为目的。后者通常出现在多用户或多任务系统中,实存空间较大,而单个任务并不需要很大的地址空间,较小的虚存空间则可以缩短指令中地址字段的长度。

虚拟存储器是由硬件和操作系统自动实现存储信息调度和管理的。它的工作过程包括六个步骤。

(1)中央处理器访问主存的逻辑地址分解成组号 a 和组内地址 b,并对组号 a 进行地址变换,即将逻辑组号 a 作为索引,查地址变换表,以确定该组信息是否存放在主存内;

(2)如该组号已在主存内,则转而执行第 4 步;如果该组号不在主存内,则检查主存中是否有空闲区,如果没有,便将某个暂时不用的组调出送往辅存,以便将这组信息调入主存;

(3)从辅存读出所要的组,并送到主存空闲区,然后将那个空闲的物理组号 a 和逻辑组号 a 登录在地址变换表中;

(4)从地址变换表读出与逻辑组号 a 对应的物理组号 a;

(5)从物理组号 a 和组内字节地址 b 得到物理地址;

(6)根据物理地址从主存中存取必要的信息。

从虚存的概念可以看出,主存 - 辅存的访问机制与 Cache - 主存的访问机制是类似的。这是由 Cache 存储器、主存和辅存构成的三级存储体系中的两个层次。Cache 和主存之间以及主存和辅存之间分别有辅助硬件和辅助软硬件负责地址变换与管理,以便各级存储器能够组成有机的三级存储体系。Cache 和主存构成了系统的内存,而主存和辅存依靠辅助软硬件的支持构成了虚拟存储器。

在三级存储体系中,Cache - 主存和主存 - 辅存这两个存储层次有许多相同点。

(1)出发点相同　二者都是为了提高存储系统的性能价格比而构造的分层存储体系,都力图使存储系统的性能接近高速存储器,而价格和容量接近低速存储器。

(2)原理相同　二者都是利用了程序运行时的局部性原理把最近常用的信息块从相对慢速而大容量的存储器调入相对高速而小容量的存储器。

但 Cache - 主存和主存 - 辅存这两个存储层次也有许多不同之处:

(1)侧重点不同　Cache 主要解决主存与 CPU 的速度差异问题;而就性能价格比的提高而言,虚存主要是解决存储容量问题,另外还包括存储管理、主存分配和存储保护等方面。

(2)数据通路不同　CPU 与 Cache 和主存之间均有直接访问通路,Cache 不命中时可直接访问主存;而虚存所依赖的辅存与 CPU 之间不存在直接的数据通路,当主存不命中时只能通过调页解决,CPU 最终还是要访问主存。

(3)透明性不同　Cache 的管理完全由硬件完成,对系统程序员和应用程序员均透明;而虚存管理由软件(操作系统)和硬件共同完成,由于软件的介入,虚存对实现存储管理的系统程序员不透明,而只对应用程序员透明(段式和段页式管理对应用程序员"半透明")。

(4)未命中时的损失不同　由于主存的存取时间是 Cache 的存取时间的 5 ~ 10 倍,而主存的存取速度通常比辅存的存取速度快上千倍,故主存未命中时系统的性能损失要远大于 Cache 未命中时的损失。

虚拟存储器的关键问题如下四方面。

(1)调度问题　决定哪些程序和数据应被调入主存。

(2)地址映射问题　在访问主存时把虚地址变为主存物理地址(这一过程称为内地址变换):在访问辅存时把虚地址变成辅存的物理地址(这一过程称为外地址变换),以便换页。此外还要解决主存分配、存储保护与程序再定位等问题。

(3)替换问题　决定哪些程序和数据应被调出主存。

(4)更新问题　确保主存与辅存的一致性。

在操作系统的控制下,硬件和系统软件为用户解决了上述问题,从而使应用程序的编程简化。

虚拟存储器通过增设地址映像表来实现程序在主存中的定位。根据存储映像算法的不同,可有多种不同存储管理方式的虚拟存储器,其中主要有段式、页式和段页式三种。页式调度是将逻辑和物理地址空间都分成固定大小的页。主存按页顺序编号,而每个独立编址的程序空间有自己的页号顺序,通过调度辅存中程序的各页可以离散装入主存中不同的页面位置,并可据表一一对应检索。页式调度的优点是页内零头小,页表对程序员来说是透明的,地址变换快,调入操作简单;缺点是各页不是程序的独立模块,不便于实现程序和数据的保护。段式调度是按程序的逻辑结构划分地址空间,段的长度是随意的,并且允许伸长,它的优点是消除了内存零头,易于实现存储保护,便于程序动态装配;缺点是调入操作复杂。将这两种方法结合起来便构成段页式调度。在段页式调度中把物理空间分成页,程序按模块分段,每个段再分成与物理空间页同样小的页面。段页式调度综合了段式和页式的优点。其缺点是增加了硬件成本,软件也较复杂。大型通用计算机系统多数采用段页式调度。

1. 段式管理

程序都有模块性,一个复杂的大程序总可以分解成多个在逻辑上相对独立的模块。这些模块可以是主程序、子程序或过程,也可以是数据块。模块的大小各不相同,有的甚至事先无法确定。每个模块都是一个单独的段,都以该段的起点为0相对编址。当某个段由辅存调入主存时,只要赋予该段一个基地址(即该段存放在主存中的起始地址),就可以由此基地址和单元在段内的相对位移形成单元在主存中的实际地址。将主存按段分配的存储管理方式称为段式管理。

为了进行段式管理,每道程序在系统中都有一个段(映像)表来存放该道程序各段装入主存的状况信息。如图4-6所示,段表中的每一项(对应表中的每一行)描述该道程序一个段的基本状况,由若干个字段提供。段名字用于存放段的名称,段名一般是有其逻辑意义的,也可以转换成用段号指明。由于段号从0开始编号,正好与段表中的行号对应,如2段必定是段表中的第3行,这样,段表中就可以不设段号(名)字段。装入位字段用来指示该段是否已经调入主存,“1”表示已调入,“0”表示未调入。在程序的执行过程中,各段的装入位随该段是否活跃而动态变化。当装入位为“1”时,地址字段用于表示该段装入主存中的起始(绝对)地址;当装入位为“0”时,则无效(有的机器用它表示该段在辅存中的起始地址)。段长字段指明该段的大小,一般以字数或字节数为单位,取决于所用的编址方式。段长字段是供判断所访问的地址是否越出段界的界限保护检查用的。访问方式字段用来标记该段允许的访问方式,如只读、可写、只能执行等,以提供段的访问方式保护。除此之外,段表中还可以根据需要设置其他的字段。段表本身也是一个段。一般常驻在主存中,也可以存在辅存中,需要时再调入主存。

假设系统在主存中最多可同时有 N 道程序,可设 N 个段表基址寄存器。对应于每道程序,由基号(程序号)指明使用哪个段表基址寄存器。段表基址寄存器中的段表基地址字段指向该道程序的段表在主存中的起始地址。段表长度字段指明该道程序所用段表的行数,即程序的段数。由系统赋予某道程序(用户、进程)一个基号。并在调入/调出过程中对有关段表基址寄存器和段表的内容进行记录和修改,所有这些对用户程序员都是透明的。某道活跃的程序在执行过程中产生的指令或操作数地址只要与基号组合成系统的程序地址,即可通过查表自动转换成主存的物理地址。如图4-6所示这一地址变换的过程。

分段方法能使大程序分模块编制,从而可使多个程序员并行编程,缩短编程时间,在执行或编译过程中对不断变化的可变长段也便于处理。各个段的修改、增添并不影响其他各段的编址,各用户以段的连接形成的程序空间可以与主存的实际容量无关。

分段还便于几道程序共用已在主存内的程序和数据,如编译程序、各种子程序、各种数据和装入程序等,不必在主存中重复存储,只需把它们按段存储,并在几道程序的段表中设置其公用段的名称及同样的基址值即可。

由于各段是按其逻辑特点组合的,因而容易以段为单位实现存储保护。例如:可以安排成常数段只能读不能写;操作数段只能读或写,不能作为指令执行;子程序只能执行,不能修改;有的过程只能执行,不能读也不能写,如此等。一旦违反规定就中断,这对发现程序设计错误和非法使用是很有用的。

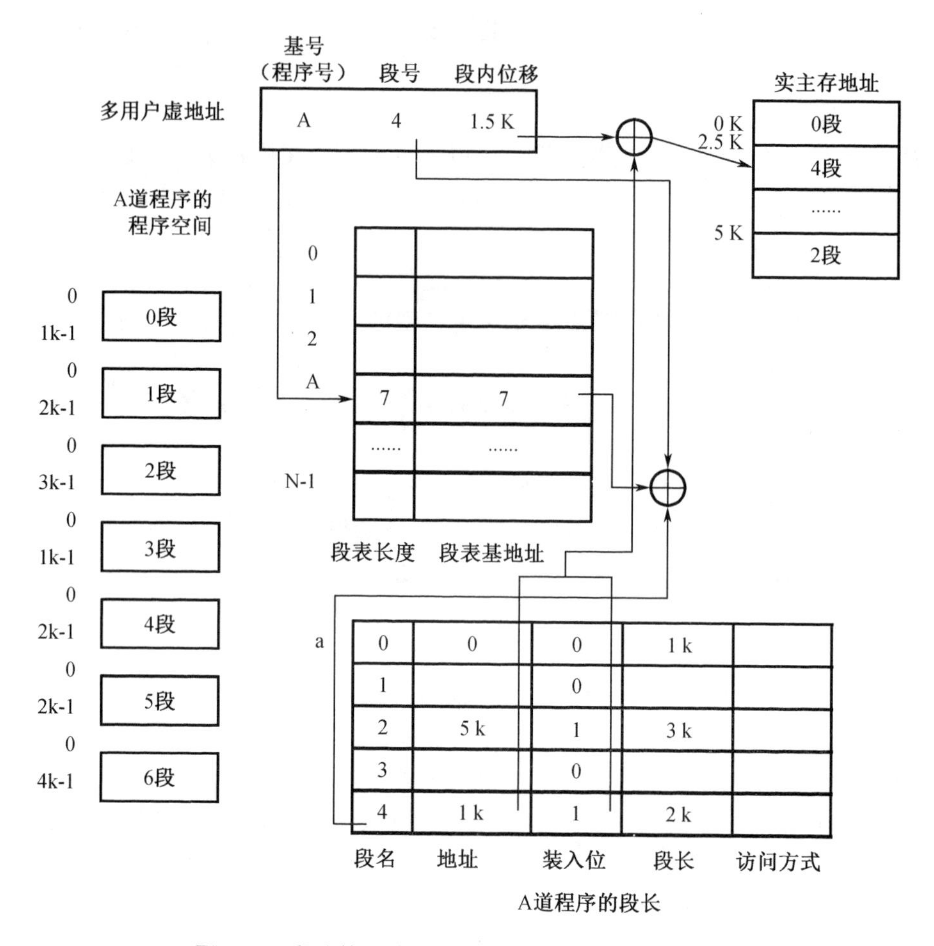

图 4－6　段式管理的定位映像机构及地址的变换过程

段式管理的虚拟存储器由于各个段的长度完全取决于段自身，因此不会恰好如图 4－6 所示的 1 K 的整数倍，段在主存中的起点也会是随意的，这就给高效地调入段分配主存区域带来困难。为了进行段式管理，除了系统需要为每道程序分别设置段映像表外，还得由操作系统为整个主存系统建立一个实主存管理表，它包括占用区域表和可用区域表两部分。占用区域表的每一项（行）用来执行主存中哪些区域已被占用，被哪道程序的哪个段占用以及该段在主存的起点和长度。此外，还可以要将其写回到辅存中原先的位置来减少辅助操作。可用区域表的每一项（行）则指明每一个未被占用区的基地址和区域大小。当一个段从辅存装入主存时，操作系统就在占用区域表中增加一项，并修改可用区域表。而当一个段从主存中退出时，就将其在占用区域表的项（行）移入可用区域表中，并进行有关它是否可与其他可用区域归并的处理，修改可用区域表。当某道程序全部执行结束或者是被优先极高的程序所取代时，也应该将该道程序的全部段的项从占用区域表移入可用区域表并作相应的处理。

2. 页式管理

段式存储中各段装入主存的起点是随意的，段表中的地址字段很长，必须能表示出主存中任意一个绝对地址，加上各段长度也是随意的，段长字段也很长，这既增加了辅助硬件开销，降低了查表速度，也使主存管理麻烦。段式管理和存储还以带来的段间零头浪费。

例如,主存中已有A、B、C三个程序,其大小和位置如图4－7所示,现有一长度为12 KB的D道程序想要调入。

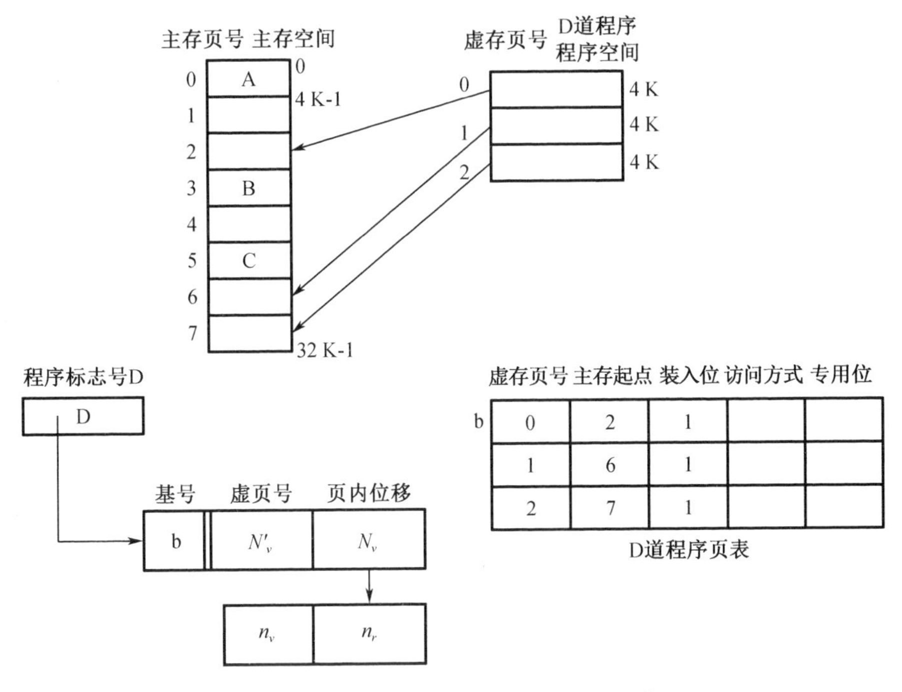

图4－7　采用页式存储后D道程序仍可装入

段式管理时尽管D道程序长度小于主存所有可用区零头总和16 KB,但是没有哪一个零头能装得下,所以无法装入。于是提出了页式存储。页式虚存地址映射页式虚拟存储系统中,虚地址空间被分成等长大小的页,称为逻辑页;主存空间也被分成同样大小的页,称为物理页。相应地,虚地址分为两个字段:高字段为逻辑页号,低字段为页内地址(偏移量);实存地址也分两个字段:高字段为物理页号,低字段为页内地址。通过页表可以把虚地址(逻辑地址)转换成物理地址。

在大多数系统中,每个进程对应一个页表。页表中对应每一个虚存页面有一个表项,表项的内容包含该虚存页面所在的主存页面的地址(物理页号),以及指示该逻辑页是否已调入主存的有效位。地址变换时,用逻辑页号作为页表内的偏移地址索引页表(将虚页号看作页表数组下标)并找到相应物理页号,用物理页号作为实存地址的高字段,再与虚地址的页内偏移量拼接,就构成完整的物理地址。现代的中央处理机通常有专门的硬件支持地址变换。

转换后援缓冲器由于页表通常在主存中,因而即使逻辑页已经在主存中,也至少要访问两次物理存储器才能实现一次访存,这将使虚拟存储器的存取时间加倍。为了避免对主存访问次数的增多,可以对页表本身实行二级缓存,把页表中的最活跃的部分存放在高速存储器中,组成快表。这个专用于页表缓存的高速存储部件通常称为转换后援缓冲器(TLB),保存在主存中的完整页表则称为慢表。

内页表是虚地址到主存物理地址的变换表,通常称为内页表。与内页表对应的还有外页表,用于虚地址与辅存地址之间的变换。当主存缺页时,调页操作首先要定位辅存,而外页表的结构与辅存的寻址机制密切相关。例如，对磁盘而言，辅存地址包括磁盘机号、磁头号、磁道号和扇区号等。

页式存储是把主存空间和程序空间都机械等分成固定大小的页（页面大小随机器而异，一般在512B到几KB之间），按页顺序编号。这样，任一主存单元的地址n_p就由实页号n_v和页内位移n_r两个字段组成。每个独立的程序也有自己的虚页号顺序。如此例中，若页面大小取4 KB，则独立编址的D程序就有3页长，页号为0－2。如果虚存中的每一页均可装入主存中任意的实页位置，如图4－7所示，那么D程序中各页就可分别装入主存的第2、6、7三个实页位置，只要系统设置相应的页（映像）表，保存好虚页装入实页时的页面对应关系，就可由给定的程序（虚）地址查页表，变换成相应的实（主）存地址访存。

由于页式存储中程序的起点必处于一个页面的起点，用户程序中每一个虚地址就由虚页号字段N_v'和页内位移字段N_r组成。而虚存和实（主）存的页面大小又一样，所以页表中只需记录虚页号N_v'和实（主）存页号n_v的对应关系，不用保存页内位移。而虚页号与页表的行号是对应的，如虚页号2必须对应于页表中第3行，所以不用专设虚页号字段。页面大小固定，页长字段也省了。所有这些都简化了映像表硬件，也利于加快查表。当然与段表类似，页表也必须设置装入位字段以表示该页是否已装入主存。当装入位为“1”时，实页号字段中的内容才是有效的，否则无效。为了便于存储保护，页表中也可以设置相应的访问方式字段等。可以看出，对于由虚地址查表变换成实地址过程，段式管理需要较长的加法器进行将段起始地址加上段内位移的操作，而页式管理只需要将主存实页号与页内位移拼装在一起即可，大大加快了地址变换的速度，也利于提高形成实地址的可靠性。

假设系统内最多可在主存中容纳N道程序，对每道程序都将有一个页表。由用户标识号u指明该道程序使用哪个页表基址寄存器，从而可以找到该道程序的页表在主存中的起始点。根据整个多用户虚拟存储器的虚存空间，其虚地址应该有用户（进程、程序）标识号u、虚页号N_v'和页内位移N_r三个字段。如同段式管理一样，在程序装入和运行过程中，页表基址寄存器和页表的内容全部由存储层次来完成设置和修改，对用户完全是透明的。

3. 段页式管理

从以上介绍中可以看出，段式和页式虚拟存储器在许多方面是不同的，因而各有不同的优缺点。页式管理对应程序员完全透明，所需映像表硬件较少，地址变换的速度快，调入操作简单，这些方面都优于段式管理。但页式管理不能完全消除主存可用区的零头浪费，因为程序的大小不可能恰好就是页面大小的整数倍。产生的页内零头虽然无法利用，但其浪费比段式管理的要小得多，所以在主存空间利用率上，页式管理也优于段式管理。因此，单纯用段式管理的虚拟存储器已很少见到。

相比而言，段式管理也具有页式管理所没有的若干优点。例如，段式管理中每个段独立，有利于程序员灵活实现段的链接、段的扩大/缩小和修改，而不影响到其他的段；每段只包含一种类型的对象，如过程或是数组、堆栈、标量等集合，易于针对其特点类型实现保护；把共享的程序或数据单独构成一个段，易于实现多个用户、进程对共用段的管理，等等。如果采用页式管理，要做到这些就比较困难。因此，为取长补短，提出了将段式管理和页式管理相结合的段页式存储和管理。

段页式存储是把实（主）存机械等分成固定大小的页，程序按模块分段，每个段又分成与实（主）存页面大小相同的段。其中，“装入位”表示该段是否已经装入主存。若未装入主存，则访问该段时将引起段失效故障，请求从辅存中调入页表。若已装入主存，则地址字段指出该段的页表在主存中的起始地址。"访问方式"字段指定对该段的控制保护信息。"段长"字段指定该段页表的行数。每一个段都有一个页表。页表中每一行用装入位指明此段该页是否已装入主存。若为装入主存,则访问该页时将引起页面失效故障,需要从辅存调页。如果已经装入主存,则用地址字段指明该页在主存中的页号。此外,页表中还可以包含一些其他信息。段页式与段式的主要差别是段的起点不再是任意的,而必须是主存中页面的起点。

在虚拟存储器中每访问一次主存都要进行一次程序地址向实(主)存地址的转换。段页式的主要问题是地址变换过程至少需要查表两次,即查段表和页表。因此,要想使虚拟存储器的速度接近于主存,必须在结构上采取措施加快地址转换中查表的速度。

段页式虚拟存储器是段式虚拟存储器和页式虚拟存储器的结合。实存被等分成页。每个程序则先按逻辑结构分段,每段再按照实存的页大小分页,程序按页进行调入和调出操作,但可按段进行编程、保护和共享。它把程序按逻辑单位分段以后,再把每段分成固定大小的页。程序对主存的调入调出是按页面进行的,但它又可以按段实现共享和保护,兼备页式和段式的优点。缺点是在映象过程中需要多次查表。在段页式虚拟存储系统中,每道程序是通过一个段表和一组页表来进行定位的。段表中的每个表目对应一个段,每个表目有一个指向该段的页表起始地址及该段的控制保护信息。由页表指明该段各页在主存中的位置以及是否已装入、已修改等状态信息。如果有多个用户在机器上运行,多道程序的每一道需要一个基号,由它指明该道程序的段表起始地址。

4.2.2 页式虚拟存储器的构成

1. 地址的映像和变换

以页为基本单位的虚拟存储器叫作页式虚拟存储器。主存空间和虚存空间都划分成若干个大小相等的页,主存(即实存)的页称为实页,虚存的页称为虚页。

虚存地址分为高低两个字段:高位字段为逻辑页号,低位字段为页内地址。实存地址也分为高低两个字段:高位字段为物理页号,低位字段为页内地址。虚存地址到实存地址的变换是通过存放在主存中的页表来实现的。在页表中,对应每一个虚存逻辑页号有一个表项,表项内容包含该逻辑页所在的主存页面地址(物理页号),用它作为实存地址的高字段,与虚存地址的页内地址字段相拼接,产生完整的实存地址,据此来访问主存。

若计算机采用多道程序工作方式,则可为每个用户作业建立一个页表,硬件中设置一个页表基址寄存器,存放当前所运行程序的页表的起始地址。

页表中的表项除包含虚页号对应的实页号之外,还包括装入位、修改位、替换控制位等控制字段。若装入位为"1",表示该页面已在主存中,将对应的实页号与虚地址中的页内地址相拼接就得到了完整的实地址;若装入位为"0",表示该页面不在主存中,于是要启动 I/O 系统,把该页从外存中调入主存后再供 CPU 使用。修改位指出主存页面中的内容是否被修改过,替换时是否要写回外存。替换控制位指出需替换的页,与替换策略有关。

CPU 访存时首先要查页表,为此需要访问一次主存,若不命中,还要进行页面替换和页表修改,则访问主存的次数就更多了。为了将访问页表的时间降低到最低限度,许多计算机将页表分为快表和慢表两种。将当前最常用的页表信息存放在快表中,作为慢表部分内容的副本。快表很小,存储在一个小容量的快速存储器中,该存储器是按内容查找的相连存储器,可按虚页号名字进行查询,迅速找到对应的实页号。

快表由硬件组成，比页表小得多，查表时，由逻辑页号同时去查快表和慢表。当在快表中有此逻辑页号时，就能很快地找到对应的物理页号送入实主存地址寄存器，从而做到虽采用虚拟存储器但访主存速度几乎没有下降；如果在快表中查不到，那就要花费一个访主存时间去查慢表，从中查到物理页号送入实存地址寄存器，并将此逻辑页号和对应的物理页号送入快表，替换快表中应该移掉的内容，这也要用到替换算法。

页式虚拟存储器的每页长度是固定的，页表的建立很方便，新页的调入也容易实现。但是由于程序不可能正好是页面的整数倍，最后一页的零碎空间将无法利用而造成浪费。同时，页不是逻辑上独立的实体，这使得程序的处理、保护和共享都比较麻烦。

页式虚拟存储器是采用页式存储和管理的主存－辅存存储层次。它将主存空间和程序空间都按照相同大小机械等分成页，并让程序的起点总是处在页的起点上。程序员用指令地址码N_i来编写每道程序，N_i由用户虚页号N'_v和页内地址N_r组成。主存地址则分成实页号n_v与页内位移n_r两部分，其中n_r总是与N_r一样。大多数虚拟存储器中每个用户的程序空间可比实际主存空间大得多。即一般有$N'_v > n_v$。这样，虚拟存储器系统总的多用户虚地址N_s就由用户标志u、用户的虚页号N'_v及页内地址N_r三部分构成，总的虚拟空间是$2^{u+N'_v}$个页。可将u和N'_v合并成多用户虚页号N_v，这时，$N_v \gg 2^{n_v}$，它们各部分的地址对应关系如图4－8所示。如果主存最多可存N道程序，即N个用户，则其他用户放在辅存中。因此，虚拟存储器工作过程中总存在着的问题是如何把大的多用户虚存空间压缩装入到小的主存空间，在程序运行时又如何将多用户虚地址N_s变换成主存地址n_p。这就是本小节要讲述的地址映像和变换问题。

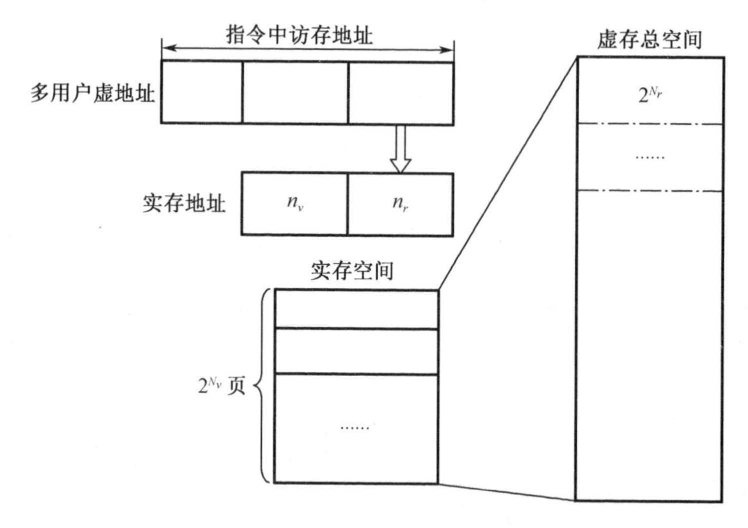

图4－8　虚、实地址对应关系及空间的压缩

地址的映像是指将每个虚存单元按什么规则（算法）装入（定位于）实（主）存，建立起多用户虚地址N_s与实（主）存地址n_p之间的对应关系。对页式管理而言，就是指多用户虚页号为N_v的页可以装入主存中的哪些页面位置，建立起N_v与n_v之间的对应关系。地址的变换是指程序按照这种映像关系装入实存后，在执行中，如何将多用户虚地址N_s变换成对应的实地址n_p。对页式管理而言，就是如何将多用户虚页号N_v变换成实页号n_v。地址的变换与所采用的地址映像规则密切相关，因此结合在一起来讲述。

由于是把大的虚存空间压缩到小的主存空间，因此主存中的每一个页面位置应可对应多个虚页。至于能对应多少个虚页，与采用的映像方式有关。这就可能发生两个以上的虚页想进入主存同一个页面位置的页面争用(或实页冲突)的情形。一旦发生实页冲突，只能在主存中该页面位置先装入其中的一个虚页，待其退出主存后方可再装入，执行效率自然会下降。因此，映像方式的选择应考虑能否尽量减少实页冲突概率，同时应该考虑辅助硬件是否少，成本是否低，实现是否方便以及地址变换的速度是否快等。

由于虚存空间远大于实存空间，页式虚拟存储器一般都采用让每道程序的任何虚页可以映像装入到任何实页位置的全相连映像，如图4－9所示。如此，仅当一个任务要求同时调入主存额页数超出2^{N_v}时，两个虚页才会争用同一个实页位置，这种情况是很少见的。因此，全相连映像的实页冲突率最低。

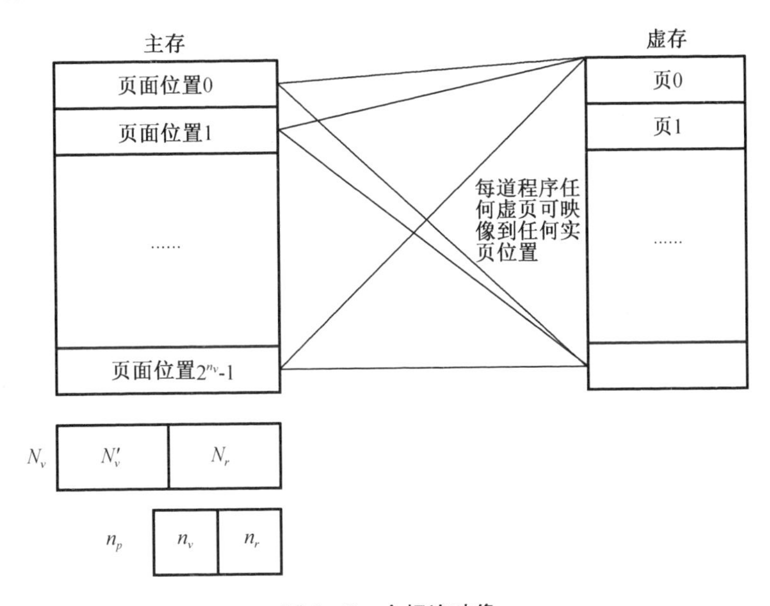

图4－9　全相连映像

全相连映像的定位机构及其地址的变换过程已在4.2.1节中介绍过，这里不再重复。它用页表作为地址映像表，故称之为页表法。

整个多用户虚存空间可对应2^u个用户(程序)，但主存最多同时只对其中N个用户(N道程序)开放。由基号b标识的N道程序中的每一道都有一个最大为$2^{N'_v}$行的页表，而主存总共只有2^{N_v}个实页位置，因此N道程序页表的全部$N\times2^{N'_v}$行中，装入位为"1"的最多只有2^{N_v}行。由于$N\times2^{N'_v}\gg2^{N_v}$，使得页表中绝大部分行中的实页号$n_v$字段及其他字段都成为无用的了，这会大大降低页表的空间利用率。

一种解决办法是将页表中装入位为"0"的行用实页号n_v字段存放该程序此虚页在辅存中的实地址，以便调页时实现用户虚页号到辅存实地址的变换。不过当辅存实地址的位数与用户虚页号字段的位数差别大时，就很难利用。

另一种方法是把页表压缩成只存放已装入主存的那些虚页(用基号b和N'_v标识)与实页位置(n_v)的对应关系，如图4－10所示，该表最多为2^{N_v}行。我们称这种方法为相连目录表法，简称目录表法。该表采用按内容访问的相连存储器构成。

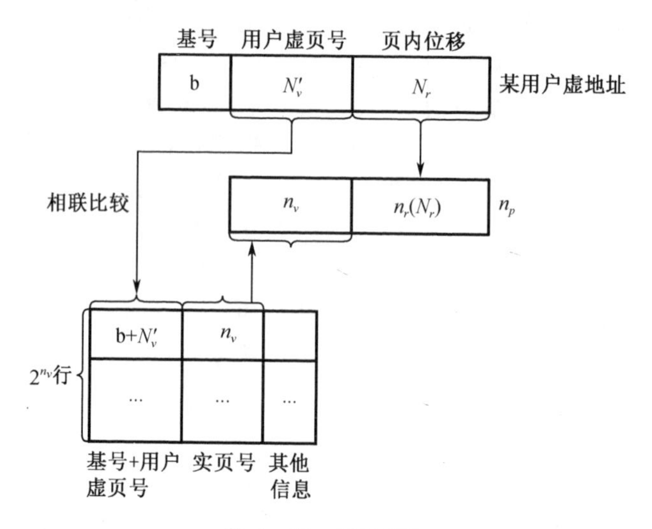

图 4－10　目录表法

按内容访问的相连存储器不同于按地址访问的随机存储器。按地址访问的随机存储器是在一个存储周期里只能按给出的一个地址访问其存储单元。相连存储器在一个存储周期中能将给定的N_v同时与目录表全部2^{N_v}个单元对应的虚页号字段内容进行比较，即进行相连查找。如果有相符合的，即相连查找到了，表示此虚页已被装入主存，该单元中存放的实页号n_v就是此虚页所存放的实页位置，将其读出拼接上N_r就可以形成访存实地址n_p，该单元其他字段内容可供访问方式保存或其他工作用。如无相符合的，即相连查找不到，就表示此虚页未装入主存，则发出页面失效故障，请求从辅存中调页。可见，目录表法不用设置装入位。

尽管目录表的行数为2^{n_v}，比起页表法的 $N\times2^{N'_v}$行少得多，但主存的页数2^{n_v}还是很大，这样能有2^{n_v}行的相连存储器不仅造价很高，而且查表速度也较慢。所以，虚拟存储器一般不宜接用目录表来存储全部虚页号与实页号的对应关系，但它可以被用来提高地址变换速度。

当给出的多用户虚地址N_s所在的虚页未装入主存时都将发生故障。发生故障的原因，可能是出现了一个从未运行过的新程序，此时将进行程序换道；也可能是已在主存中的某程序的虚页未装入主存而发生页面失效，则需到辅存中去调页。

如果将该道程序的虚页调入主存，必须给出该页在辅存中的实际地址。为了提高调页效率，辅存一般是按信息块编址的，而且块的大小通常等于页面的大小。以磁盘为例，辅存实（主）地址N_{v_d}格式为

N_{v_d}	磁盘机号	柱面号	磁头号	块号

这样就需要将多用户虚页号N_v变换成辅存实（块）地址N_{v_d}。用类似页表的方式为每道程序（每个用户）设置一个存放用户虚页号N'_v与辅存实（块）地址N_{v_d}映像关系的表，作为外部地址变换用，称之为外页表。对应地，将前述映像N'_v与n_v的关系，用于内部地址变换的页表改称为内页表。显然，每个用户的外页表也是$2^{N'_v}$项（行），每行中用装入位表示该信息块

是否已由海量存储器(如磁带)装入磁盘。当装入位为"1"时,辅存实地址字段内容有效,表示的就是该信息块(页面)在辅存(磁盘)中的实际位置。外页表的内容是在程序装入辅存时就填好的。

由于虚拟存储器的页面失效率一般低于1%,调用外页表进行虚地址到辅存实地址变换的机会很少,加上访问辅存调页速度本来就慢,因此,外页表通常存在辅存中,只有当某道程序初始运行时,才把外页表的内容转录到已经建立的内页表的实页号地址字段中。述当内页表装入位为"0"时,可以让实页号地址字段改放虚页在辅存中的实地址,而且对查找外页表的速度要求也较低,完全可用软件实现以节省硬件成本。由于程序或进程切换所需要的时间要比调页耗费的时间短得多,所以一旦发生页面失效,可以采取程序换道的做法,而不必让处理机空等调页。

如图4-11所示,为外页表的结构及用软件方法查外页表实现由多用户虚地址 N_s 到辅存实地址的变换过程。

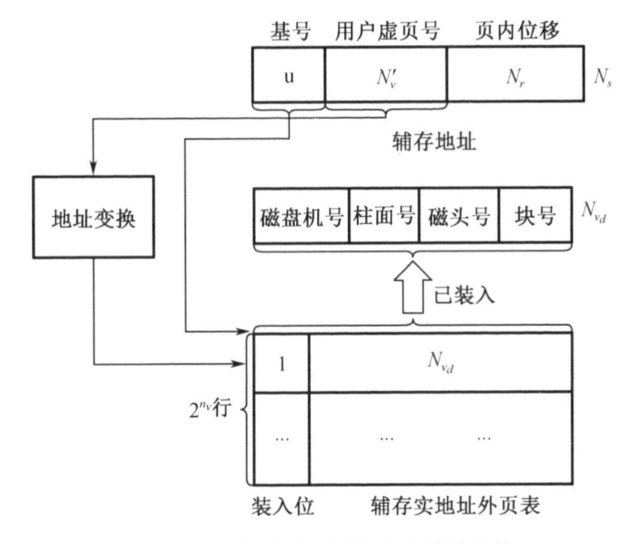

图4-11　虚地址到辅存实地址的变换

2. 页面替换算法

当处理机要用到的指令或数据不在主存中时,会产生页面失效,需要去辅存中将含该指令或数据的一页调入主存。通常虚存空间比主存空间大得多,必然会出现主存已经满又发生页面失效的情况,此时将辅存的一页调入主存会发生实页冲突,只有强制腾出主存中某个页才能接纳由辅存中调来的新页。选择主存哪个页作为被替换的页,就是替换算法要解决的问题。在地址映射过程中,若在页面中发现所要访问的页面不在内存中,则产生缺页中断。当发生缺页中断时,如果操作系统内存中没有空闲页面,则操作系统必须在内存选择一个页面将其移出内存,以便为即将调入的页面让出空间。而用来选择淘汰哪一页的规则叫做页面置换算法。

替换算法的确定主要看主存是否有高的命中率,也要看算法是否便于实现,辅助软、硬件成本是否低。目前,已研究过多种替换算法,如最佳置换算法、先进先出置换算法、近期最久使用算法、Clouk 置换算法、最小使用置换算法等。

(1)最佳置换算法

这是一种理想情况下的页面置换算法,但实际上是不可能实现的。该算法的基本思想是:发生缺页时,有些页面在内存中,其中有一页将很快被访问(也包含紧接着的下一条指令的那页),而其他页面则可能要到10、100或者1000条指令后才会被访问,每个页面都可以用在该页面首次被访问前所要执行的指令数进行标记。最佳页面置换算法只是简单地规定:标记最大的页应该被置换。这个算法唯一的一个问题就是它无法实现。当缺页发生时,操作系统无法知道各个页面下一次是在什么时候被访问。虽然这个算法不可能实现,但是最佳页面置换算法可以用于对可实现算法的性能进行衡量和比较。

(2)先进先出置换算法

最简单的页面置换算法是先入先出(FIFO)法。这种算法的实质是选择在主存中停留时间最长(即最老)的一页置换,即先进入内存的页,先退出内存。由于最早调入内存的页,其不再被使用的可能性比刚调入内存的可能性大。建立一个FIFO队列,收容所有在内存中的页,被置换页面总是在队列头上进行。当一个页面被放入内存时,就把它插在队尾上。这种算法只是按线性顺序访问地址空间时才是理想的,否则效率不高。因为那些常被访问的页,往往在主存中也停留得最久,结果它们因变“老”而不得不被置换出去。FIFO有一种异常现象,即在增加存储块的情况下,反而使缺页中断率增加了。当然,导致这种异常现象的页面走向实际上是很少见的。

(3)最近最久未使用算法

FIFO算法和OPT算法之间的主要差别为FIFO算法利用页面进入内存后的时间长短作为置换依据,而OPT算法的依据是将来使用页面的时间。如果以最近的过去作为不久将来的近似,那么就可以把过去最长一段时间里不曾被使用的页面置换掉。当需要置换一页时,选择在之前一段时间里最久没有使用过的页面予以置换,这种算法就称为最久未使用算法(Least Recently Used,LRU)。

LRU算法与每个页面最后使用的时间有关。当必须置换一个页面时,LRU算法选择过去一段时间里最久未被使用的页面。它是经常采用的页面置换算法,并被认为是相当好的方法,但在如何实现方面存在问题。LRU算法需要实际硬件的支持,但怎么确定最后使用时间的顺序,对此有两种可行的办法。

①计数器　最简单的情况是使每个页表项对应一个使用时间字段,并给CPU增加一个逻辑时钟或计数器。每次存储访问,该时钟都加1。每当访问一个页面时,时钟寄存器的内容就被复制到相应页表项的使用时间字段中。这样我们就可以始终保留着每个页面最后访问的“时间”。在置换页面时,选择该时间值最小的页面。这样做,不仅要查页表,而且当页表改变时(因CPU调度)要维护这个页表中的时间,还要考虑到时钟值溢出的问题。

②栈　用一个栈保留页号。每当访问一个页面时,就把它从栈中取出放在栈顶上。这样一来,栈顶总是放有目前使用最多的页,而栈底放着目前最少使用的页。由于要从栈的中间移走一项,所以要用具有头尾指针的双向链连起来。在最坏的情况下,移走一页并把它放在栈顶上需要改动6个指针。每次修改都要有开销,但需要置换哪个页面却可直接得到,用不着查找,因为尾指针指向栈底,其中有被置换页。

因实现LRU算法必须有大量硬件支持,还需要一定的软件开销,所以实现的都是一种简单有效的LRU近似算法。

一种LRU近似算法是最近未使用算法(Not Recently Used,NUR)。它在存储分块表的每一表项中增加一个引用位，操作系统定期地将它们置为0。当某一页被访问时，由硬件将该位置1。过一段时间后，通过检查这些位可以确定哪些页使用过，哪些页自上次置0后还未使用过。就可把该位是0的页淘汰出去，因为在之前最近一段时间里它未被访问过。

(4)CLOCK置换算法(LRU算法的近似实现)

LRU算法的性能接近于OPT，但是实现起来比较困难，且开销大；FIFO算法实现简单，但性能差。所以操作系统的设计者尝试了很多算法，试图用比较小的开销接近LRU的性能，这类算法都是CLOCK算法的变体。

简单的CLOCK算法是给每一帧关联一个附加位，称为使用位。当某一页首次装入主存时，该帧的使用位设置为1；当该页随后再被访问到时，它的使用位也被置为1。对于页替换算法，用于替换的候选帧集合看作一个循环缓冲区，并且有一个指针与之相关联。当某一页被替换时，该指针被设置成指向缓冲区中的下一帧。当需要替换一页时，操作系统扫描缓冲区，以查找使用位被置为0的一帧。每当遇到一个使用位为1的帧时，操作系统就将该位重新置为0；如果在这个过程开始时，缓冲区中所有帧的使用位均为0，则选择遇到的第一个帧替换；如果所有帧的使用位均为1，则指针在缓冲区中完整地循环一周，把所有使用位都置为0，并且停留在最初的位置上，替换该帧中的页。由于该算法循环地检查各页面的情况，故称为CLOCK算法，又称为最近未用(Not Recently Used，NRU)算法。

(5)最少使用(LFU)置换算法

在采用最少使用置换算法时，应为在内存中的每个页面设置一个移位寄存器，用来记录该页面被访问的频率。该置换算法选择在之前时期使用最少的页面作为淘汰页。由于存储器具有较高的访问速度，如100 ns，在1 ms时间内可能对某页面连续访问成千上万次，因此，通常不能直接利用计数器来记录某页被访问的次数，而是采用移位寄存器方式。每次访问某页时，便将该移位寄存器的最高位置1，再每隔一定时间(如100 ns)右移一次。这样，在最近一段时间使用最少的页面将是 $\sum R_i$ 最小的页。

LFU置换算法的页面访问图与LRU置换算法的访问图完全相同。或者说，利用这样一套硬件既可实现LRU算法，又可实现LFU算法。LFU算法并不能真正反映出页面的使用情况，因为在每一时间间隔内，只是用寄存器的一位来记录页的使用情况，因此，访问一次和访问10 000次是等效的。

(6)第二次机会算法

第二次机会算法的基本思想是与FIFO相同的，但是有所改进要避免把经常使用的页面置换出去。当选择置换页面时，检查它的访问位。如果是0，就淘汰这页；如果访问位是1，就给它第二次机会，并选择下一个FIFO页面。当一个页面得到第二次机会时，它的访问位就清为0，它的到达时间就置为当前时间。如果该页在此期间被访问过，则访问位置1。这样给了第二次机会的页面将不被淘汰，直至所有其他页面被淘汰过(或者也给了第二次机会)。因此，如果一个页面经常使用，它的访问位总保持为1，它就从来不会被淘汰出去。

第二次机会算法可视为一个环形队列。用一个指针指示哪一页是下面要淘汰的。当需要一个 存储块时，指针就前进，直至找到访问位是0的页。随着指针的前进，把访问位就清为0。在最坏的情况下，所有的访问位都是1，指针要通过整个队列一周，每个页都给第二次机会。这时就退化成FIFO算法了。

(7)随机算法(Random，RAND)

采用软的或者硬的随机数产生器产生主存中要被替换页的页号。这种算法简单，易于实现，但没有利用主存使用的“历史”信息，反映不了程序执行的局部性，使主存命中率很低，因此一般不采用。

如图4－12所示，操作系统为实现主存管理设置的主存页面表，其中每一行用来记录主存中各页的使用状况。主存页面表不是前述的页表，页表是用于存储地址映像关系和实现地址变换的，对于用户程序空间而言，每道程序都有一个页表。而主存页面表存于主存，整个系统只有一个。主存页号是顺序的，该字段可以省去，用相对于主存页面表起点的行数表示。占用位表示主存中该页是否已被占用，“0”表示未被占用，“1”表示已被占用。至于被哪个程序的哪个段或者哪个页占用，由程序号、段页号字段指明。为实现近期最久未用过算法，给表中每一个主存页配一位“使用位”标志。开始时，所有页的使用位全为“0”。只要某个页可装入主存页面表中任何占用位为“0”的实页位置，一旦装入就将该实页之占用位置为“1”。只有当占用位都是“1”，又发生页面失效时，才有页面替换，此时只需要替换使用位为“0”的页即可。

主存页号	占用位	程序号	段页号	使用位	程序优先位	H_S（计数器）	其他信息
0							
1							
$2^{n_v}-1$							

图4－12　主存页面表

显然，使用位不能出现全为“1”，否则无法确定哪一页被替换。为了避免出现这种状况，一种办法是一旦使用位要变为全“1”时，立即由硬件强制全部使用位都为“0”。从概念上看，近期最少使用的“期”是从上次使用位为全“0”到这次使用位为全“0”。次“期”的长短是随机的，故称为随机期法。另一种方法是定期置全部使用位为“0”，给每个实页再配一个“未使用过计数器”H_s（或者称为历史位），定期地每隔 Δt 时间扫视所有使用位，凡使用位为“0”的将其H_s加“1”，并且让使用位仍为“0”；而使用位为“1”的将其H_s和使用位均“清0”。这样，H_s值最大的页就是最久未用的页，将被替换。可见，使用位反映一个 Δt 期内的页面使用情况，H_s则反映多个H_s期内的页面使用情况。这种方法比近期最少使用法耗费的计数器硬件要少得多。由于页面失效后调页时间长，加上程序换道，因此主存页面表的修改可软、硬相结合地实现。在主存页面表中还可以增设修改位以记录该页进入主存后是否被修改过，如未被修改过，替换时就可以不必写回辅存；否则，需要先将其写回辅存原先的位置，然后才能替换。

近期最少使用和近期最久未用过两种替换算法都是 LRU 算法，与 FIFO 算法一样，都是根据页面使用的“历史”信息情况来预估未来的页面使用状况的。如果能根据未来实际情况将未来近期不用的页面替换出去，一定会有最高的主存命中率，这种算法称为优化替换算法（OPT）。它是在时刻 t 找出主存中每个页将要用到的时间t_i，然后选择其中t_i＋t 最大的那一页作为替换页。显然，这只有让程序运行过一遍，才能得到各个页未来的使用情况信息，所以要实现它是不现实的。优化替换算法是一种理想算法，可以被用来作为评价其他替换算法好坏额标准,即看哪种替换算法的主存命中率最接近于优化替换算法的主存命中率。

替换算法一般是通过用典型的页地址流模拟其替换过程,再根据所得到的命中率的高低来评价其好坏。影响命中率的因素除了替换算法外,还有地址流、页面大小、主存容量等。

【例4-1】 设有一道程序,有1~5页,执行时的页地址流(即依次用到的程序页页号)为2,3,2,1,5,2,4,5,3,2,5,2若分配给该道程序的主存有3页,则图4-13表示FIFO、LRU、OPT这3种替换算法对这3页的使用和替换过程。其中用*号标记出按所用算法选出的下次应被替换的页号。由图4-13可知,FIFO算法的页命中率最低,LRU算法的页命中率非常接近于OPT算法的页命中率。

时间t	1	2	3	4	5	6	7	8	9	10	11	12
页地址流	2	3	2	1	5	2	4	5	9	2	5	2
FIFO 命中3次	2	2	2	2*	5	5	5*	5*	3	3	3	3*
		3	3	3	3	2	2	2	2*	2*	5	5
				1	1	1	4	4	4	4	4*	2
	调入	调入	命中	调入	替换	替换	替换	命中	替换	命中	替换	替换
LRU 命中5次	2	2	2	2	2	2	2	2*	3	3	3*	3*
		3	3	3	5	5	5*	5	5	5*	5	5
				1	1	1	4	4	4*	2	2	2
	调入	调入	命中	调入	替换	命中	替换	命中	替换	替换	命中	命中
OPT 命中6次	2	2	2	2	2	2*	4*	4*	4*	2	2	2
		3	3	3	3*	3	3	3	3	3*	3	3
				1*	5	5	5	5	5	5	5	5
	调入	调入	命中	调入	替换	命中	替换	命中	替换	替换	命中	命中

图4-13　3种替换算法对同一页地址流的替换过程

结论1　命中率与所选用替换算法有关,LRU算法要优于FIFO算法,命中率也与页地址流有关。

结论2　命中率与分配给程序的主存页数有关。

一般来说,分配给程序的主存页数越多,虚页装入主存的机会越多,命中率也就可能越高,但能否提高还和替换算法有关。FIFO算法就不一定,而LRU算法则不会发生这种情况,随着分配给程序的主存页数的增加,其命中率一般都能提高,至少不会下降。因此,从衡量替换算法好坏的命中率高低来考虑,如果对影响命中率的主存页数n取不同值的情况都模拟一次,则工作量是非常大的。于是提出了使用堆栈处理技术处理的分析模型,它适用于采用堆栈型替换算法的系统,可以大大减少模拟的工作量。

什么是堆栈型模型替换算法呢?设A是长度为L的任意一个页地址流,t为已经处理过的$t-1$个页面的时间点,n为分配给该地址流的主存页数,$B_t(n)$表示在t时间点、在n页

的主存中的页面集合，L_t表示到 t 时间点已经遇到过的地址流中相异页的页数。如果替换算法满足

$$n<L_t\text{时},B_t(n)\in B_t(n+1)$$
$$n\geqslant L_t\text{时},B_t(n)=B_t(n+1)$$

则属于堆栈型的替换算法。

LRU 算法在主存中保留的是 n 个最近使用的页，他们又总是被包含在 $n+1$ 个最近使用的页中，所以 LRU 算法是堆栈型算法。显然，OPT 算法也是堆栈型算法，而 FIFO 算法则不是。由于堆栈型替换算法具有上述包含性质，因此命中率随主存页数的增加只有可能提高，至少不会下降。只要是堆栈型替换算法，只要采用堆栈处理技术对地址流模拟一次，即可同时求得对此地址流在不同主存页数时的命中率。

用堆栈模拟时，主存在 t 时间点的状况用堆栈 S_t 表示，S_t 是 L_t 个不同页面号在堆栈中的有序集，$S_t(1)$是 t 时间点的 S_t 的栈顶项，$S_t(2)$是 t 时间点的 S_t 的次栈顶项，依次类推。由于堆栈型算法的包含性，必有

$$n<L_t\text{时},B_t(n)=\{S_t(1),S_t(2),\cdots,S_t(n)\}$$
$$n\geqslant L_t\text{时},B_t(n)=\{S_t(1),S_t(2),\cdots,S_t(L_t)\}$$

式中，容量为 n 页的主存中，页地址流 A 在 t 时间点的A_t页是否命中，只需要看 $St-1$ 的前 n 项中是否有A_t，若有则命中。所以，经过一次模拟处理获得 $S_t(1),S_t(2),\cdots,S_t(Lt)$之后，就能同时知道不同 n 值时的命中率，从而为该道程序确定所分配的主存页数提供依据。

不同的堆栈型替换算法，其 S_t 各项的改变过程不同。*LRU* 算法是把主存中刚被访问过的页号置于栈顶，而把最久未被访问过的页号置于栈底。设 t 时间点被访问的页为A_t，若$A_t\in S_t-1$，则把A_t压入栈顶使之成为 $S_t(1)$，S_t-1 各项都下推一个位置；若$A_t\in S_t-1$ 则将它由 S_t-1 中取出压入栈顶成为 $S_t(1)$，在A_t之下的各项位置不动，而A_t之上的各项都下推一个位置。

4.2.3 页式虚拟存储器实现中的问题

1. 页面失效的处理

对页面失效的处理是设计好页式虚拟存储器的关键之一。

页面的划分只是对程序和主存空间进行机械等分。对于按字节编址的存储器完全可能出现指令或操作数横跨在两个页面上存储的情况。特别是对于字符串数据、操作数多重间接寻址，这种跨页现象更为严重。如果当前页在主存中，而跨页存放的那一页不在主存中，就会在取指令、取操作数或者间接寻址等访存过程中发生页面失效。也就是说，页面失效会在一条指令的分析或者执行的过程中产生。一般地，中断都是在每条指令执行的末尾安排有访中断微操作，检验系统中有无未屏蔽的中断请求，以便对其响应和处理。页面失效如果也用这种办法就会造成死机，因为不调页，指令就无法执行到放中断微操作，从而就不可能对页面失效给予响应和处理。因此，页面失效不能按一般的中断对待，应看作是一种故障，必须就立即响应和处理。

页面失效后还应该解决如何保存好故障点现场以及故障处理完后如何恢复故障点现场，以便能继续执行这条指令。目前，多数机器都采用后援寄存器法，把发生页面失效时指令的全部现场都保存下来。待调页后再取出后援寄存器内容恢复故障点现场，以便继续执行完该指令。也有的机器同时采用一些预判技术；例如，在执行字符串指令前预判字符数

据首尾字符所在页是否都在主存,如果在主存,才执行;否则,发页面失效请求,等到调页完成后才开始执行此指令。替换算法的选择也是很重要的,不应该发生让指令或操作数跨页存放的那些页轮流从主存中被替换出去的"颠簸"现象。因此,给一道程序分配的主存页数应该有某个下限。假设指令和两个操作数都跨页存储,那这条指令的执行至少需要分配6个主存页面。另外,页面也不能过大,以使多道程序的道数、每道程序所分配到的主存页数都能在一个适当的范围内。页面过大会使主存中的页数过少,从而出现大量的页面失效,严重降低虚拟存储器的访问效率和等效速度。应该认真解决页面失效的处理,这是操作系统和系统结构设计共同需要解决的问题。

2. 提高虚拟存储器等效访问速度的措施

要想使虚拟存储器的等效访问速度提高到接近于主存的访问速度并不容易。从存储层次的等效访问速度公式可以看出,要达到这样的目标既要有很高的主存命中率,又要有尽可能短的访问主存时间。高的访问主存命中率受很多因素影响,包括页地址流、页面调度策略、替换算法、页面大小、分配给程序的页数(主存容量)等,有些前面已经提到过,后面将对影响虚拟存储器性能的某些因素做进一步分析。这里先就缩短访主存时间讲述结构设计中可采取的措施进行分析。

由虚拟存储器工作的过程可以看出,每次访问主存时,都要进行内部地址变换,其概率是100%。从缩短访问主存的时间看,只有内部地址变换快到使整个访存速度非常接近于不用虚拟存储器时,虚拟存储器才能真正实用。

页式虚拟存储器的内部地址变换靠页表进行,页表容量很大,只能放在主存中,每访问主存一次,就要加访一次主存查表。如果采用段页式,查表还需要加访主存两次。这样,为了存储、读取一个字,需要经过2次或者3次访问主存才能完成,其等效访问速度只能是不用虚拟存储器的1/2或1/3。有的小机器可用单独的小容量快速随机存储器或寄存器组成存放页表。在大多数规模较大的机器上,是靠硬件上增设"快表"来解决的。

由于程序存在局部性,因此对页表内各行的使用不是随机的。在一段时间里实际可能只用到表中很少的几行。这样,用快表硬件构成比全表小得多,例如,8~16行的部分目录表存放当前正用的虚实地址映像关系,那么其相连查找的速度将会很快。我们称这个部分目录表为快表。将原来存放全部虚、实地址映像关系的表称为慢表。快表只是慢表中很小一部分副本。这样,从虚地址到主存实地址的变换可以用如图4-14的办法来实现。

查表时,由虚页号 $u+N_v'$(即N_v同时去查快表和慢表。当快表中有此虚页号时,就能很快找到对应的实页号n_v,将其送入主存地址寄存器访存,并立即使慢表的查找终止,这时访主存的速度几乎没有下降。如果在快表中查不到,则经一个访问主存时间,从慢表中查到的实页号n_v就会送入主存地址寄存器并访存,同时将此虚页号与实页号的对应关系送入快表。这里,也需要用替换算法去替换快表中已经不用的内容。

如果快表的命中率不高,系统效率就会明显下降,快表如果用堆栈型替换算法,则快表容量越大,其命中率就会越高。但是容量越大,会使得相连查找的速度降低,所以快表的命中率和查表速度有矛盾。若快表取8~16行,每页容量为1~4 K字,则快表容量可反映主存中8~64 K个单元,其命中率应该是较高的。于是快表和慢表实际构成了一个两级层次,其所用的替换算法一般也是LRU算法。

为了提高快表的命中率和查表速度,可以用高速按地址访问的存储器来构成更大容量的快表,并且用散列方法来实现按内容查找。散列方法的基本思想是让内容N_v与存放该内

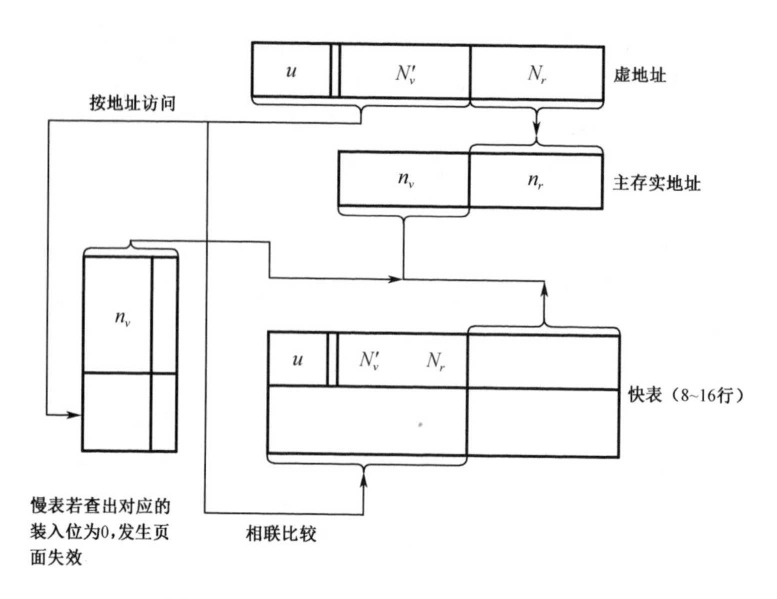

图4－14 经快表与慢表实现内部地址变换

容的地址 A 之间有某种散列函数关系,即让快表的地址 $A=H(N_v)$。如图4－15所示,当需要将虚、实地址N_v与n_v的映像关系存入快表存储器中时,只需将N_v对应的n_v等内容存入快表存储器的 $A=H(N_v)$ 单元中。查找时按现给的N_v经同样的散列函数变换成 A 后,再按照地址 A 访问快表存储器,就可能找到存放该n_v所对应的n_v及其余内容。散列函数变换必须采用硬件实现才能保证必要的速度。在快表中增设n_v字段是为了解决多个不同的N_v可能散列到同一个 A 的散列冲突。在快表的 A 单元中除了存入当时的n_v,也存入当时的N_v。这样在地址变换时用现行n_v经散列函数求得 A、查到n_v并访主存的同时,再将同行中原来保存的N_v读出与现行虚地址中的N_v多比较。若相等,就让n_v形成的主存实地址进行的访存继续下去;若不等,就表明出现了散列冲突,即 A 地址单元中的n_v不是现行虚地址对应的实页号,这时就让刚才按n_v形成的主存实地址进行的访存中止,经过一个主存周期,用从慢表中读得到的n_v再去访存。可以看出,这种按地址访问构成的快表,其容量可比前述使用相连存储器片子构成的快表容量8～16行要大,例如可以是64～128行,这不仅提高了快表的命中率,而且仍具有很高的查表速度。加上这种判相等与访主存是同时并行的,还可以进一步缩短地址变换所需要的时间。

若在快表的每个地址 A 单元中存放多对虚页号与实页号的映像关系,则还可进一步降低散列冲突引起的不命中率。

此外,散列变换(压缩)的入、出位数差越小,散列冲突的概率就越低,因此,可以考虑缩短被变换的虚地址位数,但如简单去掉 u 字段是不行的,需要采取其他措施。

3. 影响主存命中率和CPU效率的某些因素

命中率是评价存储体系性能的重要指标。程序地址流、替换算法以及分配给程序的实页数不同都会影响命中率。

论点1　页面大小S_p、分配给某道程序的主存容量S_1与命中率 H 的关系如图4－16所示。当S_1一定时,随着S_p的增大,命中率 H 先逐渐增大,到达某个最大值后又减小。若增大S_1,可普遍提高命中率,达到最高命中率时的页面大小S_p也可以增大一些。

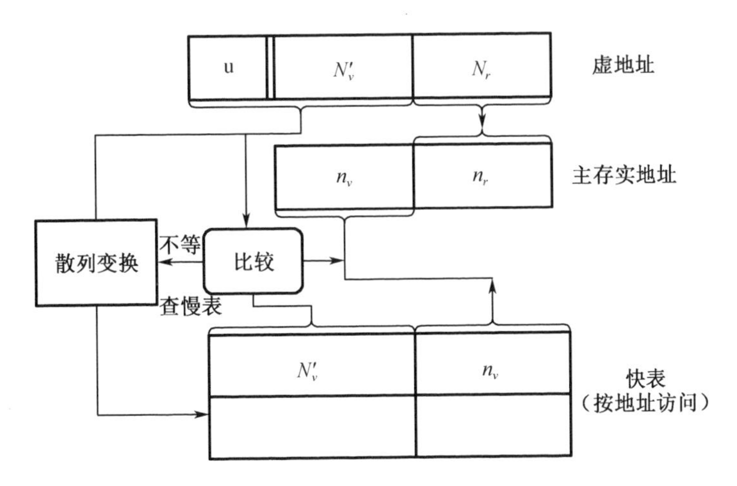

图4-15　快表中增加 N_v 比较以解决散列冲突引起的查错

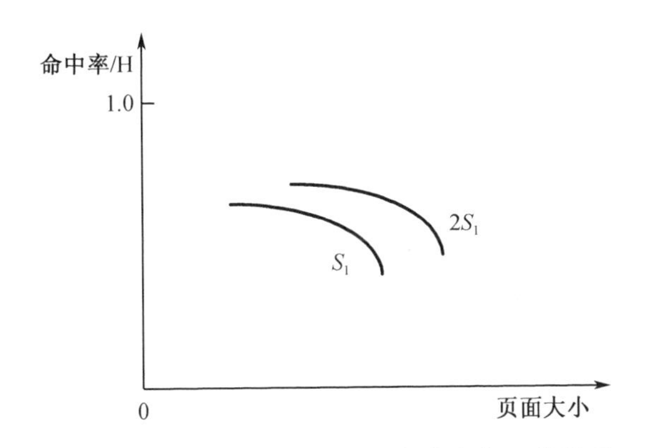

图4-16　页面小大 S、容量 S 与命中率 H 的关系

存储器的逻辑地址间对上述现象可做如下分析。假设程序执行过程中，相邻两次访问距为d_r，若d_r比S_p小，随着S_p的增大，相邻两次访存额地址处于同一页内的概率将会增加，从这点看，H 随S_p的增大而上升；而若d_r比S_p大，两个地址肯定不会再同一页。

如果该地址所在页也在主存，则也会命中。从这点看，H 会随分配给该道程序的实页数的增加而上升，这对采用堆栈型替换算法是必然的。若分配给该道程序的主存容量固定，那么增大页面必然使得总页数减少。这样，虽然同页内的访问命中率会上升，但对于两个地址分属不同页的情况，就会使得命中率下降。程序运行时是两种情况的综合。当S_p较小时，增大S_p的过程中，前一种因素起主要作用。因此，综合来看，H 随着S_p的增大而上升。当达到某个最大值后，随着页数的显著减少，后一种因素起主要作用，这就导致增大S_p反而使 H 下降，而且偶然性访问某些页的页面失效率也会上升。当然，如果分配给该道程序的容量S_1增大，则可以延缓后一种因素 H 下降的情况发生。

论点2　分配给某道程序的容量S_1的增大也只是在开始时对 H 提高有明显作用。

如图4-17所示，实线反映了用堆栈型替换算法时 H 与S_1的关系。由图可知，一开始随着S_1的增大，H 明显上升，但是到一定程度后，H 的提高就渐趋平缓，而且最高也不会到1。当S_1过分增大时，主存空间的利用率会因程序的不活跃部分所占比例增大而下降。如果采用 FIFO 算法替换,由于它不是堆栈型算法,随着S_1的增大,H 总的趋势也是上升的,但是从某个局部看,可能会有下降,如图 4 – 17 中虚线所示。这种现象同样会体现在S_p、S_1与 H 的关系上。

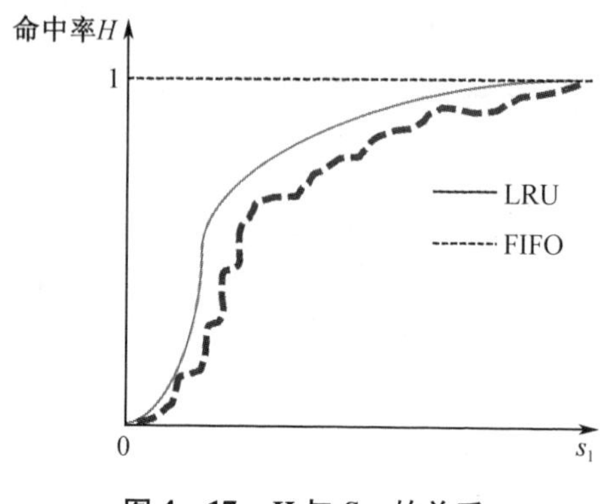

图 4 – 17　H 与 S_1r 的关系

由以上分析得出结论,不要让S_1过大。S_p和S_1的选择应该折中权衡,只要 H 高到不会再明显增大时就可以了。目前,多数机器取 1 ~4 KB 的页面大小。尽管页面取大会使得页内零头浪费增大,降低主存的空间利用率,但页表行数的减少又缓解了主存空间利用率的下降。同时,页面取大有利于提高辅存的调页频率,减少操作系统为页面替换所花的辅助开销,还可以降低指令、操作数和字符串的跨页存储概率。

主存命中率也与所用的页面调度策略有关。大多数虚拟存储器都采用请求式调页,仅当页面失效时才把所需页调入主存。针对程序存在的局部性,可以改用预取工作区调度策略。所谓工作区,是指在时间 t 之前,一段时间 Δt 内已经访问过的页面集合。程序的局部性原理使得工作区随时间 t 缓慢变化。可以在启动某道程序重新运行之前,先将该程序上次运行时所用的虚页集合调入主存。这种预先取工作区的方法可以免除在程序启动后出现大量的页面失效,使命中率有所提高。但应看到这种调度策略不见得一定比请求式的页面调度策略好,因为可能会把许多不用的虚页也调入主存,所以是否采用应该根据具体情况决定。

以上主要是围绕某道程序讨论的,如果要讨论如何提高多道程序运行时的效率,则还要考虑一些其他因素。

例如,对分时系统。分配给每道程序的 CPU 时间片大小会影响对虚拟存储器的使用。如果分配给 CPU 的时间片较小,就应该尽量减少页面失效的次数,不然所给时间的大部分就会消耗在调页上。但此时对S_1的要求却可降低,因为在短的 CPU 时间内,来得及使用的主存容量会较少。同理,页面也不能选得过大,不然会出现连一页也没用完,就得换道了。

作为集成电路的中央处理器(CPU),对计算机起到了控制的作用,在计算机运行的过程中,快速地将计算机的指令以及软件中的数据进行解释。不同种类计算机的中央处理器是不一样的,而中央处理器性能的好坏对计算机的运行起到了很大的影响作用,主要表现在影响计算机的性能上面。计算机的性能强弱主要是受到中央处理器性能的影响,而中央处理器的性能好坏主要体现在它本身运行的速度上。CPU 的运行速度越快,计算机的性能也就越好,反之就更差。

一般情况下,能够影响中央处理器运行速度的主要有:中央处理器本身的工作效率、

CACHE 的容量、逻辑结构以及指令系统等主要的参数。

影响中央处理器性能的主要因素的具体分析如下。

①主频相当于是中央处理器的工作效率,也可是指 CPU 的时钟效率。通常情况下,在一定的时间里面完成的指令的数目是固定不变的。这就意味着中央处理器的主频越高的话,中央处理器本身的运行速度也会加快。

②作为中央处理器基本频率的外频,对主板的运行速度起到很大的影响作用。如果外频发生了改变的话,电脑容易出现异步运行,有可能会导致服务器系统的紊乱。

③倍频一般指的是中央处理器外频和主频之间的倍数关系,它本身对中央处理器的影响并不大,但是一味地追求高频的情况下,中央处理器容易出现瓶颈的现象,也就是说中央处理器获得数据的速度不能够很好的契合处理器本身的运行速度。出现这种情况的话,中央处理器的性能也会受到很大的影响。

④缓存的大小也是反应中央处理器性能的重要指标之一。而影响中央处理器性能的主要是缓存的大小和结构。在计算机工作的时候,可能要对相同的数据进行反复的调取,如果缓存的容量足够大的话,可以极大地提高中央处理器的运行速度,通常表现为读取数据的速度、准确度得到了提高。多道程序的道数取多少,也会影响到 CPU 的效率。道数太少,由于调页时 CPU 可能没有可以运行的程序而不得不停下来等待,使效率降低;反之当道数太多时,每道程序占有的主存页数太少,会产生频繁的页面失效。为此提出了多种多道程序系统优化 CPU 效率的调页模型。

中央处理器的性能受到很多方面因素的影响,但是随着技术的不断改进,如今很多的中央处理器集成度越来越高了。而反映在微机上的中央处理器的性能,与过去的处理器相比有了很大的进步,极大地方便了人们的生活和工作。

4.3 高速缓冲存储器

4.3.1 工作原理和基本结构

高速缓冲存储器(Cache)其原始意义是指存取速度比一般随机存取记忆体(RAM)来得快的一种 RAM,一般而言它不像系统主记忆体那样使用 DRAM 技术,而使用昂贵但较快速的 SRAM 技术,也有快取记忆体的名称。在计算机技术发展过程中,主存储器存取速度一直比中央处理器操作速度慢得多,使中央处理器的高速处理能力不能充分发挥,整个计算机系统的工作效率受到影响。有很多方法可用来缓和中央处理器和主存储器之间速度不匹配的矛盾,如采用多个通用寄存器、多存储体交叉存取等,在存储层次上采用高速缓冲存储器也是常用的方法之一。很多大、中型计算机以及新近的一些小型机、微型机也都采用高速缓冲存储器。

高速缓冲存储器即 Cache,是位于 CPU 与内存之间的临时存储器,它的容量比内存小,但交换速度快。在缓存中的数据是内存中的一小部分,但这一小部分是短时间内 CPU 即将访问的,当 CPU 调用大量数据时,就可避开内存直接从缓存中调用,从而加快读取速度。由此可见,在 CPU 中加入缓存是一种高效的解决方案,这样整个内存储器(缓存和内存)就变成了既有缓存的高速度,又有内存的大容量的存储系统了。缓存对 CPU 的性能影响很大,主要是由 CPU 的数据交换顺序和 CPU 与缓存间的带宽引起的。

高速缓冲存储器的容量一般只有主存储器的几百分之一，但它的存取速度能与中央处理器相匹配。根据程序局部性原理，正在使用的主存储器某一单元邻近的那些单元将被用到的可能性很大。因而，当中央处理器存取主存储器某一单元时，计算机硬件就自动地将包括该单元在内的那一组单元内容调入高速缓冲存储器，中央处理器即将存取的主存储器单元很可能就在刚刚调入到高速缓冲存储器的那一组单元内。于是，中央处理器就可以直接对高速缓冲存储器进行存取。在整个处理过程中，如果中央处理器绝大多数存取主存储器的操作能为存取高速缓冲存储器所代替，计算机系统处理速度就能显著提高。

高速缓冲存储器是存在于主存与 CPU 之间的一级存储器，由静态存储芯片（SRAM）组成，容量比较小但速度比主存高得多，接近于 CPU 的速度。在计算机存储系统的层次结构中，是介于中央处理器和主存储器之间的高速小容量存储器。它和主存储器一起构成一级的存储器。高速缓冲存储器和主存储器之间信息的调度和传送是由硬件自动进行的。

高速缓冲存储器是存在于主存与 CPU 之间的一级存储器，由静态存储芯片（SRAM）组成，容量比较小但速度比主存高得多，接近于 CPU 的速度。高速缓冲存储器主要由 Cacha 存储体、地址转换部件、替换部件三大部分组成。

①Cache 存储体：存放由主存调入的指令与数据块；②地址转换部件：建立目录表以实现主存地址到缓存地址的转换；③替换部件：在缓存已满时按一定策略进行数据块替换，并修改地址转换部件。

缓存的工作原理是当 CPU 要读取一个数据时，从缓存中查找，如果找到就立即读取并送给 CPU 处理；如果没有找到，就用相对慢的速度从内存中读取并送给 CPU 处理，同时把这个数据所在的数据块调入缓存中，可以使得对整块数据的读取都从缓存中进行，不必再调用内存。

正是这样的读取机制使 CPU 读取缓存的命中率非常高（大多数 CPU 可达 90% 左右），也就是说 CPU 下一次要读取的数据 90% 都在缓存中，只有大约 10% 需要从内存读取。这不仅节省了 CPU 直接读取内存的时间，也使 CPU 读取数据时基本无须等待。总的来说，CPU 读取数据的顺序是先缓存后内存。

高速缓冲（Cache）存储器是指为弥补主存速度的不足，在处理机和主存之间设置一个高速、小容量的 Cache，构成 Cache——主存存储层次，速度接近于 Cache，容量却是主存的，Cache 存储器的基本结构如图 4－18 所示。

将 Cache 和主存机械等分成相同大小的块（或行）。每一块由若干个字（或字节）组成。从存储层次原理上讲，Cache 存储器中的块和虚拟存储器中的页具有相同的地位，但是块的大小要比页的大小小得多，一般只是页的几十分之一或者几百分之一。每当给出第一个主存字地址进行访问时，都必须通过主存——Cache 地址映像变换机构判定该访问字所在的块是否已经在 Cache 中。如果在 Cache 中（Cache 命中），主存地址经地址映像变换机构变换成 Cache 地址去访问 Cache，Cache 与处理机之间进行单字信息传送；如果不在 Cache 中（Cache 不命中），产生 Cache 块失效，这时就需要从访存的通路中把包含该字的一块信息通过多字宽通路调入 Cache，同时将被访问字直接从单字通路送往处理机。如果 Cache 已经装不进了，发生了块冲突，就要将该块替换掉被选上的块，并修改地址映像表中有关的地址映像关系及 Cache 各块的使用状态标志等信息。

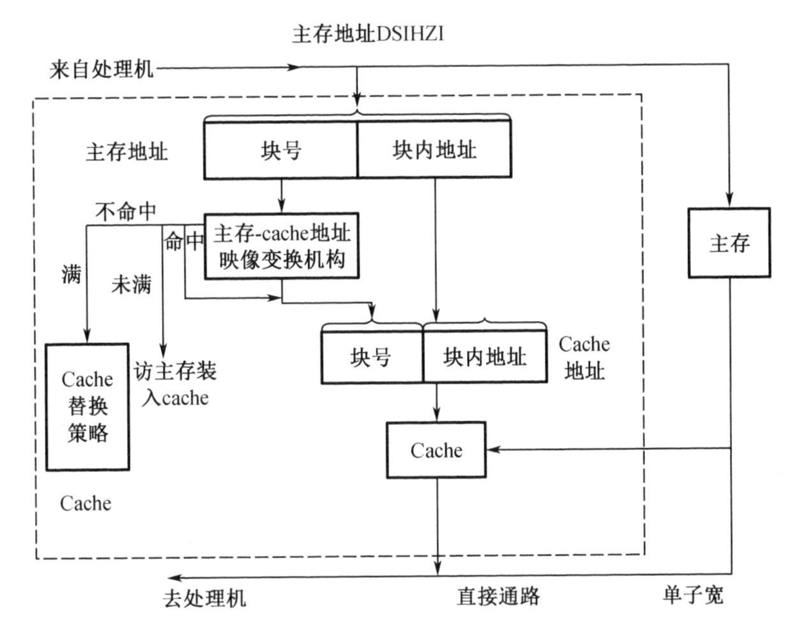

图4-18 Cache存储器的基本结构

目前,访问Cache的时间一般是访问主存时间的1/10~1/4,只要Cache的命中率足够高,就能以接近于Cache的速度来访问大容量主存。

可见,Cache存储器和虚拟存储器在原理上是类似的,所以虚拟存储器中使用的地址映像变换及替换算法基本上也适用于Cache存储器。只是由于对Cache存储器的速度要求更高,因此在构成、实现以及透明性等问题上有其自身的特点。

前面已经讲过,Cache与主存的速度差不到1/10,比主存与辅存之间的速度差小两个数量级,加上Cache存储器的速度要比虚拟存储器的高得多,希望能与CPU的速度相匹配,为此Cache本身一般采用与CPU同类型的半导体工艺制成。此外,Cache与主存间的地址映像和变换,以及替换、调度算法全得用专门的硬件实现。这样,Cache存储器不仅对应用程序员是透明的,就是对系统程序员也是透明的,结构设计时必须解决好这种透明带来的问题。

由图4-18可知,从送入主存地址到Cache的读出或写入完成实际包括查表地址变换和访问Cache两部分工作,这两部分工作所花费的时间基本上相近,例如都是30 ns。那么,可以让前一地址的访Cache和后一地址的查表变换在时间上重叠,流水地进行。虽然从送入主存地址到访问Cache完成需要60 ns,是处理机拍宽30 ns的2倍,但是经流水后,CPU仍可以每隔30 ns完成一次对Cache的访问。实际上,访问一次Cache存储器往往要经过很多子过程。多个请求源同时访问Cache存储器时,首先要经过优先级排队,然后访问该目录表进行地址变换,接着访问Cache,从Cache中选择所需要的字和字节,修改Cache中块(行)的使用状态标志等,这些子过程流水地处理使得Cache存储器能在一个周期为多条指令和数据服务,进一步提高Cache存储器的吞吐率。例如,Amdahl 470 V/7和IBM 3033的Cache存储器都采用了流水技术,而且,IBM 3033还采用异步流水。当某次访问Cache失效时,可以保存其请求,并让之后的其他访问Cache的请求继续进行,从而使各个请求对Cache访问的完成次序可以不同于它们进入的次序。

为了能够更好地发挥Cachede高速性，减少CPU与Cache之间的传输延迟，应当Cache在物理位置上尽量靠近处理机或者就放在处理机中。对共用主存的多处理机系统，如果每个处理机都有其Cache，让处理机主要与Cache交换，就能大大减少使用主存的冲突，提高整个系统的吞吐量。在处理机和Cache、主存和联系上也不同于虚拟存储器的处理机和主存、辅存之间的联系方式。在虚拟存储器中，处理机和辅存之间没有直接的通路，因为辅存的速度相对于主存的差距很大。一旦发生页面失效，由辅存调页的时间是毫秒级。为使处理机在这段时间内不至于白等，一般采用切换到其他程序的办法。但当Cache存储器发生Cache块失效时，由于主存调块的时间是微秒级的，显然不能采用程序换道。为了减少处理机的空等时间，除了Cache到处理机的通路外，在主存和处理机之间还设有直接的通路，如图4-18所示。这样，Cache块失效时，就不必等主存把整块调入Cache，再由Cache把所需要的字送入处理机，而是让Cache调块与处理机访问主存取所需要的字重叠地进行，这就是通过直接通路实现读直达。同样，也可以实现CPU直接写入主存Cache既是Cache存储器中的一级，又是处理机和主存间的一个存储器。

为了加速调块，一般让每块的大小等同于在一个主存周期内由主存所能访问到的字数，因此，在有Cache存储器的主存系统都采用多体交叉存储器。

高速缓冲存储器通常由高速存储器、联想存储器、替换逻辑电路和相应的控制线路组成。在有高速缓冲存储器的计算机系统中，中央处理器存取主存储器的地址划分为行号、列号和组内地址三个字段。于是，主存储器就在逻辑上划分为若干行；每行划分为若干的存储单元组；每组包含几个或几十个字。高速存储器也相应地划分为行和列的存储单元组。二者的列数相同，组的大小也相同，但高速存储器的行数却比主存储器的行数少得多。联想存储器用于地址联想，有与高速存储器相同行数和列数的存储单元。当主存储器某一列某一行存储单元组调入高速存储器同一列某一空着的存储单元组时，与联想存储器对应位置的存储单元就记录调入的存储单元组在主存储器中的行号。

当中央处理器存取主存储器时，首先硬件自动对存取地址的列号字段进行译码，以便将联想存储器该列的全部行号与存取主存储器地址的行号字段进行比较。若有相同的，表明要存取的主存储器单元已在高速存储器中，称为命中，硬件将存取主存储器的地址映射为高速存储器的地址并执行存取操作；若都不相同，表明该单元不在高速存储器中，称为脱靶。硬件将执行存取主存储器操作并自动将该单元所在的那一主存储器单元组调入高速存储器相同列中空着的存储单元组中，同时将该组在主存储器中的行号存入联想存储器对应位置的单元内。当出现脱靶而高速存储器对应列中没有空的位置时，便淘汰该列中的某一组以腾出位置存放新调入的组，这称为替换。确定替换的规则叫替换算法，常用的替换算法有：最近最少使用算法（LRU）、先进先出法（FIFO）和随机法（RAND）等。替换逻辑电路就是执行这个功能的。另外，当执行写主存储器操作时，为保持主存储器和高速存储器内容的一致性，对命中和脱靶须分别处理。

【例4-5】 IBM 370/168的主存是模4交叉，每个分体是8 B宽，所以Cache的每块为32 B；CRAY-1的主存是模16交叉，每个分体是单字宽，所以其指令Cache（专门存放指令的Cache）的块容量为16个字。

另外，主存是被机器的多个部件所共用的，应该把Cache的访主存优先级尽量提高，一般应高于通道的访主存级别，这样在采用Cache存储器的系统中，访存申请响应的优先顺序通常安排成Cache、通道、写数、读数、取指。因为Cache的调块时间只占用1~2个主存周期,所以这样做不会对外设访主存带来太大的影响。

最早先的CPU缓存是个整体的,而且容量很低,英特尔公司从Pentium时代开始把缓存进行了分类。当时集成在CPU内核中的缓存已不足以满足CPU的需求,而制造工艺上的限制又不能大幅度提高缓存的容量。因此出现了集成在与CPU同一块电路板上或主板上的缓存,此时就把CPU内核集成的缓存称为一级缓存,而外部的称为二级缓存。一级缓存中还分数据缓存(Data Cache,D-Cache)和指令缓存(Instruction Cache,I-Cache)。二者分别用来存放数据和执行这些数据的指令,而且两者可以同时被CPU访问,减少了争用Cache所造成的冲突,提高了处理器效能。英特尔公司在推出Pentium 4处理器时,用新增的一种一级追踪缓存替代指令缓存,容量为12 KμOps,表示能存储12K条微指令。

随着CPU制造工艺的发展,二级缓存也能轻易地集成在CPU内核中,容量也在逐年提升。现在再用集成在CPU内部与否来定义一、二级缓存,已不确切。而且随着二级缓存被集成入CPU内核中,以往二级缓存与CPU大差距分频的情况也被改变,此时其以相同于主频的速度工作,可以为CPU提供更高的传输速度。二级缓存是CPU性能表现的关键之一,在CPU核心不变化的情况下,增加二级缓存容量能使性能大幅度提高。而同一核心的CPU高低端之分往往也是在二级缓存上有差异,由此可见二级缓存对于CPU的重要性。

CPU在缓存中找到有用的数据被称为命中,当缓存中没有CPU所需的数据时(这时称为未命中),CPU才访问内存。从理论上讲,在一颗拥有二级缓存的CPU中,读取一级缓存的命中率为80%。也就是说CPU一级缓存中找到的有用数据占数据总量的80%,剩下的20%从二级缓存中读取。由于不能准确预测将要执行的数据,读取二级缓存的命中率也在80%左右(从二级缓存读到有用的数据占总数据的16%)。那么还有的数据就不得不从内存调用,但这已经是一个相当小的比例。目前,较高端的CPU中,还会带有三级缓存,它是为读取二级缓存后未命中的数据设计的—种缓存,在拥有三级缓存的CPU中,只有约5%的数据需要从内存中调用,这进一步提高了CPU的效率。

为了保证CPU访问时有较高的命中率,缓存中的内容应该按一定的算法替换。一种较常用的算法是“最近最少使用算法”(LRU算法),它是将最近一段时间内最少被访问过的行淘汰出局。因此,需要为每行设置一个计数器,LRU算法是把命中行的计数器清零,其他各行计数器加1。当需要替换时淘汰行计数器计数值最大的数据行出局。这是一种高效、科学的算法,其计数器清零过程可以把一些频繁调用后再不需要的数据淘汰出缓存,提高缓存的利用率。

CPU产品中,一级缓存的容量基本在4~64 KB之间,二级缓存的容量则分为128 KB、256 KB、512 KB、1 MB、2 MB等。一级缓存容量各产品之间相差不大,而二级缓存容量则是提高CPU性能的关键。二级缓存容量的提升是由CPU制造工艺所决定的,容量增大必然导致CPU内部晶体管数的增加,要在有限的CPU面积上集成更大的缓存,对制造工艺的要求也就越高。双核心CPU的二级缓存比较特殊,和以前的单核心CPU相比,最重要的就是两个内核的缓存所保存的数据要保持一致,否则就会出现错误,为了解决这个问题不同的CPU使用了不同的办法。

1. Intel双核心处理器的二级缓存

目前,Intel的双核心CPU主要有Pentium D,Pentium EE,Core Duo三种,其中Pentium D和Pentium EE的二级缓存方式完全相同。Pentium D和Pentium EE的二级缓存都是CPU内部两个内核具有互相独立的二级缓存,其中,8xx系列的Smithfield核心CPU为每核心

1MB，而 9xx 系列的 Presler 核心 CPU 为每核心 2 MB。这种 CPU 内部的两个内核之间的缓存数据同步是依靠位于主板北桥芯片上的仲裁单元通过前端总线在两个核心之间传输来实现的，所以其数据延迟问题比较严重，性能并不尽如人意。Core Duo 使用的核心为 Yonah，它的二级缓存则是两个核心共享 2 MB 的二级缓存，共享式的二级缓存配合 Intel 的"Smart cache"共享缓存技术，实现了真正意义上的缓存数据同步，大幅度降低了数据延迟，减少了对前端总线的占用，性能表现不错，是目前双核心处理器上最先进的二级缓存架构。今后 Intel 的双核心处理器的二级缓存都会采用这种两个内核共享二级缓存的"Smart cache"共享缓存技术。

2. AMD 双核心处理器的二级缓存

Athlon 64 X2 CPU 的核心主要有 Manchester 和 Toledo 两种，他们的二级缓存都是 CPU 内部两个内核具有互相独立的二级缓存，其中，Manchester 核心为每核心 512 KB，而 Toledo 核心为每核心 1 MB。处理器内部的两个内核之间的缓存数据同步是依靠 CPU 内置的 System Request Interface（系统请求接口，SRI）控制，传输在 CPU 内部即可实现。这样一来，不但 CPU 资源占用很小，而且不必占用内存总线资源，数据延迟也比 Intel 的 Smithfield 核心和 Presler 核心大为减少，协作效率明显胜过这两种核心。不过，由于这种方式仍然是两个内核的缓存相互独立，从架构上来看也明显不如以 Yonah 核心为代表的 Intel 的共享缓存技术 Smart Cache。

4.3.2 地址的映像与变换

对 Cache 存储器而言，地址的映像就是将每个主存块按何种规则装入 Cache 中；地址的变换就是每次访 Cache 时怎样将主存地址变换成 Cache 地址。

映像规则的选择除了看所用的地址映像和变换硬件是否速度高、价格低和实现方便外，还要看块冲突概率是否低、Cache 空间利用率是否高。

1. 全相连映像和变换

主存中任意一块都可映像装入到 Cache 中任意一块位置，如图 4－19 所示。

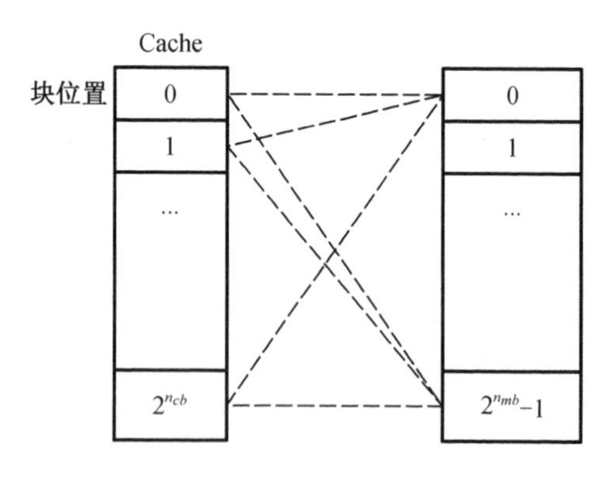

图 4－19　全相连映像规则图

为了加快主存－Cache 地址的变换，不宜用类似虚拟存储器的（虚）页表法来存放主存－Cache 的地址映像关系，因为（虚）块表要用容量代价大，速度慢，所以都采用类似图 4－10所有的目录表硬件方式实现。

全相连映像的主存－Cache地址变换过程，如图4－20所示。给出主存地址nm访存时，将其主存块号nmb与目录表中所有各项的nmb字段同时相连比较。若有相同的，就将对应行的Cache块号ncb取出，拼接上块内地址nmr形成Cache地址nc，访Cache；若没有相同的，表示该主存块未装入Cache，发生Cache块失效，由硬件调块。

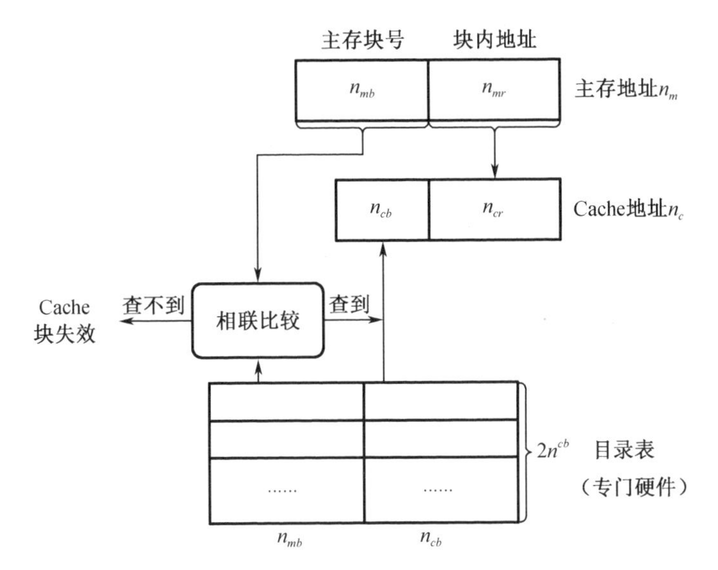

图4－20　全相连映像的地址变换过程

全相连映像的地址映象规则是，主存的任意一块可以映象到Cache中的任意一块，主存与缓存分成相同大小的数据块，主存的某一数据块可以装入缓存的任意一块空间中。如果Cache的块数为Cb，主存的块数为Mb，则映象关系共有Cb×Mb种。

目录表存放在相关（联）存储器中，其中包括三部分，数据块在主存的块地址、存入缓存后的块地址及有效位（也称装入位）。由于是全相连方式，因此，目录表的容量应当与缓存的块数相同。

全相连映像的优点是命中率比较高，Cache存储空间利用率高。但是，访问相关存储器时，每次都要与全部内容比较，速度低，成本高，因而应用少。

2. 直接映像及其变换

把主存空间按Cache大小等分成区，每区内的各块只能按位置一一对应到Cache的相应块位置上，即主存第i块只能唯一映像到i mod $2^{n_{mb}}$块位置上。

按直接映像的规则，装入Cache中某块位置的主存块可以来自主存不同的区。为了区分装入Cache中的块是哪一个主存区的，需要用一个按地址访问的表存储器来存放Cache中每一块位置目前是被主存中哪个区的块所占用的区号。

直接映像的主存－Cache地址变换过程，如图4－21所示。处理机给出主存地址n_m。访问主存时，截取与n_c对应的部分作为Cache地址访问Cache。

同时，取n_{cb}部分作为地址访问区号标志表存储器，读出原先所存的区号标志与主存地址对应的区号部分进行比较，若比较相等，表示Cache命中，让Cache的访问继续进行，并且中止访主存；如比较不等，表示Cache块失效，此时让Cache的访问中止，而让主存的访问继续进行，并由硬件自动将主存中该块调入Cache。

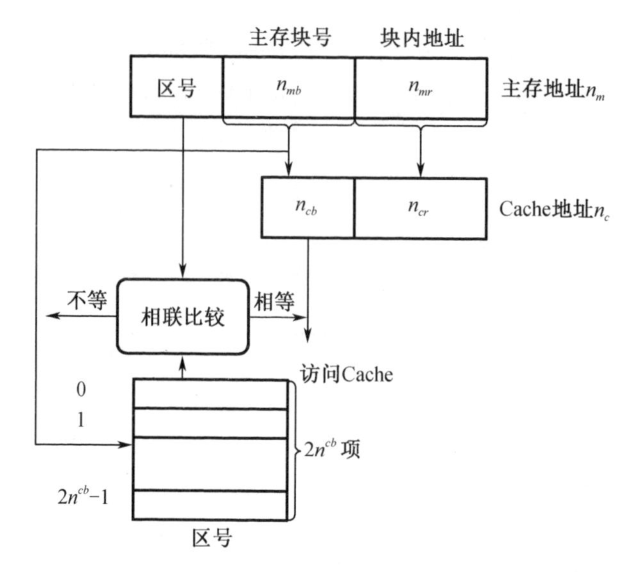

图 4-21　直接映像的地址变换过程

直接映像的地址映象规则是主存储器中一块只能映象到 Cache 的一个特定的块中,主存与缓存分成相同大小的数据块,主存容量应是缓存容量的整数倍,将主存空间按缓存的容量分成区,主存中每一区的块数与缓存的总块数相等,主存中某区的一块存入缓存时只能存入缓存中块号相同的位置。主存中各区内相同块号的数据块都可以分别调入缓存中块号相同的地址中,但同时只能有一个区的块存入缓存。由于主、缓存块号相同,因此,目录登记时,只记录调入块的区号即可,主、缓存块号及块内地址两个字段完全相同。目录表存放在高速小容量存储器中,其中包括两部分:数据块在主存的区号和有效位。目录表的容量与缓存的块数相同。

直接映像的优点是地址映象方式简单,数据访问时,只需检查区号是否相等即可,因而可以得到比较快的访问速度,硬件设备简单,成本低。访问 Cache 与访问区号表、比较区号是否相符的操作是同时进行的,当 Cache 命中时,意味着省去了地址变换的时间,其致命缺点是 Cache 的块冲突概率很高。只要有两个或两个以上经常使用的块恰好被映像到 Cache 同一块位置,就会使 Cache 命中率急剧下降,即使此时 Cache 中有大量空闲块也无法利用,所以 Cache 的空间利用率很低,替换操作频繁,命中率比较低,因此,目前已经很好使用直接映像规则了。

3. 组相连映像及其变换

全相连映像和直接映像的优、缺点正好相反,那么能否将两者结合,采用一种映像规则,既能减少块冲突概率,提高 Cache 空间利用率,又能使地址映像机构及地址变换速度比全相连的简单和快速呢? 组相连映像就是其中的一种。

将 Cache 空间和主存空间都分成组,每组为 S 块($S=2s$)。Cache 的块分成 Q 组($Q=2q$),整个 Cache 是一区。主存分成与 Cache 同样大小的区,其地址按区号、组号、组内块号、块内地址分成对应的 4 个字段。主存地址的组号、组内块号分别用 q,s'字段表示,它们的宽度和位置与 Cache 地址的 q,s 是一致的。

组相连映像指的是各组之间是直接映像,而组内各块之间是全相连映像。当组相连映像的 S 值大到等于 Cache 的块数时就成了全相连映像,而当 S 值小到只有 1 块时就变成了直接映像,因此全相连映像和直接映像只是组相连映像的两个极端。在 Cache 空间大小及块的大小都已经定下来的情况下,Cache 的总块数就定了,但是结构设计时仍可以对 S 和 Q 值进行选择。Q 和 S 的选取主要依据于对快冲突概率、块失效率、映像表复杂性和成本、查表速度等的折中权衡。组内块数 S 越多,块冲突概率和块失效率越低,映像表越复杂,成本越高,查表速度越慢,所以通常通过在典型工作负荷下进行模拟来确定。

组相连映像比全相连映像在成本上要低得多,而性能上仍可以接近于全相连映像,所以获得了广泛应用。

【例 4-6】 Intel i860 的数据 Cache 和 Motorola 88110 的指令 Cache 均采用 128 组,每组 2 块;Amdahl 470 V/6 采用 256 组,每组 2 块;VAX-11/780 采用 512 组,每组 2 块;Intel 80486 和 Honeywell 66/60 均采用 128 组,每组 4 块;Amdahl 470 V/8 采用 512 组,每组 4 块;而 Amdahl 470 V/7 和 IBM 370/168-3 均采用 128 组,每组 8 块;IBM 3033 则采用 64 组,每组 16 块。

前面在全相连映像中讲过的目录表法同样可以用于实现组内的全相连,此时目录表的行数可以减少。因为各组间是直接映像,所以组号 q 可以照搬而不参与相连比较。实现时对应每一组都有一个目录表,共有2^q个目录表。每个目录表只需要2^s行、n_d+2s 位宽,其中参与相连比较的位数为n_d+s,它们比全相连目录表的行数、位宽、位参与相连比较的位数都要小得多,这均使查表速度得到提高。

在全相连、直接、组相连映像的基础上还可以有各种变形,段相连就是一例。段相连实质上是组相连的特例。它采用组间全相连、组内直接映像。为了与组相连映像加以区别,将这种映像方式称为段相连。采用段相连映像的目的也和采用组相连映像的目的一样,主要是减少相连目录表的内容,降低成本,提高地址变换的速度。

组相连的映象规则是主存和 Cache 按同样大小划分成块,主存和 Cache 按同样大小划分成组,主存容量是缓存容量的整数倍,将主存空间按缓冲区的大小分成区,主存中每一区的组数与缓存的组数相同。当主存的数据调入缓存时,主存与缓存的组号应相等,也就是各区中的某一块只能存入缓存的同组号的空间内,但组内各块地址之间则可以任意存放,即从主存的组到 Cache 的组之间采用直接映象方式;在两个对应的组内部采用全相连映象方式。

主存地址与缓存地址的转换有两部分,组地址是按直接映象方式,按地址进行访问,而块地址是采用全相连方式,按内容访问。组相连的地址转换部件也是采用相关存储器实现。组相连映像块的冲突概率比较低,块的利用率大幅度提高,块失效率明显降低。但是,实现难度和造价要比直接映象方式高。

4.3.3　LRU 替换算法的实现

CPU 在 Cache 中找到有用的数据被称为命中,当 Cache 中没有 CPU 所需的数据时(这时称为未命中),CPU 才访问内存。从理论上讲,在一颗拥有 2 级 Cache 的 CPU 中,读取 L1Cache 的命中率为 80%。也就是说,CPU 从 L1Cache 中找到的有用数据占数据总量的 80%,剩下的 20% 从 L2Cache 读取。由于不能准确预测将要执行的数据,读取 L2 的命中率也在 80% 左右(从 L2 读到有用的数据占总数据的 16%)。那么还有的数据就不得不从内存调用,但这已经是一个相当小的比例了。在一些高端领域的 CPU 中,我们常听到

L3Cache,它是为读取 L2Cache 后未命中的数据设计的一种 Cache,在拥有 L3Cache 的 CPU 中,只有约 5% 的数据需要从内存中调用,这进一步提高了 CPU 的效率。

为了保证 CPU 访问时有较高的命中率,Cache 中的内容应该按一定的算法替换。一种较常用的算法是“最近最少使用算法”(LRU 算法),它是将最近一段时间内最少被访问过的行淘汰出局。因此需要为每行设置一个计数器,LRU 算法是把命中行的计数器清零,其他各行计数器加 1。当需要替换时淘汰行计数器计数值最大的数据行出局。这是一种高效、科学的算法,其计数器清零过程可以把一些频繁调用后再不需要的数据淘汰出 Cache,提高 Cache 的利用率。

Cache 的替换算法对命中率的影响很大。当新的主存块需要调入 Cache 并且它的可用空间位置又被占满时,需要替换掉 Cache 的数据,这就产生了替换策略(算法)问题。根据程序局部性规律可知:程序在运行中,总是频繁地使用那些最近被使用过的指令和数据。这就提供了替换策略的理论依据。替换算法目标就是使 Cache 获得最高的命中率。Cache 替换算法是影响代理缓存系统性能的一个重要因素,一个好的 Cache 替换算法可以产生较高的命中率。目前,提出的算法可以分为以下四类。

1. 随机替换算法

随机替换算法就是用随机数发生器产生一个要替换的块号,将该块替换出去,此算法简单、易于实现,而且它不考虑 Cache 块过去、现在及将来的使用情况,但是没有利用上层存储器使用的“历史信息”、没有根据访存的局部性原理,故不能提高 Cache 的命中率,命中率较低。

2. 传统替换算法

传统替换算法及其直接演化,其代表算法有以下几种。

①LRU(Least Recently Used)算法,这种方法是将近期最少使用的 Cache 中的信息块替换出去。该算法较先进先出算法要好一些,但此法也不能保证过去不常用将来也不常用。LRU 法是依据各块使用的情况,总是选择那个最近最少使用的块被替换。这种方法虽然比较好地反映了程序局部性规律,但是这种替换方法需要随时记录 Cache 中各块的使用情况,以便确定哪个块是近期最少使用的块。LRU 算法相对合理,但实现起来比较复杂,系统开销较大。通常需要对每一块设置一个称为计数器的硬件或软件模块,用以记录其被使用的情况。

②LFU(Lease Frequently Used)算法,将访问次数最少的内容替换出 Cache。

③如果 Cache 中所有内容都是同一天被缓存的,则将最大的文档替换出 Cache,否则按 LRU 算法进行替换。

④FIFO(First In First Out)算法,遵循先入先出原则,若当前 Cache 被填满,则替换最早进入 Cache 的那个。先进先出算法,就是将最先进入 Cache 的信息块替换出去。FIFO 算法按调入 Cache 的先后决定淘汰的顺序,选择最早调入 Cache 的字块进行替换,它不需要记录各字块的使用情况,比较容易实现,系统开销小,其缺点是可能会把一些需要经常使用的程序块(如循环程序)也作为最早进入 Cache 的块替换掉,而且没有根据访存的局部性原理,故不能提高 Cache 的命中率。因为最早调入的信息可能以后还要用到,或者经常要用到,例如循环程序。此法简单、方便,利用了主存的“历史信息”,但并不能说最先进入的就不经常使用,其缺点是不能正确反映程序局部性原理,命中率不高,可能出现一种异常现象。

3. 基于缓存内容关键特征的替换算法,其代表算法有以下4种。

(1)Size替换算法,将最大的内容替换出Cache。

(2)LRU-MIN替换算法,该算法力图使被替换的文档个数最少。设待缓存文档的大小为S,对Cache中缓存的大小至少是S的文档,根据LRU算法进行替换;如果没有大小至少为S的对象,则从大小至少为S/2的文档中按照LRU算法进行替换。

(3)LRU-Threshold替换算法,和LRU算法一致,只是大小超过一定阈值的文档不能被缓存。

(4)Lowest Lacency First替换算法:将访问延迟最小的文档替换出Cache。

4. 基于代价的替换算法,该类算法使用一个代价函数对Cache中的对象进行评估,最后根据代价值的大小决定替换对象。其代表算法有以下5种。

(1)Hybrid算法,对Cache中的每一个对象赋予一个效用函数,将效用最小的对象替换出Cache;

(2)Lowest Relative Value算法,将效用值最低的对象替换出Cache。

(3)Least Normalized Cost Replacement(LCNR)算法,该算法使用一个关于文档访问频次、传输时间和大小的推理函数来确定替换文档。

(4)Bolot等人提出了一种基于文档传输时间代价、大小、和上次访问时间的权重推理函数来确定文档替换。

(5)Size-Adjust LRU(SLRU)算法:对缓存的对象按代价与大小的比率进行排序,并选取比率最小的对象进行替换。

众多算法中LRU算法应用较为广泛,LRU法是依据各块使用的情况,总是选择那个最近最少使用的块被替换。这种方法比较好地反映了程序局部性规律,实现LRU策略的方法有多,当因Cache块失效而将主存块装入Cache又出现Cache块冲突时,就必须按某种替换策略选择Cache中的一块替换出去。

在4.3.1节中已经讲过,Cache的调块时间是微秒级的,不能采用程序换道。为了减少处理机空等的时间,Cache存储器中的替换算法只能由全硬件实现。本节介绍LRU算法的比较对法。

比较对法的基本思想是让组内各块成对组合,用一个触发器的状态表示该比较对内两块访问的远近次序,再经门电路就可以找到LRU块。如有A,B,C3块,组成AB,AC,BC3对。各对内块的访问顺序分别用“对触发器”T_{AB},T_{AC},T_{BC}表示。T_{AB}为“1”,表示A比B更近被访问过;T_{AB}为“0”,表示B比A更近被访问过。T_{AC},T_{BC}也有类似定义。这样,若访问过的次序为ABC,即最近被访问过的为A,最久未被访问的是C,则这三个触发器状态是$T_{AB}=1$,$T_{AC}=1$,$T_{BC}=1$。如果访问过的次序是BAC,C为最久未被访问过,则有$T_{AB}=0$,$T_{AC}=1$,$T_{BC}=1$。因此C作为最久未被访问过的替换块的话,用布尔代数式表示必有

$$C_{LRU}=T_{AB}T_{AC}T_{BC}+\neg T_{AB}T_{AC}T_{BC}=T_{AC}T_{BC}$$

同理可得

$$B_{LRU}=T_{AB}\neg T_{BC}$$

$$A_{LRU}=\neg T_{AB}\neg T_{BC}$$

因此,LRU算法完全可用与门、触发器等硬件组合实现,如图4-22所示。

每次访问某块时,应该改变与该块有关的比较对触发器的状态。以上述A,B,C3块为例,每次访问A后需要改变与A有关的比较对触发器的状态,置$T_{AB}=1$,$T_{AC}=1$,以反映A

比 B 更近、A 比 C 更近访问过;同理,访问 B 后,置 $T_{AB}=0$,$T_{BC}=1$;访问 C 后,置 $T_{AC}=0$,$T_{BC}=0$。据此可定出各比较对触发器的输入控制逻辑,如图 4-22 所示。

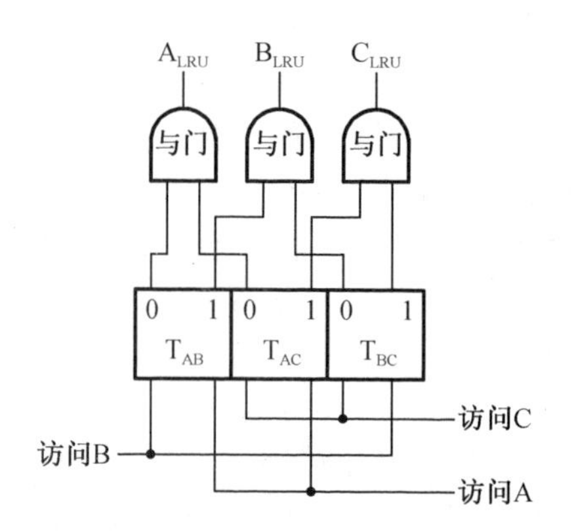

图 4-22 用比较对法实现 LRU 算法

现在来分析比较对法所用的硬件。由于每块均可能作为 LRU 块,其信号需用与门产生,所以有多少块,就得有多少个与门;每个与门接收与它有关的比较对触发器来的输入,例如,ALRU 与门要有从 T_{AB},T_{AC}来的输入,BLRU 要有从 T_{AB},T_{BC}来的输入,而与每块有关的比较对触发器数为块数减 1,所以与门的输入端数是块数减 1。若 P 为块数,两两组合,则比较对触发器数为 C2P = P(P-1)/2。见表 4-2,列出了比较对法块数 P 与门数、门的输入端数及比较对触发器数的关系。

表 4-2 比较对触发器数、门数、门的输入端数与块数的关系

块数	3481664256…P
比较对触发器数	3628120201632 640 …P(P-1)/2
门数	3481664256…P
门的输入端数	2371563255…P-1

从表 4-2 可以看出,比较对触发器的个数会随着块数的增多以极快的速度增加,门的输入端数也线性增加,这在工程实现上会带来麻烦,所以比较对法只适用于组内块数较少的组相连映像 Cache 存储器中。在块数少时,它比较容易实现。若组内块数超过 8,则所需要比较对触发器个数就多个不能承受了。不过这时也还可以用多级状态位技术来减少所用的比较对触发器个数。

【例 4-7】 IBM 3033,组内块数为 16,可分成群、对、行 3 级。先分成 4 群,选 LRU 群需要 6 个比较对触发器。每群再分成两对,由一位触发器的状态选 LRU 对,这样 4 个群需要 4 位。而每对中的 LRU 行又需要用一位触发器的状态指示,这又要 8 位。所用,全部触发器数就成了 6(选群)+4(选对)+8(选行),共 18 个,比单级的 120 个比较对触发器要少得多,但是这是以牺牲速度为代价的。就是在组内块数为 8 时,若采用对、行二级,也能使触发器数由 28 个减少到 6+4 共 10 个,IBM 370/168-3 就是如此。

4.3.4 Cache 存储器的透明性及其性能分析

1. Cache 存储器的透明性分析及解决办法

由于 Cache 存储器的地址变换和块替换算法是由全硬件实现的,因此 Cache 存储器对应用程序员和系统程序员都是透明的,而且 Cache 对处理机和主存之间的信息交往也是透明的。

虽然 Cache 是主存的一部分副本,主存中某单元的内容却可能在一段时期里与 Cache 中对应单元的内容不一致。例如,中央处理机写 Cache,修改了 Cache 中某单元的内容,但

是主存中对应此单元的内容跟不上 Cache 对应内容变化的不一致就会造成错误。同样，I/O 处理机或其他处理机把新的内容送入主存某个区域，而 Cache 对应此区域的副本内容却仍是原来的。这时，如果 CPU 要从 Cache 中读取信息，也会因为这种 Cache 内容跟不上主存对应内容变化的不一致而造成错误。因此，必须采用措施解决好由于读/写过程中产生的 Cache 和主存对应内容不一致的问题。

解决因中央处理机写 Cache 使主存内容跟不上 Cache 对应内容变化造成不一致问题的关键是选择好更新主存内容的算法。一般可有写回法和写直达法两种。写回法也称为抵触修改法。它是在 CPU 执行写操作时，只将信息写入 Cache，仅当需要替换时，才将改写过的 Cache 块先写回主存，然后再调入新块。因此，在主存 - Cache 的地址映像表中，需要为 Cache 中每个块设置一个“修改位”，作为该块装入 Cache 后是否被修改过的标志。只需要修改过，就将该标志位置成“1”。这样在块替换时，根据该块的修改位是否为“1”，就可以决定替换时是否需要先将该块存回主存。写直达法也称为直达法，它利用 Cache 存储器在处理机和主存之间的直接通路，每当处理机写入 Cache 的同时，也通过此通路直接写入主存，这样在块替换时，不必先写回主存就可调入新块。写回法把开销花在每次要替换的时候，写直达法则把开销花在每次写 Cache 时，都要增加一个比写 Cache 时间长得多的写主存时间。

写回法和写直达法都需要有少量缓冲器。写回法中缓冲器用于暂存将要写回的块，使之不必等待被替换块写回主存后才开始进行 Cache 取。写直达法中则用于缓冲由写 Cache 所要求的要写回主存的内容，使 CPU 不必等待这些写主存完成就能往下运行。缓冲器由要存的数据和要存入的目标地址组成。在写直达系统中容量为 4 的缓冲器就可以显著改进其性能，IBM3033 就是这样的。需要注意的是，这些缓冲器对 Cache 和主存时“透明”的。在设计时，要处理好可能由它们所引起的错误(如另一个处理机要访问的主存单元的内容正好仍在缓冲器中)。

从可靠性上讲，写回法不如写直达法好，写直达法在 Cache 出错时可以由主存来纠正，因此 Cache 中只需有一位奇偶校验位。写回法则由于有效的块只在 Cache 中，因此需要在 Cache 中采用纠错码，即需要在 Cache 中增加更多的冗余信息位来提高其内容的可靠性。很难对写直达法和写回法进行明确的选择。写直达法需要花费大量缓冲器和其他辅助逻辑来减少 CPU 为等待写主存完成所耗费的时间。而写回法的实现成本要低得多。采用写回法还是写直达法与系统应用有关。单处理机系统的 Cache 存储器，多数用写回法节省成本。共享主存的多处理机系统，为保证各处理机经过主存交换信息时不出错，则多用写直达法。

如果由多个处理机共享主存交换信息改成共享 Cache 交换信息，信息的一致性就能得到保证，但目前多个中央处理机共享 Cache 尚有不少困难。一是要求 Cache 的容量必须大大增加才行；二是要让共享 Cache 在物理位置上与多个 CPU 都靠得很近来减少期间的延时也很困难，这都会降低 Cache 的速度。此外，Cache 的频宽尚难以支持两个以上的 CPU 的同时访问。因此，共享 Cache 的办法目前只限于用在单 CPU、多 I/O 处理机系统中。

对于共享主存的多 CPU 系统，绝大多数还是使各个 CPU 都有自己的 Cache。在这样的系统中由于 Cache 的透明性，仅靠采用写直达法并不能保证同一主存单元在各 Cache 中的对应内容都一致。例如，处理机 A 和处理机 B 通过各自的 Cache a 和 Cache b 共享主存，如图 4 - 23 所示。当处理机 A 写入 Cache a 的同时，采用写直达法页写入了主存，如果恰好

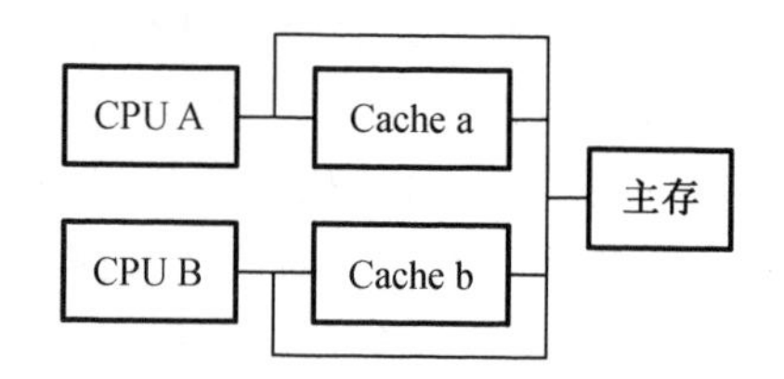

图 4-23 每个处理机都有 Cache 的共享主存多处理机系统

Cache b 中也有单元，则其内容并未改变，此时若处理机 B 也访问此单元时读到的就会是原先的内容而出错。因此，还需要采取措施保证让各个 Cache 有此单元的内容都一致才行。

一种解决办法就是采用播写法。所谓播写法，是指任何处理机要写入 Cache 时，不仅写入自己 Cache 的目标块和主存中，还把信息或者播写到所有 Cache 有此单元的地方，或者让所有 Cache 有此单元的块作废(以便下次访问时按缺块处理，从主存中调入)。采用作废的办法可以减少播送的信息量。

另一种办法是控制某些共享信息(如信号灯或作业队等)不得进入 Cache。还有一种办法是目录表法，即在 CPU 读、写 Cache 不命中时，先得查询在主存中的目录表，以判定目标块是否在别的 Cache 内，以及是否正在被修改等，然后再决定如何读、写此块。

Cache 内容跟不上主存内容变化问题的一种解决办法是，当 I/O 处理机未经 Cache 往主存写入新内容的同时，由操作系统经专用指令清除整个 Cache。这种办法的缺点是 Cache 存储器对操作系统和系统程序员不透明了，因此并不适用。另一种解决办法是当 I/O 处理机往主存某个区域写入新内容时，由专用硬件自动地将 Cache 内对应此区域的副本作废，从而保持了 Cache 的透明性。CPU、I/O 处理机共享同一 Cache 也是一种解决方法。

总之，结构设计必须解决好 Cache 存储器的透明性带来的问题。

2. Cache 的取算法

由于 Cache 的命中率对机器速度影响很大，采用什么样的取算法可以提高命中率是 Cache 存储器设计中的重要问题。

Cache 所用的取算法基本上是按需取进法，即在 Cache 块失效时才将要访问的字所在块取进。适当选择好 Cache 的容量、块的大小、组相联的组数组内块数，是可以保证有较高的命中率的。如果再采用在信息块要用之前就预取进 Cache 的预取算法，还可能进一步提高命中率。

为了便于硬件实现，通常在访问主存第 i 块(不论是否已取进 Cache)时，只预取顺序的第 $i+1$ 块。至于何时取进该块，可有恒预取和不命中时预取第 $i+1$ 块。不命中时预取则是只当访问主存第 i 块在 Cache 不命中时，才预取主存中第 $i+1$ 块。

采用预取法并非一定能提高命中率，它还和块的大小及预取开销的大小有关。若块太小，预取额效果会不明显。从预取需要出发，希望块尽量大。但是若快太大就会预取进不用的信息。因为 Cache 容量有限，反而将正用或近期就要用的信息给挤出去，使命中率降低。模拟结果表明，块的大小不宜超过 256 个字节。要预取就要有访主存、将其取进 Cache 的访 Cache、被替换块写回主存等的预取开销，它们将增加啊啊主存和 Cache 的负担，干扰和延缓程序的执行。所以预取法的效果不能只从命中率的提高来衡量，还应该考虑为此所花费的开销是否值得。

3. Cache 存储器的性能分析

和虚拟存储器中类似，评价 Cache 存储器的性能主要是看命中率的高低，而命中率与块的大小、块的总数(即 Cache 的总容量)、采用组相连时组的大小(组内块数)、替换算法和地址流的簇聚性等有关。

不命中率与 Cache 容量、组的大小和块的大小的关系，如图 4－24 所示。块的大小、组的大小及 Cache 容量增大时都能提高命中率。Cache 的容量在不断增大，现已达几百 KB 到几 MB。但是 Cache 的块不能太大，否则调块时 CPU 空等的时间太长。块的大小一般取成是多体交叉主存的总的宽度，使调块可以在一个主存周期内完成。这样，Cache 的块数极多，不会出现如虚拟存储器中主存命中率随页面大小增大先升高而后降低的现象，也就是说，随着块的增大，Cache 不命中率总是呈下降趋势。

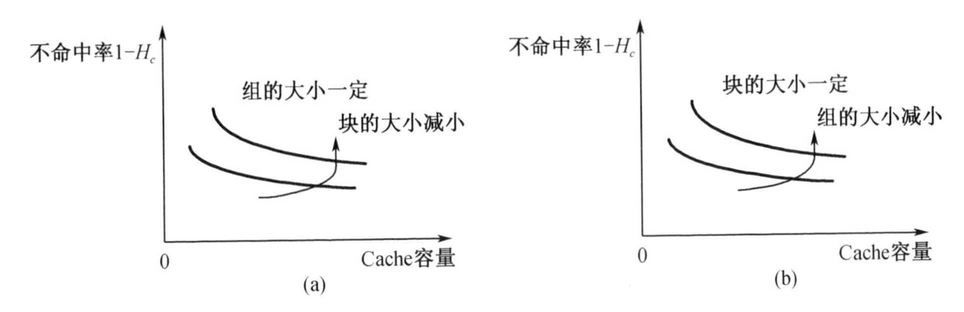

图 4－24　块的大小、组的大小与 Cache 容量对 Cache 命中率的影响

至于替换算法及程序的不同对命中率的影响与虚拟存储器的情况类似，绝大多数 Cache 存储器都采用 LRU 算法替换。下面分析 Cache 存储器的等效访问速度与命中率的关系。

设 t_c 为 Cache 的访问时间，t_m为主存周期，H_c 为访 Cache 的命中率，则 Cache 存储器的等效存储周期 $t_a = H_c t_c + (1 - H_c) t_m$。这样，采用 Cache 存储器比之于处理机直接访问主存的等效访问速度提高的倍数为

$$\rho = t_m / t_a = t_m / \{ H_c t_c + (1 - H_c) t_m \} = 1 / \{ 1 - (1 - t_c / t_m) H_c \}$$

因为 H_c 总小于 1，可令 $H_c = \alpha / (\alpha + 1)$，代入上式得

$$\rho = 1 / \{ 1 - (t_c / t_m) \alpha (\alpha + 1) \} = (\alpha + 1) t_m / (t_m + \alpha t_c) < \alpha + 1$$

就是说，不管 Cache 本身的速度有多高，只要 Cache 的命中率有限，那么采用 Cache 存储器后，等效访问速度能提高的最大值是有限的，不会超过 $\alpha + 1$ 倍。例如，$H_c = 0.5$，相当于 $\alpha = 1$，则不论其 Cache 速度有多高，其 ρ 的最大值一定比 2 小；$H_c = 0.75$，相当于 $\alpha = 3$，则 ρ 的最大值一定比 4 小；$H_c = 1$，$\rho = \rho_{max} = t_m / t_c$，这是 ρ 可能的最大值。由此可得出 ρ 的期望值与命中率H_c的关系如图 4－25 所示。

由于 Cache 的命中率一般比 0.9 大得多，可达 0.996，因此采用 Cache 存储器能使 ρ 接近期望值 t_m / t_c。

综上所述，Cache 本身的速度与容量都会影响 Cache 存储器的等效访问速度。如果对 Cache 存储器的等效访问速度不满意，需要改进的话，就要做具体分析，看现在 Cache 存储器的等效访问速度是否已经接近于 Cache 本身的速度。如果差得较远，说明 Cache 的命中率低，这时就不应该用更高的 Cache 片子来替换现有的 Cache 片子，而应该从提高 Cache 命中率着手，包括调整组的大小、块的大小、替换算法以及增大 Cache 容量等，否则速度是无法提高的。相反，如果 Cache 存储器的等效访问速度已经非常接近于 Cache 本身的速度却还不能满足速度要求，就只有更换成更高速的 Cache 片子。否则，任何其他途径也是不会有什么效果的。因此，不能盲目设计和改进，否则花了很大代价，反而降低了 Cache 存储器的性

能价格比。

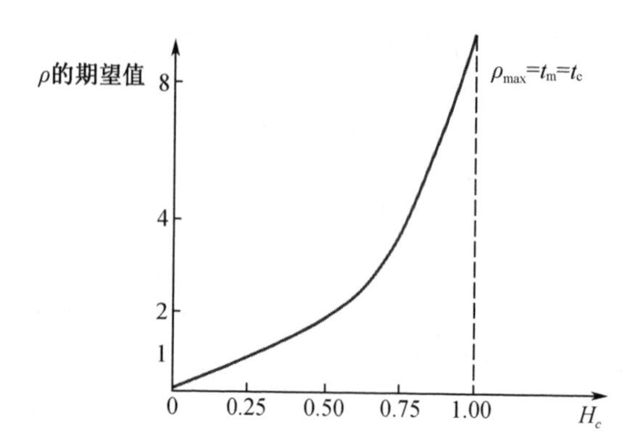

图 4-25 ρ 的期望值与 H_c 的关系

4.4 三级存储体系

目前,多数的计算机系统既有虚拟存储器又有 Cache 存储器。程序用虚拟地址访存,要求速度接近于 Cache,容量是辅存的。这种三级存储体系,可以有三种形式。

4.4.1 物理地址 Cache

三级存储器系统是由"Cache-主存"和"主存-辅存"两个独立的存储层次组成的,如图 4-26 所示。

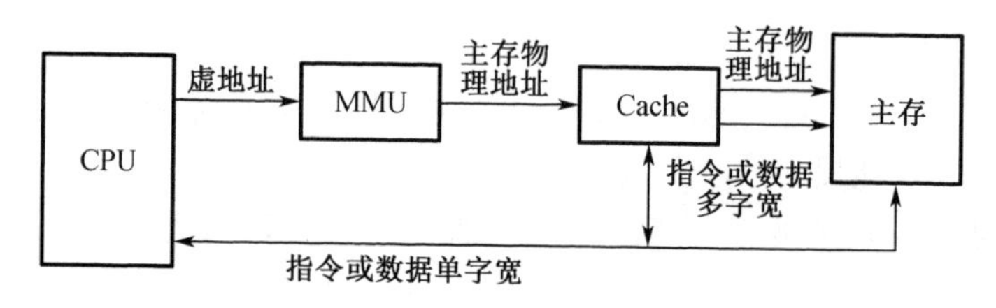

图 4-26 物理地址 Cache 的组

CPU 用程序虚地址访存,经过存储管理部件(MMU)中的地址变换部件变换成主存物理地址访 Cache。如果命中 Cache,就访问 Cache,如果不命中 Cache,就将该主存物理地址的字和该字的主存一个块与 Cache 某相应块交换,而所访问的字直接与 CPU 交换。Intel 公司的 i486 和 DEC 公司的 VAX8600 等机器都采用这种方式。

这种方式需要将主存物理地址变换成 Cache 地址才能访问 Cache,这将增大访 Cache 的时间,至少要增加一个查主存块表的时间。为弥补不足,许多系统就改为直接用虚地址访问 Cache,这就是虚地址 Cache 形式。

4.4.2 虚地址 Cache

虚地址 Cache 将 Cache－主存－辅存直接构成三级存储层次，其组成形式如图 4－27 所示。

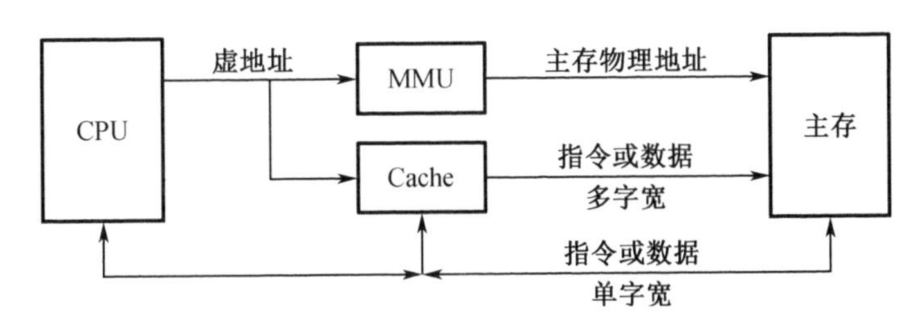

图 4－27 虚地址 Cache 的组成

CPU 访存时，直接将虚地址送存储管理部件 MMU 和 Cache。如果 Cache 命中，数据、指令就直接与 CPU 交换。如果 Cache 不命中，就由存储管理部件将虚地址变换成主存物理地址访主存，将含该地址的数据块或指令块与 Cache 交换的同时，将单个指令和数据与 CPU 交换，Intel 公司的 i860 就采用这种形式。

用虚地址直接访 Cache 的方法其地址变换过程，如图 4－28 所示。

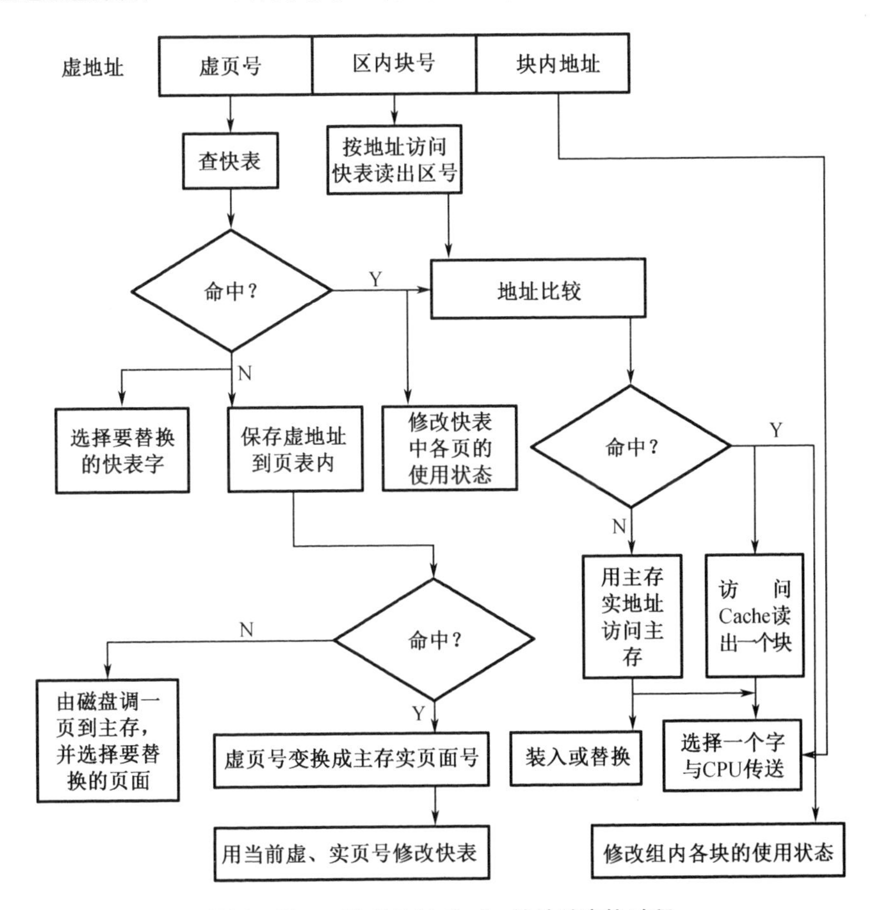

图 4－28 一种虚地址 Cache 的地址变换过程

在图 4 - 27 中，虚存采用位选择组相连映像和地址变换方式。为加快地址变换，可让虚存的一个页恰好是主存的一个区，直接用虚地址的区内块号按地址访问 Cache 的块表，从块表中读出主存的区号和对应的 Cache 块块号。这里，主存的区号就是虚页号，在访问 Cache 块表同时，用虚地址的虚页号访问快表。

如快表中，就将从块表中读出的主存区号与从快表中得到的主存实页号进行全等比较。若比较相等，则 Cache 命中，此时，把虚地址中的区内块号直接作为 Cache 地址中的组号，从快表的相应单元中读出 Cache 的组内块号，把虚地址中的块内地址直接作为 Cache 地址中的块内地址。将上述得到的组号，组内块号、块内地址拼接成 Cache 地址访问 Cache 中的字送往 CPU。若 Cache 不命中，则直接用虚地址作为主存实地址访主存，将访主存的字送往 CPU。同时将含此字的一个块从主存中读出装入到 Cache 中。如果 Cache 已满，还需要某种 Cache 块替换算法，先把不用的一块替换到主存中去。

如果在快表中未命中，则要通过软件去查找存放在主存中的慢表，其后的工作过程与页式虚存或段页式虚存类似。

4.4.3 全 Cache 技术

全 Cache 技术是最近出现的组织形式，尚不成熟，还未商品化。它没有主存，只用 Cache 与辅存中的一部分构成“Cache - 辅存”存储系统。

全 Cache 存储系统的等效访问时间要接近于 Cache 的，容量是虚地址空间的容量。如图 4 - 29 所示是多处理机中实现的一种方案。

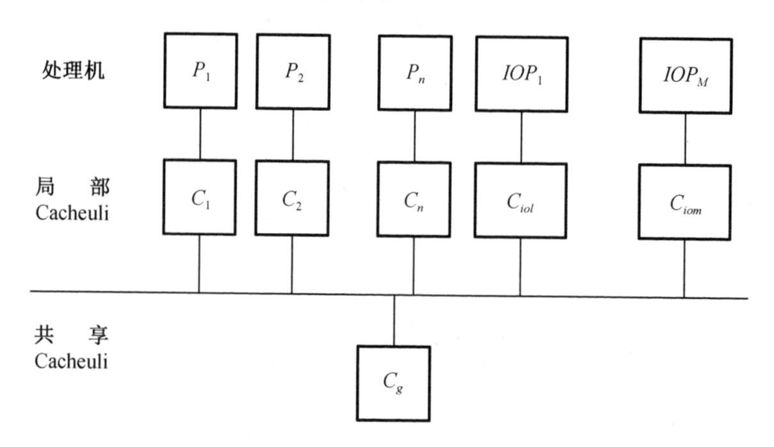

图 4 - 29　多处理机中的全 Cache 存储系统

由于磁盘辅存基本访问单位是物理块，每块有 512 B，因此，与磁盘存储器连接的局部 Cache 的块容量一般也应是 512 B，其他 Cache 块的容量可以是小于或大于 512 B，但是应该是 512 B 的整数倍。

习题 4

4 - 1 解决计算机主存与 CPU 的速度差对机器性能的影响，可采用哪些解决方法？

4 - 2 简述三级存储系统有哪几层及其优点？

4 - 3 拟存储器是由硬件和操作系统自动实现存储信息调度和管理，简述它的工作过程？

4-4 cache-主存和主存-辅存这两个存储层次有哪些相同点？

4-5 虚拟存储器共8个页面，每页为1024个字，实际主存为4 096个字，采用页表法进行地址映像。映像表的内容如下所示。

实页号	装入位
3	1
1	1
2	0
3	0
2	1
1	0
0	1
0	0

(1)列出会发生页面失效的全部虚页号；

(2)按以下虚地址计算主存实地址:0,3728,1023,1024,2055,7800,4096,6800。

4-6 设主存每个分体的存取周期为2 μs，宽度为4个字节。采用模m多分体交叉存取，但实际频宽只能达到最大频宽的0.6倍。现要求主存实际频宽为4 MB/s，问主存模数m应取多少方能使两者速度基本适配（m取2的幂）？

4-7 有一个虚拟存储器，主存有0~3四页位置，程序有0~7八个虚页，采用全相连映像和FIFO替换算法。给出如下程序页地址流:2,3,5,2,4,0,1,2,4,6。

(1)假设程序的2,3,5页已先后装入主存的第3,2,0页位置，请画出上述页地址流工作过程中，主存各页位置上所装程序各页页号的变化过程图，标出命中时刻。

(2)求出此期间虚存总的命中率H。

4-8 采用组相连映像、LRU、替换算法的Cache存储器，发现等效访问速度不高，为此提议：

(1)增大主存容量。

(2)增大块的大小（组的大小和Cache总容量不变）。

(3)提高Cache本身器件的访问速度。

分别采用上述措施后，等效访问速度可能会有什么样的显著变化？其变化趋势如何？如果采取措施后并未能使等效访问速度有明显的提高的话，又是什么原因？

4-9 考虑一个920个字的程序，其访问虚存的地址流为20,22,208,214,146,618,370,490,492,868,916,728。若页面大小为200字，主存容量为400字，采用FIFO替换算法，请按照访存的各个时刻，写出其虚页地址流，计算主存的命中率。

4-10 解决计算机主存与CPU的速度差对机器性能的影响，可采用哪些解决方法？

第 5 章 标量处理机

5.1 重叠方式

5.1.1 重叠的基本概念

传统的指令顺序解释方式指的是各指令之间顺序串行地进行,即一条指令执行完再取下一条指令并执行,每条指令内部各个微操作也顺序串行地进行。顺序解释的优点是控制简单,转入下条指令的时间易于控制。缺点是上条指令操作未完成,下一条指令不能开始。指令执行部件的各功能子部分的利用率低,执行效率差。

指令的重叠解释方式可以加快指令的执行,体现了并行性的并发性特点。一次重叠将指令的执行分为“分析”和“执行”两个阶段,前一条指令的“执行”和后一条指令的“分析”重叠,其工作方式如图 5－1 所示。

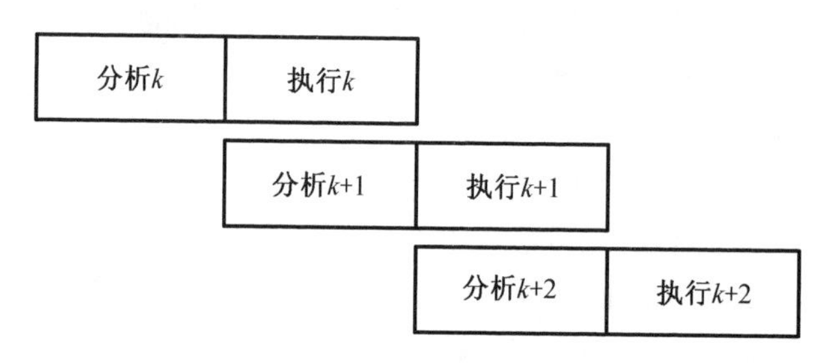

图 5－1 一次重叠工作方式

二次重叠是将指令的执行分为:“取指”“分析”“执行”三个部分。其中“取指”的工作包括按指令计数器的内容访主存,取出该指令送到指令寄存器。“分析”的主要工作包括对指令的操作码进行译码,按寻址方式和地址字段,形成操作数真地址,并用此地址去取操作数等。“执行”主要对操作数进行运算和处理,并存储运算结果,二次重叠的工作方式,如图 5－2 所示。

要实现指令的重叠解释必须在计算机上解决一些顺序方式下可能不需要考虑的一些问题。以二次重叠为例,至少应满足以下几点要求才能保证重叠方式的正确运行。

(1)有独立的取指令部件、指令分析部件和指令执行部件。需要把顺序执行方式下的一个集中的指令控制器,分解成存储控制器、指令控制器、运算控制器三个独立的控制器。

(2)要解决访问主存冲突问题。因为“取指”需要从存储器取出指令;“分析”指令需要在存储器中取操作数;“执行”指令需要访问存储器以保存运算结果或存储中间运行结果。

因为主存的频宽是有限的,如果不能解决好访问主存的冲突问题,重叠解释方式将不能执行。

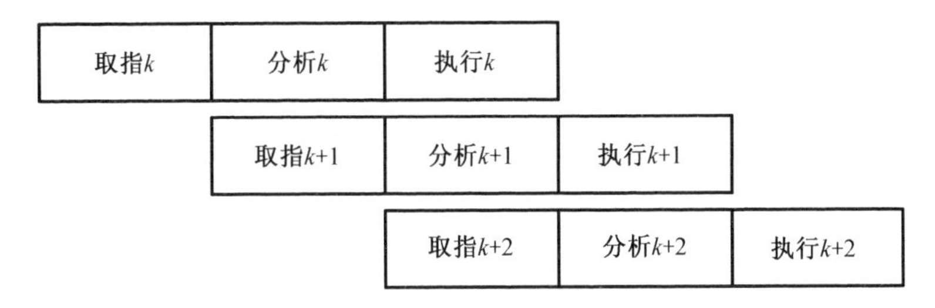

图5-2　二次重叠工作方式

(3)各功能子部分的实现时间应尽可能相等,以便控制同步。从图5-2可以发现"取指""分析""执行"三个子阶段的实现时间应统一一致。当各子阶段的实现时间差异细微时,可用使用锁存器进行限制和统一;如果各子阶段的实现时间差异较大,则要以子阶段实现时间最长的时间段来统一其他各段的实现时间。此时,由于执行快的功能子段必须等待时间长的子段的执行,实际造成了设备资源的浪费。

(4)要解决指令之间各种相关的处理。例如,前一条指令的运行结果是后一条指令的操作数,或者出现了转移指令等一些影响重叠稳定执行的情况。

5.1.2　先行控制方式的原理

由于计算机系统以存储系统为核心进行设计与实现,所以能否解决访存冲突问题对于指令的重叠执行有重要影响。通常的方法包括:

(1)主存储器采取低位交叉并行存取方式

多体并行交叉存储器是由多个独立的、容量相同的存储模块构成的多体模块存储器,以提高主存储器的频宽和数据传输率。当地址码采取低位交叉形式时,如果在一个存储周期内要取的指令、要取的操作数、要写的结果分跨不同的存储模块时,在理想情况下该方式可以解决访存冲突问题。但是由于客观因素的影响,上述理想情况并不能任何时刻均能保证,所以该方式并不能从根本上解决访存冲突问题。

(2)设立两个独立的存储器

独立的指令存储器和独立的数据存储器。如果再规定执行指令的执行结果只写到通用寄存器,则取指令、分析指令和执行指令就可以同时进行。哈佛结构是一种将程序指令存储和数据存储分开的存储器结构,它的主要特点是将程序和数据存储在不同的存储空间中,即程序存储器和数据存储器是两个独立的存储器,每个存储器独立编址、独立访问。目前很多 CPU 内集成的一级 Cache 都分为独立的指令 Cache 和独立的数据 Cache。

(3)采用先行控制技术

先行控制技术的关键是缓冲技术和预处理技术。缓冲技术通常用在工作速度不固定的两个功能部件之间,设置缓冲栈的目的是用来以平滑功能部件之间的工作速度差异。预处理技术主要要把将来在运算器中运算的指令的寻址方式处理为"寄存器-寄存器"型,即RR型。由于指令系统可能原来就有"寄存器-寄存器"型指令,为加以区分通常用 RR^* 来表示。

先行控制方式的处理机包括三个独立的控制器和四个缓冲栈。其中,控制器包括存储控制器、指令分析器、运算控制器;缓冲栈包括先行指令缓冲栈、先行读数栈、先行操作栈、后行写数栈。先行控制方式的处理机结构图,如图 5 -3 所示。

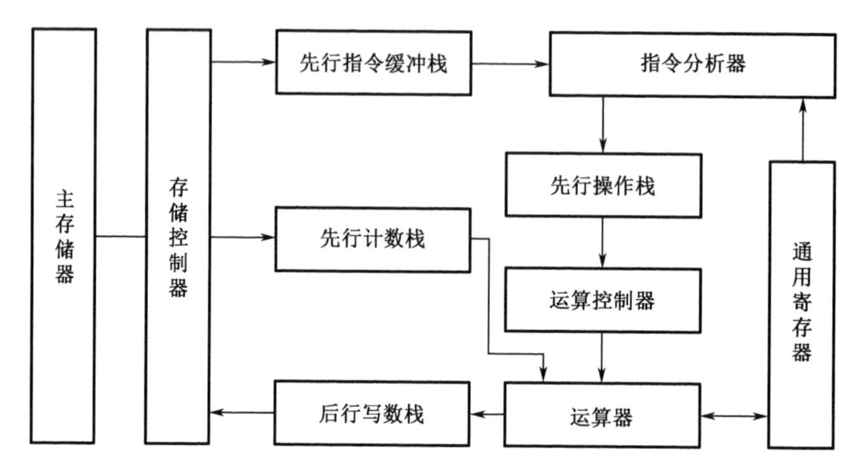

图 5 -3 采用先行控制技术的处理机结构图

先行指令缓冲栈作为主存储器与指令分析器之间的一个缓冲部件,用它来平滑主存储器和指令分析器的工作。当指令分析器分析某一条指令所需要的时间比较长,或者主存储器有空闲时,就从主存储器中多取出几条指令存放在先行指令缓冲栈中。

先行操作栈是指令分析器和运算控制器之间的一个缓冲存储器。指令分析器每预处理完一条指令,就把形成的 RR * 型指令送入先行操作栈。每当运算器执行完一条 RR * 型指令,就由运算控制器从先行操作栈中取出下一条 RR * 型指令。

先行读数栈由一个缓冲寄存器和有关控制逻辑等组成。每一个缓冲寄存器由三个部分组成,包括先行地址缓冲寄存器、先行操作数缓冲寄存器和标志字段。从主存储器读出的操作数可以存放在先行读数栈的操作数缓冲寄存器中,也可以覆盖掉原来的先行地址寄存器中的地址,同时要置位数据有效标志。设置了先行读数栈后,运算器能够直接从先行读数栈中取得所需要的操作数,而不必等待访问主存储器,从而加快指令的执行速度。

后行写数栈是主存储器与运算器之间的一个缓冲存储器。如果在指令分析器中遇到向主存储器的“写数”指令,则把形成的有效地址送入后行写数栈的后行地址缓冲寄存器中。当运算器执行某条 RR * 型写数指令时,只要把写到主存中去的数据送到后行写数栈的后行数据缓冲寄存器中即可,由后行写数栈负责把数据写回到主存储器。这样,运算器不必等待数据写回到主存,就可以继续执行后续的指令。

在采用了缓冲技术和预处理技术之后,运算器能够专心于数据的运算,从而提高程序的执行速度。采用先行控制技术可极大程度改善重叠执行方式过程中的访存冲突问题。

5.2　流 水 方 式

如果一次重叠、二次重叠方式解释指令仍达不到速度要求，可采用同时解释更多条指令的流水方式。流水方式可以看成是重叠概念的概念引申，充分利用时间重叠方式提高计算机系统的多个功能部件或处理阶段的并行性。

5.2.1　流水线工作原理与分类

1. 工作原理

如图 5－4(a)所示，将一次重叠方式的"分析"子过程进一步细分为"取指""译码""取操作数"3 个子过程。然后改进原"执行"子过程的执行时间，使得以上 4 个阶段的执行时间均为 －t。当连续输入 6 条指令时，其时间空间关系图(简称为时空图)，如图 5－4(b)所示。

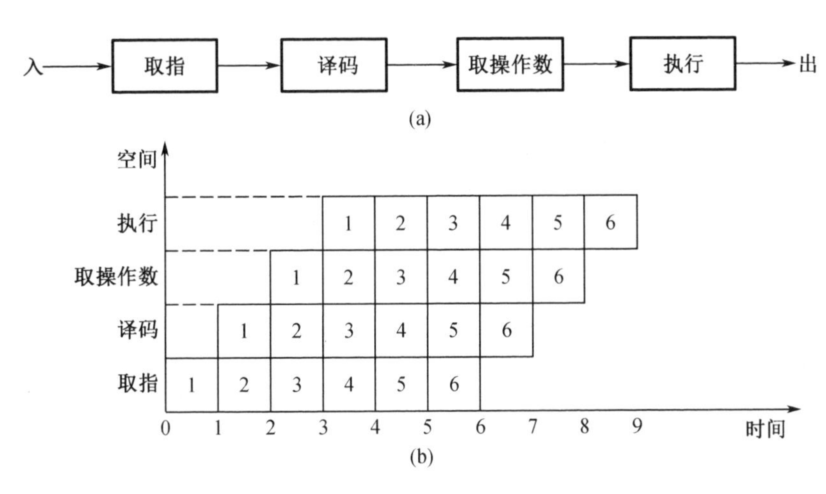

图 5－4　指令的流水处理

时空图可以详细地描述陆续输入的任务在哪些时间段流经了哪些功能段。当连续流入 6 个任务时，在理想状态下由于采用了流水线方式，整个运行时间只有 $9\Delta t$。而如果采用顺序执行方式，6 条指令需要 $24\Delta t$ 才能执行完。

由于流水方式是重叠方式的引申，大到一些任务和任务之间、操作和操作之间，小到具体的功能部件和微操作均可以采用流水方式，从而加快整体的执行速度。

2. 流水的分类

从不同的角度可以把流水线分成不同的类别。

(1)按是否有反馈回路可以分为线性流水线和非线性流水线

从一个任务进入流水线到它从流水线中流出，其所经过的各段如果只经过一次没有反馈回路，则该流水线被称为线性流水线。如果该任务需要多次经过某个功能段，即只要某个功能段被用到了两次及两次以上，则该流水线被称为非线性流水线。如图 5－4 所示，指令处理流水线就是一个典型的线性流水线。非线性流水线举例，如图 5－5 所示。

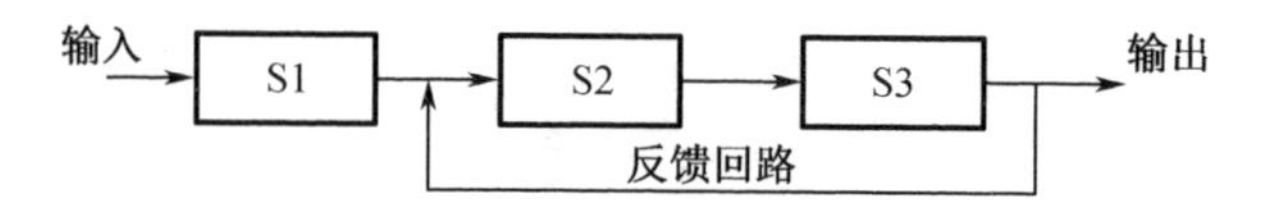

图 5－5　一个简单的非线性流水线

(2)按按使用级别来分,可分为功能部件级、处理机级、处理机间级

部件级流水是指构成部件内的各个子部件间的流水,如运算器内的浮点加法流水线,也称为“运算流水线”,如图 5－6 所示。

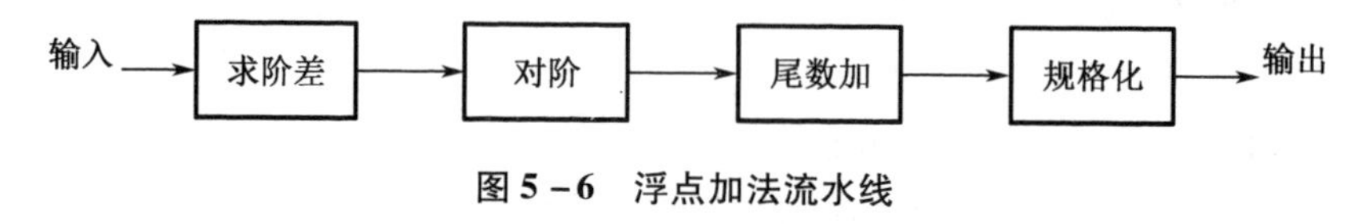

图 5－6　浮点加法流水线

处理机级流水指构成处理机的各部件之间的流水,如将一条指令分解成多个子过程的“指令流水线”。以先行控制方式为例,其指令流水线,如图 5－7 所示。

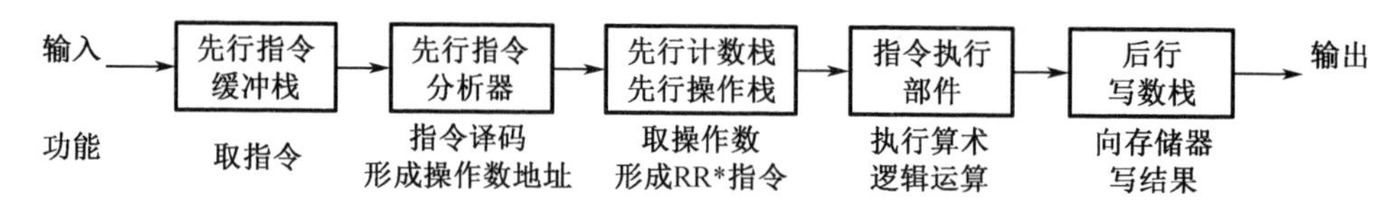

图 5－7　先行控制方式中的指令流水线

处理机级指构成计算机系统的多个处理机之间的流水,如宏流水线,如图 5－8 所示。

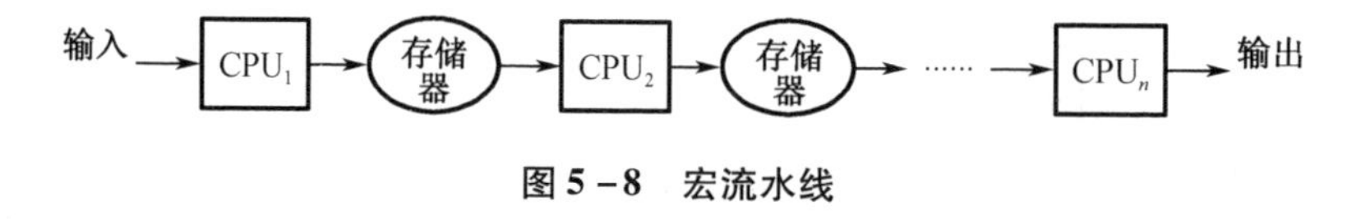

图 5－8　宏流水线

(3)按流水线具有的功能多少可以将流水线分为单功能流水线和多功能流水线

单功能流水线只能实现单一的功能,如浮点加法流水线在只能完成加法功能的情况下,如果要实现定点乘法功能,只能增设一条新的运算流水线来实现定点乘法。如得克萨斯仪器公司研制的 TI－ASC 计算机的运算流水线可以在一套流水线部件上在不同时间段通过对功能段的重新组合实现多种功能。当流入的数据顺序经过第 1－2－3－4－5－8 子段时可以实现浮点加法功能。当流经第 1－6－7－8 子段时可以实现定点乘法运算功能。其流水线连接示意图,如图 5－9 所示。

(4)多功能流水线按各段是否允许同时用于多种不同功能的连接,将多功能流水线分为静态流水线和动态流水线

静态流水线在某一时间段内各子段只能按一种功能进行连接,如果要完成另外一种功能,则必须等待前一功能最后一个任务流出流水线后,才能按后一功能对流水线的各段进行重新连接。如果要发挥静态流水线的效能则要求编译程序生成的程序要尽可能把相同运算的指令调整在一起。静态多功能流水线时空图,如图 5－10(a)所示。

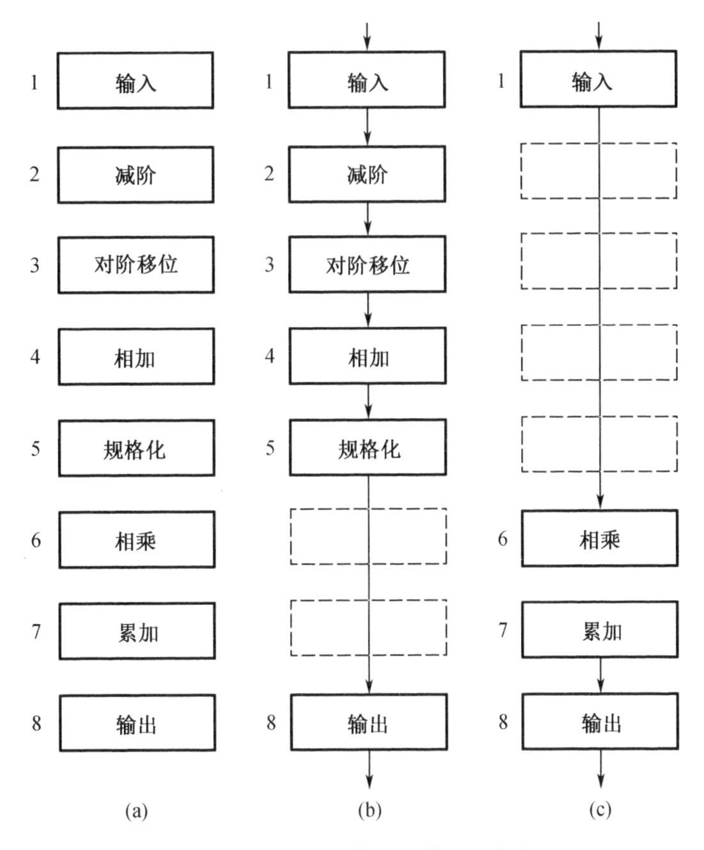

图 5-9　ASC 计算机运算器流水线

(a)流水线功能段;(b)浮点加法运算时的连接;(c)定点乘法运算时的连接

动态流水线在某一时间段内各子段可以在不发生功能段争用等情况下实现多种运算或功能的连接。动态流水线硬件控制比较复杂,但流水线的性能更好。动态多功能流水线时空图,如图 5-10(b)所示。

(5)按数据表示可以把流水线处理机分为标量流水机和向量流水机

标量流水机不能直接识别和处理向量,只能使用循环方式来处理向量和数组。向量流水机具有向量数据表示,设有向量指令和相应向量硬件。向量流水机是向量数据表示和流水线技术的结合,提高了机器处理向量数据类型时的性能。

5.2.2　标量流水线的主要性能

1. 吞吐率 TP

吞吐率 TP(Though Put)是流水线单位时间内能处理的任务数或结果数。

(1)各段执行时间相等情况

现有一条 k 个功能段的流水线,每段的执行时间均为 Δt,现连续处理 n 个任务。则从第 1 个任务进入流水线到第 n 任务从流水线中得到运行结果的整个运行期间 T 内,流水线的吞吐率为:

$$TP=\frac{n}{T_k}=\frac{n}{k\Delta t+(n-1)\Delta t}=\frac{n}{(k+n-1)\Delta t}$$

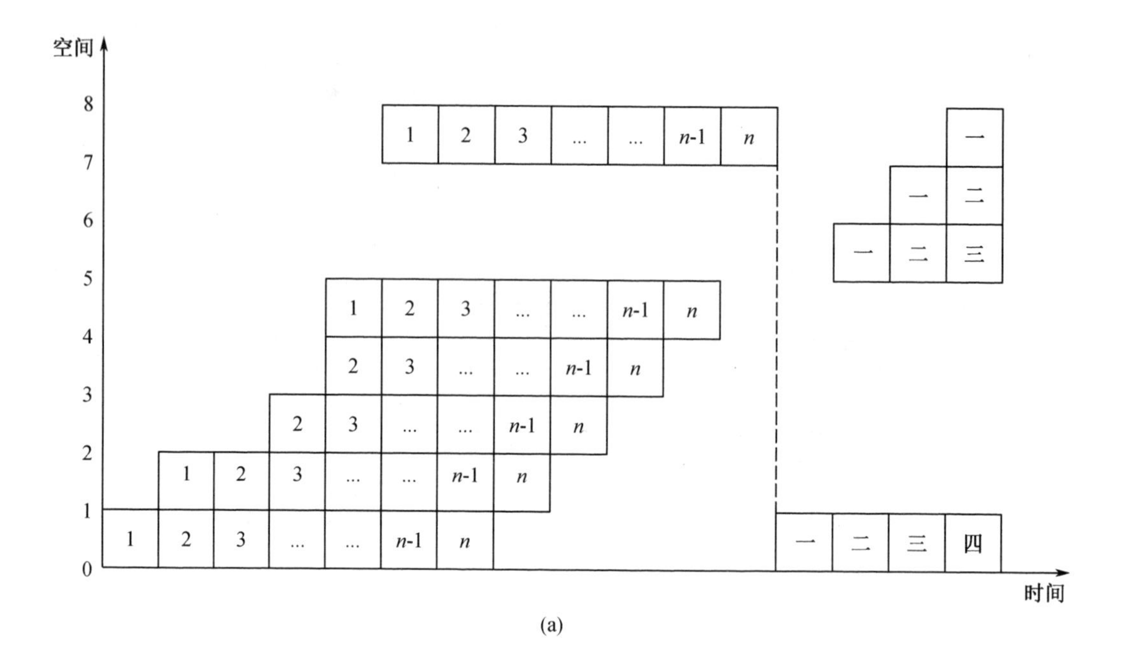

(a)

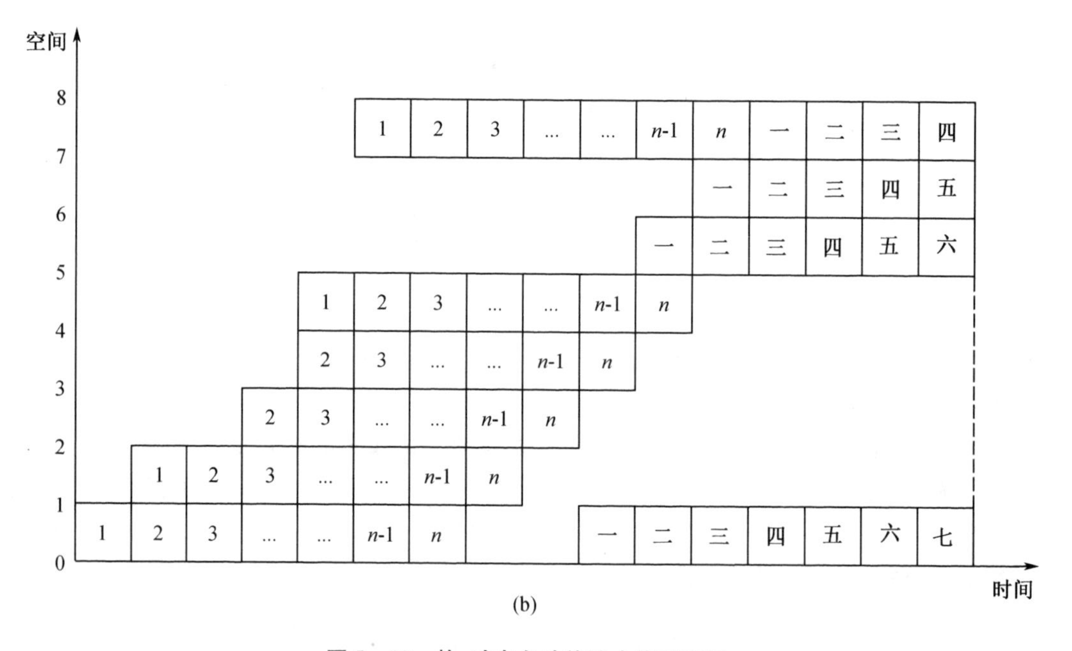

(b)

图 5-10　静、动态多功能流水线时空图

当流水线段数 $k=4$ 时，其时空图如图 5-11 所示。

从时空图可以发现，流水线各功能段在绝大部分时间都被完全利用，流水线的效能达到最大化。当 n 趋于无穷时，吞吐率的极限为：

$$TP_{\max} = \lim_{n\to\infty}\frac{n}{(k+n-1)\Delta t} = \frac{1}{\Delta t}$$

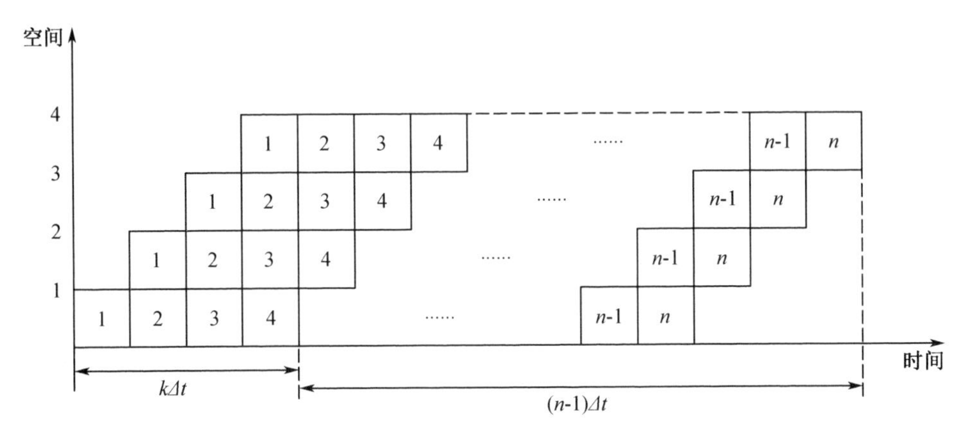

图 5－11　各段时间相等的流水线时空图

(2)各段执行时间不相等,存在瓶颈段情况

流水线的各个功能子段有时可能无法做到各段执行时间均相等,并且可能出现某一功能段的执行时间是其他各段的数倍。将各段执行时间不相等的流水线中执行时间最长的子功能段定义为流水线的瓶颈段。如图 5－12 所示,其中的第 3 段就是整个流水线的瓶颈段。

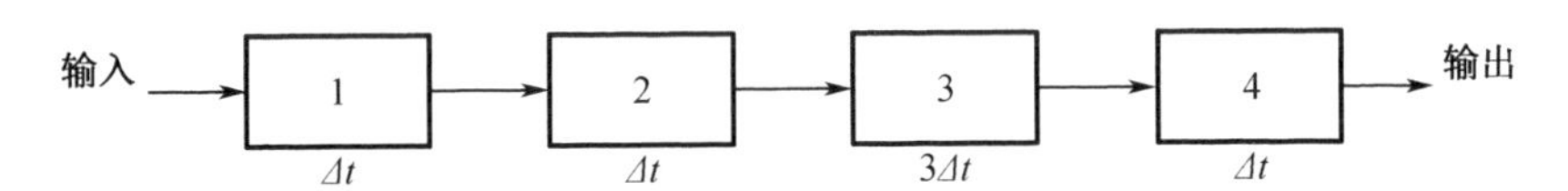

图 5－12　各段执行时间不等的流水线举例

如上图所示的流水线,当连续输入 n 个任务时,其时空图如图 5－13 所示。

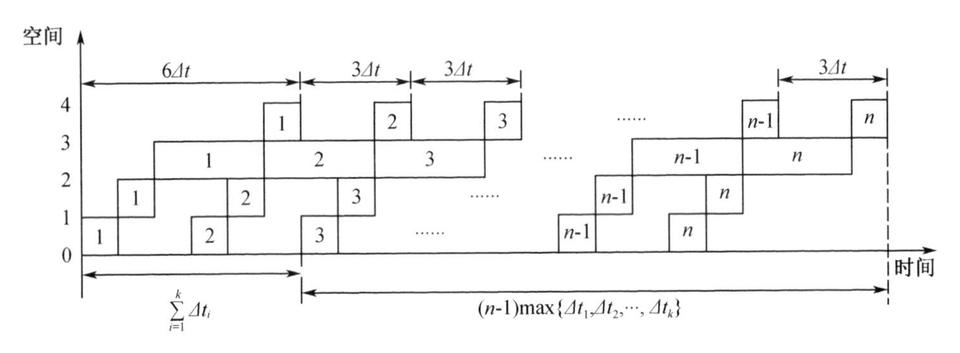

图 5－13　各段时间不相等的流水线时空图

从时空图可以看到,第一个任务在流水线中从入到出的时间等于各段执行时间之和。当第一个任务从流水线得到后,剩下的 $n-1$ 个任务每隔 $3\Delta t$ 得到一个运行结果。所以该流水线的吞吐率为:

$$TP = \frac{n}{T_k} = \frac{n}{\sum_{i=1}^{k} \Delta t_i + (n-1)\max\{\Delta t_1, \Delta t_2, \cdots, \Delta t_k\}}$$

其中,$\max\{\Delta t_1, \Delta t_2, \cdots, \Delta t_k\}$为流水线瓶颈段的执行时间。由于瓶颈段的出现,连续的 n 个任务进入流水线线的时间间隔由各段执行相等情况下每隔 $1\Delta t$ 流入 1 个任务延长到瓶颈段的执行时间 $3\Delta t$。由于流入时间间隔的延长,所以任务从流水线中流出的时间间隔也相应延长,说明瓶颈段影响到了流水线的性能。当 n 趋于无穷时,吞吐率的极限为:

$$TP\max = \lim_{n\to\infty} \frac{n}{\sum_{i=1}^{k} \Delta t_i + (n-1)\max\{\Delta t_1, \Delta t_2, \cdots, \Delta t_k\}} = \frac{1}{\max\{\Delta t_1, \Delta t_2, \cdots, \Delta t_k\}}$$

吞吐率的极限公式说明吞吐率的极限只与瓶颈段的执行时间有关。所以要想提高流水线的性能,就必须缩短瓶颈段的执行时间,尽量将各段执行时间不相等的流水线处理成各段执行时间相等的形式。

消除瓶颈段的方法通常有以下两种:

①分离瓶颈段　该方法试图通过技术手段将瓶颈段细分,将其尽可能分解为各段执行时间均为 Δt 的一系列子段。分离瓶颈段的方法要求瓶颈段可进一步细分,“瓶颈段”细分示意图,如 5－14 所示。

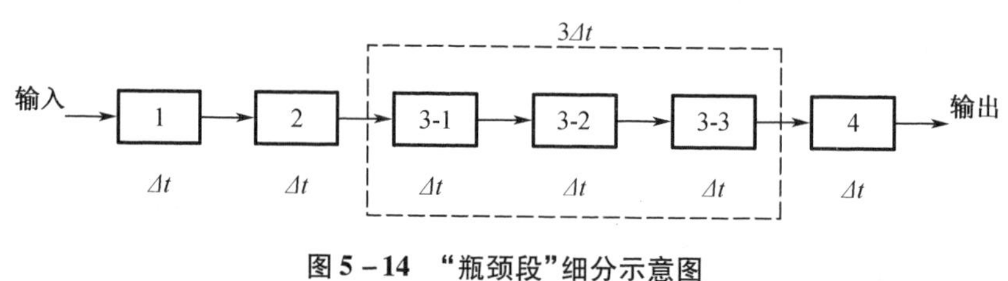

图 5－14　“瓶颈段”细分示意图

采取“分离瓶颈段”方式时的时空图,如图 5－15 所示。

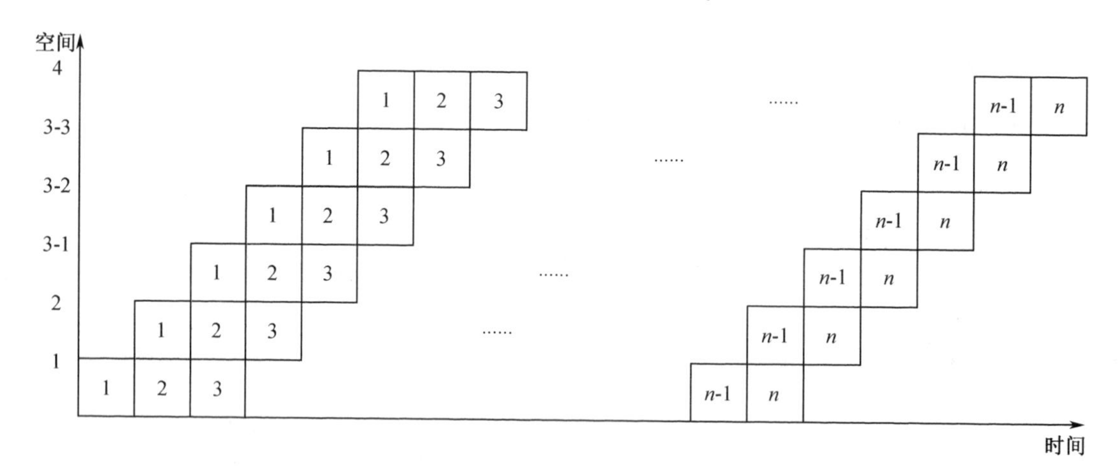

图 5－15　“分离瓶颈段”方式时的时空图

②重复设置瓶颈段　该方法主要借助资源重复的思想,在出现瓶颈段的流水线上重复设置多个功能结构相同的瓶颈段部件,实现在瓶颈段前端的任务分流,类似于电路连接中的并联方式。其连接示意图,如图 5－16 所示。

由于重复设置了多个功能相同的流水线子段,所以需要增加分配器和收集器,但相对于前一种分离瓶颈段的消除方法,该方法并不过多依靠技术手段,主要借助资源重复手段就可以实现瓶颈段的消除。采取“重复设置瓶颈段”方式时的任务时空图,如图 5 - 17 所示。

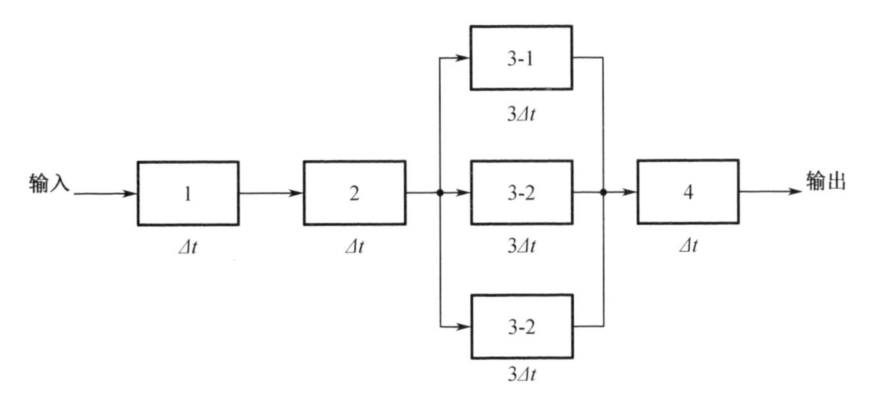

图 5 - 16　“重复设置瓶颈段”连接示意图

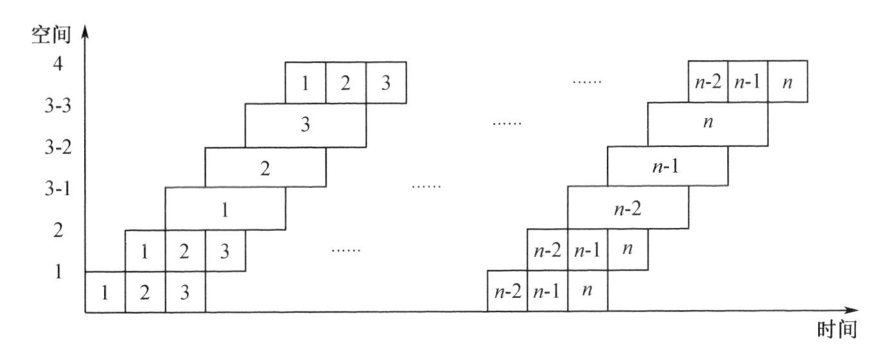

图 5 - 17　“重复设置瓶颈段”方式时的时空图

通过时空图的对比发现,两种消除瓶颈段的方法在理论上达到的最终效果是基本一致的。

2. 加速比

加速比(Speedup)表示流水方式相对于顺序方式速度提高的倍数。

(1)各段执行时间相等情况

流水线的段数为 k,每段的执行时间均为 t,现连续处理 n 个任务,加速比表示为顺序执行方式的执行时间 T_0 比上用流水方式的执行时间 T_k,其公式如下所示。

$$S = \frac{T_0}{T_k} = \frac{kn\Delta t}{(k+n-1)\Delta t} = \frac{kn}{k+n-1}$$

当任务数 n 趋于无穷时,加速比的极限为:

$$S_{\max} = \lim_{n\to\infty}\frac{kn}{k+n-1} = k$$

说明流水线的加速比指标与流水线的段数紧密相关,理论上流水线的段数越多,该流水线的性能相对于顺序执行方式性能提高的倍数越大。

(2)各段执行时间不相等情况

流水线各段执行时间不等,存在瓶颈段的情况下,流水线的加速比为:

$$S = \frac{n\sum_{i=1}^{k}\Delta t_i}{\sum_{i=1}^{k}\Delta t_i + (n-1)\max\{\Delta t_1, \Delta t_2, \cdots, \Delta t_k\}}$$

3. 效率

效率(Efficiency)表示流水线的设备利用率。

由于时空图可以清楚描述连续输入的 n 个任务在流水线工作期间对流水线各个功能段的使用情况,所以可以将效率指标的计算描述如下:

$$E = \frac{n\text{ 个任务占用的不规则时空区}}{k\text{ 个流水段的总时空区}}$$

分子中的"n 个任务占用的不规则时空区"是时空图中画出的所有方格的总面积,分母中"k 个流水段的总时空区"是时空图中宽度为整个任务的执行时间 T_k,高度为流水线段数 k 的一个矩形的面积。

(1)各段执行时间相等情况

该情况下效率的计算公式为:

$$E = \frac{T_0}{kT_k} = \frac{nk\Delta t}{k(k+n-1)\Delta t} = \frac{n}{k+n-1}$$

当任务数 n 趋于无穷时,效率的极限为:

$$S_{\max} = \frac{n}{k+n-1} = 1$$

效率的极限等于 1 表明:当送入流水线的任务数足够多情况下,在理想情况下,流水线的设备使用率近似为 100%。

(3)各段执行时间不相等情况

当存在瓶颈段的情况下,该流水线的效率为:

$$E = \frac{n\sum_{i=1}^{k}\Delta t_i}{k[\sum_{i=1}^{k}\Delta t_i + (n-1)\max(\Delta t_1, \Delta t_2, \cdots, \Delta t_k)]}$$

对于单功能线性流水线,输入连续任务的情况,通过上面给出的公式很容易计算出流水线的吞吐率、加速比和效率。对于输入不连续任务,或多功能流水线,需要具体分析。

【例 5-1】 一个 4 段的双输入端浮点加法流水线,每段经过的时间均为 Δt,输出可以直接返回输入或将结果暂存于相应缓冲器中。试画时空图,分析计算多长时间可以求出 8 个浮点数的累加和 $\sum_{i=1}^{8} A_i$。

解 8 个浮点数的累加和求解涉及 7 个加法操作,为避免后一个加法的操作数是前一个加法的运行结果,表达式可以以如下形式观察:

$$S = [(A_1 + A_2) + (A_3 + A_4)] + [(A_5 + A_6) + (A_7 + A_8)]$$

即让流水线先计算 $A_1 + A_2$、$A_3 + A_4$、$A_5 + A_6$、$A_7 + A_8$ 这 4 组加法,然后对四个运算结果继续采取两两相加操作,完成表达式中的中括号部分。最后将上一步得到的两个运算结果进行相加,得到最终结果。其流水线时空图如图 5-18 所示。

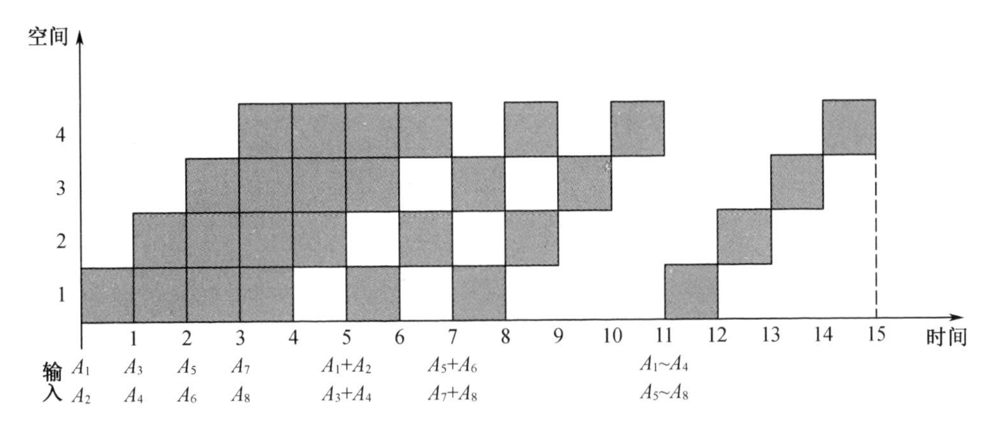

图 5-18　求 8 个浮点数累加和的时空图

从时空图中可以看出，由于做了 7 个加法，所以任务数 $n=7$；从 1 个任务进入流水线到最后一个任务流出流水线，整个运行时间为 $15\Delta t$。所以流水线的吞吐率为：

$$TP=\frac{n}{T_k}=\frac{7}{15\Delta t}$$

如果采取顺序方式执行则需要 $7\times4\Delta t$，共计 $28\Delta t$，所以流水线的加速比为：

$$S=\frac{T_0}{T_k}=\frac{28\Delta t}{15\Delta t}\approx1.87$$

流水线的设备使用率体现为图 5-18 中阴影块的面积比上一个宽为 $15\Delta t$，高为 4 的矩形面积。因此该流水线效率为：

$$E=\frac{T_0}{kT_k}=\frac{28\Delta t}{4\times15\Delta t}\approx46.7\%$$

【例 5-2】　设两个向量 A 和 B 各有 4 个元素，要在如图 5-19 所示的静态双功能流水线上，计算向量点积 $A\cdot B=\sum_{i=1}^{4}a_i\cdot b_i$，其中 1→2→3→5 段组成加法流水线，1→4→5 组成乘法流水线，又设流水线每段所经过的时间均为 Δt，而且流水线的输出结果可以直接返回到输入或存于相应的缓冲寄存器中，其延迟时间和功能切换所需的时间都可以忽略不计。选择合理的算法使完成该运算的时间最短，画出时空图，求出流水线在此期间的吞吐率、加速比和效率。

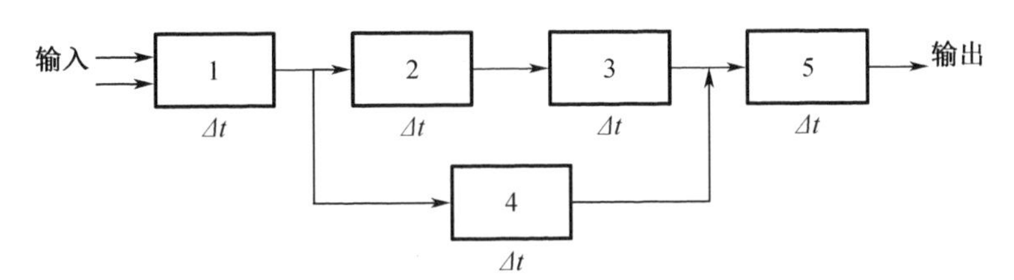

图 5-19　向量点积运算流水线连接示意图

解　该向量点积操作需要计算 $a_1\times b_1+a_2\times b_2+a_3\times b_3+a_4\times b_4$ 共有 4 次乘法，3 次加法。根据功能相同的操作尽可能集中安排在一块处理和尽量避免产生数据相关的原则，该向量点积运算在流水线上计算时，应按以下步骤处理：

(1)首选完成四次乘法,求得 $a_1 \times b_1$、$a_2 \times b_2$、$a_3 \times b_3$、$a_4 \times b_4$,并将计算结果进行保存。

(2)下一步,等所有的乘法运算在流水线上排空以后,进行一次功能切换,用加法功能段完成($a_1 \times b_1 + a_2 \times b_2$)和($a_3 \times b_3 + a_4 \times b_4$)两个加法运算;

(3)在得到上述两个加法运行结果后,再做一次加法运算,得到最终结果。

当运算时间最短情况下,流水线时空图,如图 5-20 所示。

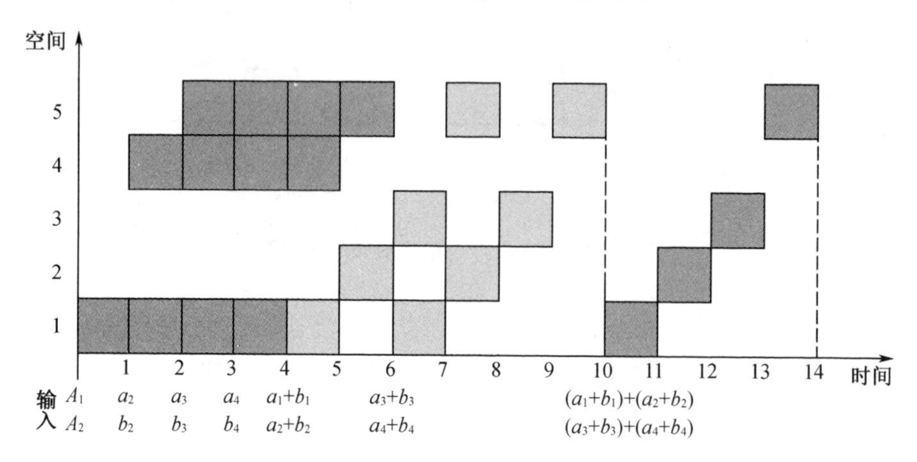

图 5-20　静态方式下实现向量点积运算的时空图

该流水线的吞吐率、加速比和效率分别为:

$$TP = \frac{n}{T_k} = \frac{7}{15\Delta t}$$

$$S = \frac{T_0}{T_k} = \frac{4 \times 3\Delta t + 3 \times 4\Delta t}{15\Delta t} = \frac{24}{15} = \frac{8}{5} \approx 1.7$$

$$E = \frac{T_0}{kT_k} = \frac{4 \times 3\Delta t + 3 \times 4\Delta t}{5 \times 15\Delta t} = \frac{24}{5 \times 15} = \frac{8}{25} = 32\%$$

如果把静态流水线改为动态流水线,流水线时空图,如图 5-21 所示。

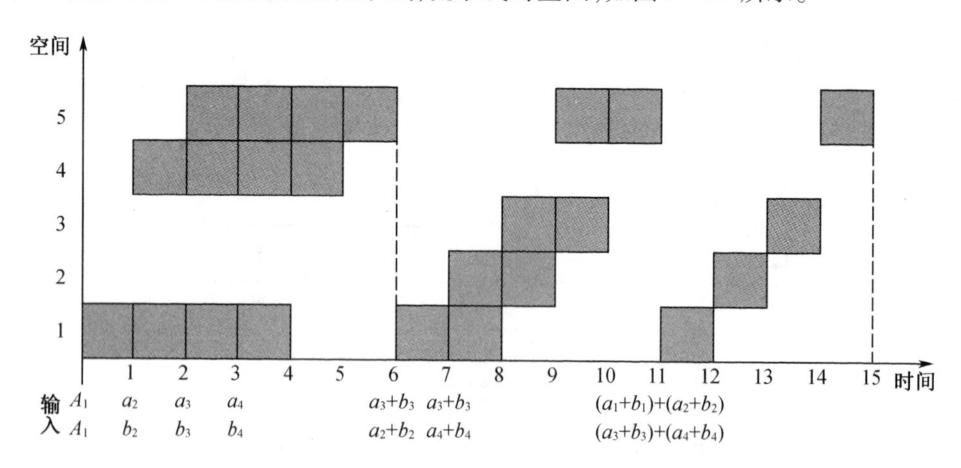

图 5-21　动态方式下实现向量点积运算的时空图

动态流水线情况下的吞吐率、加速比和效率分别为：

$$TP=\frac{n}{T_k}=\frac{7}{14\Delta t}=\frac{1}{2\Delta t}$$

$$S=\frac{T_0}{T_k}=\frac{4\times3\Delta t+3\times4\Delta t}{14\Delta t}=\frac{24}{14}=\frac{12}{7}=1.6$$

$$E=\frac{T_0}{kT_k}=\frac{4\times3\Delta t+3\times4\Delta t}{5\times14\Delta t}=\frac{24}{70}=\frac{8}{25}\approx34.3\%$$

5.2.3　标量流水机的相关处理

指令或操作之间往往会存在一些相互关系，如前一条指令的运行结果是后一条指令的操作数；一条转移指令的操作码由它前一条指令形成；当中断发生时，CPU 需要处理中断，而此时由于指令流水线中可能有多条指令正处于不同的执行阶段。

1. 局部性相关

指令相关，访存操作数相关和通用寄存器相关等局部性相关都是由于在机器同时解释的多条指令之间出现了对同一主存单元或寄存器要求“先写后读”。

流水线计算机处理局部性相关有两种主要方法：

(1)推后后续指令对相关单元的读，直至在先的指令写入完成；

(2)设置相关直接通路，将运算结果经相关直接通路直接送入所需部件，不必先把运算结果写入相关单元，再从此相关单元取出来用，从而省去写入和读出两个访问周期，提高流水线的吞吐率，减少数据相关对流水线的性能影响。

流水线计算机如果想高效运行必须要判定流入流水线多条指令之间是否相关，控制推后对相关单元的读，做好相关直接通路并合理控制相关直接通路的连通和断开等。

任务在流水线中的流动顺序的安排和控制可以有两种方式。

(1)顺序流动　任务(指令)流出流水线的顺序保持与流入流水线的顺序一致，称为顺序流动方式。

(2)异步流动　为降低局部性相关对流水线造成断流的影响，当需要时，可以让任务进入流水线的顺序与流出流水线的顺序不同，称为异步流动方式。

例如，一个 8 段的流水线如图 5－22 所示。其中第 2 段为读段，第 7 段为写段，一批指令序列依次流入该流水线，指令序列的编号为 h，i，j，k，l，m，n，…。现假设指令 j 的操作数是指令 h 的运行结果，即产生了两条指令之间的“先写后读”相关。在顺序执行方式下，由于一条指令完全执行完，后续指令才有可能被取指，所以“先写后读”相关处理相对简单。但在流水方式下，指令 h 只有经过了第 7 段后，指令 j 才能进入第 2 段，如果指令流出的顺序与流入顺序一致，即采取顺序流动方式，则流水线在多个时间拍内多个子段无法工作，吞吐率急剧下降。

顺序流动方式具有控制比较简单的优点，但会造成流水线的断流。如果 j 后面的指令，如 k，l，m，n 等，如果和 j 没有相关，就可以让它们越过 j 提前进入流水线并继续向前流动，如图 5－22 中“异步流动”所示。流水线的吞吐率和效率得以保证。

流水线采取异步流动方式后，可能会产生顺序流动不会发生的“先读后写”相关和“写写”相关。如指令 j 的读操作与指令 k 的写操作对应同一存储单元，指令 j 读取的内容应是单元先前的内容。如果指令 k 越过指令 j 向前流动，提前完成了写操作，则指令 j 读取的内

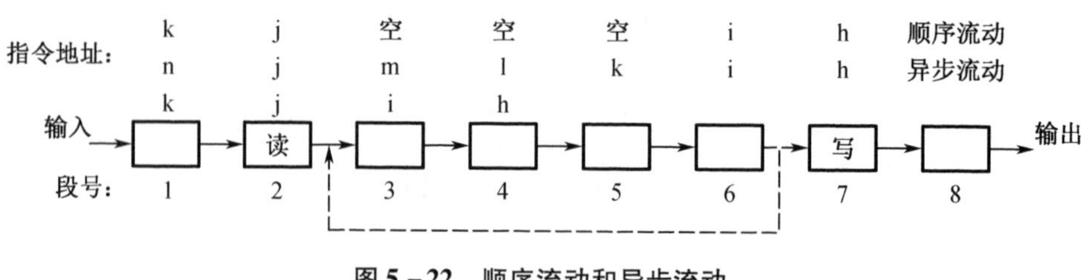

图 5－22　顺序流动和异步流动

容就不是某单元原先的内容而是指令 k 写过的内容，从而造成错误。将对同一单元要求先前的指令先读出，后面的指令才能写入的关联称为“先读后写”相关。

如果指令 j 和指令 k 都有对同一单元的写操作，该单元最后的内容应该是指令 k 的写入结果，但由于异步流动，指令 k 越过指令 j 向前流动，指令 k 先于指令 j 达到“写段”，从而使该单元的最后内容错为指令 j 的写入结果。称对同一单元要求在先的指令先写入，在后的指令后写入的关联为“写写”相关。“先读后写”相关和“写写”相关只有在异步流动时才有可能发生，同步流动时没有以上两种相关。在异步流动的方式下，控制机构要合理处理好以上三种相关。

在流水线中可以通过设置相关直接通路来减少吞吐率和效率的损失。以图 5－22 所示的“先写后读”相关为例，可以在写段和读段之间设置相关直接通路，如图中虚线所示。如指令 h 与指令 j 产生了先写后读相关，则建立该通路。指令 h 不用经过第 7 段地写段，可直接将它的运行结果通过该通路送给指令 j。指令 j 可以直接从通路中获取数据，不必再经过第 2 段写段。由于通路的建立，整体上节省了 2 拍的执行时间。

但由于流水机器同时解释多条指令，并经常采用多个可并行工作的功能部件，如果在各功能部件之间为各种局部性相关都设置单独的相关直接通路，将会使硬件耗费大，控制复杂。因此实际当中，流水线处理机往往一般采用分布式控制和管理，并设置公共数据总线，以简化各种相关的判别和实现相关直接通路的连接。

【例 5－3】　BM360/91 中央处理机由指令处理部件、主存控制部件、定点执行部件和浮点执行部件等组成。浮点操作数缓冲器 FLB 接收和缓冲来自主存的操作数。要写入存储器的信息被送到存储数据缓冲器 SDB 中进行缓冲。运算器中的浮点加法器和浮点乘/除法器均采用流水方式实现。在判断是否产生相关时，IBM360/91 给每个浮点寄存器 FLR_i 设置一个“忙位”来判别相关。只要某个浮点寄存器 FLR_i 正在使用，就将其“忙位”设置为 1，一旦使用完毕，就将其设置为“0”。因此如果某个操作命令要使用 FLR_i 寄存器，就先看其“忙位”是否为“1”，若为 1 就表示发生了相关。通过设置保存站和“站号”字段和在相关后更改站号就可以推后处理及控制相关直接通路的连接。IBM360/91 处理机还实现了数据相关的异步流动控制，同时采用了公共数据总线（Common Data Bus，CDB）相关直接通路形式，可以为多种和多个不同的相关所共用，通过给出不同站号来控制其不同的连接。采用分布式控制方式大大简化了同时出现多种相关及多重相关的处理，它要比集中式更灵活，且处理能力强，因此大多数流水机器采用类似于 IBM360/91 的分布式处理方式。

2. 全局性相关

全局性相关指已进入流水线的转移指令（尤其是条件转移指令）和其后续指令之间的相关。与局部性相关比较，局部性相关是两条或几条指令之间的相关，发生在局部环境下。

而全局性相关是程序的方向性选择问题，所以称之为“全局性”相关。全局性相关的常见处理方法包括以下几种。

(1)猜测法

若指令 i 是条件转移指令，有两个分支，如图 5－23 所示。一个分支为 i＋1，i＋2，…，按原来的顺序执行下去，称之为转移不成功分支；另一个分支是转向 p，p＋1，…，称为转移成功分支。由于执行阶段的分段流水处理特点，流水线计算机需要转移指令 i 流出流水线即条件码建立后才能确定是执行 i＋1，i＋2，…分支，还是执行 p，p＋1，…分支。如果让指令 i 后面的指令都停止进入流水线，待转移分支明确后再选择哪组指令进入流水线势必会造成流水线的工作断流，性能显著下降。流水线计算机为避免断流造成的影响，通常会选择“猜测法”猜测分支，如猜测转移不成功分支或猜测转移成功分支。

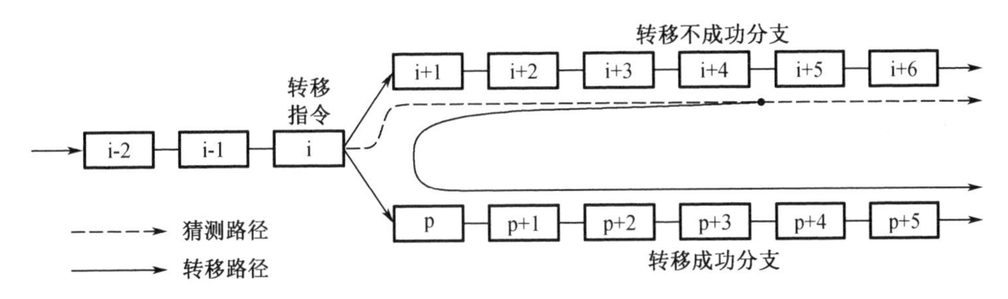

图 5－23　猜测法处理条件转移指令

当两个分支概率相近时，可以选择转移不成功分支，因为它的指令已预先取进了指令缓冲器。如果猜测转移成功分支，指令 p 及其后续指令可能并不在指令缓冲器中，实际上会造成流水线断流，例如 IBM360/91 就猜选转移不成功分支。如图 5－23 所示，假如指令 i 所需的条件码是在指令 i＋4 进入流水线后才能建立。如果条件码对应于转移指令分支，表明猜测正确，指令可以继续流动下去；如果条件码对应于转移成功分支，表明猜测错误，这时需要对已在流水线中的 i＋1，i＋2，i＋3，i＋4 指令进行作废，重新回到原分支点，沿转移成功分支依次让指令 p，p＋1，… 进入流水线。猜测法需要设定大量的后援寄存器来保证猜测法在猜错时能恢复分支点的原先现场。

通过一些技术手段可以让猜测法猜对的概率比猜错的概率高，如通过编译程序根据执行过的过程中转移的历史记录来动态预测未来的转移指令选择，可使预测的准确率提高到 90%。

为了猜错时能尽快回到原分支处转入另一分支，在沿猜测路径向前流动时可以由存储控制器预取转移成功分支的前几条指令放在转移目标指令缓冲器中，以便猜错时再到存储器找那个从存取指令 p 开始另一分支，以减少流水线的等待时间。IBM360/91 是预先取两条双字长指令进入转移目标指令缓冲器中。IBM3033 处理机除了设置正常的指令缓冲器外，还设置了两套转移目标指令缓冲器为相邻的两条转移指令分别使用。

(2)加快和提前形成条件码

如果能尽早得到条件码，就能提前知道程序会转入哪个分支，该方法的处理思想是将条件码 i－1 与转移指令 i 分开，将 i－1 提前形成。

其一，加快单条指令内部条件码形成，不必等指令全部执行完就提前形成反映运算结果的条件码。例如，两个数相乘判断结果是正、负还是零的条件码可以在运算之前就得到。

如果两个数都是正数或者都是负数,结果必然为正。如果一正一负,结果必然为负。如果其中一个数为零,则结果必然为零。Amdahl 470 V/6 处理机在流水线输入端设置 LUCK 部件,可对大多数指令预先判断出他们的条件码,从而在实际运算之前就能将运算结果的条件码送到指令分析中。

其二,可以考虑让条件码 i - 1 提前,让其与转移指令之间填补一些其他需要运算的指令。这种方法特别适合于循环型程序在判断循环是否继续时的转移情况。例如,FORTRAN DO 循环,在循环体内部每当执行到循环终端时都要对循环次数减 1,如果减后的结果为 0 就跳出循环,否则就继续执行循环体内部的指令。通常用减 1(DEC)和不等于零条件转移(NE)两条指令实现。可以考虑将减 1 指令提前到与其他不相关的其他指令之前,甚至提前到循环体开始时进行。这样执行到 NE 指令时,减 1 指令的条件码可能早已形成,马上可以判断出转移分支,提高流水线的吞吐率和效率。

(3)采取延迟转移

与上一种的解决方法不同,延迟转移技术的处理思想是将转移指令 i 和其转移成功分支指令之间插入一条或多条有效的指令。具体实现时可以在编译生成目标程序时,将转移指令与前面不相关的一条或多条指令交换位置,让成功转移总是延迟到在这一条或多条指令之后再进行。

(4)加快短循环程序的处理

将长度小于指缓容量的短循环程序整个一次性放入指缓内,并暂停取指令,猜选分支恒选循环分支。这种方法避免执行循环时由于指令的预取导致指缓中需要循环执行的指令被冲掉,减少主存重复取指次数。恒选循环分支主要考虑到程序进入循环分支的概率相对较高的原因。例如,IBM360/91 设置了“向后 8 条”检查硬件,当转向去址往回走且与条件转移指令之间相隔不超过 8 条指令时,将其间的指令全部放入指缓并停止预取新的指令。还设置了“循环方式”工作状态,使出口端的条件转移指令指向循环程序的始端。采取以上措施后,IBM360/91 可使循环时流水速度加快 1/3 ~3/4。

3. 流水机器的中断处理

流水机器在发生中断时,流水线内有的指令可能在取指、有的指令在译码、有的可能在进行运算,还有的在写结果。这些指令不管执行到什么阶段,由于中断的发生,可能都要被迫进行工作的终止,机器进行现场保护,待中断处理完毕后才能恢复现场,之前的指令才得以继续执行。中断出现概率比条件转移的概率要低得多,且又是随机发生的。所以,流水机器处理中断主要是考虑如何处理好断点现场的保存和恢复,而不是考虑如何缩短流水线的断流时间。通常,处理方式有两种处理方式。

(1)不精确断点法

早期的流水机器,如 IBM 360/91 为简化中断处理采取“不精确断点法”。如在执行指令 i 时产生中断,不管指令 i 在哪一段发生中断,未进入流水线的指令不再进入流水线,但已在流水线中的指令,如 i - 1,i - 2,… 或 i + 1,i + 2,…指令仍要在流水线中继续流完之后,才能转入中断处理程序。因此断点就不一定是 i,即断点是不精确的。该方法很不利于编程和程序的排错。

(2)精确断点法

后来的流水机器多数采用了“精确断点”法,如 Amdahl 470 V/6。不论指令 i 在流水线哪一段发生中断,中断现场都是准确对应于指令 i 的,已在流水线的指令都不会继续流动,仿佛静止了一般。该方法犹如给流水线中的所有指令及其相关状态拍了一张精准的照片，待处理完中断后，处理机再根据“照片”精确地进行现场恢复。要实现“精确断点”，流水机器必须设置大量的后援寄存器进行原有现场的保存和恢复。

5.2.4　非线性流水线的调度

流水线根据其是否有反馈回路分为线性流水线和非线性流水线。相比前文的非线性流水线，非线性流水线由于某些功能段会被反复用到，所以新的任务进入流水线必须要根据相应的调度依据进入流水线，否则会产生多个任务对功能段的争用冲突问题。所谓非线性流水线调度问题就是针对不同的非线性流水线，求得一个合理的任务依次进入流水线的时间间隔循环周期，按照这周期向流水线输入新任务，多个任务既不会发生功能段的使用冲突，又使得流水线的吞吐率和效率指标最高。现介绍单功能的非线性流水线调度策略优化。

为了对流水线任务进行优化调度和控制，1971 年，E. S. Davidson 等人提出使用一个二维预约表来描述一个任务在流水线使用期内对流水线设备的使用情况。

表 5 - 1 为一个 k 段的单功能非线性流水线预约表举例。一个任务通过流水线总共需要 n 拍，流水线的各段执行时间均为 Δt。如果任务在第 n 拍用到了流水线的第 m 段，就在预约表第 m 行第 n 列的单元格内用“√”符号表示这一使用情况。该预约表对应的时空图，如图 5 - 24 所示。

表 5 - 1　流水线预约表举例

段号	拍号								
	1	2	3	4	5	6	7	8	9
1	√								√
2		√	√					√	
3				√					
4					√	√			
5							√	√	

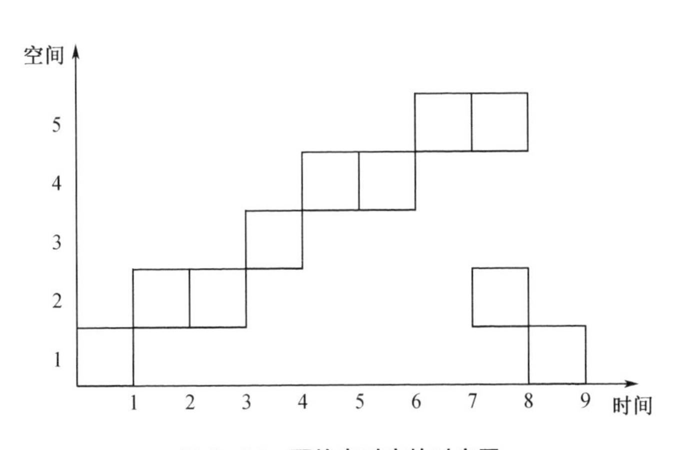

图 5 - 24　预约表对应的时空图

该例中，一个任务在第2拍和第3拍反复用到了第2段，共计两次。第5～6拍，第7～8拍分别反复用到了第4段和第5段各两次，所以该流水线是一个非线性流水线。一个任务也可在一拍用到流水线的多个子段，如其第8拍同时用到了第2段和第5段。

预约表或时空图描述了单个任务，例如，第一个任务进入流水线后该任务被处理的情况。那么第2个任务，第3个任务，以及后续的任务分别以怎样的一个时间间隔规律进入流水线，才能使这些任务既不会发生功能段争用，而流水线的吞吐率和效率又达到最高，该问题被称为非线性流水线的最优调度策略问题。

解决该优化问题的策略是首先发现所有可行的调度策略，即只满足不发生功能段争用约束的所有可行调度策略。然后从中找到平均时间间隔最短的一个最优调度策略。

单功能非线性流水线的最优调度策略求解可以通过以下几个步骤求得。

(1)构建禁止表F

禁止表F(Forbidden List)是一个集合，集合中的元素i限定了两两任务中的后一个任务不允许与前一个任务间隔$i\Delta t$进入流水线，否则后一个任务必然会与前一个任务争用流水线的某一个功能子段。通过观察可以发现，一个任务在第1拍和第9拍都用到了第1段，即间隔8拍后重新用到了该段，如果两个任务间隔8拍进入流水线，则必然会争用第1段。

由预约表可以快速求出禁止表F。方法为在预约表的每一行用每一对打"√"所在的列号进行后项减前项，得到差值k，如果k没有在集合F中，则将k放入集合F，循环遍历预约表的所有行，直到没有新出现的差值k为止。

以下是按表5－1来逐行求解的过程：

第1段：9－1＝8得到两个任务不允许间隔8拍进入流水线；

第2段：3－2＝1；8－2＝6；8－3＝5得到两个任务不允许间隔1拍、6拍和5拍进入流水线；

第3段：只有一个"√"，该段无限制；

第4段：6－5＝1得到两个任务不允许间隔1拍进入流水线，但1已在F中；

第5段：8－7＝1得到两个任务不允许间隔1拍进入流水线，但1已在F中。

整理后得到禁止表F＝{1，5，6，8}

(2)由禁止表求初始冲突向量$\boldsymbol{C}_0$

冲突向量(Collision Vector)限定了后续进入流水线的一种约束，该向量由$n-1$位的0、1序列构成，其中n为每个任务通过流水线需要的总拍数。表5－1所对应的流水线总拍数$n=9$，则该流水线对应的冲突向量为8位的0、1序列。

冲突向量从最右向左对应于向量的最低位至最高位，最低位的序号为1，最高位的序号为$n-1$。冲突向量的第i位出现的值只能是0或1，其值定义如下：

(1)第i位的值＝1，表示禁止间隔Δt流入后续任务；

(2)第i位的值＝0，表示允许间隔Δt流入后续任务。

根据以上定义，禁止表F对应的初始冲突向量为$\boldsymbol{C}_0=(10110001)$。初始冲突向量的第1、5、6、8位为1，其他位为0，与禁止表F中的元素一一对应。由此可见，冲突向量是禁止表在计算机内部的一种合理形式。因为计算机是基于二进制的，且二进制向量的移位和逻辑运算是非常快速的，所以用冲突向量来进行调度管理，就计算机而言，是非常合理和快捷的。

为什么冲突向量只需要$n-1$位？是因为如果冲突向量设定为n位的话，根据之前的定义,其第 n 位表示后一个任务与前一个任务是否允许间隔 n 拍进入流水线。显然,两个任务间隔 n 拍进入流水线等价于顺序执行方式,因此冲突向量的第 n 位必然为 0,所以冲突向量只需要 $n-1$ 位即可。

(3)由初始冲突向量求后继状态的冲突向量,并画状态转移图

由初始冲突向量可以发现,当第一个任务进入流水线后,第二个任务允许与其间隔 2 拍、3 拍、4 拍和 7 拍进入流水线。那么当第二个任务进入流水线后,第三个任务与第二个任务间隔多少拍才允许进入流水线呢?显然只有初始冲突向量是不够的,也就是第三个任务进入流水线时必须也要有一个对应的冲突向量对其进入流水线的时间间隔进行限制,这个向量被称为后继状态的冲突向量。后继状态的冲突向量 $\boldsymbol{C}_j$ 通过下列计算式求得:

$$\boldsymbol{C}_j = \mathrm{SHR}^{(K)}(\boldsymbol{C}_i) \vee \boldsymbol{C}_0$$

其中 C_i 表示当前的冲突向量,最开始时 $\boldsymbol{C}_i=\boldsymbol{C}_0$,后续 C_i 将不断变化;$\mathrm{SHR}^{(K)}$ 表示将当前的冲突向量右移 K 位,前面补 K 个 0;“∨”表示两个向量的按位或运算,即 0 - 1 = 1,1 - 0 = 1,1 - 1 = 1,0 - 0 = 0,即除非两个比特位均为 0 时结果为 0,其他情况均为 1。

由于 $\boldsymbol{C}_0$ 有 4 个位置为 0,所以 $\boldsymbol{C}_0$ 有 4 个后继状态。其后继状态的冲突向量分别计算如下:

$$\boldsymbol{C}_1 = \mathrm{SHR}^{(2)}(\boldsymbol{C}_0) - \boldsymbol{C}_0 = (00101100) \vee (10110001) = (10111101)$$

$$\boldsymbol{C}_2 = \mathrm{SHR}^{(3)}(\boldsymbol{C}_0) - \boldsymbol{C}_0 = (00010110) \vee (10110001) = (10110111)$$

$$\boldsymbol{C}_3 = \mathrm{SHR}^{(4)}(\boldsymbol{C}_0) - \boldsymbol{C}_0 = (00000010) \vee (10110001) = (10111011)$$

$$\boldsymbol{C}_4 = \mathrm{SHR}^{(7)}(\boldsymbol{C}_0) - \boldsymbol{C}_0 = (00000000) \vee (10110001) = \boldsymbol{C}_0$$

其中,$\boldsymbol{C}_1$ 的详细计算过程,如 5 - 25 所示。

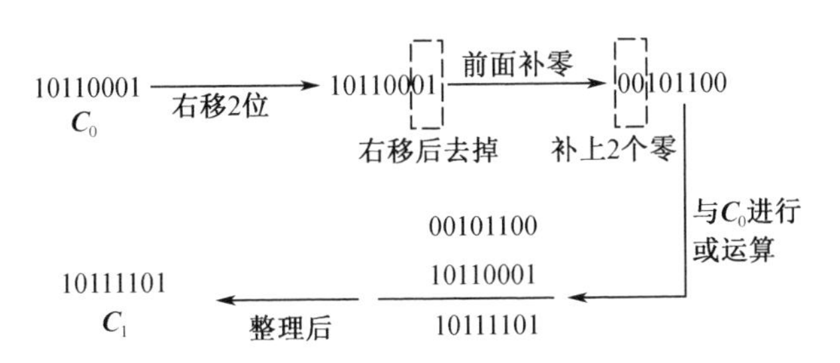

图 5 - 25　后继状态冲突向量的详细求解过程图

下面以 $\boldsymbol{C}_1$ 为例解释为什么要进行向量的右移和或运算。当第 3 个任务要进入流水线时,当前流水线有两方面因素影响其进入流水线的时间间隔,首先是其前一个任务,即第 2 个任务对其的约束影响,可用初始冲突向量 $\boldsymbol{C}_0$ 表示该约束;其次是还在流水线中没处理完的任务对其影响,即第 1 个任务残留部分对第三个任务进入流水线的约束影响。此时第一个任务进入流水线后已经过了 2 个 Δt,所以第一个任务对第三个任务的影响会随着时间的流逝其约束力将下降,该约束可用将 $\boldsymbol{C}_0$ 右移 2 位前面补零的 $\mathrm{SHR}^{(2)}(\boldsymbol{C}_0)$ 表示。显然随着时间的流逝越久,第一个任务对第三个任务的影响越弱,$\mathrm{SHR}^{(K)}(\boldsymbol{C}_0)$ 中 0 的个数也就越多。因为是两方面约束共同影响第三个任务进入流水线,所以计算式采取了或运算表示两方面约束因素的共同影响。

$\boldsymbol{C}_1$ 有两个后继状态:

$$\boldsymbol{C}_5 = \mathrm{SHR}^{(2)}(\boldsymbol{C}_1) - \boldsymbol{C}_0 = (00101111) \vee (10110001) = (10111111)$$

$$C_6 = \text{SHR}^{(7)}(C_1) - C_0 = C_0$$

通过对 C_5 的分析可以看到，C_5 其实描述了当前流水线对第四个任务要进入流水线的一种限制，由于其第 7 位为 0 其他位为 1，所以第四个任务只能与第三个任务间隔 7 拍进入流水线。综合之前的分析，即(2,2,7)就可能是一种调度策略或某调度策略的一部分。

C_2 有两个后继状态：

$$C_7 = \text{SHR}^{(4)}(C_2) - C_0 = (00001011) \vee (10110001) = (10111011) = C_3$$

$$C_8 = \text{SHR}^{(7)}(C_2) - C_0 = C_0$$

C_3 有 2 个后继状态：

$$C_9 = \text{SHR}^{(3)}(C_3) - C_0 = (00010110) \vee (10110001) = (10111111) = C_5$$

$$C_{10} = \text{SHR}^{(7)}(C_3) - C_0 = C_0$$

C_5 有 1 个后继状态：

$$C_{11} = \text{SHR}^{(7)}(C_5) - C_0 = C_0$$

通过对 C_{11} 的分析可以看到，第四个任务与第三个任务间隔 7 拍进入流水线，第五个任务在要进入流水线时，流水线又回到了初始冲突向量的约束，即又回到了两两任务之间的约束限制，这表明(2,2,7)是一种完整的调度策略。

由 C_0 出发不断产生其后继状态以及后继状态的后继状态，此过程一致持续到不产生新的后继状态为止。在进行上述过程中，同步建立状态转移图。状态转移图清楚描述了各个状态之间的迁徙和变化过程，所有可行的调度策略信息均隐含于该图中。图中的箭头表示由一种状态变化为其后继状态。箭头上的数字表示前一种状态在过了多少拍后会变化为后继的一种状态。本例中的状态转移图，如图 5－26 所示。

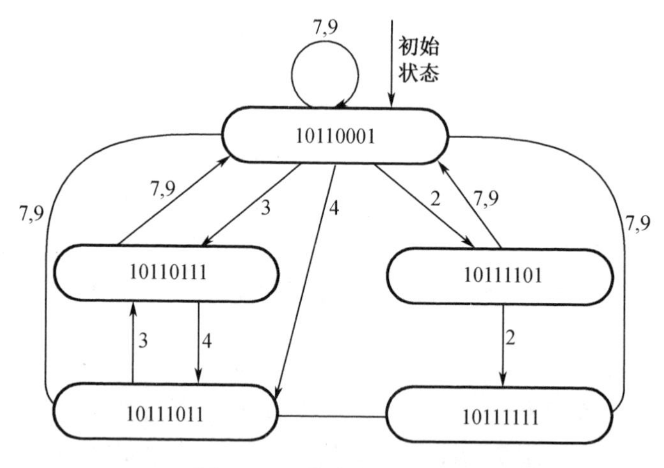

图 5－26　状态转移图举例

状态转移图中从每一个冲突向量，包括初始冲突向量，都画出一条有向边指向初始冲突向量 C_0 并在边上标识数字 9(或标识为 9＋也可)。这表示当前流水线在过了 9 拍或更多拍之后流入下一个任务时，流水线对当前任务进入流水线的限制回到了初始冲突向量状态。

(4)由状态转移图求无冲突调度策略

由状态转移图求无冲突调度策略的方式是在图中找出所有闭环，即从某一冲突向量出发,沿着有向边经过一个或多个冲突向量后,最后又回到了自身。或者由某一冲突向量出发有一条有向边指向了自己,如图 5-26 中的 C_0上边标识“7,9”的圆弧。另外,闭环不一定要从初始冲突向量出发,且闭环也不一定非要包含 C_0。这是因为后继状态的冲突向量都是某冲突向量与 C_0进行或运算后得到的,后继状态的冲突向量其实是比初始冲突向量更为严格的一种约束,并且都隐含包含了初始冲突向量的约束限制。从图 5-26 中通过找到所有闭环,并将有向边上标识的数字序列登记在表 5-2 中。显然,每一个数字序列就是求得的一种任务依次进入流水线时间间隔的循环周期,即调度策略。

表 5-2　部分调度策略方案及其平均时间间隔拍数

调度方案	平均间隔拍数	调度方案	平均间隔拍数
(2,7)	4.5	(3,7)	5
(2,2,7)	3.67	(4,7)	5.5
(3,4)	3.5	(4,3,7)	4.67
(4,3)	3.5	(7)	7
(3,4,7)	4.67	…	

如果规定只输出等间隔最优调度策略方案,则调度方案(7)是最优的,其平均间隔拍数为 7 拍,否则以平均间隔拍数最小的调度方案为最优调度策略。

由表 5-1 可以看到,采用先隔 3 拍后隔 4 拍轮流给流水线送入任务的调度方案是最佳的,平均每隔 3.5 拍即可流入一个任务,吞吐率最高。尽管(4,3)调度方案平均间隔拍数也是 3.5 拍,但若实际流入任务数是循环所需任务数的整数倍,则其实际吞吐率相对会低些,所以不作为最佳调度方案。

(5)根据需要画时空图,求流水线性能指标

该非线性流水线连续输入 8 个任务,现试计算机流水线的实际吞吐率。在第(4)步已经求得(3,4)调度方式是最优的调度方案,当采用该方案时流水线时空图简图如图 5-27 所示(该简图只画出第 1、2、3、4 和第 8 个任务,其他任务略)。

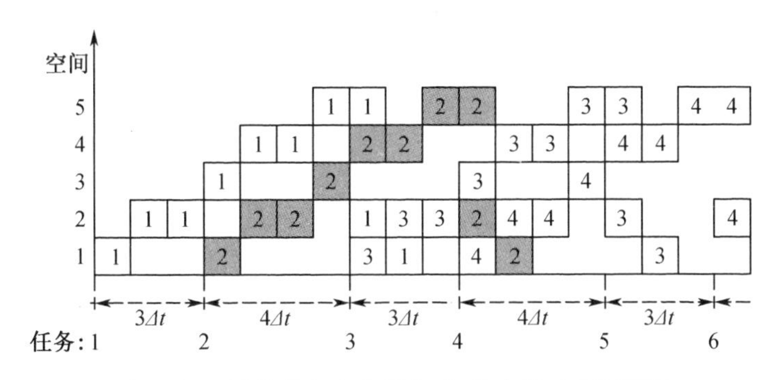

图 5-27　连续输入 8 个任务时,流水线时空图简图

连续输入 8 个任务时,流水线的吞吐率为:

$$TP=\frac{n}{T_k}=\frac{8}{(3+4+3+4+3+4+3+9)\Delta t}=\frac{8}{33\Delta t}$$

当任务数 n 无穷多时,流水线吞吐率的极限为:

$$TP_{\max}=\frac{1}{3.5\Delta t}$$

【例 5-4】 有一个 4 段的单功能非线性流水线,每个功能段的执行时间均为 Δt,其预约表如表 5-3 所示。

表 5-3 7 拍完成一个任务的预约表

段号	拍号						
	1	2	3	4	5	6	7
S1	√						√
S2		√				√	
S3				√			
S4			√		√		

(1)写出禁止表,求初始冲突向量,并画出冲突向量的状态转移有向图。

(2)求出其最佳调度方案及当任务数 $n=6$ 时该流水线的实际吞吐率。

解

(1)禁止表 $F=\{2,4,6\}$;初始冲突向量 $\boldsymbol{C}_0=(101010)$;状态转移有向图,如图 5-28 所示。

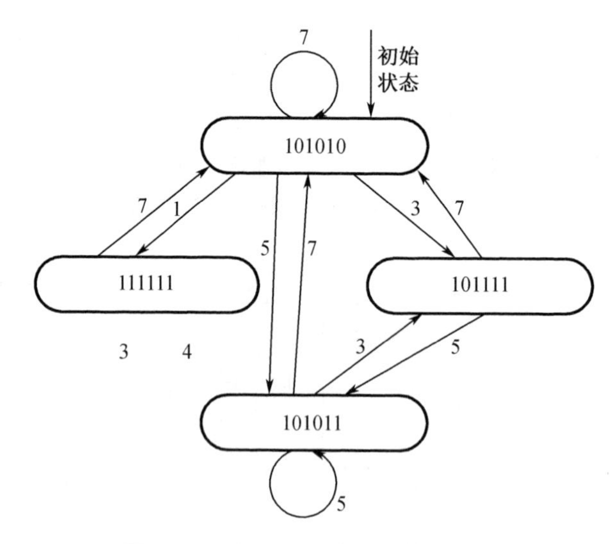

图 5-28 例 5-4 的状态转移有向图

(2)各种调度方案及相应平均间隔拍数如表 5－4 所示。

表 5－4　部分调度策略方案及其平均时间间隔拍数

调度方案	平均间隔拍数
(1,7)	4
(3,5)	4
(3,7)	5
(5,7)	6
(5)	5
(7)	7

由表 5－4 可知,最优调度方案为(1,7),其平均间隔拍数为 4 拍。当连续输入 6 个任务时,流水线的吞吐率为:

$$TP = \frac{n}{T_{\mathrm{k}}} = \frac{6}{(1+7+1+7+1+7)\Delta t} = \frac{1}{4\Delta t}$$

表 5－4 中的(3,5)与(1,7)的平均间隔拍数一致,连续输入的任务数为偶数时,(3,5)的吞吐率小于(1,7)方案。当输入的任务数为奇数时,两者的吞吐率一致。

5.3　指令级高度并行的超级处理机

自从 20 世纪 80 年代精简指令系统计算机 RISC 的兴起,出现了指令级高度并行的高性能超级处理机,使得单处理机在每个时钟周期里可解释多条指令,代表性的例子是超标量处理机、超流水线处理机、超标量超级流水线处理机和超长指令字处理机(VLIW)。

5.3.1　超标量处理机

本章之前讨论的普通标量处理机采用了流水线技术让多条指令轮流使用同一套指令流水线的各个子部分,通过时间重叠的方式提高了指令处理速度。但是可以看到普通的标量处理机每个 Δt 只能出 1 条运算结果,称这种流水机的度 $m=1$。如果在 CPU 内部重复设置 m 条功能相同的指令流水线,那么在理想状态下,该处理机每个 Δt 就可以得到 m 个运算结果(称为度 m),而且整体的运算速度也显著得以提高。

假设一条指令包含取指、译码、执行、存结果四个子过程,每个子过程经过时间均为 Δt,现要处理 12 条指令。普通的标量流水线单处理机执行完 12 条指令共需 $4\Delta t + (12-1)\Delta t = 15\Delta t$。而在一个度 $m=3$ 的超标量处理机上执行完这 12 条指令只需要 $7\Delta t$。度 $m=3$ 的超标量处理机时空图如图 5－29 所示。

从时空图可以看到,12 条指令每 3 条指令一组共分成 4 组进行处理。第 1 组指令在流水线中从入到出的时间为 $4\Delta t$。剩余的 3 组指令,每 Δt 可以流出 1 组,所以总时间为 $7\Delta t$。

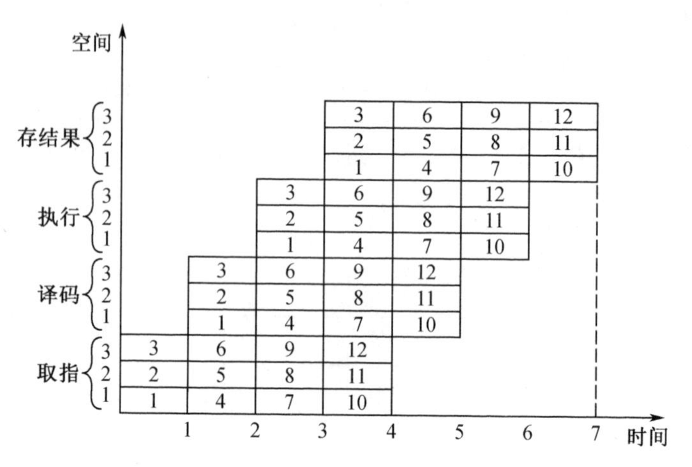

图5－29　度 $m=3$ 的超标量处理机时空图

一个 k 段的各段执行时间均为 Δt 的超标量流水线连续处理 N 个任务,当度为 m 时,其执行的时间为:

$$T(m)=\left(k+\frac{N-m}{m}\right)\Delta t$$

度 $m=1$ 的普通标量的处理机执行同样任务的时间为:

$$T(1)=(k+N-1)\Delta t$$

超标量处理机相对于单流水线标量处理机的加速比为:

$$S(m,1)=\frac{T(1)}{T(m)}=\frac{m(k+N-1)}{N+m(k-1)}$$

5.3.2　超流水线处理机

普通标量处理机为单发射,超标量处理机为多发射,超流水线处理机采取分时发射方式来提高流水线的吞吐率。一台度为 m 的超流水线处理机的机器周期 $\Delta t'$ 只是基本机器周期 Δt 的 $1/m$。超流水线处理机通过技术手段使任务进入流水线的时间间隔由原先的 Δt 缩短为 $\Delta t/m$,而从单个任务看,其在流水线中经过的总时间还是 $k\Delta t$,在各段的经过时间也是 Δt,但由于任务进入流水线的时间间隔缩短为原来的 $1/m$,流水线的性能指标大幅提升。

一个 k 段的各段执行时间均为 Δt 的超流水线连续处理 N 个任务,当度 $m=3$ 时,时空图,如图5－30所示。

从图5－30所示的时空图可以看到,第1个任务从入到出的时间为 $4\Delta t$,剩余的 $12-1=11$ 条指令每隔 $1/3\Delta t$ 从流水线中流出一个任务。所以总执行时间为

$$4\Delta t+11\times\frac{1}{3}\Delta t=7\frac{2}{3}\Delta t$$

一个 k 段的各段执行时间均为 Δt 的超流水线连续处理 N 个任务,当度为 m 时,其执行的时间为

$$T(m)=\left(k+\frac{N-1}{m}\right)\Delta t$$

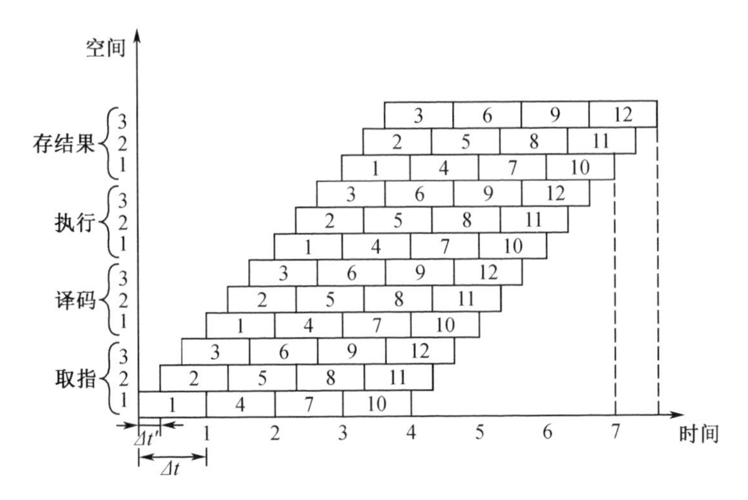

图 5－30　度 $m=3$ 的超流水线处理机时空图

超流水线处理机相对于单流水线标量处理机的加速比为：

$$S(m,1)=\frac{T(1)}{T(m)}=\frac{k+N-1}{k+\dfrac{N-1}{m}}=\frac{m(k+N-1)}{mk+N-1}$$

5.3.3　超标量超流水线处理机

超标量超流水线处理机是超标量流水线和超流水线处理机的结合。它可以实现在每个 $\Delta t'$（等于 $\Delta t/n$）同时发射 m 条指令。相当于每 Δt 流出 mn 条指令，即并行度为 mn。一个并行度为 mn，k 段各段执行时间均为 Δt 的超标量超流水线处理机连续处理 N 个任务时，其执行时间为：

$$T(m,n)=\left(k\Delta t+\frac{N-m}{m}\Delta t'\right)=\left(k\Delta t+\frac{N-m}{mn}\Delta t\right)=\left(k+\frac{N-m}{mn}\right)\Delta t$$

5.3.4　超长指令字处理机

超长指令字处理机 VLIW（Very Long Instruction Word）是将水平型微码和超标量处理两者相结合，指令字长可达数百位，多个功能部件并发工作，共享大容量寄存器堆。在编译时，编译程序找出指令间潜在的并行性，将多个功能并行执行的不相关或无关操作先行压缩组合在一起，形成一条有多个操作段的超长指令。运行时直接由这条超长指令字控制器中多个相互独立的功能部件并行操作，属于细粒度的并行处理。其处理机组成和指令格式如图 5－31 所示。

度 m＝3 时流水线时空图如图 5－32 所示。

超长指令字处理机的优点是指令译码容易、指令级并行度较高、硬件结构简单。缺点是超长指令能否组装成功很大程度取决于短指令集合的特点，容易使指令字中许多字段没有操作，白白浪费存储空间；系统结构和编译系统需同时设计，缺乏对传统硬件和软件的兼容；由于指令的运算器控制字段与机器硬件紧密耦合相关，机器扩展性很差。因为 VLIW 计算机不适合于一般的应用领域，虽然设计思想是好的，但难以成为计算机的主流。

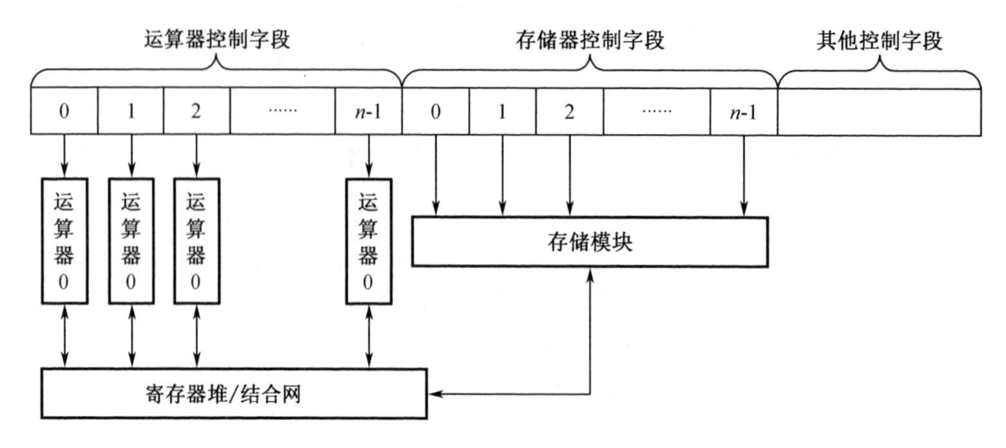

图 5-31　超长指令字处理机组成和指令格式

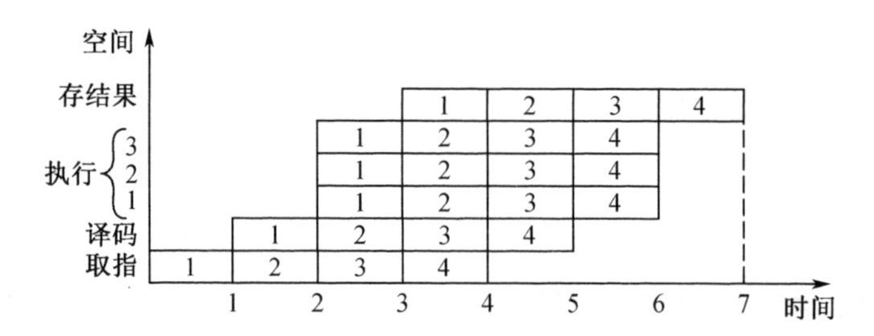

图 5-32　度 $m=3$ 时的 VLIW 处理机流水线时空图

典型的超长指令字处理机有 Multiflow 公司的 TARCE 计算机和 Cydrome 公司的 Cydra 5 计算机。20 世纪 80 年代前半期，VLIW 主要用于附挂式数组处理机上，现在也有用在小型机或巨型机上。

习题 5

5-1 什么是二次重叠？为更好解决指重叠执行过程中访存冲突问题而提出的先行控制方式主要采取了哪两项技术。

5-2 什么是流水线的速度瓶颈？消除流水线瓶颈的方法有哪两种？

5-3 简述流水处理机处理全局性相关的各种办法。

5-4 流水机器的中断处理有哪两种方法？各有什么优缺点？

5-5 有一条多功能静态流水线由 5 段组成，如下图所示。

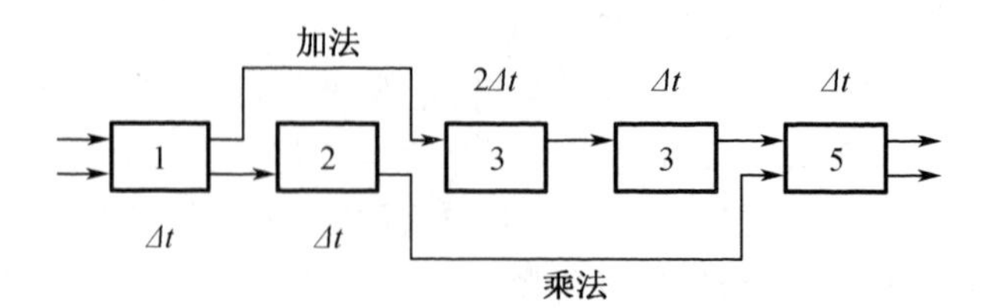

加法用 1,3,4,5 段,乘法用 1,2,5 段,第 3 段的时间为 $2\Delta t$,其余各段的时间均为 Δt,而且流水线的输出可以直接返回输入端或暂存于相应的寄存器中。现要在该流水线上计算长度为 4 的 A,B 两个向量逐对元素求和的连乘积

$$S = \prod_{i=1}^{4} (A_i + B_i)$$

(1)画出能获得吞吐率最高时的时空图。

(2)求出此期间流水线的吞吐率、加速比和效率。

5 -6 某多功能动态流水线由 6 个功能段组成,各段连接示意图如下图所示。

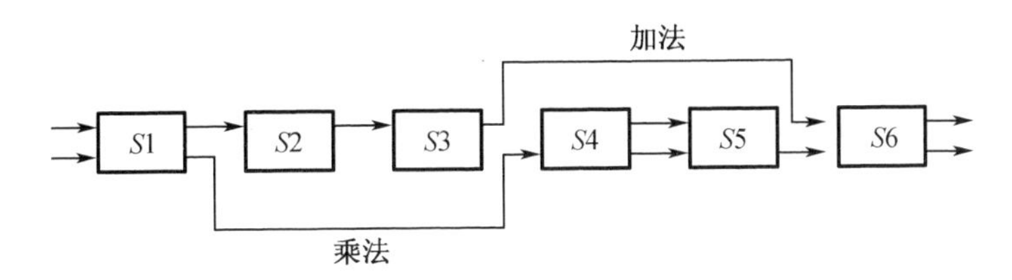

其中,$S1$,$S4$,$S5$,$S6$ 组成乘法流水线,$S1$,$S2$,$S3$,$S6$ 组成加法流水线,各个功能段时间均 Δt,假设该流水线的输出结果可以直接返回输入端,而且设置有足够的缓冲寄存器,若以最快的方式用该流水计算

$$\sum_{i=1}^{5} x_i y_i z_i$$

(1)画出能获得吞吐率最高时的时空图。

(2)求出此期间流水线的吞吐率、加速比和效率。

5 -7 有一个 4 段的单功能非线性流水线,其预约表如下表所示。

(1)写出其禁止表、初始冲突向量,并画出冲突向量的状态转移有向图。

(2)写出其流水线的最佳调度方案及当任务数 $n\to\infty$ 时流水线的最大吞吐率

段号	时间					
	t_1	t_2	t_3	t_4	t_5	t_6
S_1	√					√
S_2		√	√			
S_3				√		
S_4					√	

5 -8 设向量 $\boldsymbol{A}$ 和 $\boldsymbol{B}$ 各有 5 个元素,现在某个双功能动态流水线上计算向量点积

$$\boldsymbol{A} \cdot \boldsymbol{B} = \sum_{1}^{5} a_i \cdot b_i$$

其中,1→2→3→5 组成加法流水线,1→4→5 组成乘法流水线。若假定流水线的各段所经过的时间均为 Δt,流水线输出可直接送回输入或暂存于相应缓冲寄存器中,其延迟时间和功能切换所需的时间都可忽略。

(1)画出能获得吞吐率最高时的时空图。

(2)求出此期间流水线的吞吐率、加速比和效率。

5 -9 设指令流水线由取指令、分析指令和执行指令 3 个子部件构成,每个子部件经过的时间均为 Δt,现连续流入 12 条指令。

(1)分别画出度 m 均为 4 的超标量处理机、超长指令字处理机、超流水线处理机的时空图。

(2)分别计算以上 3 种处理机相对于普通标量流水线处理机的加速比。

第 6 章　向量处理机

向量处理机是具有向量数据表示的计算机。向量处理机分为向量流水处理机和阵列机两类组织形式。向量流水处理机以时间重叠途径开发出来，而阵列机主要体现了资源重复途径。阵列机将大量重复设置的处理单元 PE(Processing Element)按一定方式互连起来，在单一的控制部件 CU(Control Unit)的控制下，对各自所分配的不同数据并行执行同一指令规定的操作(通常为类型相同的操作，如定加、浮乘等)，属于 SIMID 计算机。本章首先介绍向量的流水处理、向量处理机结构；然后探讨阵列处理机的原理、并行算法、互连网络和并行存储器的无冲突访问等；最后介绍脉动阵列流水机的原理与发展。

6.1　向量的流水处理和向量处理机

6.1.1　向量处理与向量指令

向量是数据类型相同的一组量，而标量是 0 阶向量，即单个的量。以最典型的向量类型数组为例。现要实现两个数组 A 和 B 相加并把结果写到另外一个数组 C 时，在高级语言中往往可以写成如下形式：

```
for(i = 10; i < = 1010; i + +)
c[i] = a[i] + b[i + 5];
```

在没有向量表示的处理机上执行以上操作时，程序员必须书写循环语句，编译器必须将向量运算拆解为标量运算，然后逐项完成标量加法操作。而在向量处理机上，上述操作可用 1 条向量指令表示：

```
c(10:1010) = a(10:1010) + b(15:1015)
```

即一条向量可以处理 N 个或 N 对操作数。

虽然向量运算比标量运算更容易发挥流水线的效能，但处理方式选择不当将无法发挥流水效能。由于目前流水线计算机的广泛使用，向量运算的分析通常要基于流水方式来进行分析，本章所讨论的向量处理机如不做特殊说明，均指流水线架构的向量处理机。

向量通常包括以下三种方式：

(1)横向处理方式

以计算 $\boldsymbol{A},\boldsymbol{B},\boldsymbol{C},\boldsymbol{Y}$ 都是有 N 个元素的向量的表达式 $\boldsymbol{Y}[i] = \boldsymbol{A}[i] \times (\boldsymbol{B}[i] + \boldsymbol{C}[i])$ 为例。该表达式可分解为以下具体操作：

$$\boldsymbol{T}(1) = \boldsymbol{B}(1) + \boldsymbol{C}(1),\boldsymbol{Y}(1) = \boldsymbol{A}(1) \times \boldsymbol{T}(1)$$

$$\boldsymbol{T}(2) = \boldsymbol{B}(2) + \boldsymbol{C}(2),\boldsymbol{Y}(2) = \boldsymbol{A}(2) \times \boldsymbol{T}(2)$$

……　　　　……

$$\boldsymbol{T}(\boldsymbol{N})=\boldsymbol{B}(\boldsymbol{N})+\boldsymbol{C}(\boldsymbol{N}),\boldsymbol{Y}(\boldsymbol{N})=\boldsymbol{A}(\boldsymbol{N})\times\boldsymbol{T}(\boldsymbol{N})$$

如果处理机的求解目标按 $\boldsymbol{T}(1),\boldsymbol{Y}(1),\boldsymbol{T}(2),\boldsymbol{Y}(2),\cdots,\boldsymbol{T}(\boldsymbol{N}),\boldsymbol{Y}(\boldsymbol{N})$ 的顺序依次运算，则该处理方式为横向处理方式。即处理机横向处理的特点是完成 $\boldsymbol{Y}(i)$ 的全部运算之后，再开始 $\boldsymbol{Y}(i+1)$ 的运算。通过对运算表达式的观察可以发现，$\boldsymbol{T}(i)$ 是 $\boldsymbol{Y}(i)$ 的操作数，即存在数据相关。因为数据相关的存在，$\boldsymbol{T}(i)$ 和 $\boldsymbol{Y}(i)$ 的计算之间，流水机器会出现断流。通过观察还可发现，每做一个加法，然后做一次乘法，之后再做一次加法，即加法和乘法运算不断切换。如果在静态多功能流水线上实现时，加、乘相间的运算每次都要流水线功能段的切换，实际看流水线的吞吐率比顺序执行还要低。

通过以上分析可得出结论，向量流水处理机不适合采取横向处理方式。

(2)纵向处理方式

纵向处理方式的处理特点是类型相同、数据不相关的操作尽可能集中一块进行处理，以发挥流水处理的效能。还是以计算表达式 $\boldsymbol{Y}[\boldsymbol{i}]=\boldsymbol{A}[\boldsymbol{i}]\times(\boldsymbol{B}[\boldsymbol{i}]+\boldsymbol{C}[\boldsymbol{i}])$ 为例。可按如下方式进行处理：

N 个加法：

$$T(1)=\boldsymbol{B}(1)+\boldsymbol{C}(1)$$
$$T(2)=\boldsymbol{B}(2)+\boldsymbol{C}(2)$$
$$\cdots\cdots$$
$$T(N)=\boldsymbol{B}(\boldsymbol{N})+\boldsymbol{C}(N)$$

N 个乘法：

$$\boldsymbol{Y}(1)=\boldsymbol{A}(1)\times\boldsymbol{T}(1)$$
$$\boldsymbol{Y}(2)=\boldsymbol{A}(2)\times\boldsymbol{T}(2)$$
$$\cdots\cdots$$
$$\boldsymbol{Y}(\boldsymbol{N})=\boldsymbol{A}(\boldsymbol{N})\times\boldsymbol{T}(\boldsymbol{N})$$

纵向处理方式先计算临时变量 $\boldsymbol{T}(1),\boldsymbol{T}(2),\cdots,\boldsymbol{T}(N)$，并将其存储在一个长度为 n 的向量寄存器中。向量寄存器是由 n 个标量寄存器所组成的一个在逻辑和物理上均独立的寄存器组，一般用符号 v_i 表示第 i 个向量寄存器。只要向量长度 $N\leqslant$ 向量寄存器长度 n，向量就不需要分批送到同一个向量寄存器中。向量 B 和 C 也通常可以提前取到各自独立的向量寄存器中，这样加法流水线可以非常快速地从向量寄存器中取得操作数，计算后将结果写到寄存器组中，保证了计算速度。即使流水线是多功能静态流水线，也只需要在 N 次加法和 N 次乘法操作之间存在一次功能切换。流水线由于不存在数据相关，吞吐率相比横向处理方式显著提升，充分发挥了流水线的效能。

通过纵向处理方式的分析可以得出结论：向量流水处理机适合采取纵向处理方式。

(3)纵横处理方式

当向量长度 $N>$ 向量寄存器长度 n 时，需对向量进行分组处理。将向量长度 N 写成如下形式：$N=K\times n+r$，其中 K 为正整数。当 $r=0$ 时，向量分为 K 组进行运算，如 $r\neq0$，向量分为 $(K+1)$ 组进行处理。当分为 K 组进行处理时，运算顺序如下所示。

第 1 组：

加：

$$\boldsymbol{T}(1)=\boldsymbol{B}(1)+\boldsymbol{C}(1)$$
$$\boldsymbol{T}(2)=\boldsymbol{B}(2)+\boldsymbol{C}(2)$$

$$\cdots\cdots$$

$$\boldsymbol{T}(\mathrm{N}) = \boldsymbol{B}(\mathrm{N}) + \boldsymbol{C}(\mathrm{N})$$

乘：

$$\boldsymbol{Y}(1) = \boldsymbol{A}(1) \times \boldsymbol{T}(1)$$
$$\boldsymbol{Y}(2) = \boldsymbol{A}(2) \times \boldsymbol{T}(2)$$
$$\cdots\cdots$$
$$\boldsymbol{Y}(\mathrm{N}) = \boldsymbol{A}(\mathrm{N}) \times \boldsymbol{T}(\mathrm{N})$$

第2组：

加：

$$\boldsymbol{T}(\mathrm{N}+1) = \boldsymbol{B}(\mathrm{N}+1) + \boldsymbol{C}(\mathrm{N}+1)$$
$$\boldsymbol{T}(\mathrm{N}+2) = \boldsymbol{B}(\mathrm{N}+2) + \boldsymbol{C}(\mathrm{N}+2)$$
$$\cdots\cdots$$
$$\boldsymbol{T}(2\mathrm{N}) = \boldsymbol{B}(2\mathrm{N}) + \boldsymbol{C}(2\mathrm{N})$$

乘：

$$\boldsymbol{Y}(\mathrm{N}+1) = \boldsymbol{A}(\mathrm{N}+1) \times \boldsymbol{T}(\mathrm{N}+1)$$
$$\boldsymbol{Y}(\mathrm{N}+2) = \boldsymbol{A}(\mathrm{N}+2) \times \boldsymbol{T}(\mathrm{N}+2)$$
$$\cdots\cdots$$
$$\boldsymbol{Y}(2\mathrm{N}) = \boldsymbol{A}(2\mathrm{N}) \times \boldsymbol{T}(2\mathrm{N})$$
$$\cdots\cdots$$
$$\cdots\cdots$$

第K组：

加：

$$\boldsymbol{T}((\boldsymbol{K}-1)\mathrm{N}+1) = \boldsymbol{B}((\boldsymbol{K}-1)\mathrm{N}+1) + \boldsymbol{C}((\boldsymbol{K}-1)\mathrm{N}+1)$$
$$\boldsymbol{T}((\boldsymbol{K}-1)\mathrm{N}+2) = \boldsymbol{B}((\boldsymbol{K}-1)\mathrm{N}+2) + \boldsymbol{C}((\boldsymbol{K}-1)\mathrm{N}+2)$$
$$\cdots\cdots$$
$$\boldsymbol{T}(\mathrm{KN}) = \boldsymbol{B}(\mathrm{KN}) + \boldsymbol{C}(\mathrm{KN})$$

乘：

$$\boldsymbol{Y}((\mathrm{K}-1)N+1) = \boldsymbol{A}((\mathrm{K}-1)\mathrm{N}+1) \times \boldsymbol{T}((\mathrm{K}-1)\mathrm{N}+1)$$
$$\boldsymbol{Y}((\mathrm{K}-1)N+2) = \boldsymbol{A}((\mathrm{K}-1)N+2) \times \boldsymbol{T}((K-1)\mathrm{N}+2)$$
$$\cdots\cdots$$
$$\boldsymbol{Y}(\mathrm{KN}) = \boldsymbol{A}(\mathrm{KN}) \times \boldsymbol{T}(\mathrm{KN})$$

6.1.2　向量处理机的结构

本节以1975年研制的CRAY－1计算机为例介绍向量处理机的一般结构。Cray Research公司研制的CRAY－1计算机是世界上第一台成功实现向量处理器设计的超级计算机，运算速度是当时较为著名的CDC STAR－100和ASC计算机运算速度的数倍。1976年CRAY－1在美国的洛斯阿拉莫斯国家实验室（Los Alamos National Laboratory）进行了部署，并最终有100余台CRAY－1计算机被售出，使它成为历史上最成功的超级计算机之一。

CRAY－1计算机由中央处理机、诊断维护控制处理机、大容量磁盘存储子系统、前端处理机等组成的分布异构多处理机。中央处理机的控制部分包括256个16位的指令缓冲器，分为 4 组，每组 64 个。中央处理机的运算单元有 12 条可并行工作的单功能流水线，可分别流水地进行地址、向量、标量的各种运算。处理机可以让流水线功能部件直接访问向量寄存器组 $V_0 \sim V_7$，标量寄存器 $S_0 \sim S_7$，及地址寄存器 $A_0 \sim A_7$。

CRAY－1 中央处理机有关向量流水处理部分的结构简图，如图 6－1 所示。

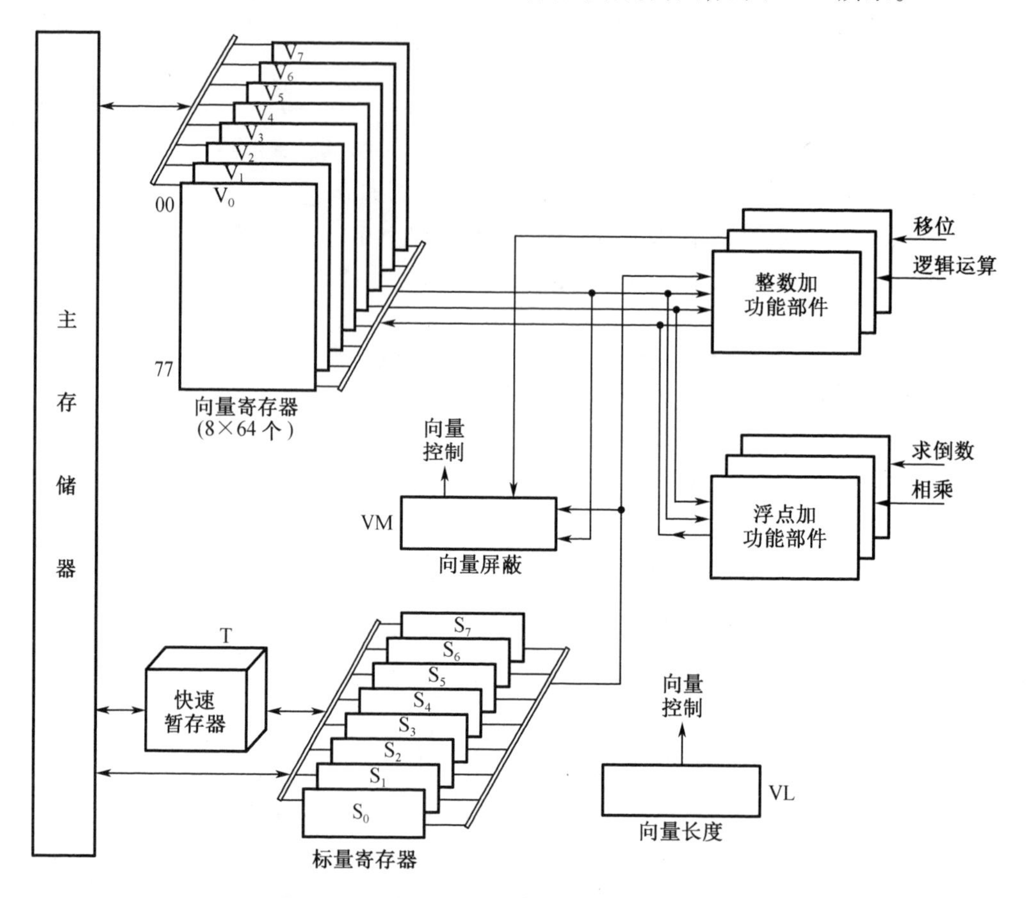

图 6－1　CRAY－1 的向量流水处理部分简图

CRAY－1 为向量运算提供了 6 条单功能流水线，分别是整数加、逻辑运算、移位、浮点加、浮点乘和浮点迭代求倒数，其流水经过的时间分别为 3，2，4，6，7 和 14 拍，一拍的时间是 12.5 纳秒。任何一条流水线在理想满负荷状态下，每 1 拍可流出一个结果分量。

向量寄存器部分共有 8 个向量寄存器组，编号分别为 $V_0 \sim V_7$。每个向量寄存器组 V_i 由 64 个标量寄存器构成，每个标量寄存器的字长为 64 bit。对于向量长度 $N > 64$ 的长向量，可以由软件进行分段处理，按纵横处理方式，每段 64 个分量，每次循环处理一段。

此外，打入寄存器及启动功能部件各有 1 拍的延迟，所以首次单做一次浮点加法的时间为 $1 + 6 + 1 = 8$ 拍。即一条浮点加法运算的结果从取得操作数到运算完毕写到向量寄存器的时间为 8 拍。

CRAY－1 计算机的标量指令和向量指令共计 128 条，其中有 4 条指令，如图 6－2 所示。从图中可以看到，向量指令的两个操作数可以都来自两个不同的向量寄存器；也可以一个操作数来自 1 个向量寄存器，另一个操作数来自某个标量寄存器。执行第一种向量指令时，每一拍从向量寄存器 V_i 和 V_j 顺序取得一对分量送入一个需要 n 拍完成的功能部件流水线，功能部件流水线经过 n 拍的运算后开始输出结果。每个时钟周期向另外一个向量寄存器 V_k 送回一个向量结果分量，分量的个数由 VL 寄存器指明。在向量合并或测试时，由 VM 寄存器控制对哪些分量进行合并或测试。执行第二种向量指令时，一个操作数取自于标量寄存器 S_j，另一个操作数取自向量寄存器 V_i，运算结果也是向量，依次送回到另一个向量寄存器。CRAY－1 计算机在把源向量从主存读取到向量寄存器时采取了访存流水，访存流水线的总流水时间为 6 拍；将结果向量由向量寄存器写回到主存也采取流水方式，总拍数也为 6 拍。

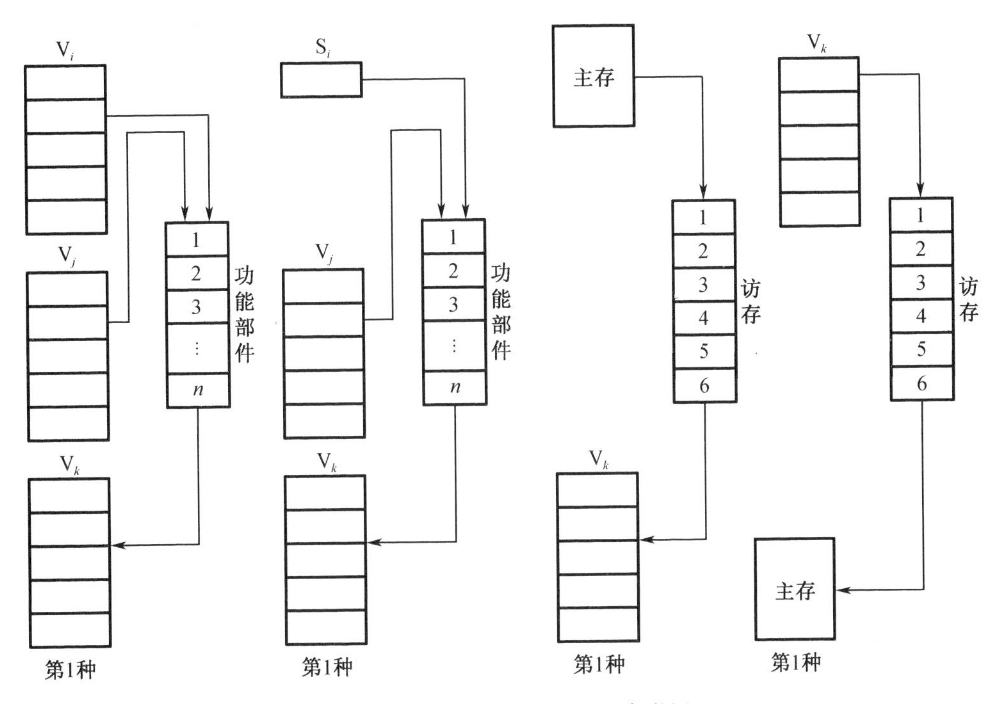

图 6－2　CRAY－1 的向量指令举例

6.1.3　向量指令的执行

1. V_i 冲突和功能部件冲突

向量流水处理机上可以采取让多个流水线功能部件并行工作的方式来提高向量流水处理的能力。在 CRAY－1 机上，V_i 冲突和功能部件冲突这两种冲突会严重影响相邻指令的并行执行。当相邻的两条或多条指令只要存在以上两种冲突之一时，就只能串行执行，即前一条指令在流水线中执行完毕后（如果是向量指令，则需要最后一个运算结果从流水线中流出之后），下一条指令才能开始执行。

（1）V_i 冲突

V_i 冲突指要求并行工作的各向量指令，源向量或结果向量使用了相同的 V_i。如以下两条向量指令均使用了相同的向量寄存器 V_1 作为源向量。

$V_4 \leftarrow V_1 + V_2$

$V_5 \leftarrow V_1 - V_3$（表示任何操作）

以下两条向量指令使用了相同的向量寄存器 V_2 作为结果向量。

$V_2 \leftarrow V_1 + V_7$

$V_2 \leftarrow V_3 \times V_4$

在这里,向量指令的操作数(源向量)和运算结果(结果向量)均用向量寄存器号指示,如 V_1、V_2、…。由于向量在运算时必须明确给出起始下标和向量长度两个关键指标。以上举例中的 V_i 只是说明了源向量或结果向量所在的位置,并未明确标识以上两个关键指标,所以 $V_4 \leftarrow V_1 + V_2$ 和 $V_5 \leftarrow V_1 - V_3$ 这两条指令中的 V_1 并不能按类似于标量运算中的单个变量来理解。比如,第一条指令中的 V_1 可能指下标从 0 开始的连续 10 个数据,而第二条指令中的 V_1 可能指下标从 20 开始的连续 25 个数据。所以产生 V_i 冲突的相邻指令必须串行执行。

(2)功能部件冲突

功能部件冲突指同一个功能部件被要求并行工作的多条指令所使用。例如以下两条指令:

$V_3 \leftarrow V_1 + V_2$

$V_6 \leftarrow V_4 + V_5$

由于在 CRAY－1 计算机上只有 1 条浮点加法流水线,所以两条向量指令如果并行执行必然会发生争用同一功能部件。当产生功能部件冲突时,相邻的指令必须串行执行。

2.“链接”执行方式

多条向量指令之间没有出现 V_i 冲突和功能部件冲突,但存在“先写后读”相关时,不能采用并行方式执行,但可采用“链接”方式执行。“链接”方式是一种不严格的并行,但可以保证链接的指令在大部分时间内都是并行工作的。

【例 6－1】 在 CRAY－1 计算机上计算向量表达式 $\boldsymbol{Y}=\boldsymbol{A}\times(\boldsymbol{B}+\boldsymbol{C})$,现 $\boldsymbol{B}$ 和 $\boldsymbol{C}$ 已取至 V_0、V_1 后,就可以用以下 3 条向量指令求解:

$V_3 \leftarrow$ 存储器取 $\boldsymbol{A}$

$V_2 \leftarrow V_0 + V_{1\boldsymbol{B}} + \boldsymbol{C}$

$V_4 \leftarrow V_2 \times V_3$ 乘法

若向量长度 $N \leqslant 64$,浮点加法需要 6 拍、乘法 7 拍,在存储器读数 6 拍,打入寄存器及启动功能部件各有 1 拍延迟,试分析向量指令之间的关系,并计算出指令组全部完成所需的最少拍数。

第一条指令和第二条指令没有 V_i 冲突和功能部件冲突,也没有“先写后读”相关,所以这两条指令可以并行执行。第三条指令和前两条指令没有没有 V_i 冲突和功能部件冲突,但存在“先写后读”相关,则第三条指令跟前两条指令之间可以“链接”执行。即当打入 V_3 和打入 V_2 的各自第一个分量后,就可以把这两个分量同步送入乘法流水线开始 V2 × V3 的计算,使得后续的 $N-1$ 个访存和 $N-1$ 个加法运算与 N 个乘法运算在时间上重叠。三条指令的执行关系示意图,如图 6－3 所示(注:矩形框 1 只表示第一个操作,因篇幅限制,其宽度与时间不存在量化对应关系)。

解 指令 1、2 并行执行,第 3 条指令与前 2 条指令链接。程序开始运行到第一个乘法运算结果打入 V_4 的时间为:

$$1\left\{\frac{\text{启动访存}}{\text{送浮加部件}}\right\}+6\left\{\frac{\text{访存}}{\text{浮加}}\right\}+1\left\{\frac{\text{存 }V_3}{\text{存 }V_2}\right\}+1\left\{\frac{\text{送浮乘}}{\text{送浮乘}}\right\}+7\{\text{浮乘}\}+1\{\text{存 }V_4\}=17\text{ 拍}$$

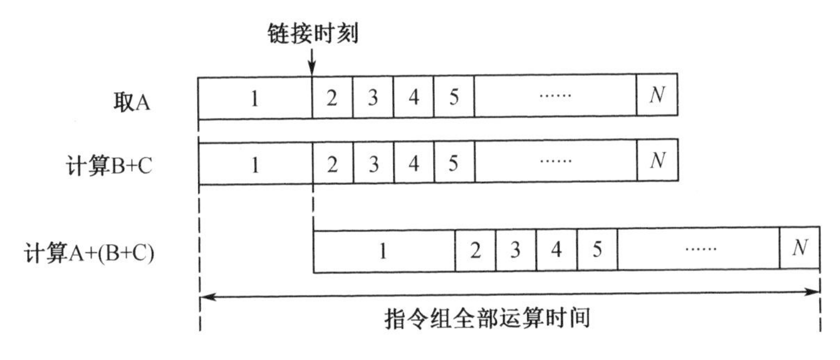

图 6－3　向量指令“链接”方式执行关系示意图

在浮点乘法流水线中剩余的 $N-1$ 个乘法运行结果每 1 拍流出一个，其流出的总时间为 $(N-1)$ 拍。所以三条向量指令执行完的总时间为：$17+(N-1)$ 拍。

CRAY－1 机由机器自动检查一条向量指令是否可以与其前一条指令链接。如果满足条件，则在前一条指令的一个结果分量打入向量寄存器组并可以用作本条向量指令的源操作数时，立即启动本条指令工作而形成链。链接的时间要非常精确，只有前一条指令的第一个分量打入结果向量寄存器组的那一个时钟周期为允许链接时间时才可以。一旦错过这个时间就无法进行链接。这样的话只有等前一条向量指令全部执行完毕，释放出向量寄存器组资源之后才能执行后面的指令。

通过分析可知向量指令的执行有并行、串行、链接三种方式，相邻指令采取哪种方式进行处理的判断流程图，如图 6－4 所示。

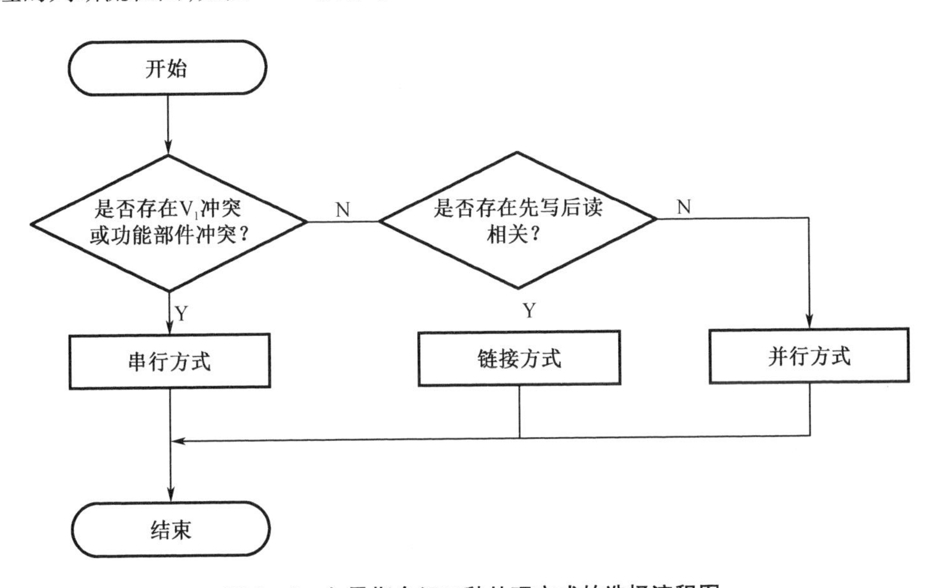

图 6－4　向量指令组三种处理方式的选择流程图

3. 提高向量流水处理速度的其他办法

(1) 条件语句的加速处理

当程序中出现条件语句或进行稀疏向量、矩阵运算时，难以发挥出向量处理的优点。为此，CRAY－1 采取了向量屏蔽技术，用向量屏蔽寄存器 VM 来控制让哪些向量中的哪些元素不参加运算。VM 的每一位对应于 V_i 向量寄存器的每一个分量。利用屏蔽码可以将两个稀疏向量改成稠密向量存放。通过对两个屏蔽码的与、或操作,可以控制对两个稀疏向量的聚合和散射。

例如,对于如下 FORTRAN 程序:

```
    DO 10 I = 1,64
    IF(A(I).NE.0)THEN
        A(I) = A(I) - B(I)
    ENDIF
10 CONTINUE
```

注:.NE.表示关系运算≠

由于在循环体内部出现了条件语句,因此使循环体无法向量化。为加快语句块的执行可采用向量屏蔽技术实现上述循环的向量化。假定向量 ***A*** 和 ***B*** 的起始地址存放在寄存器 R_a 和 R_b 中,采用向量屏蔽技术实现上述循环程序的 CRAY-1 汇编语言如下所示。

```
LV     V1,Ra          /将向量 A 装入 V1/
LV     V2,Rb          /将向量 B 装入 V2/
LD     F0,#0          /将浮点数 0 装入 F0/
SENSV       F0,V1          /若 V1(i)≠F0,则将 VMi置为 1/
SUBV      V1,V1,V2         /在屏蔽向量控制下进行减法操作/
CVM               /将屏蔽向量寄存器置为全 1/
SVRa,V1           /将结果存入 Ra/
```

其中,SENSV 为屏蔽向量生成指令,CVM 为使屏蔽向量寄存器置为全 1 的指令。

(2)稀疏矩阵的加速处理

若数值为 0 的元素数目远远多于非 0 元素的数目,并且非 0 元素分布没有规律时,称该矩阵为稀疏矩阵。如稀疏向量 ***A*** 和稀疏向量 ***B*** 的求和操作的代码段如下所示。

```
DO 10 I = 1,N
10 A(K(I)) = A(K(I)) + B(M(I))
```

其中,***A*** 和 ***B*** 中的非零元素均为 N 个,用指标向量 ***K*** 和 ***M*** 分别指明 ***A*** 和 ***B*** 中的非零元素。除了指标向量外,可也可以采用位向量来指明非零元素。支持稀疏矩阵运算的基本结构是使用聚合-散射操作。聚合操作根据指标向量内容选取元素,它们的地址由基址加上指标向量中给定的相应地址偏移而形成。完成聚合操作后,将稀疏向量转换成为稠密向量并存于向量寄存器中。当要将该稠密向量恢复为稀疏向量时,可采取散射操作完成。

(3)向量递归操作的加速方法

CRAY-1 的向量指令可以通过让源向量和结果向量使用同一个向量寄存器组,并控制分量计数器值的修改来实现递归操作。

一般情况下,向量指令使用的源向量寄存器 V_i、V_j 与结果向量寄存器 V_k 都不相同。为了实现向量的递归操作,则可以让向量指令中的一个源向量寄存器兼做为结果向量寄存器,并让该寄存器对应的分量计数器在向量指令开始时保持为 0,直到第一个结果分量从功能部件送到该向量寄存器组为止。

规约(reduction)操作是递归操作中的一个特例,因其针对诸如一维数组这样的向量的规约求值操作的结果将是一个标量值。对于向量规约操作的加速方法如下:

(1)现将规约操作分解为可向量化部分和递推求和部分(不可向量化部分)。

(2)将递推求和不可向量部分采取递归折叠技术完成运算。

例如:计算两个向量A和B的点积

$$\boldsymbol{A} \cdot \boldsymbol{B} = \sum_{i=0}^{N-1} a_i \cdot b_i$$

在CRAY-1机上,在向量循环中可以利用递归特性组成一个乘-加链:

$V_1 \leftarrow V_3 * V_4$　$\boldsymbol{A}, \boldsymbol{B}$分别放在$V_3$、$V_4$中

$V_0 \leftarrow V_0 + V_{1递}$归向量和

如果向量长度N=64,则乘-加链执行完毕时,点积的64个部分和已较少到只有8个,下一步的标量循环只需求此8个部分和的和。

向量递归特性可以应用于任何运算中,如用在浮点乘功能部件中,则只需要将源/结果向量寄存器的零分量初始值置为1即可。

向量处理机为能更好发挥向量处理的高性能,还需要开发相应的向量化编译程序。使之用相应的向量指令取代之前存于循环中的并行性操作,以消除循环。

6.2 阵列处理机的原理

6.2.1 阵列处理机的构形和特点

1.阵列处理机的构型

阵列处理机按主存储器的管理方式分为分布式存储器结构和集中共享存储器结构两种构型。

(1)分布式存储器构型

各处理单元PE有局部存储器PEM(Processing Element Memory)用于存放被分布的数据,这些数据只能被当前处理单元直接访问。控制部件内还有一个存放程序和数据的主存储器,整个系统是在控制部件控制下运行用户程序和部分系统程序的。在执行主存储器中的用户程序时,控制部件负责译码,串行处理的标量或控制类指令由控制部件自己执行,而把适合于并行处理的向量类指令发送给各个PE,控制处于"活跃"的那些PE并行执行。

为加快各PE的处理,系统将数据合理地预先分配到各个PEM中,使各PE_i主要用自己局存PEM_i中的数据进行运算,只有当所需数据不存在于PEM_i时,再在从其他PE或主存储器中进行获取。

各个PE之间可通过互联网络INC(Interconnection Network)来交换数据。互连网络的连通路径选择也由控制部件统一控制。处理单元阵列通过控制部件接到管理处理机SC上。管理处理机是一种通用计算机,主要工作包括:管理系统资源、完成系统维护、输入/输出、用户程序的汇编及向量化编译、作业调度、存储分配、设备管理、文件管理等。可以把管理处理机视为前端机,而把处理单元阵列、互连网络和控制部件在内的阵列处理部分视为后端机。

采用这种构形的阵列处理机是 SIMD 的主流。典型机器有 ILLIAC Ⅳ,MPP,DAP,CM－2,MP－1,DAP600 系列等。

分布式存储器构型阵列处理机结构简图,如图 6－5 所示。

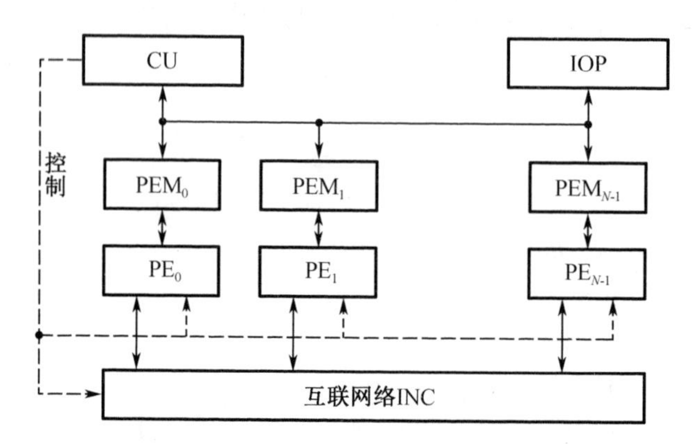

图 6－5　分布式存储器构型阵列处理机结构简图

(2)集中共享存储器构型

如图 6－6 所示是采用集中式共享存储器的阵列处理机结构简图。系统存储器是由 K 个存储分体($MM_0 \sim MM_{K-1}$)集中组成,经互连网络 ICN 被全部 N 个处理单元($PE_0 \sim PE_{N-1}$)所共享。为使各处理单元对长度为 N 的向量中各个元素都能同时并行处理,存储分体个数 K 应等于或多于处理单元数 N。各处理单元在访主存时,为避免发生分体冲突,也要求有合适的算法能将数据合理地分配到各个存储分体中。

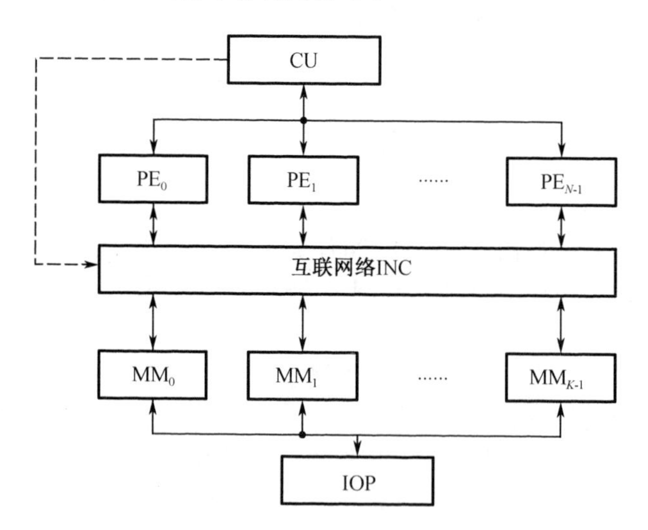

图 6－6　集中共享存储器构型阵列处理机结构简图

互连网络 ICN 是用于在处理单元与存储器分体之间进行转接构成数据通路,使各处理单元能高速灵活地动态与不同的存储体相连,使尽可能多的 PE 能无冲突地访问共享的主存模块。有的阵列处理机称它为对准网络(Alignment Network)。采用这种构形的典型机器有 BSP 等。

2. 阵列处理机的特点

阵列处理机实质是由专门应对矩阵运算的处理单元阵列（PE阵列）、专门从事控制单元阵列及互连网络控制的处理机（CU），和专门从事标量处理、系统输入/输出及操作系统管理的处理机（SC）等组成的一个异构型多处理机系统。其特点包括如下几点：

（1）阵列处理机是以有限差分、矩阵、信号处理、线性规划等计算问题为背景发展起来的。这些计算问题的共同特点是可以通过各种途径把它们转化成为对数组或向量的处理，而并行处理机正好利用多个处理单元对向量或数组所包含的各个分量同时计算，从而获得很高的处理速度。

（2）与向量流水处理机相比，并行处理机利用的主要是资源重复途径，而不是时间重叠途径；利用并行性中的同时性，而不是并发性。比起向量流水线处理机主要依靠缩短时钟周期来说，并行处理机速度提高的潜力要大。

（3）使用简单规整的互连网络来确定处理单元间的连接。互连网络的结构形式限定了阵列处理机可用的解题算法，也会对系统多种性能指标产生显著影响，因此，互连网络的设计是重点。

（4）阵列处理机在机间互连上比固定结构的单功能流水线灵活，使相当一部分专门问题上的工作性能比流水线处理机高得多，专用性强得多。阵列处理机可以看成是一种专用计算机。

（5）与流水线处理机不同，阵列处理机的结构是和采用的并行算法紧密联系在一起的。

（6）阵列处理机系统的控制部件必须是一台具有高性能、强功能的标量处理机。所以整个计算机系统的性能不但取决于阵列处理机，同时也取决于配套的标量处理机的性能。

6.2.2 ILLIAC Ⅳ的处理单元阵列结构

ILLIAC Ⅳ是一台每个控制器可以控制64个处理单元在统一控制下进行并行处理的阵列机。ILLIAC Ⅳ采用了分布式存储器构型，其处理单元阵列如图6-7所示。

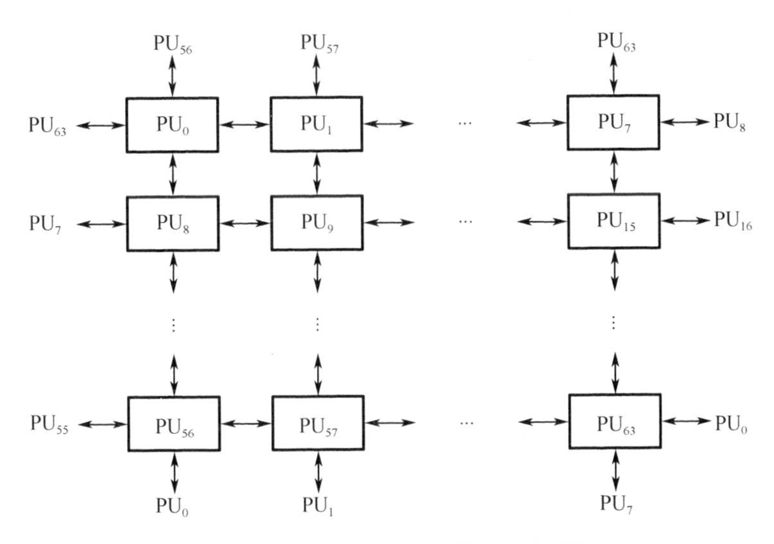

图6-7 ILLIAC Ⅳ处理单元互连结构

ILLIAC Ⅳ处理阵列由 $8 \times 8 = 64$ 个 PU 组成。每个 PU 由处理部件 PE 和它的局部存储器 PEM 组成。每一个 PU_i 只和它的上、下、左、右四个近邻直接连接。即具体连接遵循以下两个步骤：

（1）从 PU_0 开始，依次经过 $PU_1, PU_2, \cdots, PU_{62}, PU_{63}$，最后 PU_{63} 再连至 PU_0，使得所有 N 个 PU 首尾相连形成一个闭合的环。通过这一步使网络变为连通。

（2）阵列中的每一列的 8 个 PU 再首尾相连形成一个闭合的环。例如，第一列的 8 个单元 $PU_0, PU_8, PU_{16}, PU_{24}, \cdots, PU_{48}, PU_{56}$ 形成一个竖着的环。其中 PU_{56} 与 PU_0 直接相连。

ILLIAC Ⅳ的 PU 阵列构成了闭合螺线阵列，任意单元的最短距离不超过 7 步。一般来讲：$N = \sqrt{N} \times \sqrt{N}$ 个处理单元组成的阵列中，任意两个处理单元之间的最短距离不会超过 $\sqrt{N} - 1$ 步。同时，由于 ILLIAC 网中每个 PU 分别连着上、下、左、右四个近邻 PU，所以如果用图形法表示网络，ILLIAC 网相当于一个度为 4 的环。

例如，当 $N = 16$ 时，仿 ILLIAC 网模式进行互连的互连结构图如图 6－8 所示。其对应的度为 4 的环结构图如图 6－9 所示。

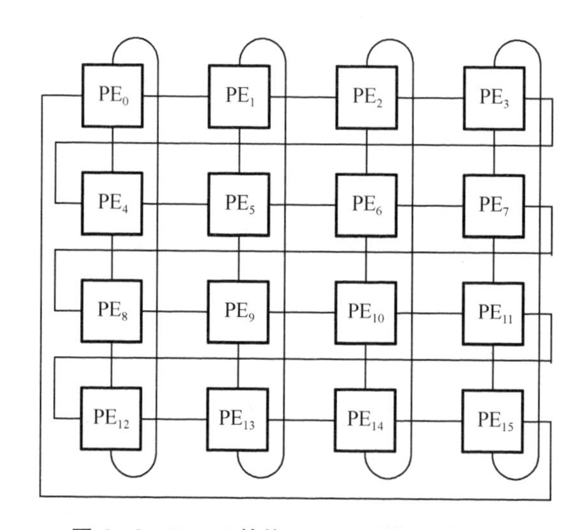

图 6－8　$N = 16$ 的仿 ILLIAC 网互连结构图

通过图 6－8 可知，$N = 16$ 的仿 ILLIAC 网 PE 阵列，任何 PE 均可以在 $\sqrt{16} - 1 = 3$ 步连至其他 PE。以 PE_0 为例，由其出发：

一步可连的有 PE_1、PE_4、PE_{12}、PE_{15}。

两步可连的，除了一步可到的 PE_1、PE_4、PE_{12}、PE_{15} 外，还有 PE_2、PE_3、PE_5、PE_8、PE_{11}、PE_{13}、PE_{14}。

三步可连的，除第一步、第二步可到的外，还有 PE_6、PE_7、PE_9、PE_{10}。

ILLIAC Ⅳ的处理单元是累加器型运算器，它把累加寄存器 RGA 中的数据和存储器来的数据进行运算，结果保留在累加寄存器 RGA 中。每个处理单元还有一个数据传送寄存器 RGR，用于收发数据，实现数据在处理单元之间的传送。还有一个屏蔽触发器，用来控制是否屏蔽该 PU_i。如果该 PU_i 被屏蔽，则其属于“不活跃”的 PU，将不参与任何运算。

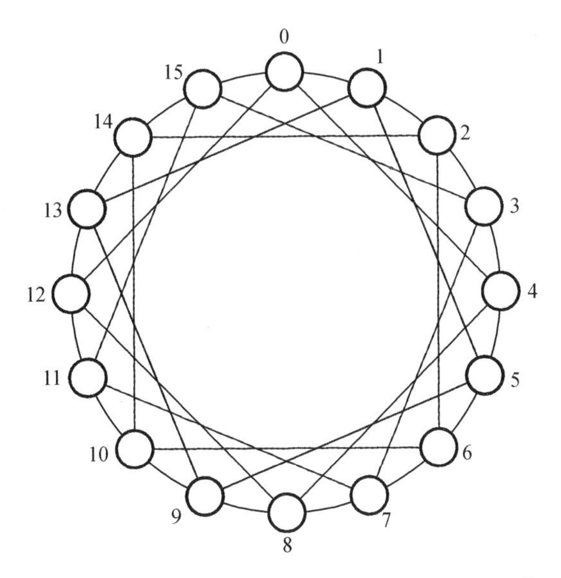

图 6－9　$N=16$ 的对应 ILLIAC 网的度为 4 的环结构图

6.2.3　ILLIAC Ⅳ的并行算法举例

1. 矩阵加

两个 8×8 的矩阵 ***A***、***B*** 相加，所得的结果矩阵 ***C*** 也是一个 8×8 的矩阵。只需把 ***A***、***B*** 和 ***C*** 的居于相应位置的分量存放在同一个 PEM 内，且在全部 64 个 PEM 中，将 ***A***、***B*** 和 ***C*** 的各分量地址均对应取相同的地址 α、$\alpha+1$ 和 $\alpha+2$ 即可。存储器分配示意图如图 6－10 所示。

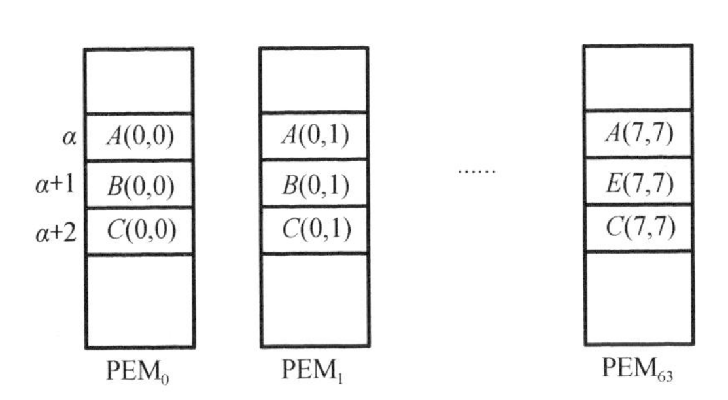

图 6－10　矩阵相加操作时存储器分配示意图

实现矩阵加只需用下列三条 ILLIAC Ⅳ汇编指令：

LDA　　ALPHA　　　/全部(α)由 PEM_i 送 PE_i 的累加器 RGA_i/

ADRN　ALPHA +1　/全部($\alpha+1$)与(RGA_i)浮点加，结果送 RGA_i/

STA　　ALPHA +2　　/全部(RGA_i)由 PE_i 送 PEM_i 的 $\alpha+2$ 单元/

其中，$0\leqslant i\leqslant 63$。本例中体现了 SIMD 处理的优势，由于 PE 的数量大于等于并行加法的次数，所以 64 个 PE 全部并行工作，只需要一个加法时间就可以做完全部矩阵加法操作，速度提高为顺序处理方式的 64 倍。通过数据在各 PEM_i 中的分布可以看到分布式存储器构型的阵列处理机如果要高速地并行运算，除了与“活跃”的 PE 数量有关外，信息在存储器中的分布形式也十分关键。

2. 矩阵乘

两个 8×8 的矩阵 $\boldsymbol{A}$,$\boldsymbol{B}$ 相乘，所得的结果矩阵 $\boldsymbol{C}$ 也是一个 8×8 的矩阵。计算 $\boldsymbol{C}$ 的 64 个分量的公式为：

$$c_{ij} = \sum_{k=0}^{7} a_{ik} b_{kj}$$

其中，$0 \leqslant i \leqslant 7$ 且 $0 \leqslant j \leqslant 7$。

在 *SISD* 计算机上求解时，*FORTRAN* 语言编写的程序如下所示。

```
DO10 I=0,7
DO10 J=0,7
C(I,J)=0
DO 10 K=0,7
10C(I,J)=C(I,J)+A(I,K)*B(K,J)
```

其中，标号为 10 的乘、加操作总共执行了 8×8×8=512 次。如果在 *SIMD* 阵列处理机上运算，由于 *PE* 的重复设置，根据参与运算 *PE* 的数量，显著提高运行速度。

如果用 8 个 *PE* 并行计算矩阵 $\boldsymbol{C}$(I,J)的某一列或某一行，则可以消去 J 循环或 I 循环，将循环转换为一维的向量处理。以消去 J 循环为例，让 J=0～7 各部分同时在 PE_0～PE_7上运算，速度可以提高到原来的 8 倍，即只需要 64 次乘、加时间即可完成运算结果。

为了让各个处理单元 PE_i尽可能访问局部存储器 PEM_i，但同时尽量减少数据在各 PEM_i 的分配冗余，节省存储器空间。矩阵 $\boldsymbol{A}$,$\boldsymbol{B}$,$\boldsymbol{C}$ 各分量在局部存储器中的分布可采用如图 6－11 所示的方案。

从图 6－11 可以看到，每个 PEM_i 均存储矩阵 $\boldsymbol{A}$ 和矩阵 $\boldsymbol{B}$ 的第 i 列数据，且每个 PE_i 只计算矩阵 $\boldsymbol{C}$ 的第 i 列数据，即每个 PEM_i 只存储矩阵 $\boldsymbol{C}$ 的第 i 列数据。

以 PEM_0为例，当要计算 $\boldsymbol{C}$(0,0)时，需要矩阵 $\boldsymbol{A}$ 的第 0 行、矩阵 $\boldsymbol{B}$ 的第 0 列所有数据。矩阵 $\boldsymbol{B}$ 第 0 列所有数据已存储在 PEM_0中，而矩阵 $\boldsymbol{A}$ 第 0 行的所有元素分布在 PEM_0～PEM_7 不同的局存中，即操作数 $\boldsymbol{A}$ 只从本地局存获取是不够用的。同理 PE_0在计算 $\boldsymbol{C}$(1,0)时，需要矩阵 $\boldsymbol{A}$ 第 1 行所有元素和矩阵 $\boldsymbol{B}$ 第 0 列的所有数据，操作数 $\boldsymbol{B}$ 是本地局存直接可获取的，而操作数 $\boldsymbol{A}$ 由于跨 PEM_i 分布，所以只从本地局存获取也是不够用的。一直分析到 PE_0 计算 $\boldsymbol{C}$(7,0)，可知 PE_0需要矩阵 $\boldsymbol{A}$ 的全部数据，而矩阵 $\boldsymbol{B}$ 的数据只需从本地局存获取即可。

当 $I=0$ 时，各 PE 需要计算的乘法操作如 6－12 所示。

从图 6－12 可知，当 $I=0$、$K=0$ 时，PE_0需要将 $\boldsymbol{A}(I=0,K=0)$播送到其他 PE，以完成 $\boldsymbol{A}(I=0,K=0)$与 $\boldsymbol{B}(K=0,J)$的向量乘；当 $K=1$ 时，PE_1需要将 $A(I=0,K=1)$播送到其他各个 PE，以完成 $\boldsymbol{A}(I=0,K=1)$与 $\boldsymbol{B}(K=1,J)$的向量乘，并且与之前的乘法结果做累加；一直到 $I=0$、$K=7$ 时，PE_7播送 $\boldsymbol{A}(I=0,K=7)$，各 PE 做乘法与累加后，在各个 PE 上可以得到 $\boldsymbol{C}(0,J)$，即 $\boldsymbol{C}$ 的第 1 行所有 8 个分量得到最终结果。同理可知，当 $I=1$ 时，在 K 循环内部仍需要依次播送 $\boldsymbol{A}(I=1,K)$的各分量。一直到 $I=7$ 后，整个 C 的运算才结束。整个过程中消去 J 循环等价于所有 8 个 PE 都需要并行运算。每次控制部件执行的 PE 指令表面上是标

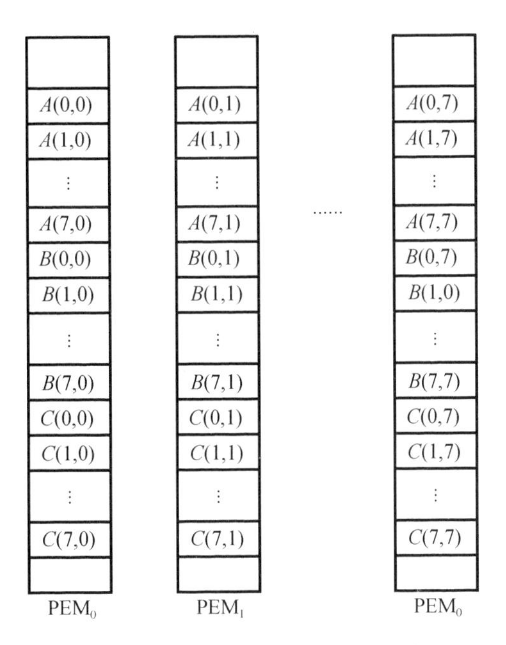

图 6－11　矩阵乘的存储器分配示意图

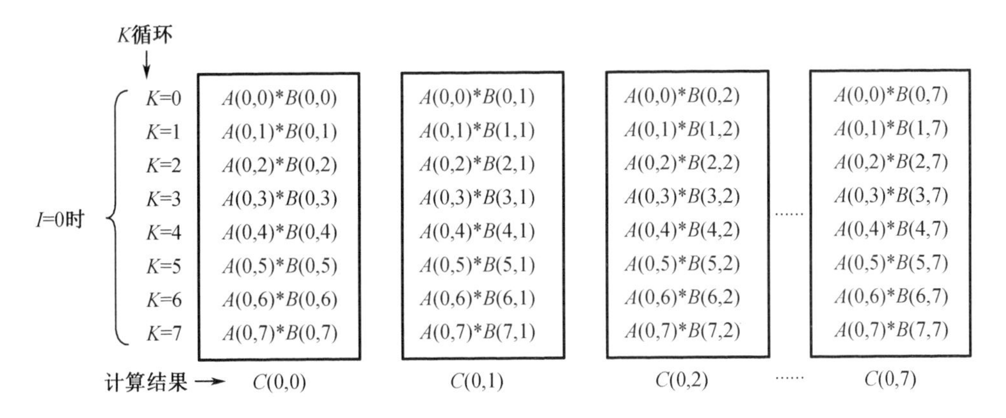

图 6－12　$I=0$ 时，各 PE 需要计算的乘法操作示意图

量指令，实际上已等效于向量指令，是 8 个 PE 并行地执行同一条指令。在 K 循环中，由于矩阵 $\boldsymbol{A}$ 的元素不够用，所以应对矩阵 $\boldsymbol{A}$ 的第 I 行，第 K 列的数据 $\boldsymbol{A}(I,K)$ 进行“播送”操作。

最后，设计的算法流程图如图 6－13 所示。

如果要把 ILLIAC Ⅳ的 64 个处理单元全部利用起来并行运算，即把 I 循环的运算也改为并行，则 64 个 PE 只需各计算矩阵 $\boldsymbol{C}$ 的 64 个分量的某一个分量 $\boldsymbol{C}(i,j)$ 即可。当在某 PE_i 上计算 $\boldsymbol{C}(i,j)$ 时，可以提前向每个 PEM_i 分配矩阵 $\boldsymbol{A}$ 第 i 行，矩阵 $\boldsymbol{B}$ 第 j 列的所有数据。这样整个阵列就可以在 8 个乘、加时间内将矩阵 $\boldsymbol{C}$ 的所有分量全部计算完毕。同理消去 K 循环也可。此时，为更快速解决问题，要求能使 8 个中间积 $\boldsymbol{A}(I,K)\times\boldsymbol{A}(K,J)$ 进行并行加，可以用后述的累加和并行算法实现。

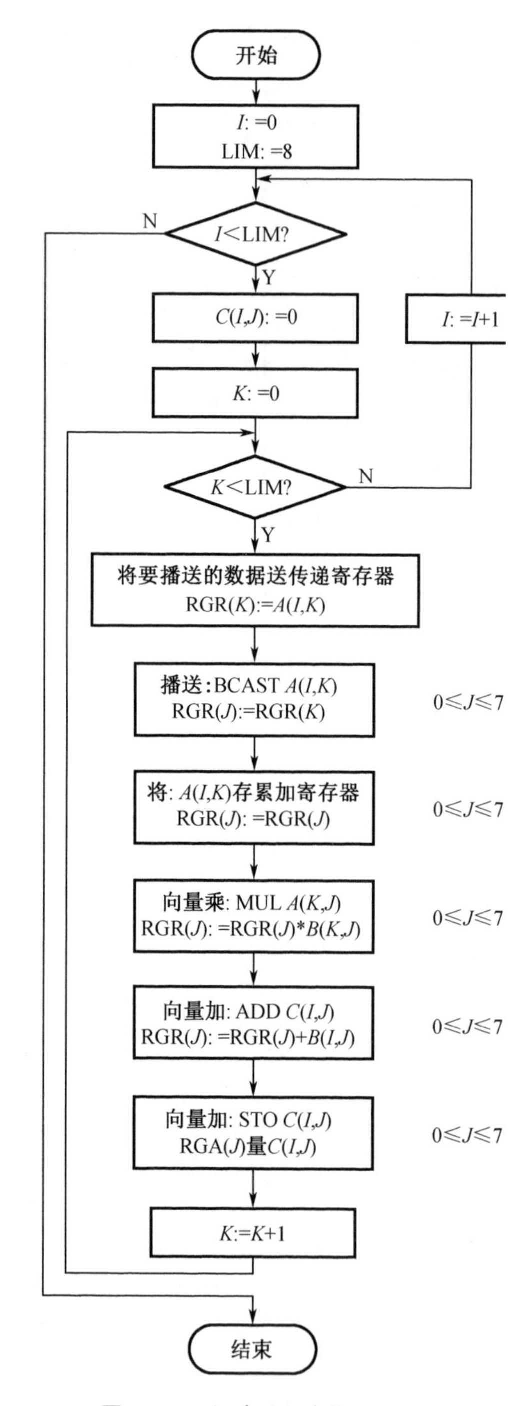

图 6－13　矩阵乘程序执行流程图

3. 累加和

N 个数的顺序相加需要 N 或 $N-1$ 次加法时间，如果将其转换为并行相加，理论上只需要 lbN 个加法时间即可完成。在整个运算过程中某些 PE 或只传递数据，或不做任何工作，这些 PE 称为不活跃的。此时要设置处理单元中的活跃标志位，只有处于活跃状态的处理单元才能执行相应的运算。当 $N=8$ 时，要对 8 个数 $A(I)$ 进行累加，在 SISD 计算机的

FORTRAN 程序如下所示。

```
C = 0
DO 10 I = 0,7
10C = C + A(I)
```

在阵列处理机上用成对递归相加算法，只需 lb8 = 3 次加法时间即可完成。首先，原始数据 $\boldsymbol{A}(I)$ 分别存放在 8 个 PEM 的 α 单元中，其中 $0 \leqslant I \leqslant 7$，求累加和的步骤如下：

(1) 置全部 PE_i 为活跃状态，$0 \leqslant i \leqslant 7$；

(2) 全部 $\boldsymbol{A}(I)$ 从 PEM_i 的 α 单元读到相应 PE_i 的累加寄存器 RGA_i 中，$0 \leqslant i \leqslant 7$；

(3) 令 $K = 0$；

(4) 将全部 PE_i 的 RGA_i 转送到传送寄存器 RGR_i，$0 \leqslant i \leqslant 7$ ；

(5) 将全部 PE_i 的 RGR_i 经过互连网络向右传送 2^K 步距，$0 \leqslant i \leqslant 7$；

(6) 令 $j = 2^K - 1$；

(7) 置 $PE_0 \sim PE_j$ 为不活跃状态；

(8) 处于活跃状态的所有 PE_i 执行 $RGA_i := RGA_i + RGR_i$，$j < i \leqslant 7$；

(9) $K := K + 1$。

(10) 如 $K < 3$，则转回(4)，否则往下继续执行；

(11) 置全部 PE_i 为活跃状态，$0 \leqslant i \leqslant 7$；

(12) 将全部 PE_i 的累加寄存器内容 RGA_i 存入相应 PEM_i 的 $\alpha + 1$ 单元中，$0 \leqslant i \leqslant 7$。

该算法的特点是，运算结束时不但可以求得前 N 项的累加和，而且任意前 M 项($1 \leqslant M \leqslant N$)的累加和均可以同时得到，并存储于 PE_{M-1} 单元中。图 6-14 绘制了阵列处理机上累加和的计算过程。图中用数字 0 ~ 7 分别代表 $\boldsymbol{A}(0) \sim \boldsymbol{A}(7)$。阴影框对应的 PE 为非活跃单元。箭头末端的框连接传送单元，前端指向的框为接收单元，其表示传送单元需要将自己的数据传送给接收单元。接收单元需要将接收到的数据和自己原来的数据在接收单元上进行加法运算。接收单元一定是活跃单元，而传送单元有时是不活跃单元，有时是活跃单元。

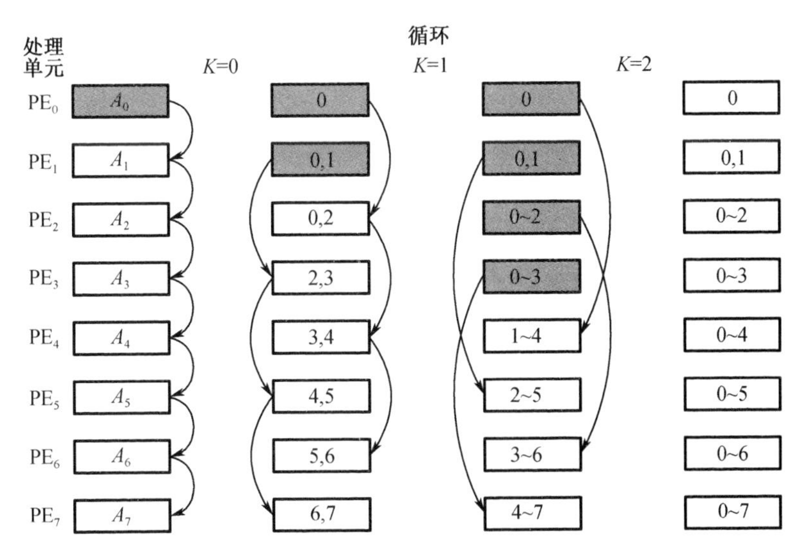

图 6-14　阵列处理机上累加和的计算过程演示图

ILLIAC Ⅳ上可以实现累加和的并行运算,但由于屏蔽了部分处理单元,利用率有所下降,因此通常 N 个 PE 的阵列处理速度加速比并不是提高到串行加方式的 N 倍,而通常提高到原来的 N/lbN 倍。

6.3 SIMD 计算机的互连网络

6.3.1 互连网络的设计目标与互连函数

1. 互连网络的定义和设计目标

互连网络是一种由开关元件按照一定的拓扑结构和控制方式构成的网络,用于实现计算机系统内部多个处理机或多个功能部件之间的相互连接。在 SIMD 计算机中,无论是处理单元之间,还是处理单元与存储分体之间,都要通过互连网络交换信息。互连网络已成为并行处理系统的核心组成部分,且互连网络对整个计算机系统的性能价格比有着决定性的影响。

SIMD 系统的互连网络的设计目标是:结构不要过分复杂,以降低成本;互连要灵活,以满足算法和应用的需要;处理单元间信息交换所需传送步数要尽可能少,以提高速度性能;能用规整单一的基本构件组合而成,或者经多次通过或者经多级连接来实现复杂的互连,使模块性好,以便于用 VLSI 实现并满足系统的可扩充性。

2. 互连网络的特性和传输方面的性能参数

互连网络通常是用有向边或无向边连接有限个结点的组成。互连网络的主要特性:

(1)网络规模:网络中结点的个数;

(2)结点度:与结点相连接的边数称为结点度。包括入度和出度。进入结点的边数叫入度,从结点出来的边数则叫出度;

(3)距离:两个结点之间相连的最少边数;

(4)网络直径:网络中任意两个结点间距离的最大值,用结点间的连接边数表示;

(5)结点间的线长:两个结点间连线的长度,用米、公里等表示;

(6)对称性:从任何结点看到拓扑结构都是一样的网络称为对称网络,对称网络比较易实现,编程也较容易。

互连网络在传输方面的主要性能参数:

(1)频带宽度(Bandwidth):互连网络传输信息的最大速率;

(2)传输时间(Transmission time):消息长度/频宽;

(3)飞行时间(Time of flight):第一位信息到达接收方所花费的时间;

(4)发送方开销(Sender overhead):处理器把消息放到互连网络的时间;

(5)接收方开销(Receiver overhead):处理器把消息从网络取出来的时间。

一个消息的总时延可以用下面公式表示:

$$总时延 = 发送方开销 + 飞行时间 + 消息长度/频宽 + 接收方开销$$

【例 6-2】 假设一个网络的频宽为 10 Mb/S,发送方开销为 230 μs,接收方开销为 270 μs。如果两台机器相距 100 m,现在要发送一个 1000 B 的消息给另一台机器,试计算总时延。如果两台机器相距 1000 km,那么总时延为多大?

解　光的速度为299 792.5 Km/s,信号在导体中传递速度大约是光速的50%,相距100米时总时延为:

$$
\begin{aligned}
T &= 发送方开销 + 飞行时间 + \frac{消息长度}{频宽} + 接收方开销 \\
&= 230\ \mu s + \frac{0.1\ Km}{0.5 \times 299\ 792.5\ Km/s} + \frac{1000 \times 8\ 位}{10\ 兆位/秒} + 270\ \mu s \\
&= 230\ \mu s + 0.67\ \mu s + 800\ \mu s + 270\ \mu s \\
&= 1301\ \mu s
\end{aligned}
$$

相距1 000 km时的总时延为:

$$
\begin{aligned}
T &= 230\ \mu s + \frac{1\ 000 \times 10^6}{0.5 \times 29\ 9792.5}\ \mu s + \frac{1\ 000 \times 8}{10}\ \mu s + 270\ \mu s \\
&= 230\ \mu s + 6\ 671\ \mu s + 800\ \mu s + 270\ \mu s \\
&= 7\ 971\ \mu s
\end{aligned}
$$

3. 互连网络表示方法

为了在输入结点与输出结点之间建立对应关系,互连网络有四种常见表示方法:

(1)互连函数表示法

为了更好反映互连网络的连接特征,常用函数的形式进行描述,称为互连函数。它反映的是从输入端到输出端的映象关系。设用 x 表示具有 N 个输入端的网络输入序号,则输出端的序号用函数 $f(x)$ 表示。

设 x 是一个 n 位的二进制数,即 $x = b_{n-1}b_{n-2}\cdots b_1 b_0$,其中 $n = \log_2 N$。

则 $f(x)$ 因函数的不同,而有不同的表达式,例如:

交换互连函数为:$f(x) = f(b_{n-1}b_{n-2}\cdots b_1 b_0) = b_{n-1}b_{n-2}\cdots b_1 \overline{b_0}$

全混洗互连函数:$f(x) = f(b_{n-1}b_{n-2}\cdots b_1 b_0) = b_{n-2}\cdots b_1 b_0 b_{n-1}$

互连函数本质来说是为了更好地阐明网络中的边。如网络中从结点 M 到结点 N 存在一条边,则函数 N = f(M)成立。显然和后面介绍的图形法相比,虽然有时图形法比较直观和形象,但互连函数法对网络中结点连接的规律阐述地更为全面、概括和准确。

(2)输入输出对应表示法

如果网络中有 n 条边,则可以用一个 $2 \times n$ 的矩阵来阐述输入结点及其输出结点的关系。例如:

$$
\begin{bmatrix} 0 & 1 & 2 & n-1 \\ f(0) & f(1) & f(2) & f(n-1) \end{bmatrix}
$$

其中,第一行是所有的输入结点,第二行是对应的输出结点。即上一行是函数表示法中的各个自变量,而下一行为对应的因变量。

(3)循环函数表示法

如果网络中结点的连接呈现类似环的连接规律,则用循环函数法来表示更为简洁。

如循环函数 $f(j) = (j_0, j_1, j_2, \cdots, j_x)$ 等价于描述了以下一组对应关系:$f(j_0) = j_1$, $f(j_1) = j_2$, $f(j_2) = j_3$, $\cdots$, $f(j_x) = j_0$。括弧内的结点编号 j_i 通常为十进制,且结点之间的逗号也可以用空格代替。如循环函数为(0,2,4,6)代表了一个由0,2,4,6四个结点组成的单向环,其中0连至2,2连至4,4连至6,6连至0。

(4)图形法

图形法将结点和边用图形的形式绘制出来,能比较形象地阐述网络的拓扑结构,如星形网络结构图。

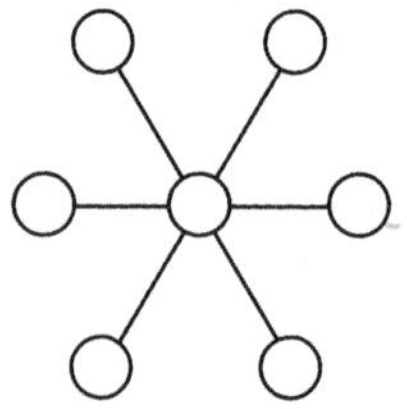

6.3.2 互连网络应抉择的几个问题

在确定 PE 之间通信的互连网络时,需要对操作方式、控制策略、交换方法和网络的拓扑结构做出抉择。

(1)操作方式

操作方式分为有同步、异步及同步/异步组合三种。阵列机都采用同步工作方式,也就是各种命令的广播和并行操作都由统一的时钟加以同步控制。异步及同步/异步组合操作方式一般多用于多处理机。

(2)控制策略

控制策略分为集中控制和分布控制两种控制策略。多数现有的 SIMD 互连网络是采用由集中控制部件对全部开关单元执行集中控制策略。

(3)交换方法

交换方法分为线路交换和包交换(又称分组交换)以及线路/包交换组合三种。SIMD 互连网络多采用硬连的线路交换。包交换则多用于多处理机和计算机网络中。

(4)网络的拓扑结构

网络的拓扑结构指的是互连网络入、出端可以实现的连接的模式,有静态和动态两种。在静态拓扑结构中,两个 PE 之间的链是固定的,总线不能重新配置成与其他 PE 相连。而动态拓扑结构中,两个 PE 之间的链通过置定网络的开关单元状态可以重新配置。在阵列机中,采用的是动态拓扑。由于静态网络灵活性、适应性差,很少使用,因此只讨论动态网络。

动态网络有单级和多级两类。动态单级网络只有有限的几种连接,必须经循环多次通过,才能实现任意两个处理单元之间的信息传送,故称此动态单级网络为循环网络。动态多级网络是由多个单级网络串联组成,以实现任意两个处理单元之间的连接。将多级互连网络循环使用可实现复杂的互连,称这种互连网络为循环多级网络或多级循环网络。现在的绝大多数阵列机都采用多级互连网络或多级循环互连网络。为反映互连特性,每种互连网络可用一组互连函数定义。

6.3.3 基本的单级互连网络

1. 恒等置换

恒等置换也称为直通互连,是指输入端与相同序号的输出端对应连接。其互连函数为：

$$f(x) = f(b_{n-1}b_{n-2}\cdots b_1b_0) = b_{n-1}b_{n-2}\cdots b_1b_0$$

其输入输出端连接示意图，如图 6－15 所示。其中，左边表示输入端，右边表示输出端。

2. 交换置换

交换置换（Exchange）实现输入端与地址中某一位取反的输出端连接。通常指将最低位取反。其互连函数为：

$$f(x) = f(b_{n-1}b_{n-2}\cdots b_1b_0) = b_{n-1}b_{n-2}\cdots b_1\ b_0$$

其输入输出端连接示意图，如图 6－16 所示。

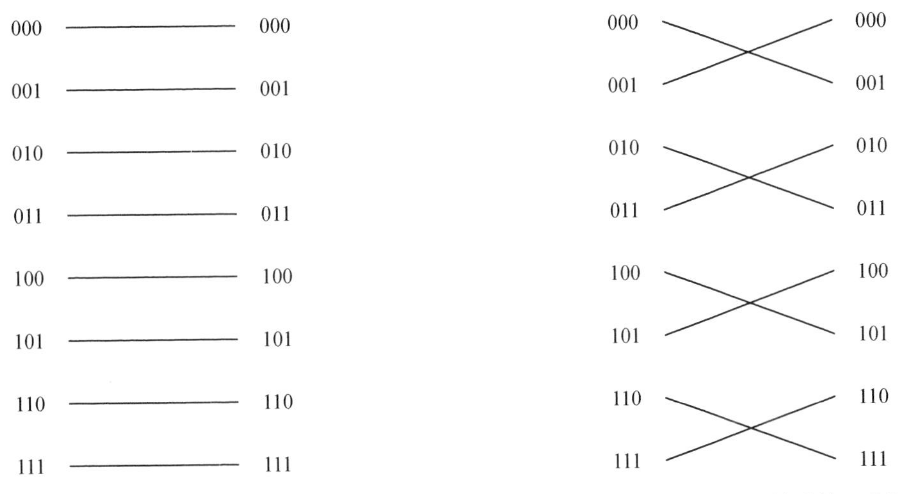

图 6－15　恒等置换连接示意图　　**图 6－16　交换置换连接示意图**

3. 立方体换置换

立方体置换的互连函数为：

$$\mathrm{Cube}_i\ (p_{n-1}\cdots p_i\cdots p_1p_0) = p_{n-1}\cdots\overline{p_i}\cdots p_1p_0$$

即输入端编号和输出端编号第 i 位互为反码。网络中结点个数为 N，当 n = lbN 时，互连网络共有 n 个 Cube 函数。如设 N = 8，则 n = 3，其互连函数分别为：

$$\mathrm{Cube}_0(b_2b_1b_0) = b_2b_1\ \overline{b_0}$$

$$\mathrm{Cube}_1(b_2b_1b_0) = b_2\ \overline{b_1}b_0$$

$$\mathrm{Cube}_2(b_2b_1b_0) = \overline{b_2}b_1b_0$$

此时的互连关系在空间中可表示为一个立方体，如图 6－17 所示。编号为 $b_2b_1b_0$ 的结点中的 b_2、b_1、b_0 分别对应于结点在图中的 Z 轴、Y 轴、X 轴坐标。例如 000 号结点，三个轴坐标均为 0，位于图中原点。

Cube_0 置换相当于描述了图 6－17 中沿 X 轴变换的四条边（000－001、010－011、100－101、110－111）；Cube_1 置换相当于描述了沿 Y 轴变换的四条边（000－010、001－011、100－110、101－111）；Cube_2 置换相当于描述了沿 Z 轴变换的四条（000－100、001－101、010－110、011－111）。

图 6－17 中任意两对结点之间的距离最大值为 3，即两对结点之间最多经过 3 条边就可以建立连接，且连接的路径是不唯一。例如，000 结点和 111 结点就是距离最远的结点对

中的一对，两结点之间的距离为3。可知，单级立方体网络的网络直径为n，即最多经过n次传送就可以实现任意一对入、出端间的连接。且任意结点之间至少有n条不同路径可走，具有一定的容错性。

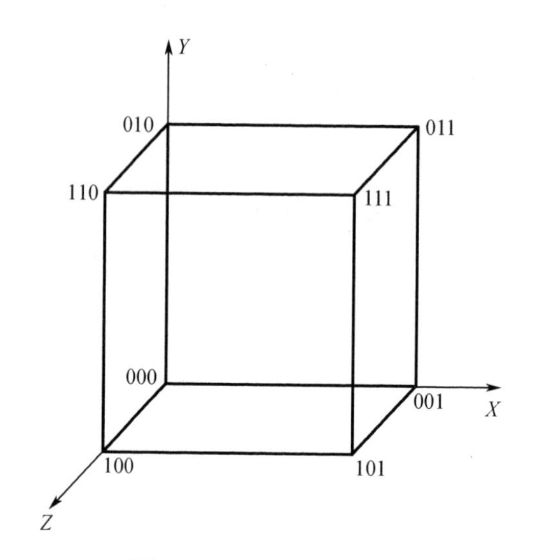

图6-17　三维立方体结构

$N=8$ 的Cube函数的其输入输出端连接示意图，如图6-18所示。

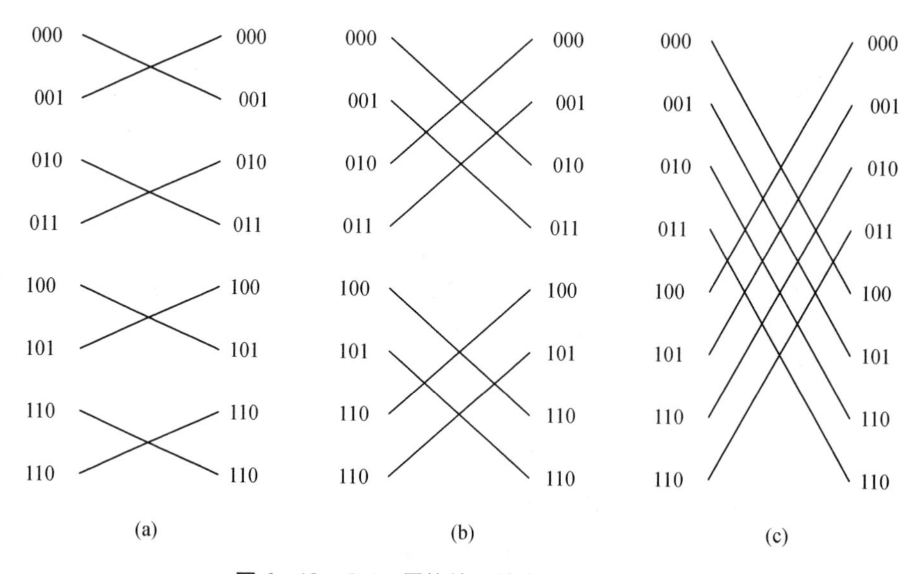

图6-18　Cube置换输入输出端互连示意图

从图6-18可知，$Cube_0$置换相当于交换置换。如果结点编号用十进制表示，$Cube_0$置换实现了以下四组入、出端的相互变换：(0,1)、(2,3)、(4,5)、(6,7)；$Cube_1$置换实现了以下四组入、出端的相互变换：(0,2)、(1,3)、(4,6)、(5,7)；$Cube_2$置换实现了以下四组入、出端的相互变换：(0,4)、(1,5)、(2,6)、(3,7)。

4. PM2I 置换

PM2I 单级网络是“加减 $2i$”(Plus - Minus 2)单级网络的简称。能实现与 j 号处理单元直接相连的是编号为 $j\pm 2^i$ 的处理单元,即

$$\begin{cases} PM2_{+i}(j) = j + 2^i \mathrm{mod} N \\ PM2_{-i}(j) = j - 2^i \mathrm{mod} N \end{cases}$$

其中,结点编号 j 为十进制数字。$0\leqslant j\leqslant N-1, 0\leqslant i\leqslant n-1, n=\mathrm{lb}N$。它共有 $2n$ 个互连函数。由于 $PM2_{+(n-1)} = PM2_{-(n-1)}$,所以 PM2I 互连网络有 $2n-1$ 种互连函数是不同的。对于 $N=8$ 的 PM2I 互连网络的互连函数,有 $PM2_{+0}$,$PM2_{-0}$,$PM2_{+1}$,$PM2_{-1}$,$PM2_{\pm 2}$等 5 个不同的互连函数。互连函数用循环函数表示为以下形式:

$PM2_{+0}$:(0 1 2 3 4 5 6 7)

$PM2_{-0}$:(7 6 5 4 3 2 1 0)

$PM2_{+1}$:(0 2 4 6)(1 3 5 7)

$PM2_{-1}$:(6 4 2 0)(7 5 3 1)

$PM2_{\pm 2}$:(0 4)(1 5)(2 6)(3 7)

$N=8$ 的 PM2I 单级网络结点连接示意图,如图 6 - 19 所示。

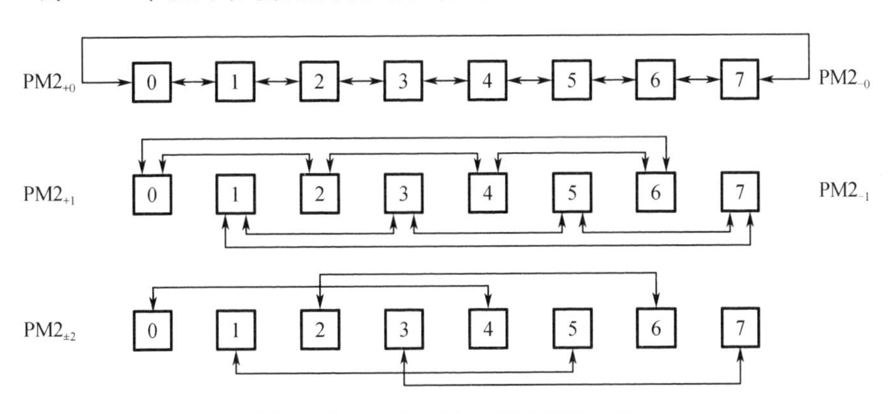

图 6 - 19　PM2I 互连网络连接示意图

结点 0 可以直接连到 1、2、4、6、7 上,比立方体单级网络只能直接连到 1,2,4 的要灵活。SIMD 并行处理机 ILLIAC Ⅳ中的 64 个处理单元间的互连,实际上就是只采用了 PM2I 互连网络中的 $PM2_{\pm 0}$和 $PM2_{\pm 3}$这四个互连函数。

PM2I 单级网络的最大距离为$\lceil n/2 \rceil$,当 N = 8 时,最多只要两次使用,即可实现任意一对入、出端号间的互连。

5. 混洗交换单级网络

混洗交换单级网络(Shuffle - Exchange)包括混洗和交换两个互连函数,交换置换之前已经讨论,混洗置换(Shuffle,也称为洗牌置换)的互连函数定义如下:

$$f(x) = f(b_{n-1}b_{n-2}\cdots b_1 b_0) = b_{n-2}\cdots b_1 b_0 b_{n-1}$$

从互连函数可以看到混洗置换使输入端连接到其 n 位二进制编号循环左移 1 位的输出端上。8 个处理单元的全混连接示意图,如图 6 - 20 所示。

从图 6 - 20 可知,该置换之所以称之为“混洗”或“洗牌”置换的原因。从 8 个输入端来看,就像洗扑克牌时先把整副牌分为两半,左手一半,右手一半。然后压住扑克,左右手大

拇指松开后开始洗牌。洗后的牌相当于左手过来一张,然后右手就过来一张,然后再左手过来一张,然后再右手过来一张,这个过程一直持续到左右手最后一张牌结束。图 6 - 20 中的输入端,相当于左手拿了 000,001,010,011 四张牌,右手拿了 100,101,110,111 四张牌。然后左手过来第一张牌 000,右手也过来其第一张牌 100,之后是左手第二张牌 001、右手第 2 张牌 101,…,直到左手最后一张牌 011,右手最后一张牌 111。

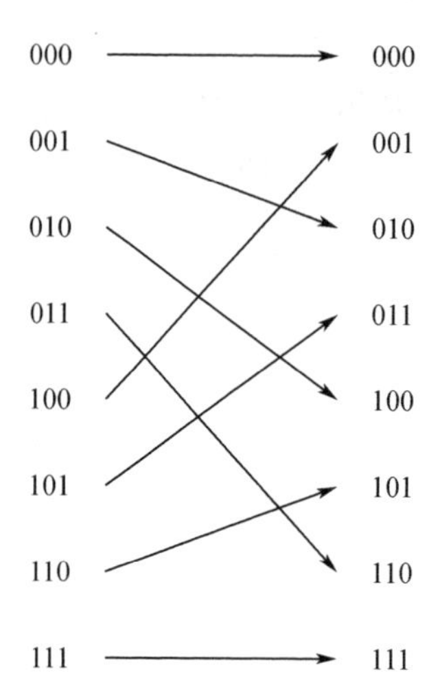

图 6 - 20　8 个处理单元的全混连接示意图

与 Cube 函数不同,Shuffle 函数是不可逆的。即单向性。当经过 n 次全混后,全部 N 个处理单元便又恢复到最初的排列次序。在多次全混的过程中,除了编号为全"0"和全"1"的处理单元外,各个处理单元都遇到了与其他多个处理单元连接的机会(不是所有单元)。

由于混洗(Shuffle)单级网络所实现的互连网络连接不是连通的,例如当用该互连网络该连接处理单元 PE 时,0 号和 7 号单元就只能连接自身,无法与其他 PE 通信。此外该网络还形成了(1,2,4)和(3,5,6)两个独立的环。为了使该单级互连网络变为连通,可再实现交换置换功能,即形成最终的混洗交换单级网络。当 $N=8$ 时混洗交换互连网络连接图如图 6 - 21所示。其中,实线表示交换,虚线表示混洗。

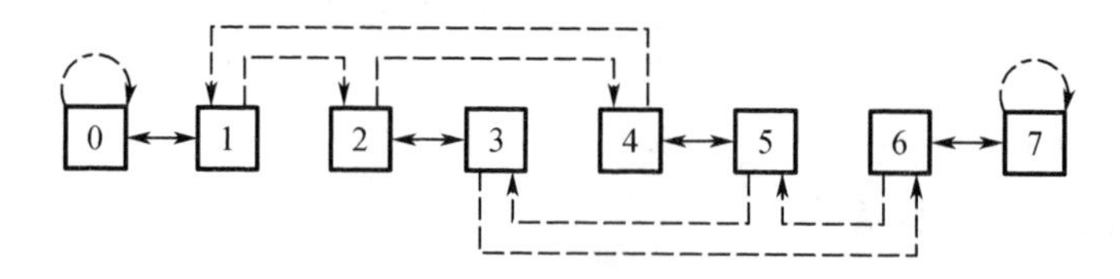

图 6 - 21　$N=8$ 时混洗交换互连网络连接图

在混洗交换网络中,最远的两个入、出端号是"0"和"7",它们的连接需要 n 次交换和 $n-1$次混洗,所以混洗交换网络的网络直径为 $2n-1$。

6. 蝶形单级网络

蝶形单级网络的互连函数为:

$$\text{Butterfly}(b_{n-1}b_{n-2}\cdots b_1b_0)=b_0b_{n-2}\cdots b_1b_{n-1}$$

即将二进制的最高位和最低位相互交换位置。当 N = 8 时蝶形单级互连网络输入输出端连接示意图,如图 6 - 22 所示。

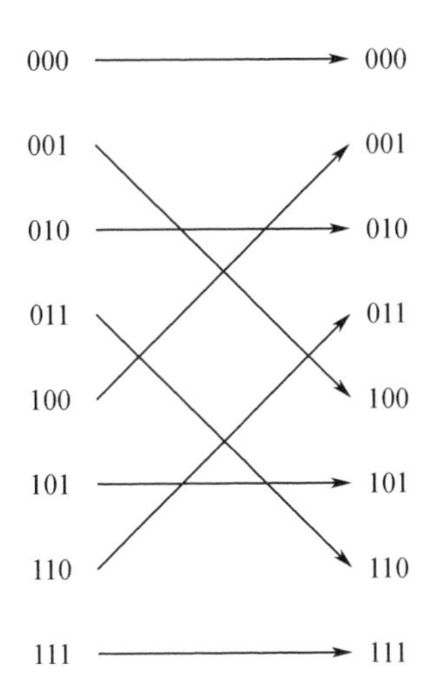

图6－22　8个处理单元的蝶形单级互连示意图

6.3.4　基本的多级互连网络

多级互连网络采用多个相同的或不同的互连网络直接连接起来。属于组合逻辑线路，一个时钟周期就能够实现任意结点和结点之间的互连。如将前面介绍的立方体、混洗交换、PM2I单级互连网络重复连接，就形成了最基本的多级互连网络，即多级立方体互连网络、多级混洗交换网络和多级PM2I网络。

决定多级互连网络的特性的主要因素有以下三个方面：交换开关、拓扑结构和控制方式。

一个$a \times b$的交换开关是具有a个输入和b个输出的交换单元。最常用的二元开关：$a = b = 2$。一个2×2的交换开关有四种合法状态：直连、交换、上播、下播。其示意图如图6－23所示。

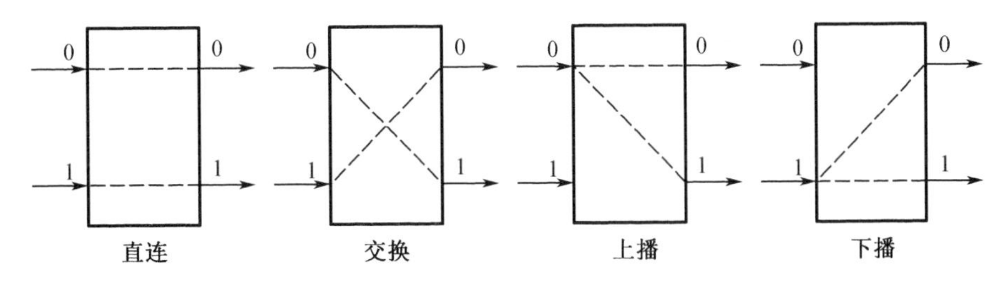

图6－23　2×2交换开关四种合法状态示意图

图6－23所示，每个输入可与一个或多个输出相连，但是在输出端必须避免发生冲突，不容许有多对一映射。

具有直通和交换两种功能的交换开关称为二功能开关。用一位控制信号控制。如“0”为直连、“1”为交换。具有所有四种功能的交换开关称为四功能开关，用两位控制信号控制。

拓扑结构是各级间出端与入端互连的模式。通常采用前面介绍的互连函数实现拓扑结构。实际上，从输入端到与其最近的某一级交换开关之间，以及输出端与其最近的某一级交换开关之间,也都可以采用拓扑结构连接。

控制方式是对各个交换开关进行控制的方式,以多级立方体网络为例,它可以有 3 种控制方式。

(1)级控制:同一级的所有开关只用一个控制信号控制,同时只能处于同一种状态。如某一级有四个交换开关,这四个交换开关在同一时刻,要么都直连,要么都交换,要么都上播,要么都下播,所有开关都步调统一一致。

(2)单元控制:每一个开关都有自己独立的控制信号控制,可各自处于不同的状态。如同级的四个交换开关,第一个和第三个开关用一个信号控制,第二个和第四个开关用另外一个信号进行控制。

(3)部分级控制:第 i 级的所有开关分别用 $i+1$ 个信号控制,$0 \leq i \leq n-1$,n 为级数。如第 2 级的四个交换开关,第一个交换开关和第二个交换开关分别各用一个不同的信号来控制,第三个和第四个交换开关共用一个信号进行控制。

利用上述交换开关、拓扑结构和控制方式 3 个关键参量,可以描述多种多级互连网络结构。

1. 多级立方体互连网络

多级立方体互连网采用二功能开关(直连、交换)。当第 i 级交换单元处于交换状态时,实现的是 Cube_i 互连函数。采用三种不同的控制方式,可以构成三种不同的互连网络。

(1)采用级控制可以构成 STARAN 交换网;

(2)采用部分级控制,可以构成 STARAN 移数网;

(3)采用单元控制可以构成间接二进制 n 方体网。

用 2×2 的交换开关实现 8×8 的多级立方体网络连接示意图,如 6-24 所示。

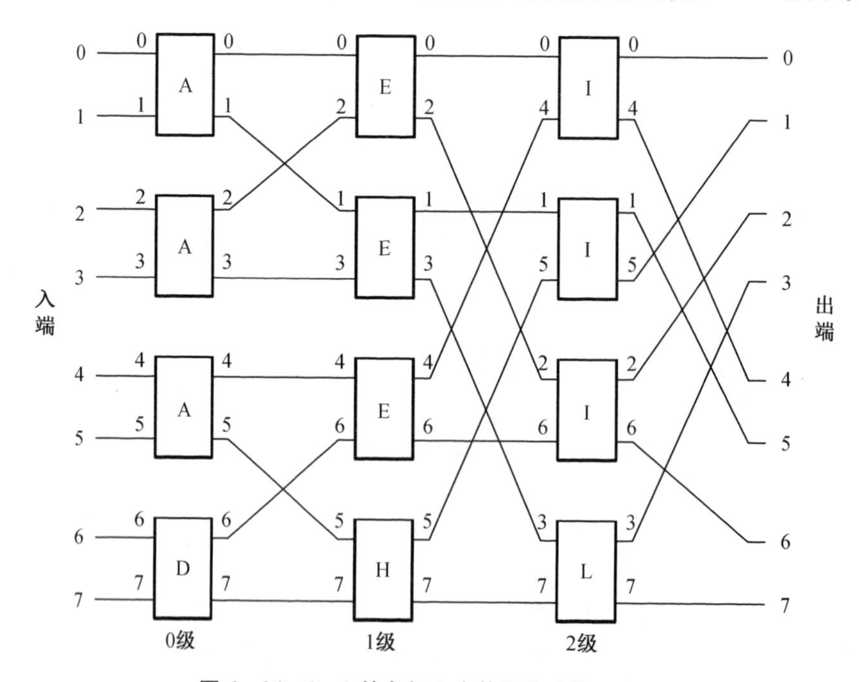

图 6-24　8×8 的多级立方体网络连接示意图

图6－24的绘制方法分为以下三个步骤。

(1)确定级数和每一级交换开关的个数

由于是用2×2的交换开关实现8×8的交换开关，可以试写出下列等式：$8\times8=2^3\times2^3$。其中第一个2^3的指数3即表明多级网络要分为3级。如我们用2×2的交换开关实现64×64的多级网络，因为$64\times64=2^6\times2^6$所以就要分为6级。当用2×2的交换开关实现$N\times N$的交换开关时，级数＝lb$N$，每一级的交换开关个数为$N/2$。如图6－24中$N=8$，所以分为3级，每一级上有8/2＝4个交换开关。后面介绍的多级混洗交换网的设备数与多级立方体网络设备数计算方法一致。

(2)在每一个交换开关的输入输出端上标号

如图6－24所示，第0级四个交换开关的输入输出端编号为(0,1)、(2,3)、(4,5)、(6,7)；第1级四个交换开关的输入输出端编号为：(0,2)、(1,3)、(4,6)、(5,7)；第2级四个交换开关的输入输出端编号为：(0,4)、(1,5)、(2,6)、(3,7)。之所以这样标号是因为当第i级交换单元处于交换状态，而其他级都处于直连状态时，网络实现的是Cube_i互连函数。

(3)级间对应数字标号之间进行互连

因网络实现的Cube变换只体现在交换开关内部，级间对应阿拉伯数字标号之间进行相连，可保证当第i级交换单元处于交换状态时，实现的是Cube_i互连函数，这样才能保证最后的连接准确性。

当STARAN网采用不同的控制方式时，可以实现交换、移数等不同的功能，交换功能很适合于双向互连等要求的实现。移数功能很适合于累加求和等要求的实现。

(1)STARAN网络采用级控制时，实现的是交换函数的功能

所谓交换(Flip)函数是将一组元素首尾对称地进行交换。如果一组元素包含有2^n个，则它是将所有第k(从0开始)个元素都与第$(2^n-(k+1))$个元素相交换。表6－1列出了三级交换网络在级控制信号采用不同组合情况下所实现的入、出端连接情况。

表6－1　三级STARAN交换网络实现的入、出端连接及所执行的交换函数功能(k_i为第i级控制信号)

		级控制信号($k_2k_1k_0$)							
		000	001	010	011	100	101	110	111
入端号	0	0	1	2	3	4	5	6	7
	1	1	0	3	2	5	4	7	6
	2	2	3	0	1	6	7	4	5
	3	3	2	1	0	7	6	5	4
	4	4	5	6	7	0	1	2	3
	5	5	4	7	6	1	0	3	2
	6	6	7	4	5	2	3	0	1
	7	7	6	5	4	3	2	1	0

表 6-1(续)

	级控制信号($k_2k_1k_0$)							
	000	001	010	011	100	101	110	111
执行的交换函数功能	恒等	4 组 2 元	4 组 2 元 + 2 组 4 元	2 组 4 元	2 组 4 元 + 1 组 8 元	4 组 2 元 + 2 组 4 元 + 1 组 8 元	4 组 2 元 + 1 组 8 元	1 组 8 元
	i	$Cube_0$	$Cube_1$	$Cube_0$ + $Cube_1$	$Cube_2$	$Cube_0$ + $Cube_2$	$Cube_1$ + $Cube_2$	$Cube_0$ + $Cube_1$ + $Cube_2$

从表 6-1 可以看出,控制信号为 111 时,实现全交换,也称镜像交换,完成对这 8 个处理单元(元素)的 1 组 8 元交换,其变换图像如下:

入端排列┆0 1 2 3 4 5 6 7┆

出端排列┆7 6 5 4 3 2 1 0┆

控制信号为 001 时,完成对这 8 个处理单元(元素)的 4 组 2 元交换,其变换图像如下:

入端排列┆0 1 ┆2 3┆ 4 5┆ 6 7┆

出端排列┆1 0 ┆3 2┆ 5 4┆ 7 6┆

控制信号为 010 时,完成的功能相当于在进行 4 组 2 元交换后再进行 2 组 4 元交换,其变换图像如下:

入端排列┆0 1 ┆2 3┆ 4 5┆ 6 7┆

第一次交换后┆1 0 ┆3 2┆ 5 4┆ 7 6┆　　　4 组 2 元

重新分组┆1 0 3 2┆ 5 4 7 6┆

第二次交换后┆2 3 0 1┆ 6 7 4 5┆　　　2 组 4 元

出端排列┆2 3 0 1┆ 6 7 4 5┆

而控制信号为 101 时,相当于实现上述两种交换后再进行 1 组 8 元交换,其变换图像如下:

……

┆2 3 0 1 6 7 4 5┆

出端排列┆5 4 7 6 1 0 3 2┆

(2)STARAN 网络采用部分级控制时,用作移数网络

控制信号分组和控制结果列在表 6-2 中。可以看出它们都是执行各种不同的移数功能。

表 6－2　三级移数网络能实现的入、出端连接及移数函数功能

部分级控制信号	2 级	K,L	0	0	1	0	0	0	0
		J	0	1	1	0	0	0	0
		I	1	1	1	0	0	0	0
	1 级	F,H	0	1	0	0	1	0	0
		E,G	1	1	0	1	1	0	0
	0 级	A,B,C,D	1	0	0	1	0	1	0
入端号		0	1	2	4	1	2	1	0
		1	2	3	5	2	3	0	1
		2	3	4	6	3	0	3	2
		3	4	5	7	0	1	2	3
		4	5	6	0	5	6	5	4
		5	6	7	1	6	7	4	5
		6	7	0	2	7	4	7	6
		7	0	1	3	4	5	6	7
相当于实现的移数功能			移 1 mod 8	移 2 mod 8	移 4 mod 8	移 1 mod 4	移 2 mod 4	移 1 mod 2	不移全等

【例 6－3】　并行处理机有 16 个处理单元，要实现相当于先 8 组 2 元交换，然后是 1 组 16 元交换，再次是 4 组 4 元交换的交换函数功能。写出实现此交换函数最终等效的功能，各处理器间实现的互连函数的一般格式。

解　因需实现交换功能，故选择 STARAN 的交换功能（级控制方式）。

8 组 2 元交换　　Cube_0

1 组 16 元交换　　$\text{Cube}_0 + \text{Cube}_1 + \text{Cube}_2 + \text{Cube}_3$

4 组 4 元交换　　$\text{Cube}_0 + \text{Cube}_1$

相加　　$\text{Cube}_0 + \text{Cube}_2 + \text{Cube}_3$

本例中的“相加”表示纵向看，如果有奇数个 cube_i 函数，则相加后要列举该 cube_i 函数；如果纵向看有偶数个 cube_i 函数，如 2 个函数，等价于先进行了一次变换，然后又做了一次逆变换，两次变换抵消，所以相加后不列举该函数。

各处理器间所实现的互连函数的一般形式为：

$$\text{Cube}(b_3 b_2 b_1 b_0) = \overline{b_3 b_2} b_1 \overline{b_0}$$

2. 多级混洗交换网络

多级混洗交换网络又称 omega 网络。它由 n 级相同的网络组成，每一级都包含一个全混拓扑和随后一列 2^{n-1} 个四功能交换单元，采用单元控制方式。

omega 网络与多级立方体相比较，omega 网络中各级编号的次序与多级立方体网络正好相反。如果把 omega 网络的入端和出端位置对调，并且交换开关采取二功能，它就等同于间接二进制 n 方体网络。

用2×2的交换开关实现8×8的多级混洗交换网络的连接示意图,如6-25所示。

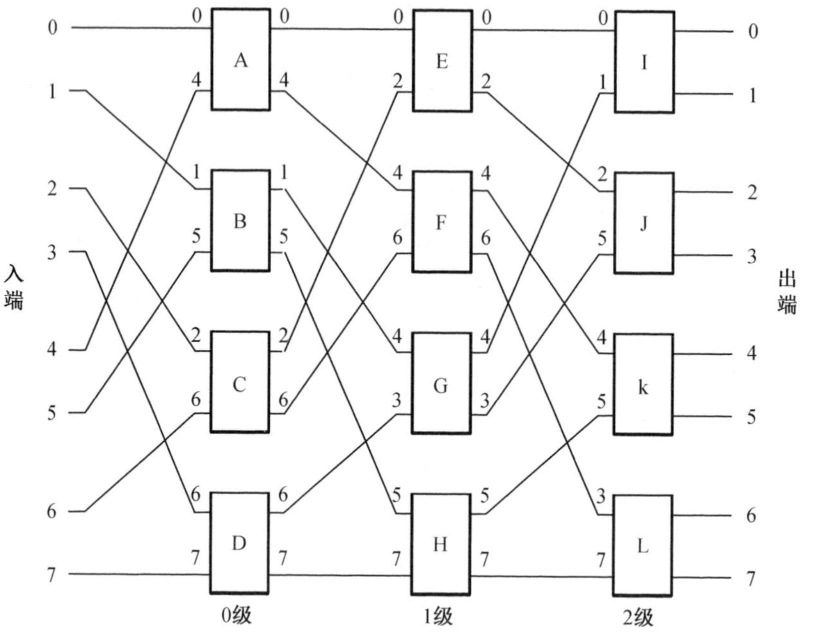

图6-25　8×8的多级混洗交换网络连接示意图

多级混洗交换网络可以实现任一个入端与任一个出端之间的连接,但要同时实现两对或多对的入、出端间的连接,就可能发生连接路径上的冲突。例如,要实现5-0、7-1的连接时,各级交换开关的状态,如图6-26所示。

从之前的图6-23中可知,2×2的交换开关分别有0号和1号两个输入端,0号和1号两个输出端。在图6-26中,5-0的连接因为输出端0的二进制为“000”,所以在第2级、第1级、第0级三个交换开关B,G,I中,信号(数据)在以上三个交换开关的中一定从0号输出端流出,交换开关的状态如虚线所示;当7-1进行连接时,输出端1的二进制为“001”,所以在D,G,I三个交换开关中,信号要分别从以上三个交换开关的0号输出端、0号输出端和1号输出端分别流出,交换开关的状态如图中相应开关中的实线所示。当实现5-0、7-1同时连接时,两者在交换开关G中争用该开关的0号输出端,即发生连接路径上的冲突。在多级立方体网络中,也存在类似的路径冲突问题。

3. 多级PM2I网络

$N=8$的多级PM2I网络的结构,如图6-27所示。它包含n级单元间连接,每一级都是把前后两列各$N=2^n$个单元按PM2I拓扑相互连接起来。从第i级($0\leqslant i\leqslant n-1$)来说,每一个单元$j$($0\leqslant i\leqslant N-1$)都有3根连接线分别通往出单元$j$,$j+2^i \bmod N$和$j-2^i \bmod N$,在图中,它们分别用点线、实线和虚线表示。

采用单元控制增强对各级单元控制的灵活性,让每一单元都有自己独立的控制信号H,D,U(平控H、下控D、上控U)。此种多级PM2I网络称为强化数据变换网络AMD(Augmented Data Manipulator),但是控制线多,成本较高。

ADM的拓扑结构和控制方式使它可以完全模仿omega网络的四功能交换单元。利用数据变换网络可以实现各种灵活的移数、重复、间隔、展开等变换函数。

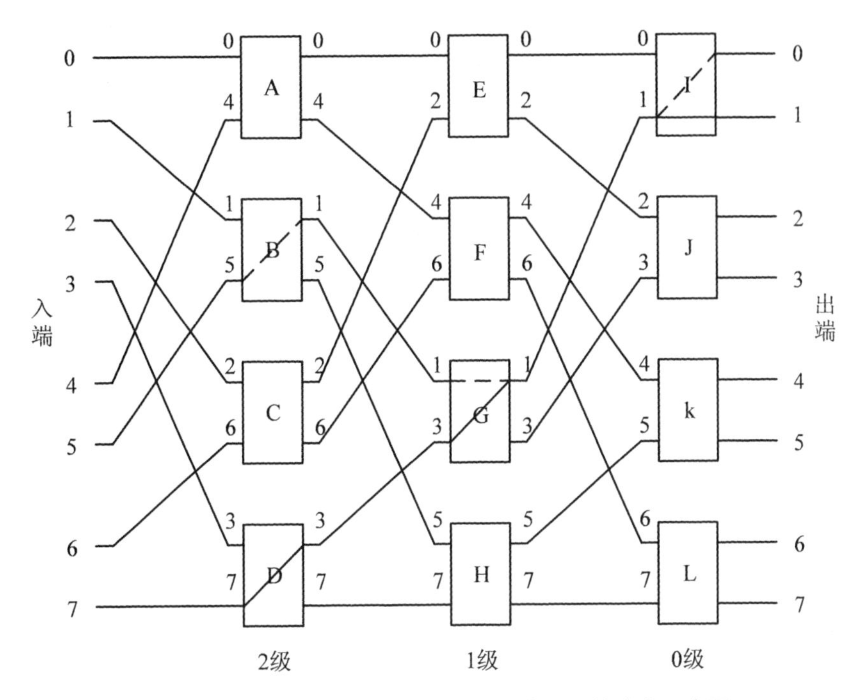

图 6－26　多级混洗交换网络输入、输出端连接冲突示意图

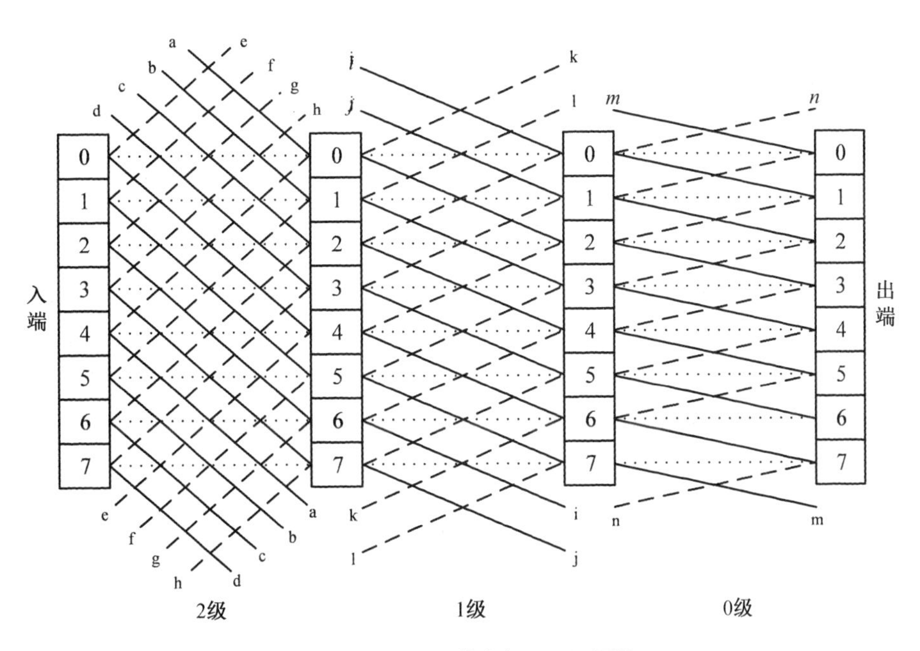

图 6－27　N＝8 的多级 PM2I 网络

比较上述多种多级网络得出以下几方面内容。

(1)灵活性由低到高的次序是:级控制立方体、部分级控制立方体、间接二进制 n 方体、omega、ADM;

(2)复杂性和成本由低到高的次序与(1)的次序相同;

(3)从使用用途看,虽然这些网络的设计者都提出了各自的网络用途,例如 STARAN 网络和 omega 网络都是为了进行存储器与处理单元之间的数据变换,间接二进制 n 方体网络是为了连接成微处理器阵列,但从上面对各种网络共同性的分析可以看出,它们对多种应用场合都是适合的。

4. 基准网络

它与二进制立方体网络的逆网络相似,只是在输入端与第 0 级交换开关之间的连接不同,它采取从输入到输出的级间互连为恒等、逆全混、子逆全混合恒等置换。所用交换单元均为二功能的,采取单元控制。$N=8$ 的基准网络,如图 6-28 所示。

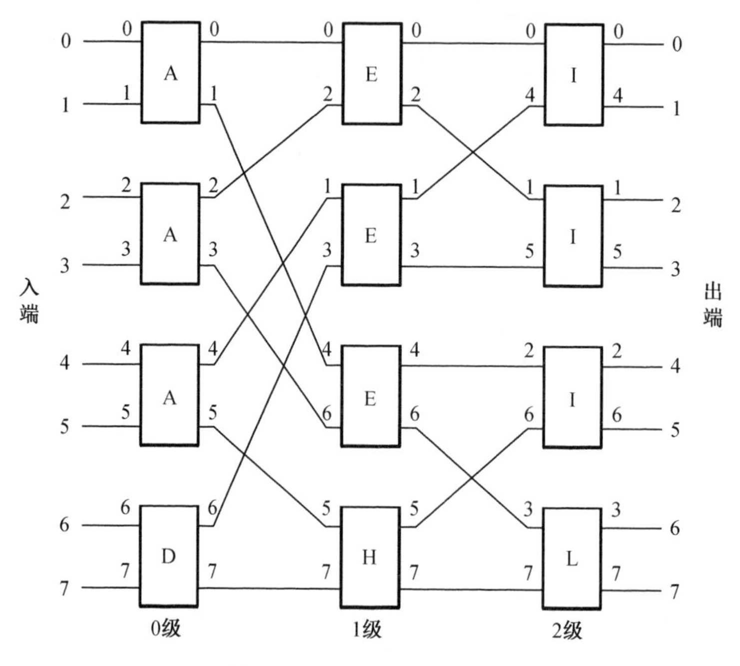

图 6-28 $N=8$ 的基准网络

6.3.5 全排列网络

如果互连网络是从 N 个入端到 N 个出端的一到一的映射,就可以把它看成是对此 N 个端的重新排列,因此互连网络的功能实际上就是用新排列来置换 N 个入端原有的排列。上文介绍的各种基本多级网络都能实现任意一个入端与任意一个出端间的连接,但要同时实现两对或多对入、出端间的连接时,就有可能发生争用数据传送路径的冲突。

阻塞式网络:同时实现两对或多对入、出端间的连接时,都有可能发生争用数据传送路径的冲突。这类性质的互连网络为称阻塞式网络(Blocking Network)。

全排列网络:同时实现两对或多对入、出端间的连接时,均不可能发生争用数据传送路径的冲突。称无这类冲突情况的互连网络为非阻塞式网络或全排列网络。显然,非阻塞式网络连接灵活,但连线多、控制复杂、成本高。

产生阻塞式网络的原因主要是因为开关表示的状态数达不到 $N!$ 种要求,即阻塞式网络在一次传送中不可能实现 N 个端的任意排列。

N 个端的全部排列有 $N!$ 种。可是用单元控制的 $n=\log_2 N$ 级间接二进制 n 方体网络,

每级有 $N/2$ 个开关，n 级互连网络共用$(N\cdot\log_2 N)/2$ 个二功能的交换开关。这样，全部开关处于不同状态的总数为：

$$2^{\frac{N}{2}\cdot \text{Log}_2 N}=(2^{\text{Log}_2 N})^{\frac{N}{2}}=N^{\frac{N}{2}}$$

当 N 为大于 2 的整数时，总有 $N^{N/2}<N!$，就是说它无法实现所有 $N!$ 种排列。多对入、出端要求同时连接时就可能发生冲突。以 $N=8$ 的三级网络为例，共 12 个二功能交换开关，只有 $2^{12}=4\ 096$ 种不同状态，最多只能控制对端子的 4 096 种排列，不可能实现全部 $8!=40\ 320$种排列，所以多对入、出端要求同时连接时就可能发生冲突。

因为 $N!<N^{N/2}\times N^{N/2}$即 $N!<N^N$，所以这里列举两种利用两个多级互连网络来实现全排列网络连接的方法。

(1)原有多级网络通过锁存器运行两次

可以在上述任何一种基本多级互连网络的出端设置锁存器，使数据在时间上顺序通行两次，每次通过时让各开关处于不同状态，使开关的总状态数有 $N^{N/2}\times N^{N/2}=N^N$种以满足 $N!$ 不同排列的开关状态要求。这种只要经过重新排列已有入、出端的连接而不发生冲突的互连网络成为可重排列网络，这实际上就是循环多级互连网络的实现思路。

(2)两个 $\log_2 N$ 级网络背靠背串联

将 $\log_2 N$ 级的 N 个入端和 N 个出端的互连网络和它的逆网络连在一起，这样可以省去中间完全重复的一级，得到总级数为 $2\log_2 N-1$ 级的全排列网络，称此网络为 Benes 网络。该网络至少有两个以上的通道能满足一对结点的连接要求，即数据寻经不唯一，有较多的冗余，这有利于选择合适的路径传送，可靠性、灵活性较好。将三级基准网络和它的逆网络连接组成的 Benes 网络，如图 6－29 所示。

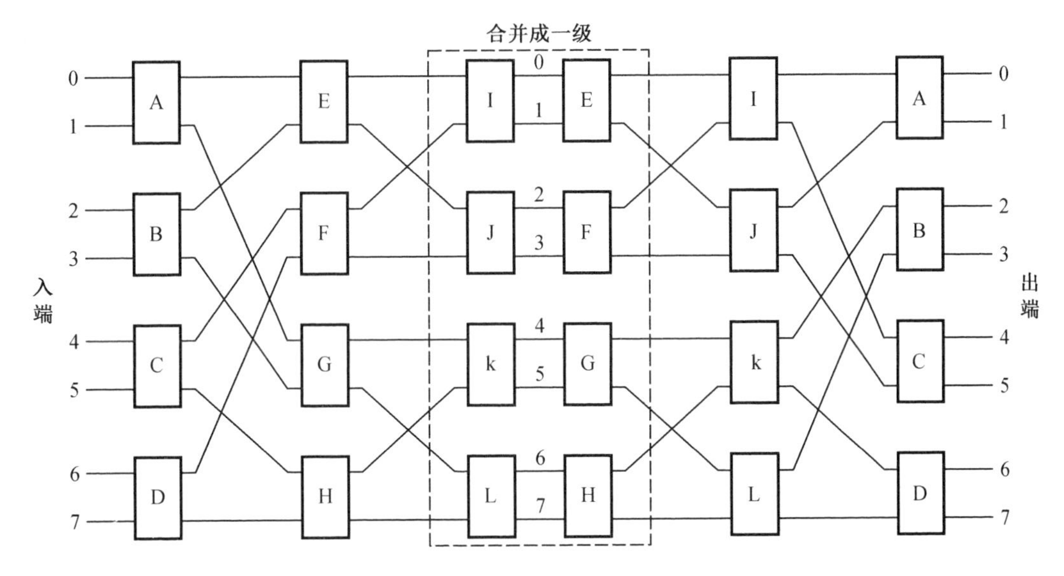

图 6－29　多级全排列网络举例(Benes 网络)

6.4 共享主存构形的阵列处理机中并行存储器的无冲突访问

共享主存构形阵列处理机由于主存为集中共享形式,所以必须合理解决多个处理单元访存冲突问题,存储器的实际频宽才不会下降,从而发挥处理机更高效的作用。同时,为了满足存储器频宽要与多个处理单元的速率匹配,存储器就必须采用多体交叉并行方式组成。

在访问模式方面,由于阵列处理机通常要频繁处理数组和矩阵结构,通常要求连续访问数组的多个元素,或按 N 变址连续访问数组的多个元素。以及连续访问二维数组的行、列、主对角线、次对角线的全部元素都不应产生访存冲突问题。

下面分几种情况分别对上述问题进行分析。

(1)一维数组

假定并行存储器分体数 m 为 4,交叉存放一维数组 a_0,a_1,a_2、…,如图 6-30(a)所示。那么,每次访问相邻的 m 个元素,并依此不间断地访问下去,是不会发生访存冲突的。若遇到按 2 变址,访问奇数或偶数下标的元素时,则因访存冲突会使存储器的实际频宽降低一半。在并行递归算法中,对向量子集的各元素逐次按 2 的整数幂相间访问,是典型的访问模式。例如,先是相邻访问,然后按 2,4,8 等变址。对于这类算法,并行存储器体数取成传统的 2 的整数幂则不适合。

共享主存构形的阵列处理机中,并行存储的分体数 m 应取成质(素)数,才能较好地避免存储器访问的冲突。只要变址跳距与 m 互质,存储器访问就总能无冲突地进行。例如将并行存储器的分体数 m 设为 5,按 2 变址,连续访问 a_0,a_2,a_4,a_6时避免了之前 $m=4$ 时的访存冲突问题。此时数据存储方案如图 6-30(b)所示。

存储体体号

0	1	2	3
a_0	a_1	a_2	a_3
a_4	a_5	a_6	a_7
a_8	a_9	a_{10}	a_{11}
a_{12}	…		

(a)

存储体体号

0	1	2	3	4
a_0	a_1	a_2	a_3	a_4
a_5	a_6	a_7	a_8	a_9
a_{10}	a_{11}	a_{12}	…	

(b)

图 6-30 一维数组的存储对比

(a)分体数 $m=4$;(b)分体数 $m=5$

(2)$n \times n$ 二维数组方阵

如果二维数组的维度是 $n \times n$,主存有 m 个分体并行,通常要求同时访问方阵的同一行、同一列、主对角线或次对角线上的 n 个元素时均不应发生访存冲突问题。如果 $m=n=4$,则 4×4 的二维数组在主存储内的存储方案如图 6-31(a)所示。此时,虽然同时访某一行、主对角线或次对角线上的所有元素时,都可以无冲突访问。但要同时访问某一列的元素时,由于它们集中存放在同一存储分体内，会产生访存冲突，由于每次只能访问其中的一个元素，使实际频宽降低为原来的1/4。

此时的解决方案是采取错位存放方式。首先将并行存储器分体数 m 设定为大于每次要访问的向量或数组元素的个数 n 的一个质数。其次，要将二维数组方阵的元素按行、列等方向上采取不同的错开距离存放。以 $m=5$，$n=4$ 为例，将 m 试写为下列形式：

$$m=2^{2P}-1$$

则二维数组同一列上相邻各元素错开体号距离 $\delta_1=2^P$；二维数组同一行上相邻各元素错开体号距离 $\delta_2=1$。本例中 $P=1$，所以 $\delta_1=2$，$\delta_2=1$。数据在存储器中的存放方案如图6-31(b)所示。此时同时访问方阵的某一行、某一列、主对角线或次对角线上的所有元素时均不发生访存冲突。

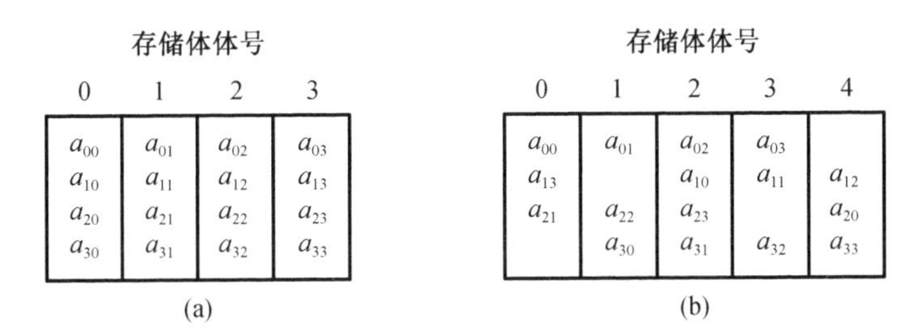

图6-31　二维数组方阵的存储对比

(a) $m=4$；(b) $m=5$，$n=4$，$\delta_1=2$，$\delta_2=1$

(3)二维数组大小不固定

此时，可以先将多维数组或者非 $n\times n$ 方阵的二维数组按行或列的顺序变换为一维数组，形成一个一维线性地址空间，地址用 a 表示。然后，将地址 a 所对应的元素按以下方式存放，就可以满足无冲突访问的要求。

体号地址：$j=a\bmod m$　m 为并行存储体分体数

体内地址：$i=\lfloor \frac{a}{n} \rfloor$　n 为并行处理机处理单元数

【例6-4】　一个4×5二维数组(元素以列为主序排列)按上述规则将其存放在 $m=7$ 的存储器中，设并行处理机处理单元数 $n=6$。要实现行、列上元素的无冲突访问。试设定存储方案，画出二维数组各元素在存储器分体上的分布情况。

解　首先将该4×5二维数组按列为主序变换为一维数组，得到元素在一维数组中的下标a并算出体号和体内地址，如图6-32所示。然后依据算得的体号和体内地址将元素存储在 $m=7$ 的并行存储器中，二维数组各元素在存储器分体上的分布情况，如图6-33所示。

数组元素	a_{00}	a_{00}	a_{00}	a_{00}	a_{00}	a_{00}	a_{00}	a_{00}	a_{00}	a_{00}	a_{00}	a_{00}	a_{00}	a_{00}	a_{00}	a_{00}	a_{00}	a_{00}	a_{00}	a_{00}
地址 a	0	1	2	3	4	5	6	7	8	9	10	11	12	13	14	15	16	17	18	19
体号 j	0	1	2	3	4	5	6	0	1	2	3	4	5	6	0	1	2	3	4	5
体内地址 i	0	0	0	0	0	0	1	1	1	1	1	4	2	2	2	2	2	2	3	3

图6-32　将二维数组转换为一维数组

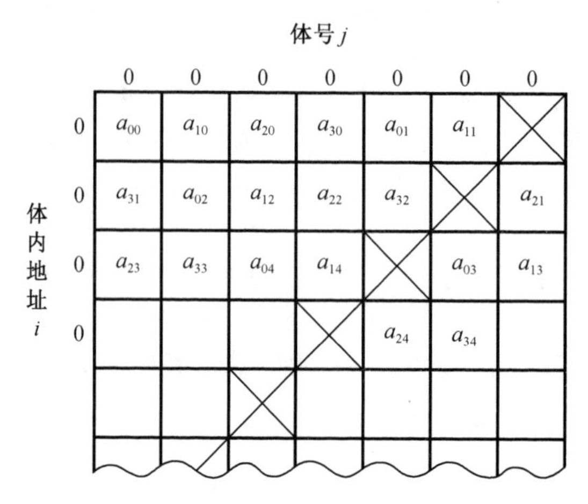

图 6－33　4×5 二维数组在并行存储器中存放的实例($m=7,n=6$)

6.5　脉动阵列流水处理机

6.5.1　脉动阵列结构的原理

卡内基－梅隆大学的美籍华人 H. T. Kung 于 1978 年提出脉动阵列处理(Systolic Array)结构。脉动阵列结构是一组处理单元(PE)构成的阵列。每个 PE 的内部结构相同。一般由一个加法/逻辑运算部件或加法/乘法运算部件再加上若干锁存器构成,可完成少数基本的算术逻辑运算操作。阵列内所有处理单元的数据锁存器都受同一个时钟控制。运算时,数据在阵列结构处理单元间沿各自的方向同步向前推进,犹如人体血液循环系统的工作方式和过程。

传统处理模型和脉动阵列处理模型的对比图,如图 6－34 所示。图 6－34(a)是传统的数据处理模型。一个处理单元(PE)从存储器中读取数据,运算结束后然后再写回到存储器。该模型中由于 PE 的处理速度明显要快于访存的速度,PE 的性能指标 MOPS(每秒百万操作次数)很大程度受到访存能力的影响。为提高 MOPS 指标,脉动阵列处理模型的初步思想是希望数据尽量在处理单元(组)中多流动一会,其处理模型如图 6－34(b)所示。

第一个数据首先进入第一个 PE,经过处理以后被传递到下一个 PE,同时第二个数据进入第一个 PE。以此类推,当第一个数据到达最后一个 PE,它已经被处理了多次。所以,脉动架构实际上是多次重用了输入数据。因此,它可以在消耗较小的 Memory 带宽的情况下实现较高的运算吞吐率。

为了执行多种计算,脉动型系统内的输入数据流和结果数据流可以在多个不同方向上以不同的速度向前搏动,阵列内部的各个单元只接收前一组处理单元传来的数据,并向后一组处理单元发送数据,只有位于阵列边缘的处理单元才与存储器 I/O 端口进行数据通信,根据具体计算的问题不同,脉动阵列可以有一维线形、二维矩形/六边形/二叉树形/三角形等阵列互连构形,如图 6－35 所示。

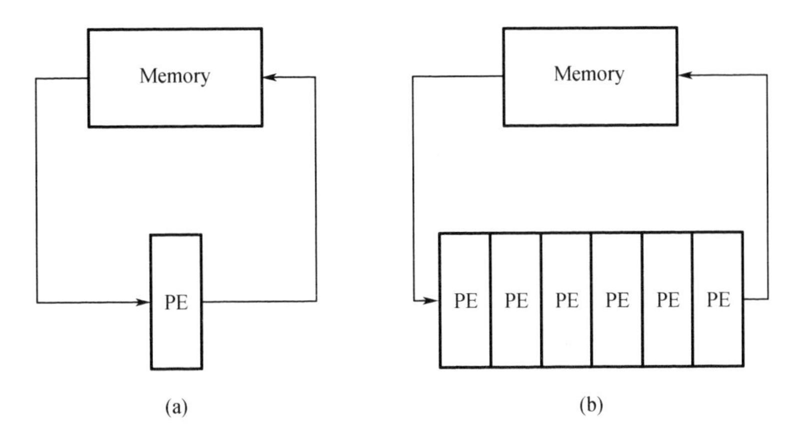

图 6－34　传统处理模型与脉动阵列处理模型的对比

(a)传统处理模型;(b)脉动阵列处理模型

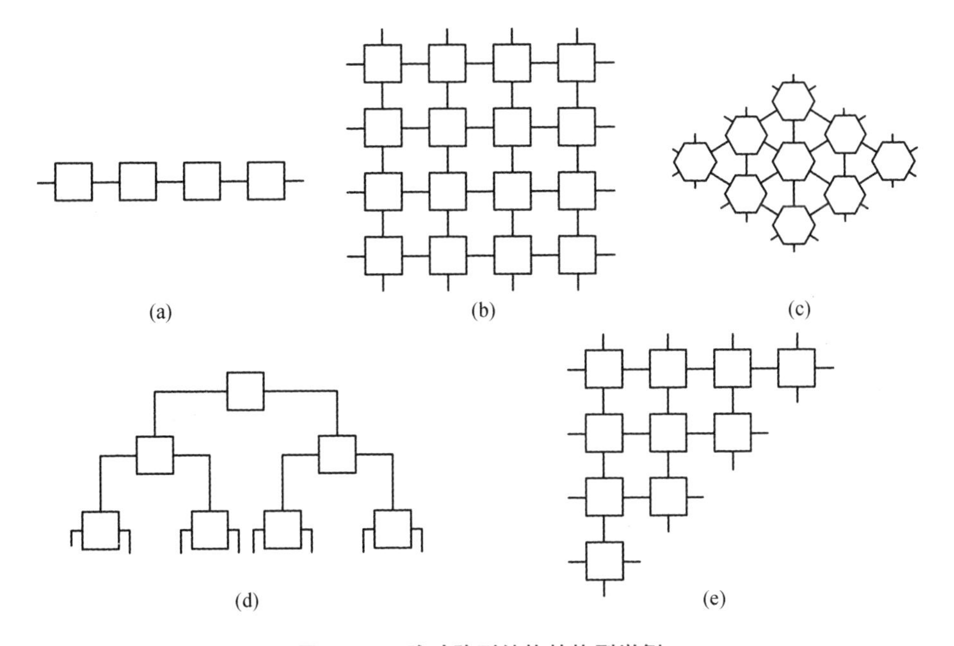

图 6－35　脉动阵列结构的构型举例

(a)一维线性阵列;(b)二维矩阵阵列;(c)二维六边形阵列;(d)二叉树阵列;(e)三角形阵列

两个 3×3 矩阵 $\boldsymbol{A}$、$\boldsymbol{B}$ 分别为:

$$\boldsymbol{A}=\begin{bmatrix} a_{11}a_{12}a_{13} \\ a_{21}a_{22}a_{23} \\ a_{31}a_{32}a_{33} \end{bmatrix},\boldsymbol{B}=\begin{bmatrix} b_{11}b_{12}b_{13} \\ b_{21}b_{22}b_{23} \\ b_{31}b_{32}b_{33} \end{bmatrix}$$

则

$$\boldsymbol{C}=\boldsymbol{A}\cdot\boldsymbol{B}=\begin{bmatrix} c_{11}c_{12}c_{13} \\ c_{21}c_{22}c_{23} \\ c_{31}c_{32}c_{33} \end{bmatrix}$$

其中

$$c_{ij} = \sum_{k=1}^{3} a_{ik} \cdot b_{kj}, 1 \leqslant i \leqslant 3, 1 \leqslant j \leqslant 3$$

现要求在一个脉动式二维阵列结构上进行 A、B 相乘。当用脉动阵列实现该运算时有多种不同的阵列组织方式,现列举一种常见的处理方式:阵列中每个处理单元 PE 内含有一个乘法器和一个加法器,可完成一个内积步计算。每经 1 拍,处理单元可以把 2 个输入端送来的信息沿两个不同方向,即向下和向右的垂直方向和水平方向同时将信息送到对应的 2 个输出端。

本例中要实现 3×3 的矩阵相乘,需要一个 3×3 PE 的脉动阵列完成整个运算。在将矩阵 A、B 的数据送入脉动阵列时的顺序也很重要。本例采取自矩阵左上角第一个元素开始到右下角最后一个元素结束的顺序,第一拍送入 a_{11} 和 b_{11},第二拍送入 a_{12},a_{21} 和 b_{21},b_{12},第三拍送入 a_{13},a_{22},a_{31} 和 b_{31},b_{22},b_{13},第四拍送入 a_{23},a_{32} 和 b_{32},b_{23},第五拍送入 a_{33} 和 b_{33}。

T=0 时,数据待送入状图示意图如图 6-36 所示。

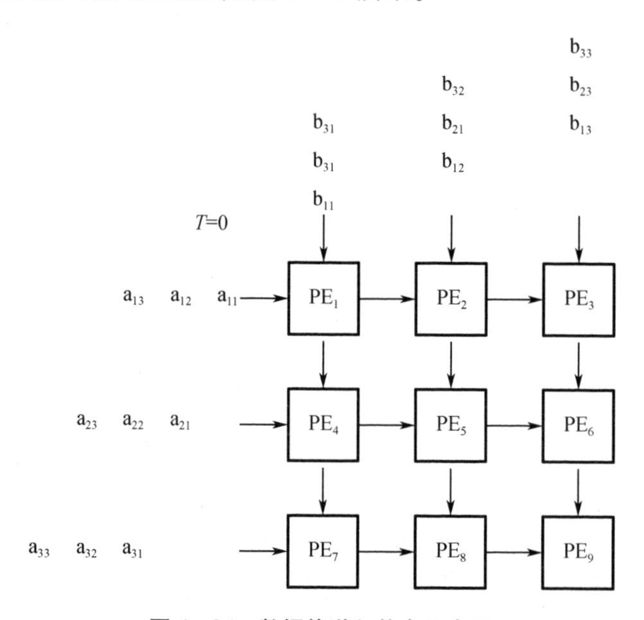

图 6-36 数据待送入状态示意图

为更好演示数据在脉动阵列中的流动和相关 PE 的计算过程,现举例矩阵 $\boldsymbol{A}$、$\boldsymbol{B}$ 及它们的相乘结果 $\boldsymbol{C}$ 如下所示。

$$\begin{bmatrix} 123 \\ 456 \\ 789 \end{bmatrix} \cdot \begin{bmatrix} 123 \\ 456 \\ 789 \end{bmatrix} = \begin{bmatrix} 303642 \\ 668196 \\ 102126150 \end{bmatrix}$$

将矩阵 $\boldsymbol{A}$ 和 $\boldsymbol{B}$ 的元素待输入到脉动阵列时的状态,如图 6-37 所示。

当 $T=1$ 时,a_{11} 和 b_{11} 同时送入阵列,进入 PE_1。处理单元将水平方向送入的数据乘以垂直方向的数据完成 $a_{11} \times b_{11}$ 运算后,将运算结果存于本地的累加器中,然后将 a_{11} 和 b_{11} 沿原方向送往对应输出端,并准备接受 $T=2$ 时的输入数据。$T=1$ 时,阵列状态示意图,如图 6-38所示。

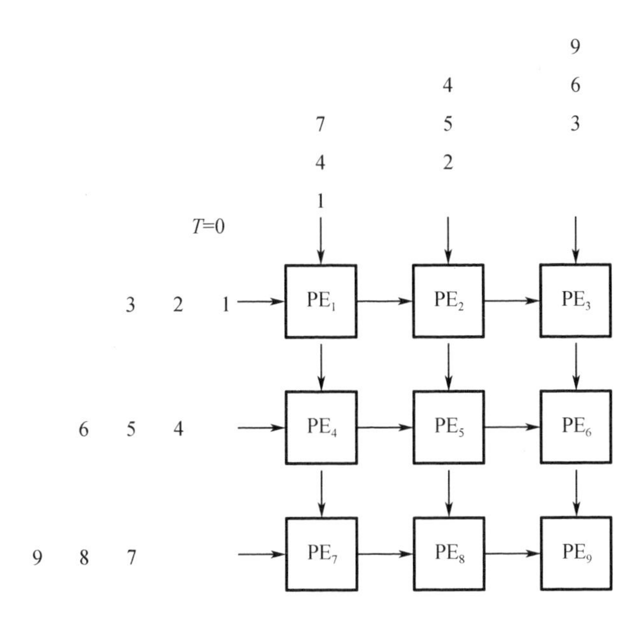

图 6-37　$T=0$ 时脉动阵列的状态

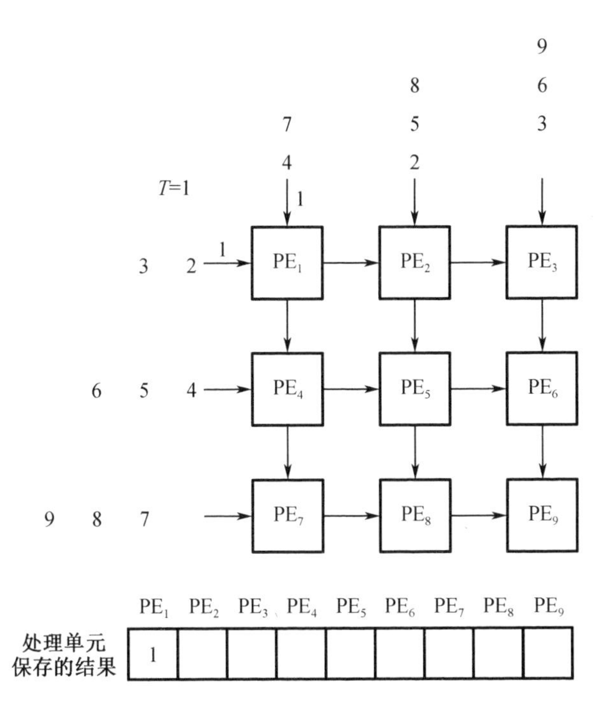

图 6-38　$T=1$ 时脉动阵列的状态

当 $T=2$ 时，a_{12}，a_{21} 和 b_{21}，b_{12} 被送入阵列；同时 a_{11} 和 b_{11} 被 PE_1 同时送出，其中 a_{11} 沿水平方向进入 PE_2，b_{11} 沿垂直方向进入 PE_4。PE_2 上完成 $a_{11}\times b_{12}$，PE_4 上完成 $a_{21}\times b_{11}$，PE_1 上完成 $a_{12}\times b_{21}$ 后将计算结果与上一步算完的 $a_{11}\times b_{11}$ 累加（即 $a_{11}\times b_{11}+a_{12}\times b_{21}$）。$T=2$ 时，阵列状态示意图，如图 6-39 所示。

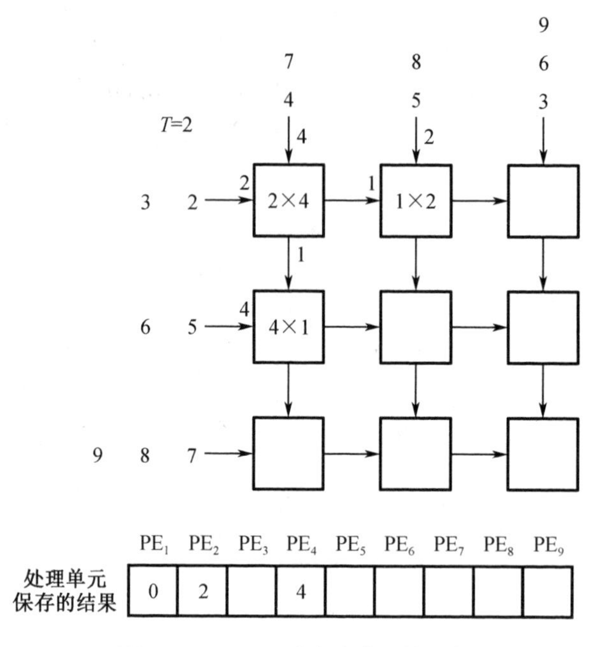

图 6-39　$T=2$ 时脉动阵列的状态

当 $T=3$ 时，a_{13}，a_{22}，a_{31} 和 b_{31}，b_{22}，b_{13} 被送入阵列；同时 a_{11} 和 b_{11} 被 PE_2 和 PE_4 继续沿水平方向、垂直方向送到 PE_3、PE_7。而上一步送入阵列的 a_{12}，a_{21} 和 b_{21}，b_{12} 参与运算完毕后被相关 PE 继续沿原反向送入下一 PE。此时，a_{13} 和 b_{31} 被送入 PE_1，PE_1 上完成 $a_{13}\times b_{31}$ 后将计算结果与上一步算完结果继续累加（即 $a_{11}\times b_{11}+a_{12}\times b_{21}+a_{13}\times b_{31}$），至此 C_{11} 已经计算完毕，由于下一步将没有数据流入 PE_1，所以下一步 PE_1 将不参与运算。$T=3$ 时，阵列状态示意图，如图 6-40 所示。

同理，$T=4,5,6,7$ 时阵列状态示意图分别如图 6-41、图 6-42、图 6-43 和图 6-44 所示。

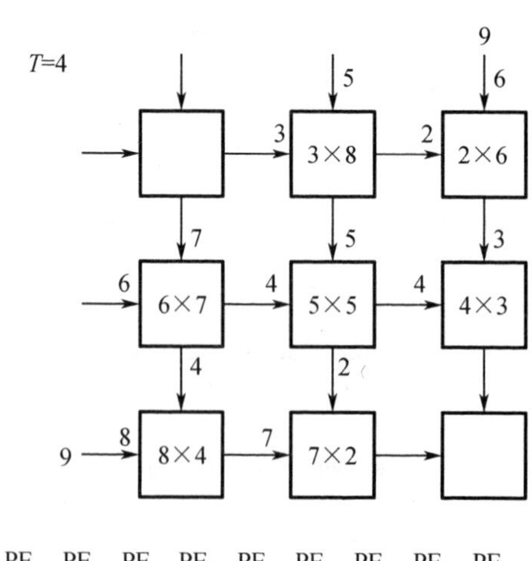

图 6-41　$T=4$ 时脉动阵列的状态

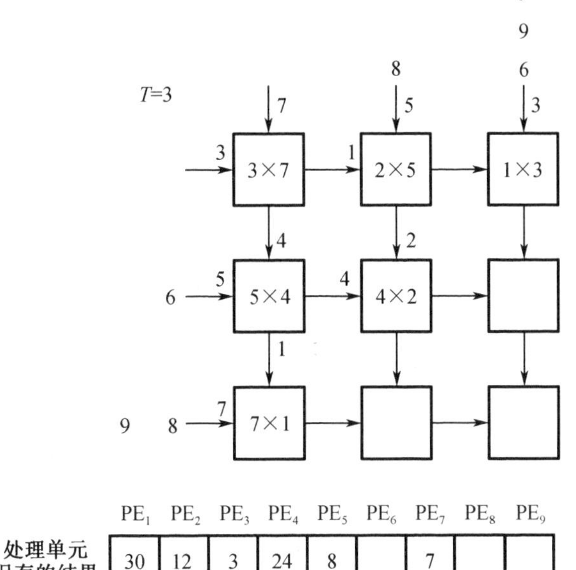

	PE_1	PE_2	PE_3	PE_4	PE_5	PE_6	PE_7	PE_8	PE_9
处理单元保存的结果	30	12	3	24	8		7		

图 6-40　$T=3$ 时脉动阵列的状态

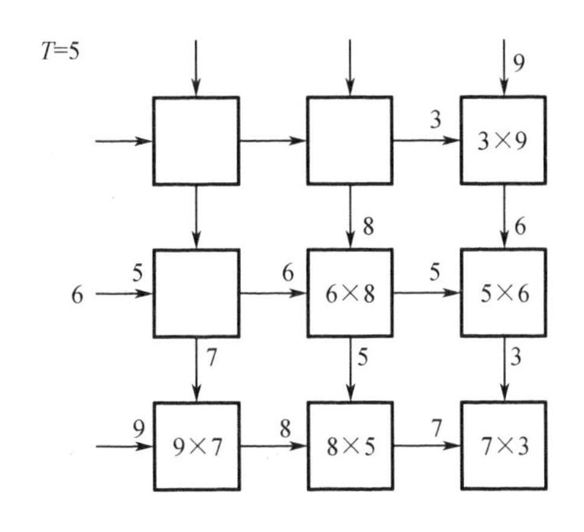

	PE_1	PE_2	PE_3	PE_4	PE_5	PE_6	PE_7	PE_8	PE_9
处理单元保存的结果	30	36	42	66	81	42	102	54	21

图 6-42　$T=5$ 时脉动阵列的状态

在脉动阵列总共需要 7 拍就可以完成两个 3×3 的矩阵相乘,比起单处理机上循环执行所需的 27 拍,加速比约为 3.857。

脉动式阵列的结构与解题算法有关,如果要解的矩阵规模较大,可通过软件把大矩阵拆分成多个小矩阵,分别在脉动阵列上求解,再在主机上做进一步处理。

脉动阵列结构具有以下特点:

(1)结构简单、规整、模块化强、可扩充性好,非常适合用超大规模集成电路实现。

(2)脉动阵列中所有 PE 能同时运算,具有极高的计算并行性,可通过流水获得很高的运算效率和吞吐率。PE 间数据通信距离短、规则,使数据流和控制流的设计、同步控制等均简单规整。

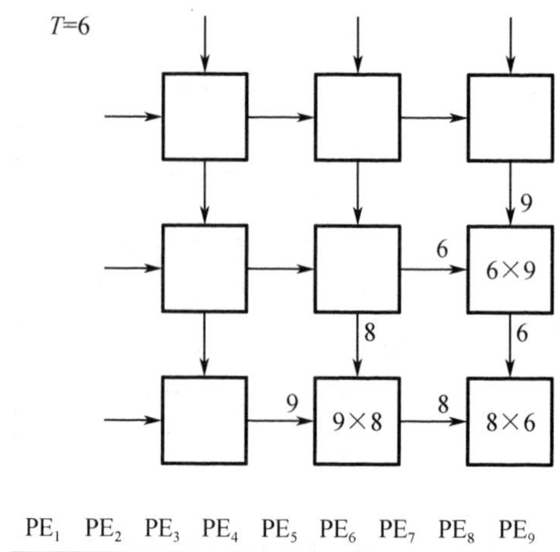

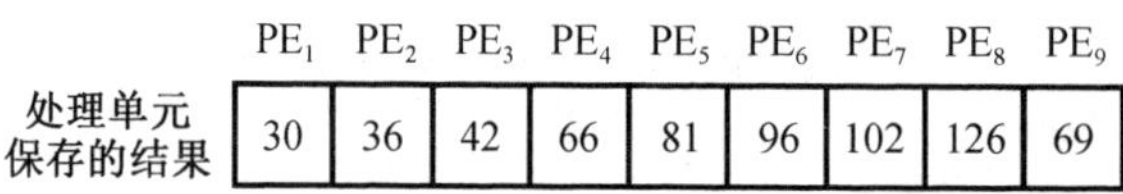

	PE$_1$	PE$_2$	PE$_3$	PE$_4$	PE$_5$	PE$_6$	PE$_7$	PE$_8$	PE$_9$
处理单元保存的结果	30	36	42	66	81	96	102	126	69

图 6－43　*T*＝6 时脉动阵列的状态

(3)只有位于阵列边缘的处理单元才能与存储器或 I/O 端口进行数据通信,输入数据能被多个处理单元重复使用,大大减轻了阵列与外界的 I/O 通信量,降低了对系统主存和 I/O 系统频宽的要求。

(4)脉动阵列结构的构型与特定计算任务和算法密切相关,具有某种专用性,限制了应用范围,这对 VLSI 不利。

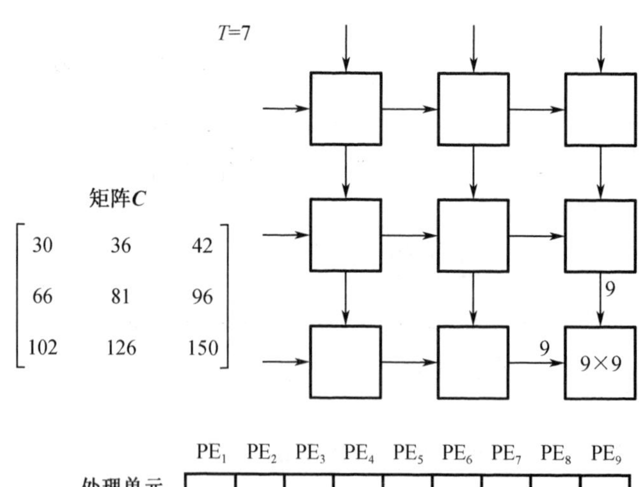

图 6－44　*T*＝7 时脉动阵列的状态

6.5.2　通用脉动阵列结构

造成脉动阵列机应用范围有限的关键因素是,受阵列结构的通用性及 I/O 带宽约束所限制的阵列结构的规模大小等。在通用性方面,脉动阵列流水处理机的通用性显然要明显弱于 SIMD、MIMD 等结构。近年来,已有研究发展了一些可有效执行多种算法的较为通用的脉动阵列结构。发展通用脉动阵列结构的途径通常包括以下几方面。

(1)通过增设附加的硬件,对阵列的拓扑结构和互连方式用可编程开关进行重构,即经程序重新配置阵列的结构。如美国普渡大学的可重构高度并行计算机 CHiP(Configurable Highly Parallel Computer)就是典型的例子。CHiP 计算机的处理器由开关网、控制器和一组处理单元组成。开关网是实现不同互连拓扑的关键部件。处理单元可以经可编程开关转接实现多种不同的互连结构,如形成正方形或矩阵的阵列结构或二叉树形的阵列结构等。

(2)用软件把不同的算法映像到固定的阵列结构上。该方法依赖于面向并行运算所采用的程序语言、操作系统、编译程序和软件开发工具的设计。如美国卡内基-梅隆大学用于信号、图像和计算机视觉处理的 WARP 机是一台由 10 个以上处理单元组成的线形脉动阵列机。WARP 有专门的高级语言和经优化的编译器,以便能把用户的算法映像到阵列操作上去实现。

(3)探索与问题大小无关的脉动阵列处理方法,以及 VLSI 运算系统的分割矩阵算法,使它们可以克服阵列只能求解固定大小题目的缺陷,同时探寻发展适合一类计算问题的通用算法和相应的设置方案。

2017 年,为更好解决深度学习中的矩阵运算关键问题,Google 公司公开了其提出的 TPU(Tensor Processing Unit)芯片技术细节。TPU 翻译为"张量处理器",其核心 Matrix Multiply Unit 是一个 256×256 的脉动阵列。TPU 整个芯片的其他部分都围绕这个脉动阵列来设计和运行,并具有可编程性。据评测估算,TPU 与同期的 CPU 和 GPU 相比,可以提供 15~30 倍的性能提升,以及 30~80 倍的效率(性能/瓦特)提升。这意味着,Google 的服务既可以大规模运行于最先进的神经网络,而且可以把成本控制在可接受的程度上。由于 Google 公司 TPU 的提出,使脉动阵列流水处理这一传统结构又重新焕发了新的活力。

习题 6

6-1 设向量长度均为 64,在 CRAY-1 机上所用浮点功能部件的执行时间分别为:相加 6 拍、乘法 7 拍,在存储器读数 6 拍,求倒数近似值 14 拍,打入寄存器及启动功能部件各有 1 拍延迟,试分析下列各指令组内哪些指令可以链接?哪些指令不可以链接?不能链接的原因是什么?分别计算出各指令组全部完成所需的拍数。

(1) $V_0 \leftarrow$ 存储器

$V_1 \leftarrow V_2 + V_3$

$V_4 \leftarrow V_5 * V_6$

(2) $V_2 \leftarrow V_0 * V_1$

$V_3 \leftarrow$ 存储器

$V_4 \leftarrow V_2 + V_3$

(3) V_0←存储器

V_2←$V_0 * V_1$

V_3←$V_2 + V_0$

V_5←$V_3 + V_4$

(4) V_0←存储器

V_1←$1/V_0$

V_3←$V_1 * V_2$

V_5←$V_3 + V_4$

6-2 编号为0,1,...,15的16个处理器,用单级互连网互连。当互连函数分别为

(1) Cube3;

(2) $PM2_{+3}$;

(3) $PM2_{-0}$;

(4) Shuffle;

(5) Shuffle(Shuffle)。

时,第13号处理器各连至哪一个处理器?

6-3 采用2×2的二功能交换开关实现$N=16$的多级混洗交换网络。

(1)画出网络连接示意图。

(2)处理单元编号为0~15,在该图上标出将11号单元的数据传递给5号单元,以及7号单元的数据传递给9号单元时有关交换开关单元的控制状态。

(3)该网络是否为一个全排列网络?

6-4 具有$N=2^n$个输入端的Omega网络,采用单元控制,实现一对一的传送。

(1) N个输入总共可有多少种不同的排列?

(2)该Omega网络通过一次可以实现的置换可有多少种是不同的?

(3)若$N=8$,计算出一次通过能实现的置换数占全部排列数的百分比。

6-5 在集中式共享主存的阵列机中,处理单元数为4,为了使4×4的二维数组A的各元素a_{ij}($i=0\sim3, j=0\sim3$)在行、列、主对角线和次对角线上均能实现无冲突访问,请填出数组个元素在存储分体(分体号从0开始)中的分布情况。假设a_{00}已放在分体号为3,体内地址(从$i+0$开始)为$i+0$的位置。

6-6 简述脉动阵列结构的特点。

第7章　多处理机

7.1　多处理机的特点及主要技术问题

7.1.1　多处理机的基本概念和要解决的技术问题

多处理机是指两台及以上的处理机，在操作系统控制下通过共享的主存或输入输出子系统或高速通信网络进行通讯，协同求解大而复杂问题的计算机系统。

多处理机属于 MIMD 计算机系统，与 SIMD 的阵列处理机相比，有以下明显的区别：

(1)并行性的等级区别

阵列处理机实现的是指令操作级并行，是开发并行性中的同时性。多处理机则是作业或任务间的并行，是开发并行性中的并发性。

(2)灵活性和通用性区别

阵列处理机主要针对向量、数组处理设计，专用性强，互连形式简单，往往还要搭配一台高性能的标量处理机才能更好地发挥效能；多处理机系统不局限于向量、数组的处理，着眼于多作业、多任务的全并行，结构灵活，互连形式复杂，具有更大灵活性和更强的通用性。

(3)程序并行性区别

阵列处理机是操作级并行，并行性存在于指令内部，识别比较容易；多处理机系统是作业级并行。存在于指令外部，较难识别。并行处理机必须综合研究算法、程序语言、编译、操作系统、指令及硬件等，从多种途径上去挖掘各种潜在的并行性，以最大限度地提高系统的性能。

多处理机如果要更好发挥效能，必须解决以下一些关键问题。

(1)硬件上处理好处理机、I/O 通道、存储模块的互连问题。

(2)软件上最大限度开发系统的并行性，以实现多处理机各级的全面并行。

(3)要研究如何将一个大的作业或任务进行分割，合理确定任务粒度大小，即使并行度较高，又要让额外的派生、汇合、通信等辅助性开销较小。

(4)由于处理机执行并发任务所需的处理机的机数不固定，各处理机进入或退出任务的时间及所需资源动态变化，所以必须要解决好资源分配、任务调度、进程同步和防止死锁问题。

(5)研究多处理机系统的性能评测和任务监测软件，以更好地管理系统与改进系统。

(6)提升系统的可靠性和可用性，解决好多处理机中某个处理机发生故障后，如何重新组织系统，避免瘫痪，并仍能保证有较高的效率。

(7)适应大数据、云计算等新兴技术趋势，考虑如何为编程者提供更好的信息处理平台、更佳的通用并行编程框架和更高效的编程语言，以降低平台创建、维护和编程者学习的成本。

7.1.2 多处理机的硬件结构

多处理机有紧耦合和松耦合两种不同的构型。两种构型最明显的区别是对于存储器的分布和使用上。紧耦合多处理机是通过共享主存实现处理机间通信的，而松耦合采取分布式存储器结果。

1. 紧耦合多处理机结构

该构型结构下，各多处理机通过互连网络共享存储器和 I/O 设备。由于多个处理机间共享主存，信息交互属于变量通信，所以整个系统的工作效率非常高。与松耦合结构相比，紧耦合多处理机结构可扩展性稍差，由于各处理机可能允许自带 Cache，所以 Cache 一致性问题有待解决。

在有的文献中，该处理机对于存储器管理的模式被称为均衡存储器访问结构 UMA（Uniform Memory Access）。根据各处理机是否自带专用的 Cache 又可细分为两种不同构型，但本质上仍以物理共享主存为共同点。由于各处理机耦合度高，所以各处理机为同构的，且各处理机对存储器的访问时间和访问功能也相同，这种结构的多处理机被称为对称多处理机 SMP（Symmetric Multiprocessors）。

目前，中央处理器单元 CPU 中广泛采用的多核心架构设计也属于 UMA 结构。多核处理器是“SMP on a single chip”设计思想的体现。1996 年，美国斯坦福大学首次提出了片上多处理器（CMP）思想。2000 年，IBM 于发布了世界上第一个双核处理器 Power 4。2004 年，Intel 英特尔摒弃不断提升 CPU 主频的一贯做法，将其芯片转为以多核心的方式来提升芯片性能。目前商用处理器大多数以同构多核处理器为主。

UMA 结构的多处理机结构如图 7－1 所示。为了减少各处理机同时访问同一存储器模块的冲突，存储器模块数 m 应等于或略大于处理机数 p。

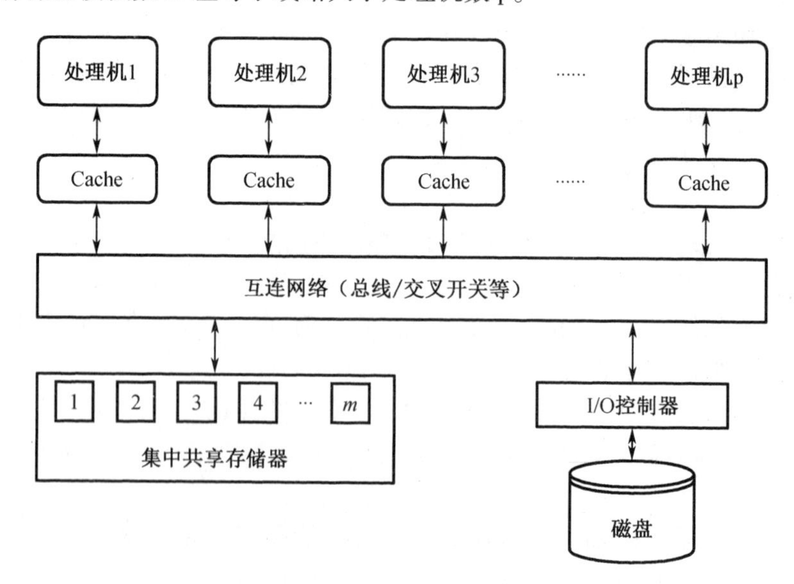

图 7－1 UMA 结构的多处理机结构图

2. 松耦合多处理机结构

松耦合多处理机中，每台处理机都有一个容量较大的局部存储器，用于存储经常用的指令和数据，以减少紧耦合系统中存在的访主存冲突。

不同处理机间或者通过通道互连实现通信，以共享某些外部设备；或者通过消息传送系统 MTS(Message Transfer System)来交换信息，各台处理机可带有自身的外部设备。

消息传送系统常采用分时总线或环形、星形、树形等拓扑结构。松耦合多处理机较适合做粗粒度的并行计算。

松耦合多处理机系统可分为非层次型和层次型两种构型。

典型的经消息传递系统互连的松耦合非层次型多处理机，如图 7-2 所示。

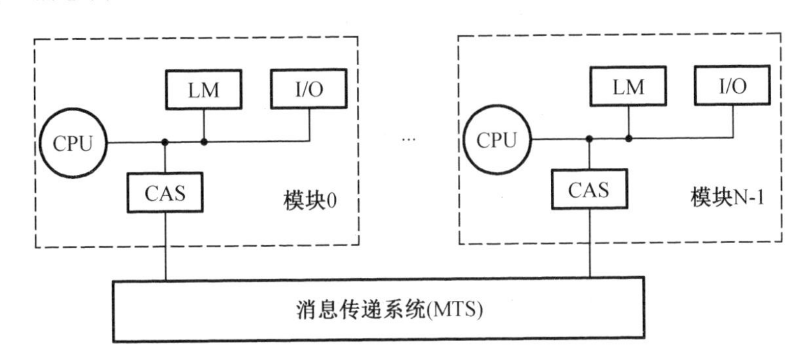

图 7-2　通过消息传递系统连接的松耦合多处理机结构

该系统中有 N 个计算机模块。每个计算机模块中包含中央处理器 CPU、Cache、局部存储器 LM(Local Memory)和一组 I/O 设备。还有一个通道和仲裁开关(CAS)与消息传递系统(MTS)接口，用于在两个或多个计算机模块同时请求访问 MTS 某个物理段时进行仲裁，按照一定的算法选择其中的一个请求并延迟其他的请求，直至被选择的请求服务完成。CAS 的通道中有一个高速通信存储器缓冲传送过来的信息块，该通信存储器经 MTS 可被所有处理机访问。MTS 可以是单总线，也可以是多总线的。

卡内基-梅隆大学设计的松耦合多处理机 C_m^* 是层次型总线式多处理机，其结构如图 7-3所示。所有计算机模块通过两极总线按层次连接，Map 总线可连多达 14 个处理机模块 C_m，组成了一个计算机模块组(cluster)，以加强组内各处理机间的协作，降低通信开销。连接 Map 总线的 K_{map}是各计算机模块组间的连接器。为提高可靠性，多个模块组之间通过两条 Intercluster 组间总线，连接成一个完全的 C_m^* 系统，用包交换(Packet Switching)方式通信。

与均衡存储器访问结构 UMA 类似，在相关文献中将松耦合多处理按存储器管理方式的不同又详细分为以下几种结构：

(1)非均衡存储器访问 NUMA(Non Uniform Memory Access)结构

MUMA 也称为分布式共享存储器 DSM(Distributed Shared Memory)结构，其特点为分布于各个处理机的存储器被统一编址，可由所有处理机共享；根据存储器位置的不同，各处理机对存储器的访问时间不相等。处理机访问本地存储器的速度较快，通过互连网络访问其他处理机上的远地存储器相对较慢。该结构特殊强调了分布式存储器的统一管理和共享机制。

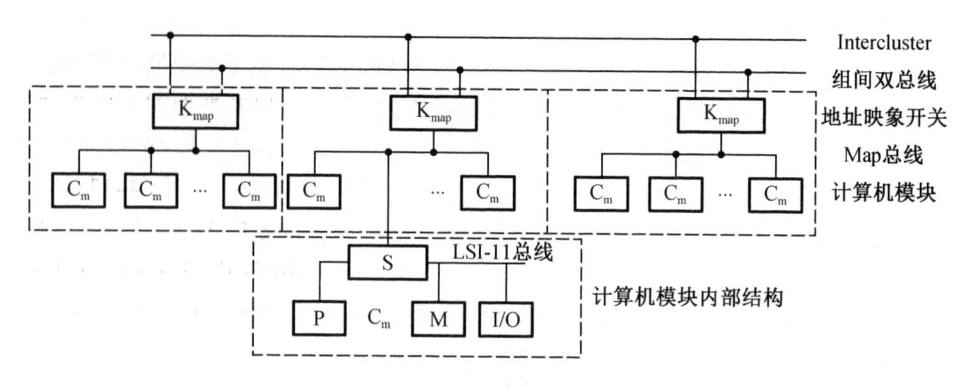

图 7-3　C_m^* 多处理机结构图

同时,该结构中允许各处理机拥有自己独立的结构,甚至可以是SMP,如图7-4所示的基于层次式机群模型的NUMA结构多处理机系统。

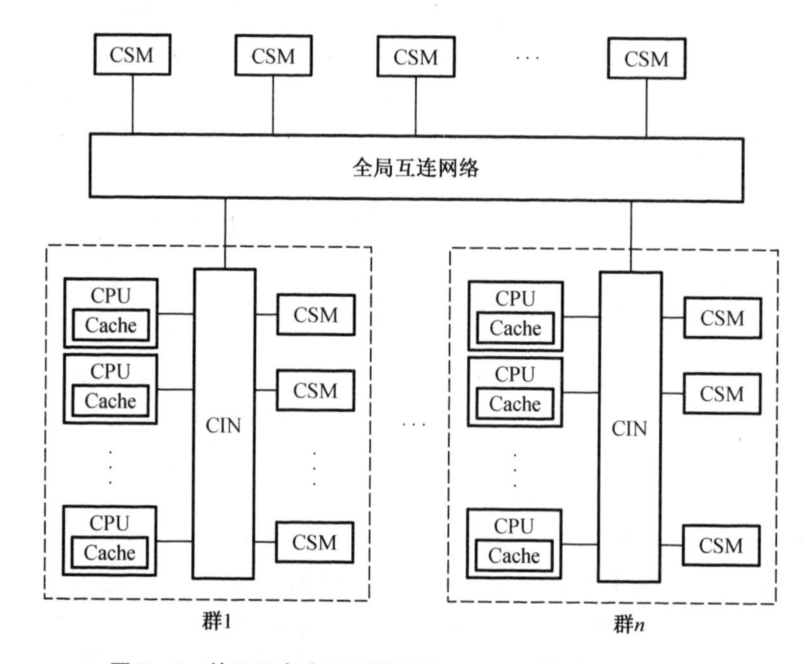

图 7-4　基于层次式机群模型的 NUMA 结构多处理机系统

NUMA 结构的优点包括:NUMA 比 UMA 结构的扩展性好,可实现更高等级的并行性;可以采用与SMP相同的编程模型,为SMP编写的程序仅需少量修改即可移植运行;每个处理机都可以访问较大的存储空间,因此可以更高效地运行大程序;实现数据共享时不需要移动数据;传递包含指针的数据结构比较容易;系统构建成本较低,利用成熟技术搭建系统。

NUMA 结构的缺点包括:如果过多地访问远程存储器,则性能会下降;对存储器的访问不透明,需要处理分页(例如哪个页面在哪个存储器中)、进程分配等,对软件设计要求较高。

(2)高速缓存一致性非均匀存储访问 ccNUMA(cache - coherent Non Uniform Memory Access)结构

在 NUMA 多处理机中,如果各处理机的 Cache 内容一致,则将这种 NUMA 结构称为 ccNUMA。

ccNUMA 注重开拓数据的局部性和增强系统的可扩展性。在实际应用中,大多数的数据访问都可在本结点内完成,网络上传输的主要是高速缓存无效性信息而不是数据。

ccNUMA 对高速缓存一致性提供硬件支持,而在 NCC - NUMA(Non - Cache Coherent Non - Uniform Memory Access)中,则没有对高速缓存的一致性提供硬件支持。

绝大多数商用 ccNUMA 多处理机系统使用基于目录的高速缓存一致性协议。

(3)仅用高速缓存存储器 COMA(Cache - Only Memory Architecture)结构

该结构是 NUMA 的一个特例,只是将 NUMA 中的分布存储器换成了 Cache。各处理机结点上没有主存储器,没有存储层次结构,仅有 Cache。所有的高速缓存构成了全局虚拟地址空间,对远程 Cache 的访问通过分布式 Cache 目录进行。

NUMA,ccNUMA,COMA 这三种结构都属于分布式共享存储结构,而 UMA 更强调物理共享存储器,这四种结构往往都是基于多处理机 MIMD 结构。而下面介绍的 NORMA 是一种分布式非共享存储器的多计算机 MIMD 结构。

(4)非远程存储访问 NORMA(No - Remote Memory Access)结构

该结构中,各处理机拥有自己的本地化的、私有的存储器,在本地操作系统控制下独立工作,且存储器不能被其他处理机访问。各处理机借助互连网络、通过消息传递机制相互通信,实现数据共享。大规模并行处理机 MPP(Massively Parallel Processor)、机群(cluster)等均采用了这种结构。

该结构的最大优点是结构灵活,可扩展性很好。缺点是任务传输以及任务分配算法复杂,通常要设计专有算法;互连网络的带宽是否满足需要、处理机之间的访问延迟等需要合理评估。

与基于层次式机群模型的 NUMA 结构多处理机系统类似,该结构也允许各处理机结点是共享主存的 SMP 系统,目前 MPP 系统普遍采用了该混合型结构。

MPP 和机群(也被称为集群、COW(Cluster of Workstations),NOW(Network of Workstations))的区别主要在于 MPP 的互连网络往往是定制的高带宽、低延迟的网络,而机群 cluster 往往采用了商品化的通用互连网络,降低了建设和维护成本。此外 MPP 的结点通常由成千上万的同构型微处理器或 SMP 组成,而机群 cluster 的结点通常可以由独立的、异构的工作站或计算机组成(有时也可以是 SMP,也就是说目前两者的界限越来越模糊)。由于机群的入门门槛比较低、可扩展性好,所以搭建机群环境并不是一件难事,甚至几名同学在寝室内用个人电脑和路由器就可以搭建一个简单的机群环境,从而进行并行计算的知识学习。

2. 机间互连形式

多处理机间互连的形式是决定多处理机性能的一个重要因素。在满足高通信速率、低成本的条件下,互连还应灵活多样,以实现各种复杂的乃至不规则的互连而不发生冲突。多处理机互连一般采用总线、环型互连、交叉开关、多端口储存器或蠕虫穿洞寻经网络等几种形式。

(1)总线形式

多个处理机、存储器模块和外围设备通过接口与公用总线相连,采用分时或多路转接技术传送。单总线方式结构简单、成本低,系统增减模块方便,但对总线的失效敏感,处理机数增加会增大总线冲突概率,使系统效率急剧下降。

单总线方式的处理机有 IBM stretch 和 UNIVAC larg 等。

提高总线形式的系统效率通常有以下两种方法。

①用优质高频同轴电缆或光纤来提高总线的传输速率;

②采用多总线方式来减少访总线的冲突概率。

例如,美国的 Tandem - 16 和 Pluribus 采取了双总线;日本的实验多处理机 EPOS 采用四总线;德国西门子公司的结构式多处理机 SMS 采用八总线;C_M * 多处理机采用了分级多总线。

总线的仲裁算法通常有以下几种。

①静态优先级算法为每个连到总线的部件分配一固定的优先级;

②固定时间片算法是把总线按固定大小时间片轮流提供给部件使用;

③动态优先级算法是总线上各部件优先级可根据情况按一定规则动态改变;

④先来先服务算法是按接收到访问总线请求的先后顺序来响应。

(2)环形互连形式

构造一种逻辑总线,让各台处理机之间点点相连成环状,称环形互连。在这种多处理机上,消息的传递过程是由发送进程将信息送到环上,经环形网络不断向下一台处理机传递,直到此信息又回到发送者为止。机间采用环形互连的多处理机形式,如图 7 - 5 所示。

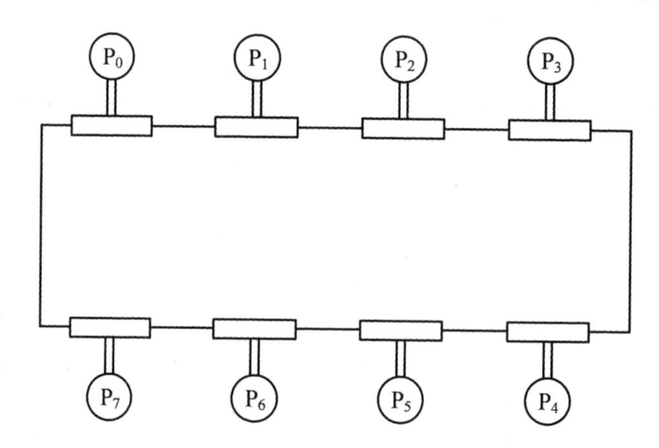

图 7 - 5　机间采用环形互连的多处理机

发送信息的处理机拥有一个唯一的令牌(Token),它是普通传送的信息中不会出现的特定标记。同时只能有一台处理机可持有这个令牌。发送者在发送信息时,环上其他处理机都处于接收信息的状态。

环形互连形式的优点包括:由于环形互连是点点连接,不是总线式连接,其物理参数容易得到控制,非常适合于有高通讯带宽的光纤通信。有效带宽可以得到最充分的利用。

缺点为信息在每个接口处都会有一个单位的传输延迟,当互连的处理机数增加时,环中的信息传输延迟将增大。

(3)交叉开关形式

单总线互连结构最简单,但争用总线最严重。交叉开关形式则不同于单总线。它用纵横开关阵列将横向的处理机 P 及 I/O 通道与纵向的存储器模块 M 连接起来,如图 7 - 6 所示。

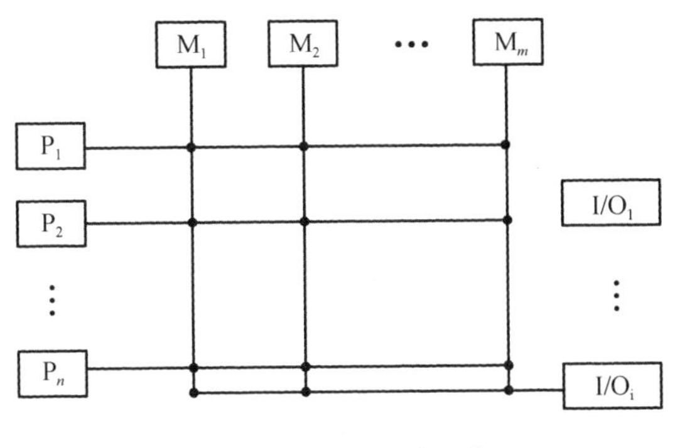

图7-6　交叉开关形式

交叉开关形式是多总线朝总线数增加方向发展的极端情况,总线数等于全部相连的模块数($n+i+m$)。且 $m>=i+n$,n 个处理机和 i 个 I/O 设备都能分到总线与 m 个存储器模块之一连通并行地通信。互连网络不争用开关,可以大大展宽互联传输频带,提高系统效率。

交叉开关不是公用总线的按时间分割机制,而是按空间分配机制。任何处理机或 I/O 通道与任何存储器模块交换信息时,只在交叉开关处有一个单位的传输延迟。如果多个处理机或 I/O 通道访问同一主存模块或访问共享主存变量时,还会发生冲突,该冲突为访存冲突,而不是互连网络。此时,处理机可以通过重新调整数据在存储模块中的位置或其他措施解决。这时,影响多处理机系统性能的瓶颈不再是互连网络,而是共享存储器。

如图7-6所示,总线与总线的交叉点不是简单地结合,而是每个交叉点都是一套复杂的开关设备。该交叉开关设备与阵列处理机互连网络时介绍的交换开关相比,交换开关是没有智能的、受控制信号控制的简单转接设备,而交叉开关则是具有处理存储器模块冲突仲裁功能和多路转接逻辑功能的复杂设备。整个交叉开关网络所需要的总交叉开关数 $=n\times i\times m$,有可能会出现交叉开关的成本会超过 $n+i+m$ 个全部模块的成本。因此采用交叉开关的多处理机一般 $n\leqslant16$,少数可有 $n=32$。规模很大的交叉开关互连网络只要在交叉开关成本非常低时才有可能被采用。

如图7-7所示,画出了 C. mmp 的 16×16 处理机—存储器模块交叉开关中一个结点开关的结构。结点开关由仲裁模块和多路转接模块两部分组成。16 个处理机都可以给仲裁模块发一个访问存储器模块的请求,仲裁模块根据一定的算法,响应具有最高优先级的处理机请求,并返回该处理机的一个应答。该处理机接到此应答后,就经多路转接器模块开始访问存储器。多路转接器模块是一个 16 选 1 的多路选择器,在仲裁模块的控制下,选择相应的处理机与存储器模块之间进行数据、地址和读/写信息的传送。

由于交叉开关较复杂,可通过用多个较小规模的交叉开关串联或并联,构成多级交叉开关网络,以取代单级的大规模交叉开关。图7-8是用 4×4 的交叉开关组成的 16×16 二级交叉开关网络。交叉开关的数量为 $4\times4\times8=128$,为单级 16×16 的一半,且这 128 个交叉开关每个开关都是 4 路仲裁 4 路转接的,显然要比图7-7中的 16 路仲裁 16 路转接交叉开关的成本要降低很多。

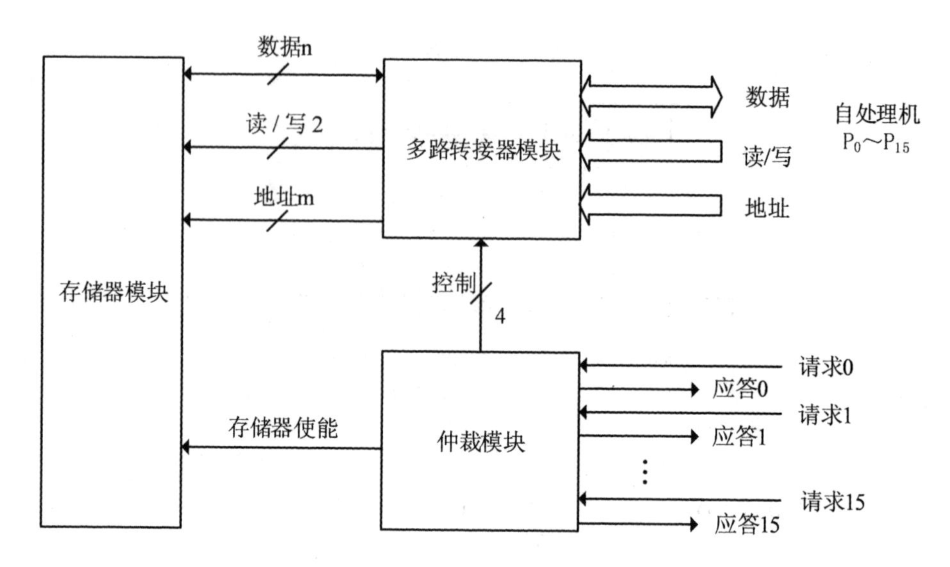

图 7-7　交叉开关中结点开关的结构图

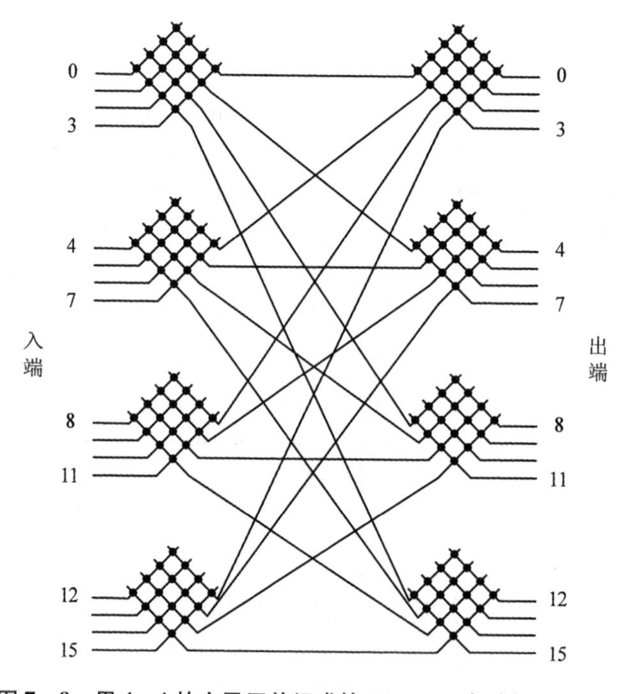

图 7-8　用 4×4 的交叉开关组成的 16×16 二级交叉开关网络

在多处理机中，经常会遇到互连网络的入端数和出端数不同的情况，为降低开关阵列的复杂性，可采用榕树(Banyan)形的互连网络。使用 $a \times b$ 的交叉开关模块，使 a 中任一输入端与 b 中任一输出端相连，用 n 级 $a \times b$ 交叉开关模块可组成一个 $a^n \times b^n$ 的开关网络。该结构交叉开关网络叫作 Delta 网。Delta 网络比较适用于入端数和出端数不等或通信不规则的多处理机。一个 $4^2 \times 3^2$ 的 Delta 网，如图 7-9 所示。

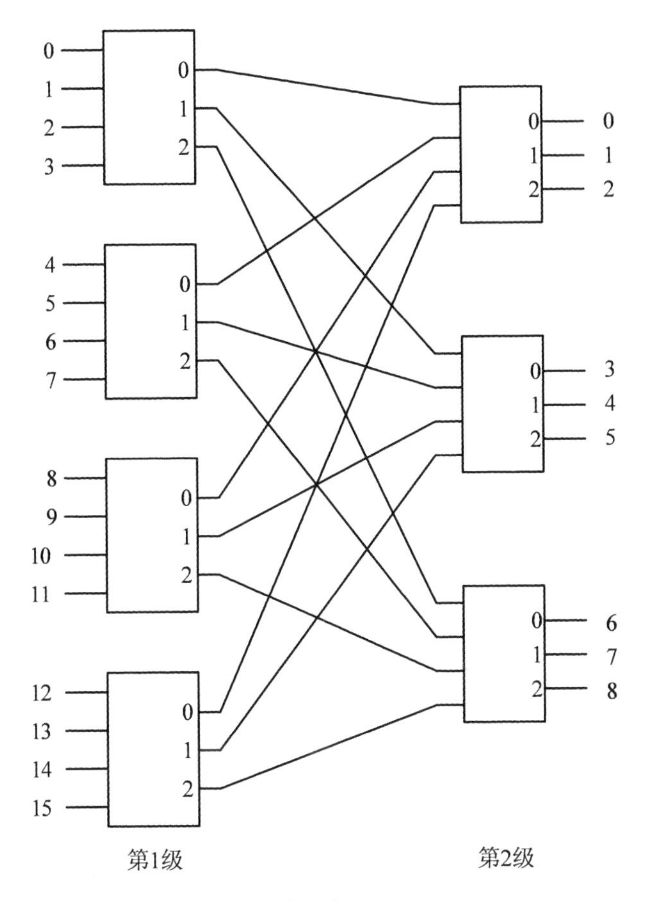

图 7-9　$4^2 \times 3^2$ 的 Delta 网络

由于多处理机的通信模式不规则，能实现 N！种排列的全排列网络同样适用于多处理机的机间互连。不同于 SIMD 的是开关中带有小容量缓冲存储器，采用消息包交换而不是线路交换。

(4)多端口存储器

将分布在交叉开关矩阵中控制、转移和优先级仲裁逻辑分别移到相应存储器模块的接口中，就构成了多端口存储器形式的结构。

多端口存储器形式的中心是多端口存储器模块，每个存储器模块有多个访问端口，多个存储器模块的相应端口连接在一起，每一个端口负责处理一个处理机 P 或 I/O 通道的访存请求，每个存储器模块按照对它的每个端口指定的优先级来分解对它的访问冲突。

两台处理机、两台 I/O 处理机的四端口存储器形式，如图 7-10 所示。

多端口存储器形式中全部系统的复杂性由互连网络全部移到存储器模块中。因此，端口数不宜太多，且一经做好不能改变，系统的可扩展性较差，只适合处理机数较少且基本不变动的情况。

(5)蠕虫穿洞寻经网络

我国中科院计算所国家智能计算机研究开发中心研制的曙光 1000 多处理机采用了蠕虫网络结构的互连网络。处理机之间采用小容量缓冲存储器，用于消息分组寻经存储转

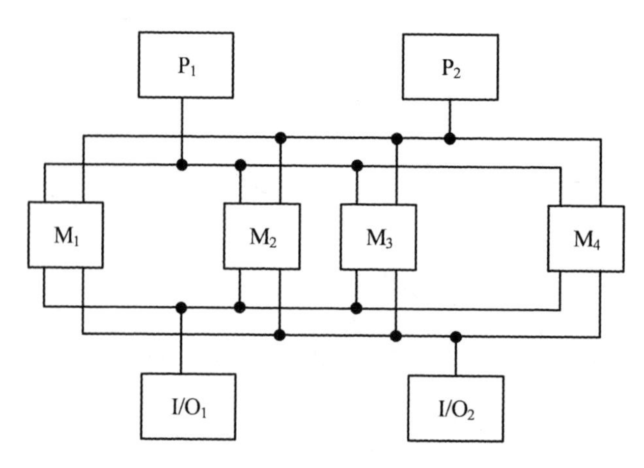

图 7－10　四端口存储器结构

发。在蠕虫网络中，将消息分组又分割成一系列更小的组，同一分组中所有小组以异步流水方式按序不间断地传送。并且同一分组中的所有小组，只有头部的小组知道其所在整个分组传送的目的地，用硬件方式进行传送的应答。各个小组允许交叉传送，但不同小组中的各个小组不能互相混在一起传送，利用虚拟通道思想，使存在于发送和接受结点之间的一条物理通道能被多个虚拟通道分时共享。

（6）开关枢纽结构形式

参照多端口存储器的思想，把互连结构的开关设置在各处理机或接口内部，组成分布式结构，则称为开关枢纽结构形式。

每一台处理机通过它的开关枢纽与其他多台处理机连接，组成各种有分布结构的多处理机。开关枢纽的选择，应使组成的多处理机有较好的拓扑结构和互连特性，特别是要适应处理机数很多的情况。

理想的拓扑结构应该是所用开关枢纽数量少，每个开关枢纽的端口数不多，能以较短的路径把数量很多的处理机连接起来，实现快速而灵活的通讯，不改变模块本身的结构，就可使系统规模得到任意扩充。

美国加州大学伯克利分校设计的树形多处理机 X－TREE 结构，如图 7－11 所示。

在 X－TREE 结构中每个处理机与其开关枢纽一起构成一个 X 结点。N 个结点处理机构成了一棵二叉树。由于二叉树每一层所能容纳的结点数以指数级增长，所以 N 很大时，树的深度可能并不大。二叉树中每个结点分别连接其双亲结点、左孩子结点合右孩子结点，如果在同一层所有的堂兄弟结点之间增加连线，则构成半环二叉树。如果在半环基础上，同一层所有的兄弟结点之间也增加连线，则构成全环二叉树，此时结点的度为 5。

每个结点内除开关枢纽 S 和处理机 P 外，还包括局部存储器 M。全部的 I/O 外设和共享存储器 M_S 都挂接在树的叶子结点上，使程序的运行和数据的读取都尽可能靠近树叶的结点内进行，从而减少信息流量。所有 X 结点的硬件都做在一个 VLSI 芯片上。

3. 存储器组织

多处理机的主存一般采用多体交叉并行存储器，存储器模块数 m 一般为质数。流水、向量，或阵列处理机中，主存一般都采用低位交叉编址方案，而不采用高位交叉编址方案。原因是高位交叉编址方案中，由于程序或数据存放在一个模块中，运行时极易发生访存冲

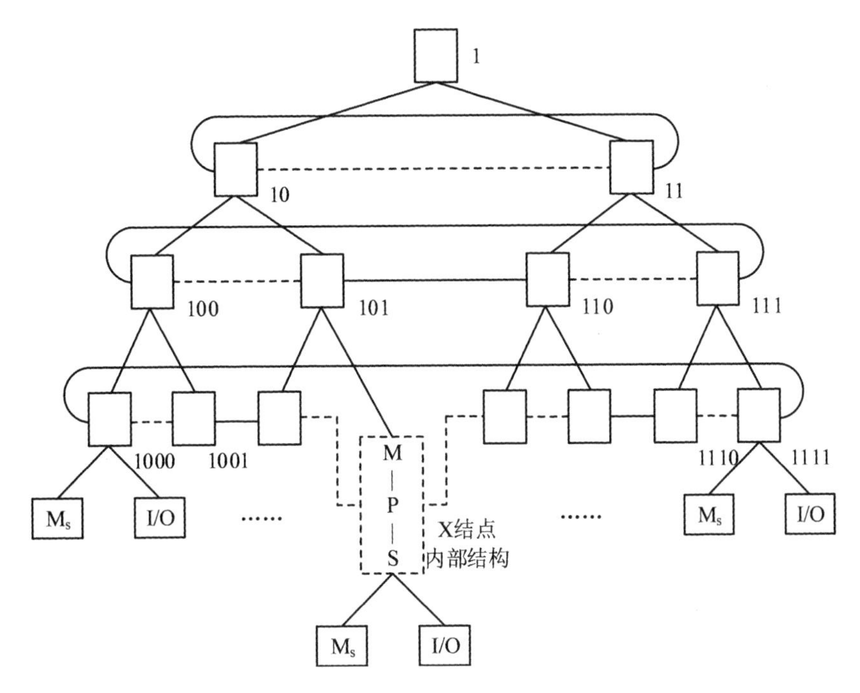

图7-11　X-TREE多处理机结构

突问题。使流水或阵列各元素的访问和并行运行无法进行,降低了主存的实际频宽。

但是在多处理中,如果考虑到当处理机上活跃的进程是共享同一集中连续物理地址空间中的数据有时,主存采取低位交叉编址是有利的。但如果各处理机只是较少或基本不共享集中的数据时,如果采取高位交叉编址方案,可以在给定的存储器模块中为某个进程集中一定数量的页面,反而可能比低位交叉编址方案更能有效地减少访存冲突。此时,将放置处理机i执行进程用到的绝大多数页面的某个存储器模块j称为该处理机i的本地存储器(Home Memory)。

如果将本地存储器的概念进一步延伸,当系统存储器的模块数多于处理机机数时,处理机i的本地存储器可以动态地由这些存储模块中某几个组成为一个集合。而且不同处理机分别使用各自完全不同的一组存储器模块。任何时候,每个存储器模块只被其中的一个处理机所访问,这样可以减少多处理机的访存冲突。

由于多处理机的处理机-存储器互连网络(PMIN)一般成本较高,速度可能无法满足实际需要,且结构相对复杂。因此,实际当中,可以将每个存储器模块设两个端口,一个连到互连网络PMIN上,另一个直接连到相应的本地处理机上。这种方式可以增强每个处理机对本地存储器的访问能力,避免对PMIN开关转接耗费的大量延时时间,而且也缩短了处理机与其本地存储器之间的物理连线长度,降低了成本。同时这种冗余的路径也提高了系统的可靠性。

当每个处理机设有自己的专用Cache时,主存如果采用低位交叉编址会使Cache中的每块信息分散到不同的多个存储器模块中。这样,Cache在传送一个信息块的过程中,需要频繁经互连网络进行转接,严重降低信息块的传输效率。因此多处理机往往采取一种二维的并行存储器结构。此时,存储器共有$c \times m$个同构的模块,排成c列,每一列有m个模块。其中,m应大于或等于Cache中一个信息块所含的单元数b。各列之间采用高位交叉编址,而列内各模块之间采用地位交叉编址。每一列有一个列控制部件,可以控制将该列的 m 个模块经公用总线连接到互连网络上。该存储器组织形式可以很好地匹配 Cache 的带宽。当 Cache 与主存之间需要进行一次信息块的传送时,就只需访问并行主存中的某一列。当列控制部件接到要传输大小为 b 个单元的一块信息的要求时,它将流出 b 个内部请求到这一列的 b 个相邻的模块中。

7.2 紧耦合多处理机多 Cache 的一致性问题

7.2.1 多 Cache 的一致性问题的产生

在多处理机中为加快处理机和主存之间的信息交互,处理机常配置有高速缓冲存储器 Cache。在单处理机中,由于 CPU 写 Cache 或 I/O 处理机写主存会造成 Cache 和主存对应单元不一致的 Cache 一致性问题。在多处理机中也存在多 Cache 的一致性问题,且情况更为复杂。因为主存的一个信息块在多个 Cache 中均存在副本,会出现多个 Cache 之间的信息块内容不一致的问题。即使处理机采取了写直达法,也只能保证本机的 Cache 和主存的对应内容一致。在多处理机中以下几种原因常造成多 Cache 一致性问题。

(1)对共享数据的写操作

某一台处理机写了本机 Cache 中的某一单元,但其他处理机的 Cache 中对应单元的内容没有作废或更新,当其他处理机读取数据时,优先从其本机的 Cache 中进行读取,但读取的内容仍是旧的信息,从而引发错误。

(2)进程迁移

在多处理机上,为了提高系统效率,有时允许将一个尚未执行完而被挂起的进程调度到另外一个空闲的处理机上去执行,使系统中各处理机的负载保持平衡。在进程迁移过程中,被迁移的进程中最近修改过的信息只保留在原处理机的 Cache 中,迁移到新的处理机后,该进程会使用主存中过期的旧信息,从而造成进程不能正确地恢复而出错。

(3)I/O 传输

多处理机中,当系统发生绕过 Cache 的输入/输出操作时,也会造成多个 Cache 块之间及 Cache 与主存对应块的内容不一致。

7.2.2 多 Cache 的一致性问题的解决办法

1. 解决进程迁移引起的多 Cache 不一致性

可以通过禁止进程迁移的办法予以解决,也可以在进程被挂起时,靠硬件办法将 Cache 中该进程改写过的信息块强制写回主存相应位置的办法解决。

2. 以硬件为基础实现多 Cache 的一致性

以下两种方法的实现都基于监视 Cache 协议(Snoopy Protocol)完成。即各个处理机中的 Cache 控制器随时都在监视其他 Cache 的行动。对于采用总线互连共享主存的多处理机,可利用总线的播送来实现。

(1)写作废法

当某台处理机首次将数据写入自身的 Cache 中某一信息块的同时,立即写主存,并且利用这个写主存的操作信号通知总线上所有其他处理机的 Cache 控制器,将总线上给出的地址与其各自 Cache 目录表中的信息块地址做比较。如果存有该信息块的副本,就将各个副本作废,以便那些处理机访问信息块时,按块失效处理,到主存中去调,以此实现 Cache 一致性。这种方法叫作“写作废法”。

(2)写更新法(播写法)

另外一种做法是在写作废法基础上,还要通知总线上所有其他处理机的 Cache 控制器,如果其 Cache 中有此副本,必须都进行更新操作,保证所有 Cache 中的对应内容统一一致,这种方法叫作“写更新法”,也叫“播写法”。

这两种方法实现简单,但只适用于总线互连的多处理机,且都要占用总线的不少时间,只适合于处理机数少的情况。商品化的多处理机多采取此法。例如 IBM 公司的 IBM 370/168MP,IBM3033,Alliant 计算机系统公司的 Alliant FX,Seguent 计算机系统公司的 Symmetry 多处理机等都采用了写作废法;DEC 公司的 Firefly 多处理机工作站采用了写更新法。

(3)目录表法

当处理机的机数很多,或采用多级网络互连的多处理机中,以上两种方法就不适合了,此时往往基于目录的协议(Directory Based Protocol)来实现。

目录表记录了一个 Cache 中所有数据块的使用情况,包括用几个标志位分别指示这个信息块在其他哪些处理机的 Cache 中有该块的副本。另外设置标志位记录是否已有 Cache 向这个信息块写入过。有了目录表后,一个处理机在写入自身 Cache 的同时,只需有选择地通知所有其他存有此数据块的 Cache 将副本作废或更新即可。

目录表的具体做法又可分为三种。一种是全映像目录表法。表中每项有 N 个标志位对应于全部 N 台处理机的 Cache。系统中全部 Cache 均可同时存放同一个信息块的副本。此时,目录表很庞大,硬件及控制均较为复杂。另外一种是有限目录表法。表中每项的标志位少于 N 个,因此限制了一个数据块在各 Cache 中能存放的副本数目。这两种目录表都集中地存在于共享的主存之中,因此需要由主存向各处理机进行广播。第三种是链式目录表法。它把目录表分散存放在各自的 Cache 中,主存只有一个指针,指向一台处理机。要查找所有放有同一个信息块的 Cache,可以先找到一台处理机的 Cache,然后顺链逐处理机进行查找,直到找到目录表中的指针为空时为止。

3. 以软件为基础实现多 Cache 的一致性

此方法依靠编译系统的分析,把信息分为能装入 Cache 和不能装入 Cache 的两部分,对于共享的可写数据则不让其存入 Cache,只驻留在主存。或者为提高效率,把某些共享可写的信息块如果在某一段时间里存入 Cache 不会引起不一致,则在该时间段内允许其进入 Cache。如果在写入后会影响一致性,则在某段时间里限制这些可写信息块存入 Cache,或让之前已装入 Cache 的这些可写信息块作废。

以软件为基础解决 Cache 一致性问题,可以减少硬件的复杂性,降低对互连网络通信量的要求,具有一定性价比。但由于软件实现的可靠性和编译程序的编写困难,在商品化的多处理机上还没有真正使用,只在某些试验性系统上使用,如美国伊利诺伊大学的 Cedar 机。

7.3 多处理机的并行性和性能

7.3.1 并行算法

(1)基本概念

算法规定了求解某一特性问题时的有穷的运算处理步骤。并行算法指可同时执行的多个进程的集合,各进程可相互作用、协调和并发操作。

(2)并行算法的分类

①按运算基本对象的不同,并行算法可分为数值型和非数值型两类。数值型并行算法包括矩阵运算、多项式求值、线性方程组求解等基于代数运算的算法。非数值型并行算法通常包括选择、排序、查找等基于关系的运算和对字符进行操作的运算算法。

②按并行进程间的操作顺序不同,并行算法又分为同步型、异步型和独立型。同步型算法指并行的各进程间由于相关,必须顺次等待。异步型并行算法是指并行的各进程执行相互独立,不会因相关而等待。根据执行情况决定中止还是继续。独立型并行算法指并行的各进程完全独立,进程之间不需要相互通信。

③根据任务粒度分为:细粒度、中粒度和粗粒度三种。细粒度并行算法一般指向量或循环级的并行。中粒度一般指较大的循环级并行,并确保这种并行带来的收益可以补偿因并行而带来的辅助性额外开销。粗粒度并行一般是指子任务级的并行。

通常用同构性来表示并行的各进程间的相似度,一般多程序多数据流的多处理机上运行的进程之间是异构性的,而在单程序多数据流的多处理机上运行的多个并行进程则是同构性的。

(3)多处理机并行算法的研究思路

研究并行算法的一种思路是将大的程序分解成足够多的可并行处理的过程(进程、任务、程序段等)。每个过程被看成一个结点,将过程之间的关联关系用结点组成的树来描述。这样,程序内各过程之间的关系就可以被看成一种算术表达式中各项之间的运算,表达式中的每一项可看成是一个程序段的运行结果。

为了评价并行算法的性能效率,用 P 表示可并行处理的处理机机数;用 T_p 表示 P 台处理机运算的级数(树高);用多处理机的加速比 S_p 表示单处理机顺序运算的级数 T_1 和 P 台处理机并行运算的级数 T_p 之比。用 E_p 表示 P 台处理机的设备利用率(效率),$E_p = S_p/P$。

【例 7-1】 计算 $E_1 = a + bx + cxx + dxxx$。

利用霍纳法则可以得到:

$$E_1 = a + x\{b + x[c + x(d)]\}$$

这是在单处理机上执行的典型算法。共需要 3 个乘加循环 6 级运算,即 $P=1, T_1=6$。但不适合于在多处理机上运行,因为算法由于各级操作的数据相关性,最多只能用 1 台处理机,其他处理机均无法被利用。这时用前一式子的直接解法更为有效。计算步骤按下式的过程完成:

$$E_1 = \{[a + (bx)] + [c(xx)]\} + \{d[x(xx)]\}$$

当 $P=3, T_P=4$ 时,前两级运算可以让第一台处理机完成 $[a+(bx)]$,第二台处理机完成$[c(xx)]$，第三台处理机完成$[x(xx)]$。第三级运算由第一台或第二台处理机完成两者前阶段的运算结果相加，即求得$[a+(bx)]+[c(xx)]$；第三台处理机完成 d 与其之前运算结果的相乘，得到 $d[x(xx)]$。最后一级时，由某一台处理机完成最后阶段的加法，最终求得 E_1。此时，加速比 $S_P=6/4=3/2$，$E_p=SP/3=1/2$。

两种式子运算过程表示成树形流程图分别如图 7－12(a)和图 7－12(b)所示。

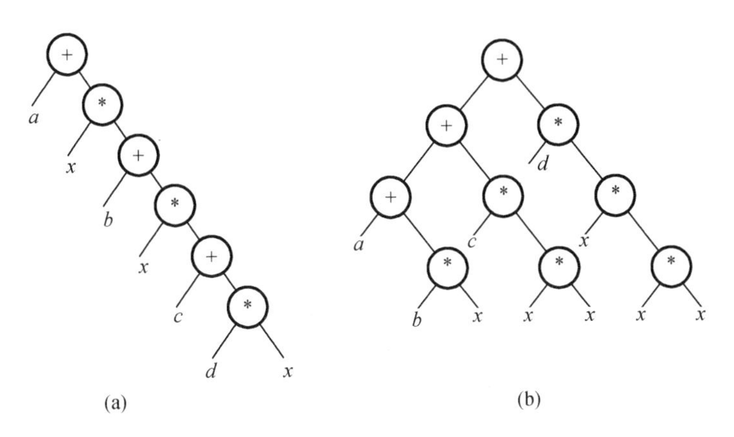

图 7－12　不同算法影响树高的例子

如果把运算过程表示成树形结构，提高运算的并行性就是如何用交换律、结合律、分配律来来对树进行变换，以减少运算的级数，即降低树高 T_p。

由于多处理机主要是为提高速度，因此，好的并行算法应尽可能增大树中每一层的结点数，即增大树的广度，使各处理机可并行的过程数尽可能增大，从而降低树的高度，既降低多处理机运算的级数。当最大限度降低了树的高度后，就应再缩小树的广度，使之在达到一定的加速比 S_p之后再减少机数 P，从而减少多处理机效率的降低。

【例 7－2】　表达式 $E_2=a+b(c+def+g)+h$，用单处理机需 7 级运算，如图 7－13(a)所示。利用交换律和结合律改写为：

$$E_2=(a+h)+b[(c+g)+def]$$

当 $P=2$ 时，只需 5 级计算，如图 7－13(b)所示。此时 $S_P=7/5$，$E_P=0.7$。

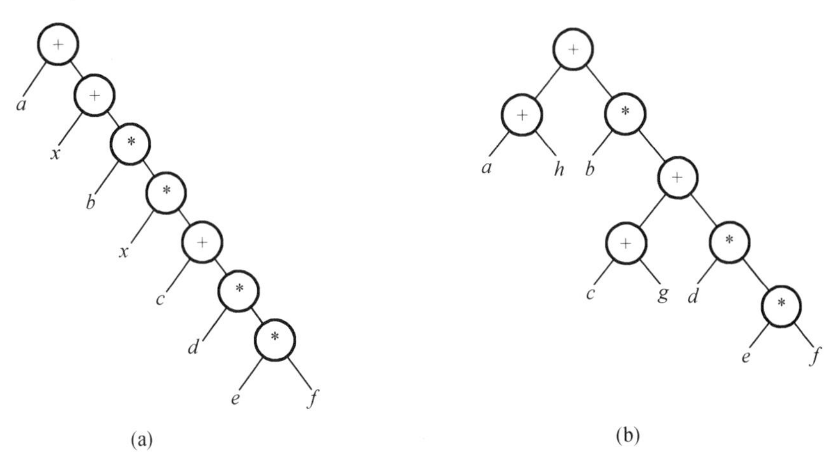

图 7－13　利用交换律和结合律降低树高

如果继续应用分配率,可进一步降低树高。如果将上式中的 b 写进括号内,计算 $bdef$ 用分组相乘在两级内完成,可将上式改写为:

$$E_2 = [(a+h)+(bc+bg)+bdef]$$

运算过程如图 7-14 所示。此时 $P=3, T_P=4, S_P=7/4, E_P=7/12$。

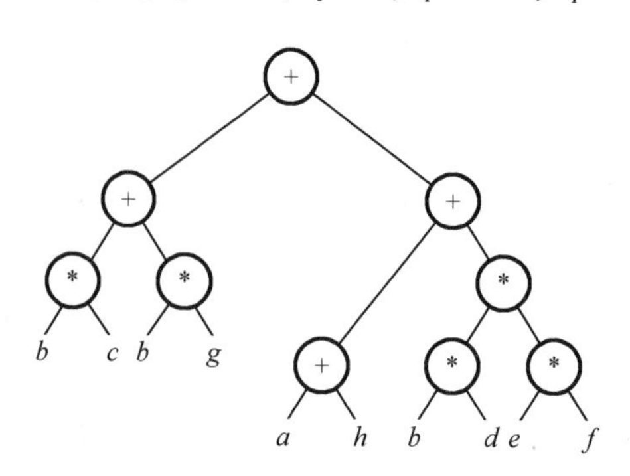

图 7-14 利用交换律、结合律和分配率降低树高

7.3.2 程序并行性分析

任务间能否并行,除了算法外,很大程度还取决于程序的结构。程序中各类数据相关,是限制程序并行的重要因素。数据相关既可存在于指令之间,也可存在于程序段之间。

假定一个程序包含 $P_1, P_2, \cdots P_i, \cdots, P_j, \cdots P_n$ 共 n 个程序段,其书写的顺序反映了该程序正常执行的顺序。为了便于分析,设 P_i 和 P_j 程序段都是一条语句,P_i 在 P_j 之前执行,且只讨论 P_i 和 P_j 之间数据的直接相关关系。

与流水线单处理机发生数据相关时,采取异步流动时,指令之间出现的"先写后读""先读后写""写—写"相关类似。多处理机的程序也可以按以上三种情况进行分析,分别将以上三种相关称为"数据相关""数据反相关""数据输出相关"。

1. 数据相关

如果 P_i 的左部变量在 P_j 的右部变量集内,且 P_j 必须取出 P_i 运算的结果来作为操作数,就称 P_j"数据相关"于 P_i。例如以下两条指令:

$$P_i \quad A = B + D$$
$$P_j \quad E = A * C$$

现在分析是否能让 P_i 和 P_j 在两台处理机上并行执行,以及能否交换两条指令的执行的顺序。

显然,如果让这两条指令并行执行,则 P_j 读取的操作数 A 就不是 $B+C$ 的结果,而是变量 A 原先的值,从而造成错误。所以当两条指令出现"先写后读"相关时不能并行。

P_i 和 P_j 也不能交换串行,即不能交换执行顺序,原因同上。两条指令如果能交换串行的话,就可以让空闲处理机先去执行 P_j,从而改进提高系统的运行效率,但发生数据相关时,显然是不能交换指令执行的先后顺序的。

如果将 P_i 和 P_j 由指令扩展为两个作业或进程,显然也是不能并行和交换串行的。这告诉我们在进行并行程序的设计和开发时,要尽可能避免一个任务的输出是另外一个任务的输入这种强耦合数据相关情况。

有一种特殊情况，即当 P_i 和 P_j 服从交换律时，如：

$$P_i \quad A=3*A$$

$$P_j \quad A=2*A$$

两条指令不能并行，因为两台处理机一台得到 A 的值是原值的3倍，一台得到 A 的值是原值得2倍，从而发生矛盾。但两者可以交换串行，即不管两条指令的执行顺序如何，只要两者是串行执行的，最终的结果都是 $A_{新}=6*A_{原}$。

2. 数据反相关

如果 P_j 的左部变量在 P_i 的右部变量集内，且当 P_i 未取用其变量的值之前，是不允许被 P_j 所改变的，就称 P_i"数据反相关"于 P_j。例如以下两条指令：

$$P_i \quad C=A+B$$

$$P_j \quad B=D+E$$

此时相当于流水线中发生"先读后写"相关。如果让 P_i 和 P_j 并行执行，只要保证 P_i 将相关变量 B 先读出，就能得到正确的结果。要保证相关变量的先读之后再写，可以采取图7-15所示的处理机结构形式。

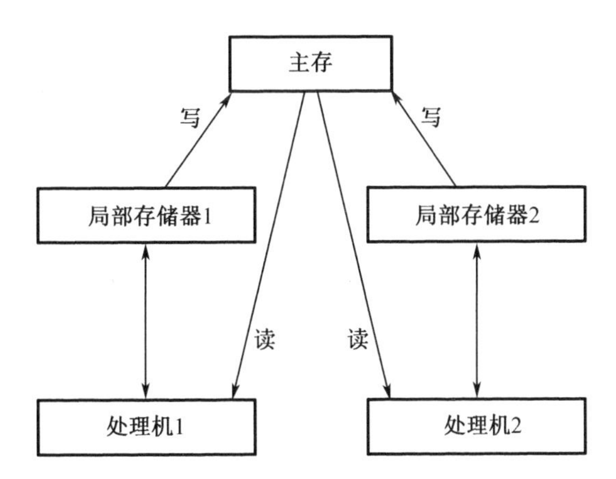

图7-15　能保证先读后写次序的多处理机结构

在该结构中，让每个处理机的操作结果先暂存于自己的局部存储器(或 Cache)中，不急于去修改原来存放于共享主存中的单元内容，这样，只要控制局部存储器(或 Cache)向共享主存的写入同步即可。

P_i 和 P_j 也不能交换串行，否则晚执行的 P_i 读取的 B 值不是原值，而是 $D+E$ 之后的值，显然会发生错误。

3. 数据输出相关

如果 P_i 的左部变量也是 P_j 的左部变量，且 P_j 存入的值必须在 P_i 存入之后进行，则称 P_j"数据输出相关"于 P_i。例如以下两条指令：

$$P_i \quad C=A+B$$

$$P_j \quad C=D+E$$

在没有前两种相关的前提下，只要保证 $C_{新}$为 $D+E$ 即可保证程序的正确性。所以只要能保证 P_i先写入，P_j后写入，这两条指令就能并行。P_i和 P_j也不能交换串行，否则 $C_{新}$成为 $A+B$，而不是 $D+E$ 的结果，因此发生错误。

4. 必须并行且写同步的情况

除了以上三种相关，如果两个程序段的输入变量互为输出变量，同时具有“先写后读”和“先读后写”相关，即以交换数据为目的，则两者必须并行执行，既不能顺序串行，也不能交换串行。

例如，以下两条指令：

$$P_i \quad A=B$$
$$P_j \quad B=A$$

此时，P_i和 P_j必须并行执行，且需要写完全同步，即 P_i和 P_j的计算结果都得到后，才允许向共享主存写入结果。

5. 无条件并行的情况

如果两个程序段之间不存在任何一种数据相关，即所有共同变量只出现在右部的源操作数中，则两个程序段就可以无条件地并行执行，也可以顺序串行或交换串行。

例如

$$P_i \quad C=A+B$$
$$P_j \quad D=A+E$$

7.3.3 并行语言与并行编译

并行算法需要用并行程序来实现。并行程序设计语言的基本要求是：能使程序员在其程序中灵活方便地表示出各类并行性，能在各种并行/向量计算机中高效地实现。

并行进程的特点是这些进程在时间上重叠地执行，一个进程未结束，另一个进程就开始。

包含并行性的程序在多处理机上运行时，需要有相应的控制机构来管理，其中包括并行任务的派生和汇合。并行任务的派生是使一个任务在执行的同时，派生出可与它并行执行的其他一个或多个任务，分配给不同的处理机完成。

并行任务的派生和汇合常用软件手段控制，首先要在程序中反映出并行任务的派生和汇合关系。例如，可在程序语言中用 FORK 语句派生并行任务，用 JOIN 语句对多个并发任务汇合。

FORK 和 JOIN 语句在不同机器上有不同的表示形式。现以 M. E. Conway 提出的形式为例。

(1) FORK m 语句

FORK 语句的形式为 FORK m，其中 m 为新进程开始的标号。执行 FORK m 语句时，派生出标号为 m 开始的新进程，具体包括：准备好这个新进程启动和执行所必需的信息；如果是共享主存，则产生存储器指针、映象函数和访问权数据；将空闲的处理机分配给派生的新进程，如果没有空闲处理机，则让它们排队等待；继续在原处理机上执行 FORK 语句的原进程。

(2)JOIN n语句

与FORK语句配合,作为每个并发进程的终端语句JOIN的形式是JOIN n,其中n为并发进程的总个数。

JOIN语句附有一个计数器,其初始值为0。每当执行JOIN n语句时,计数器的值加1,并与n比较。若比较相等,表明这是执行中的第n个并发进程经过JOIN n语句,则允许该进程通过JOIN语句,将计数器清0,并在其处理机上继续执行后续语句。

若比较后计数器的值仍小于n,表明此进程不是并发进程中的最后一个,可让现在执行JOIN语句的这个进程先结束,把它所占用的处理机释放出来,分配给正在排队等待的其他任务,如果没有排队等待的任务,就让该处理机空闲。

在整个程序中不需要也不能考虑网络中多处理机的机数P。由于将来系统中的处理机数可能因为扩展而增加,或因处理机临时发生故障等某些原因而实际减少。并行程序应满足与处理机数无关的要求,即使在一台处理机上也应可正确运行。所以JOIN n语句中的n不是指处理机的机数,而是并发进程的总任务数。

表达式运算并行性的识别,除了依靠算法外,还可以依靠编译程序。

例如,给定算术表达式 $Z=E+A*B*C/D+F$,利用普通的串行编译算法,产生三元指令组为:

```
1  *  A  B
2  *  1  C
3  /  2  D
4  +  3  E
5  +  4  F
6  =  5  Z
```

所有指令之间都是相关的,需5级运算,如果采用并行编译算法,则可以得到并行执行的三元指令组为:

```
1  *  A  B
2  /  C  D
3  *  1  2
4  +  E  F
5  +  3  4
6  =  5  Z
```

可见,有了好的并行编译算法,算术表达式的预先变形也可以是不必要的。

上述三元组指令组经并行编译得到如下程序:

S_1　$G=A*B$

S_2　$H=C/D$

S_3　$I=G*H$

S_4　$J=E+F$

S_5　$Z=I+J$

在多处理机环境中,如果不加并行控制语句,以上程序仍然只是一个普通的串行程序,发挥不出多处理机的作用。分析各语句间的数据相关情况,得到的数据相关图如图7-16所示。

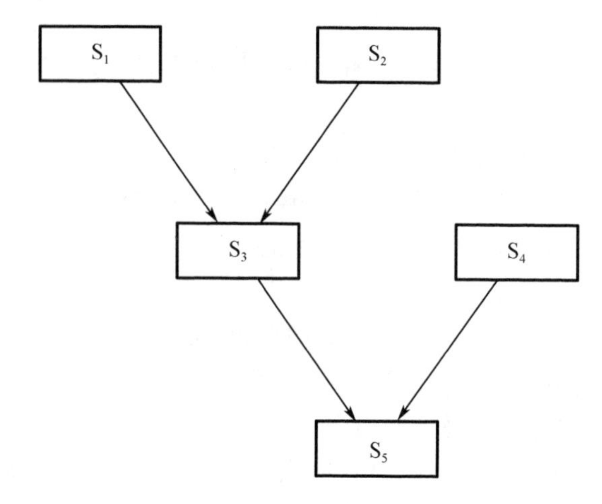

图 7-16　并行程序数据相关图

利用 FORK 和 JION 语句实现这种派生和汇合关系，将程序改写为：

```
FORK 20
10   G = A * B        (进程 S1)
JION 2
GOTO 30
20   H = C/D          (进程 S2)
JION 2
30   FORK 40
I = G * H             (进程 S3)
JION 2
GOTO 50
40   J = E + F        (进程 S4)
JION 2
50   Z = I + J        (进程 S5)
```

假定该程序在一个由两台处理机组成的多处理机环境中运行。两台处理机均可执行该程序，这里假定最初的程序是在处理机 1 上运行的。当遇到 FORK 20 时，就将从标号为 20 的指令 H = C/D 开始到有可能以标号为 50 的指令 Z = I + J 结束的程序段在网络中找一台空闲的处理机去完成。假定此时处理机 2 空闲，则处理机 2 就去执行派生出来的该段程序。而此时，处理机 1 继续在本机上执行 FORK 语句之后的程序。

假定加法最快、除法最慢、乘法的执行时间介于两者之间，并且不考虑处理机是否发生异常或故障，忽略网络的延迟。此时进程 1 要早于进程 2 结束，当处理机 1 执行 JION 2 时，计数器原值为 0，加 1 后与 2 比较，此时计数器值大于并发进程数 n，表明此进程不是并发进程中的最后一个，进程 S_2 仍在执行。将 S_1 进程占用的处理机 1 释放出来，分配给正在排队等待的其他任务，因为此时没有排队等待的任务，故处理机 1 暂时空闲。

随后当 S2 结束时，执行 JION 2，计数器继续加 1 并与 2 比较，此时计数器值为并发进程数 n，表明这是并发执行的最后 1 个进程经过 JOIN n 语句，已到汇合点。此时允许该进程通过 JOIN 语句,将计数器清 0,并在处理机 2 上继续执行 JOIN 语句之后的 FORK 40 语句。

处理机 2 派生出的 S_4 进程分配给刚才空闲的处理机 1,然后处理机 2 继续执行进程 S3。正常情况下,S_4 早执行完,释放处理机 2。S_3 晚执行完,到达汇合点,通过 JOIN 语句,在处理机 1 执行 GOTO 50 语句,执行进程 S_5,直至整个程序结束。

并行程序在多处理机上运行的资源时间图,如图 7－17 所示。

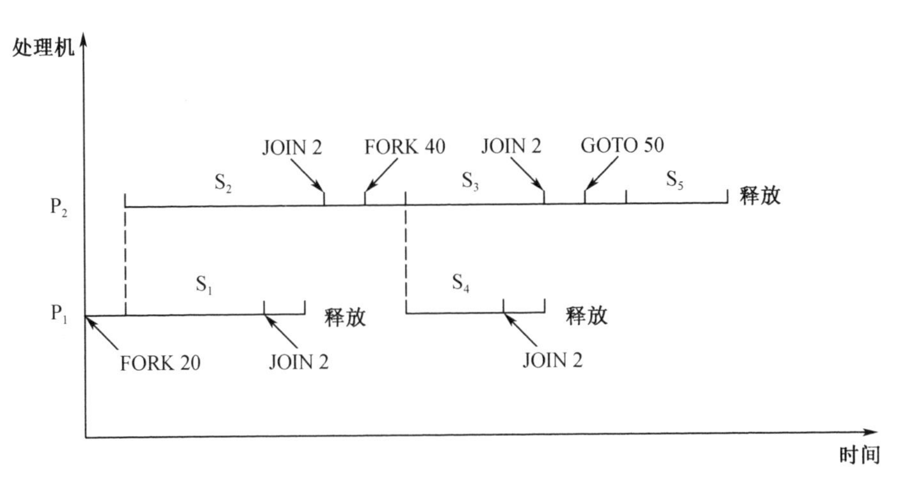

图 7－17　并行程序在多处理机上运行的资源时间图

【例 7－3】　求 A1,A2,…,A8 的累加和,有如下程序:

S_1　A1 = A1 + A2

S_2　A3 = A3 + A4

S_3　A5 = A5 + A6

S_4　A7 = A7 + A8

S_5　A1 = A1 + A3

S_6　A5 = A5 + A7

S_7　A1 = A1 + A5

(1)写出用 FORK,JOIN 语句表示其并行任务的派生和汇合关系的程序,以假想使此程序能在多处理机上运行。

(2)画出该程序在有三台处理机的系统上运行的时间关系示意图。

(3)画出该程序在有两台处理机的系统上运行的时间关系示意图。

解

(1)改写后的程序为:

FORK 20

FORK 30

FORK 40

10　A1 = A1 + A2

JOIN 4

GOTO 80

```
20   A3 = A3 + A4
JOIN 4
GOTO 80
30   A5 = A5 + A6
JOIN 4
GOTO 80
40   A7 = A7 + A8
JOIN 4
80FORK 60
50   A1 = A1 + A3
JOIN 2
GOTO 70
60   A5 = A5 + A7
JOIN 2
70   A1 = A1 + A5
```

(2)在三台处理机上运行的时间关系示意图如图 7 – 18 所示。假设所有加法在各处理机上的运行时间均相等,且不考虑处理机异常和网络延迟等。当两个进程在理论上同时完成时,随机确定两者的先后顺序,如图中标号 50 和 60 的两个并发进程,假设标号为 60 的进程最后执行完。

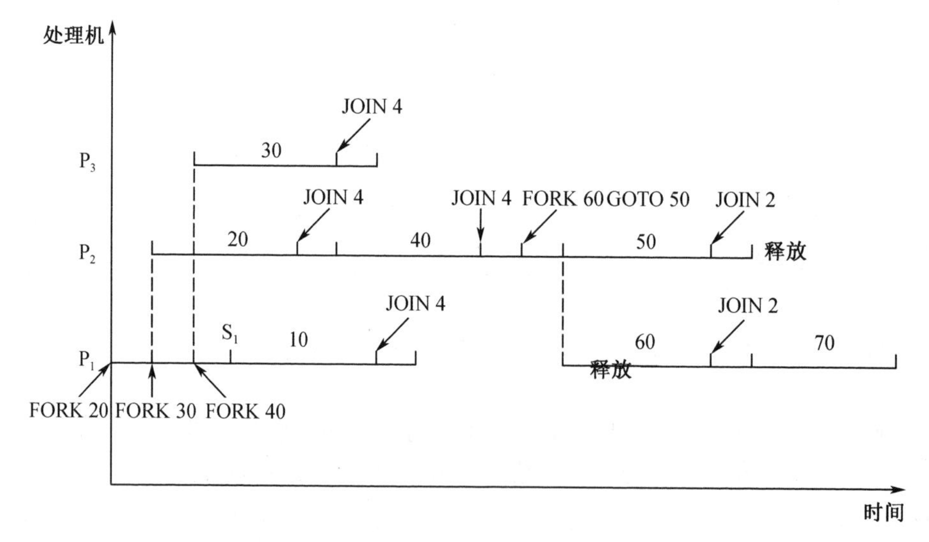

图 7 – 18　并行程序在 3 台处理机上运行的时间关系图

(3)在两台处理机上运行的时间关系示意图如图 7 – 19 所示。设标号为 50 的进程最后执行完。

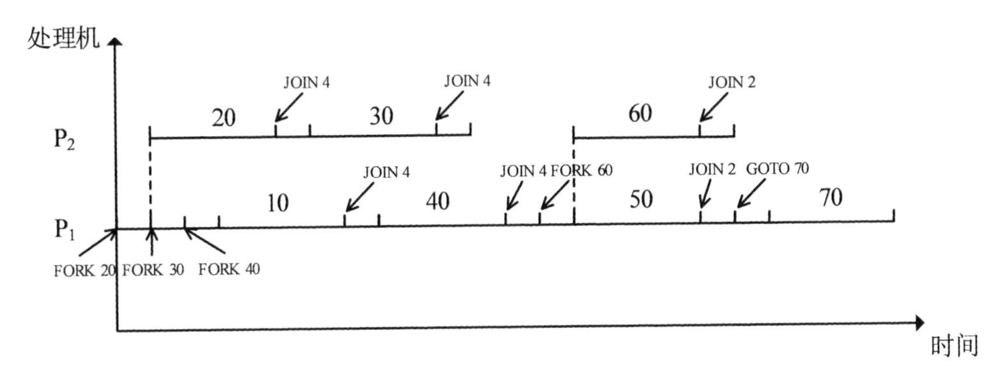

图7-19 并行程序在2台处理机上运行的时间关系图

【例7-4】 假定A,B两个8×8矩阵相乘,需要在多处理机上实现任务一级的并行(即外循环)。用FORTRAN语言书写的程序如下:

```
DO   10 J =0,6
10   FORK 20
         J =7
     20  DO 30 I =0,7
         C(I,J) =0
         DO40K =0,7
     40  C(I,J) =C(I,J) +A(I,K) * B(K,J)
     30  CONTINUE
         JOIN 8
```

设程序开始时在处理机1上执行。在执行7次FORK 20语句后,派生出J=0~6共7个以标号为20开始的并发进程,这7个进程与J=7的进程并行。

如果只有3台处理机,分配了J=0和J=1的进程给处理机2和处理机3后,其余J为2~6的5个进程进入排队等待分配处理机的状态。整个进程在先后执行完8个进程后才结束,其资源时间图如图7-20所示。

从表面上看,多处理机的每一个处理机和并行处理机的每一个处理单元求解矩阵乘完成的工作是一样的,但处理方式却有根本区别。

第一,并行处理机的每一条指令要求8个处理单元对J=0,…,7的不同数组完全同步地运算;而在多处理机中,即使有8个处理机执行同一程序段,并不需要、也不会完全同步,更何况不同处理机执行的程序段还可以是毫不相同的。这是操作级并行与任务级并行的差别。

第二,多处理机中可用的处理机数目对程序的书写没有影响,即程序对可用的处理机数目无固定要求。这是多处理机相对于并行处理机的重要优点之一。

【例7-6】 分别在下列各计算机系统中,计算向量点积 $S = \sum_{i=1}^{8} a_i \cdot b_i$ 所需的时间(尽可能给出时空图示意)。

(1)通用PE的串行SISD系统

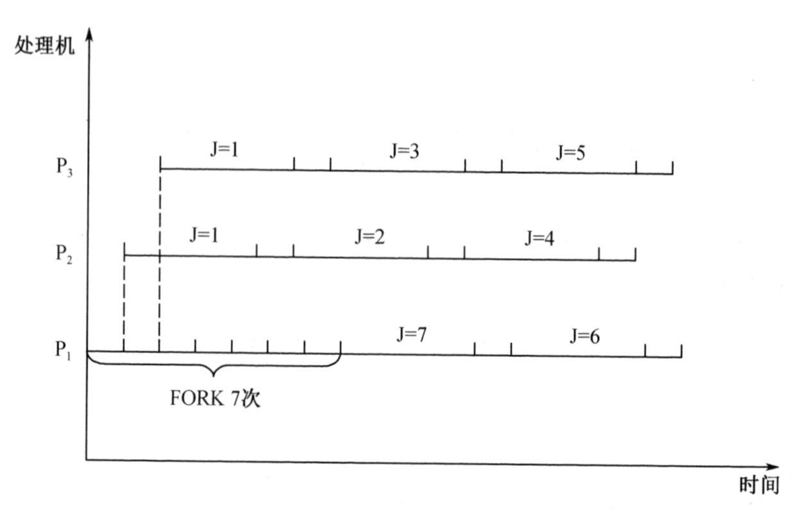

图 7－20　矩阵乘程序在多处理机上运行的资源时间图

(2)具有一个加法器和乘法器的多功能并行流水 SISD 系统

(3)有 8 个处理单元的 SIMD 系统

(4)有 8 个处理机的 MIMD 系统

设访存取指和取数的时间可以忽略不计;加与乘分别需要 2 拍和 4 拍;在 SIMD 和 MIMD 系统中处理器(机)之间每进行一次数据传送的时间为 1 拍,而在 SISD 的串行或流水系统中都可忽略;在 SIMD 系统中 PE 之间采用线性环形双向互连拓扑,即每个 PE 与其左右两个相邻的 PE 直接相连,而在 MIMD 中每个 PE 都可以和其他 PE 有直接的通路。

解

(1)在通用 PE 的串行 SISD 系统中,计算点积需要 8 次乘和 7 次加。其乘、加的顺序如何安排对速度并没有影响,只影响到所需的中间工作单元的多少。从节省中间工作单元考虑,其时空图可如图 7－21 所示。

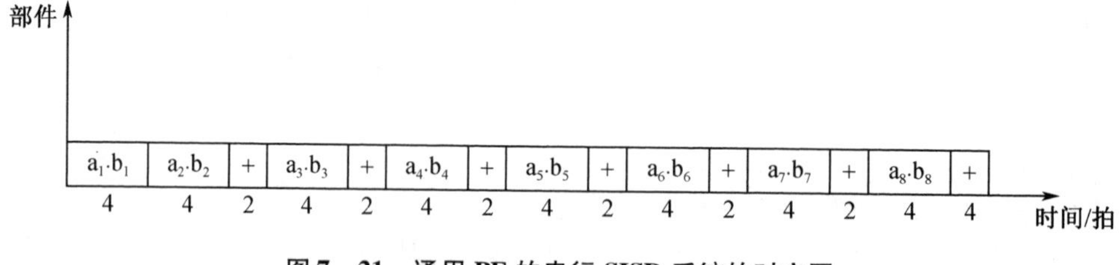

图 7－21　通用 PE 的串行 SISD 系统的时空图

由图 7－21 的时空关系可知,所需时间为 $4\times8+2\times7=46$ 拍

(2)具有一个加法器和乘法器的多功能并行流水 SISD 系统上,应注意调整运算的顺序。由于 8 个乘法操作不存在数据相关,所以等价于 $k=4$ 的各段执行时间相等的流水线连续处理 8 个任务的情况。当第一个和第二个乘法的运算结果得到后,就可以经由通路直接送入加法流水线,此后在乘法和加法的同时运算过程中,只要相关数据备齐,即可进行相应的乘法操作。当吞吐率最高时的流水线时空图如图 7－22 所示。

由图 7－22 可知,完成全部点积运算共需 15 拍。

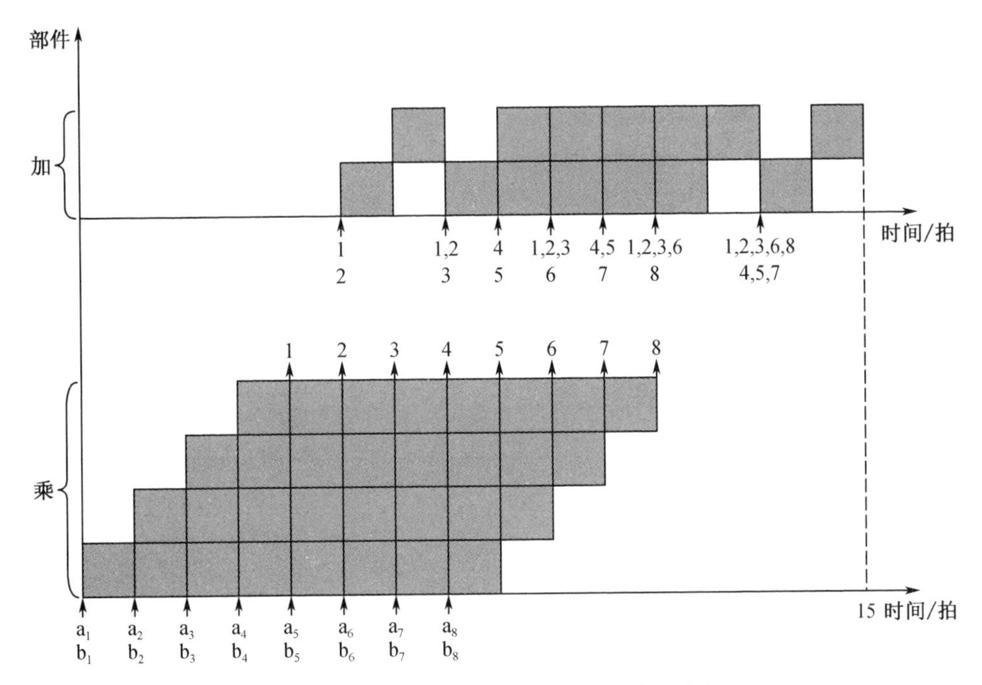

图7-22 加、乘并行流水的SISD系统的时空图

(3)有8个处理单元的SIMD系统上,各PE之间采用环形互连,因为PE之间每进行一次数据传送有1拍的时间,所以为减少传送步骤,在运算中应调整互连关系,采取一种从两边(PE_0和PE_1)先两两计算,再逐步向内传送数据并计算的策略。时空图如图7-23所示。

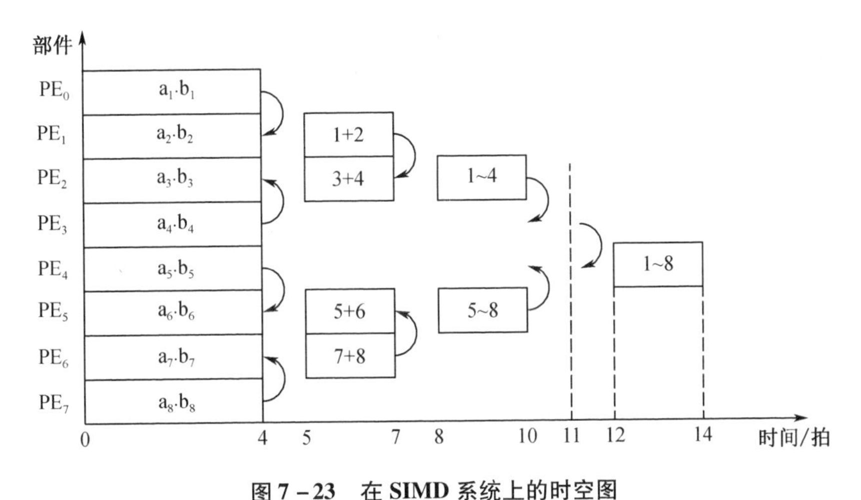

图7-23 在SIMD系统上的时空图

由时空图可知,完成全部点积运算共需14拍。

(4)有8个处理机的MIMD系统中,采取的是任务级的并行。8对乘法运算因为没有数据相关,可以在8个处理机上并发执行。在汇合和传送后,又可在4个处理机上并发执行加法。再经汇合和传送后,可在两个处理机上并发执行加法。最后,经汇合和传送后,在1台处理机上执行加法。其时空关系如图7-24所示。

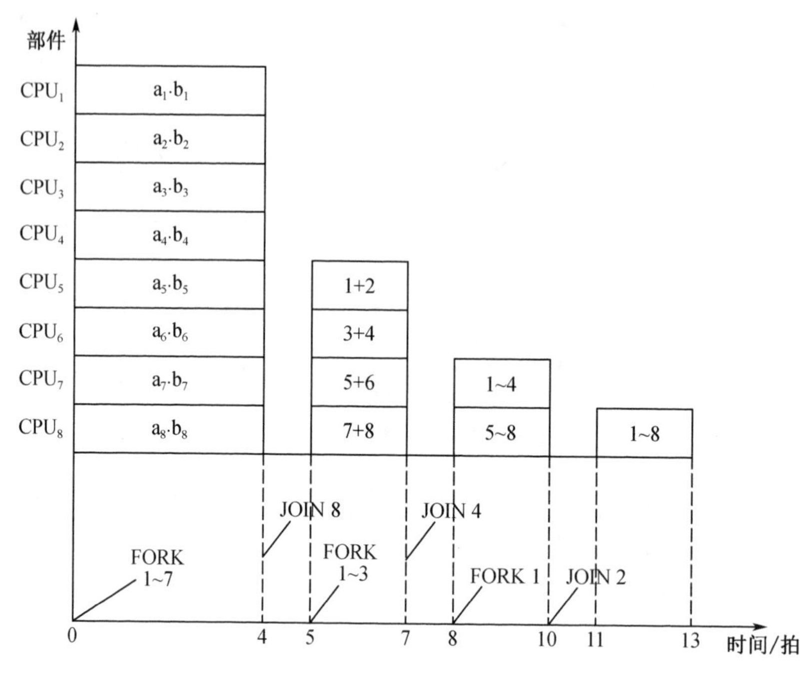

图 7-24　在 MIMD 系统上的时空图

假设所有派生、汇合、无条件转移等语句所执行的时间可以忽略不计，或者可以合并于数据传送的时间中，则全部完成点积运算的时间为 13 拍。

7.3.4　多处理机的性能和可靠性

1. 多处理机的性能

使用多处理机的主要目的是用多个处理机并发执行多个任务来提高解题速度。如果处理机负载平衡做得比较好，多台处理机始终都在执行有用的操作，系统解题的速度会随处理机数目的增加而提高。但实际解题算法除了并行部分还有不可并行部分，此外解题过程中还需要有一定的辅助性开销用于并行性检测、并行任务的派生和汇合、处理机间的通信传输、同步、系统控制和调度等，因此处理机的系统性能要比期望的要低得多。

任务粒度的大小，会显著影响多处理机的性能和效率。任务粒度过小，辅助开销大，系统效率低；粒度过大，并行度低，性能不会很高。因此，要合理选择任务粒度的大小，并使其尽可能均匀，还要采取措施减少辅助开销，以保证系统性能随处理机数目的增大能有较大的提高。

衡量任务粒度大小的一个依据是程序用于有效计算的执行时间 E 与处理机间的通信等辅助开销时间 C 的比值。只有 E/C 值较大时，开发并行性才能带来好处。

任务粒度还与系统的应用有关。图像及多目标跟踪因为机间通讯开销少，宜于细粒度处理。要求冗长计算才能得到结果的题目，宜于粗粒度处理。

系统设计应使系统与应用问题的粒度取得最佳适配。通过建立多处理机若干不同的性能模型，来分析不同程序、并行算法及结构对多处理机性能的影响。为了简化模型，只考虑用于机间通讯方面的辅助开销，其他方面的辅助开销对性能的体现，可以通过对该模型适当增大任务粒度的办法来体现。

就多处理机而言,结构设计者应考虑如何设计出一个使 E/C 值尽可能高,且价格合理、处理机机数多,又能高效使用的多处理机。应深入展开对并行算法、并行语言、并行程序设计技术和如何减少额外开销等方面的综合研究。

多处理机的性能评测及可视化技术也是一项重要研究领域。当建立多处理机硬件环境并配置好并行计算软件环境后,实施者通常要对实际计算的过程进行跟踪和评测才能发现诸如:机器和互连网络的性能是否满足计算需要、系统实际的加速比和效率情况、处理平台是否稳定、负载是否平衡、任务粒度大小是否合理、并行算法是否还有改进空间等一些只有进行评测才能发现的问题。评测结果还可以通过图形图像等可视化技术进行展示并及时提示系统运维人员及。

目前,Linux、Windows 系统等操作系统均支持实时采集机器 CPU 利用率、主存利用率、磁盘使用率等一些运行指标。这些指标都可以被多处理机系统进行实时采集并用于评测。例如,发现处理机 CPU 利用率在保持较高水平情况下突然下降一段时间,然后继续再提高到较高水平,可发现在下降的这段时间内处理机在进行机间通信,如果管理员及时发现这一情况,就可以考虑能否适当改进并行算法,在处理机进行机间通信时,能否分配给处理机额外的计算任务,以弥补处理机 CPU 利用率下降带来的性能损耗,进而提高多处理机的整体性能。

2. 多处理机的可靠性

可靠性(Reliability)量化指标通常指某个周期内多处理机系统的平均无故障运行时间。计算机系统的可靠性一直为人们所关注,因为一旦产生了故障或系统瘫痪,系统性能也就无从谈起。早期由继电器和真空管构成的计算机经常不能正常工作。随着人们对计算机依赖程度的不断提高,系统的可靠性就显得更为重要。提高计算机的可靠性有避错和容错两种方法。避错实际上是不容错的,乃是保守设计方法的产物,它以采用高可靠性零件、优化路线等质量控制管理的方法,来减低出错的可能性,但即使是最仔细地避错设计,故障也总有一天会出现,从而导致系统失效。容错计算(Fault - Tolerant Computing)是指在硬件或软件故障产生的情况下,仍能将指定的算法准确地完成,同时不使性能降低。容错情况下要求系统具有故障检测与诊断、功能切换与系统重组(reconfiguration)、系统恢复与重新运行、系统的重构(reintegration)与可扩展等功能,而且这些功能不能影响系统的正常运行或至少不能使系统的性能下降到不能容忍的程度。

系统安全性也是多处理机系统,尤其是分布式多处理机系统的重要研究领域。可信计算(Trusted Computing)是在计算和通信系统中广泛使用基于硬件安全模块支持下的可信计算平台,以提高系统整体的安全性。可信计算包括5个关键技术概念,他们是完整可信系统所必需的,这个系统将遵从 TCG(Trusted Computing Group)规范。

(1)Endorsement key 签注密钥

签注密钥是一个2048位的 RSA 公共和私有密钥对,它在芯片出厂时随机生成并且不能改变。这个私有密钥永远在芯片里,而公共密钥用来认证及加密发送到该芯片的敏感数据

(2)Secure input and output 安全输入输出

安全输入输出是指电脑用户和他们认为与之交互的软件间受保护的路径。当前,电脑系统上恶意软件有许多方式来拦截用户和软件进程间传送的数据。例如,键盘监听和截屏。

(3) Memory curtaining 储存器屏蔽

储存器屏蔽拓展了一般的储存保护技术,提供了完全独立的储存区域。例如,包含密钥的位置。即使操作系统自身也没有被屏蔽储存的完全访问权限,所以入侵者即便控制了操作系统信息也是安全的。

(4) Sealed storage 密封储存

密封存储通过把私有信息和使用的软硬件平台配置信息捆绑在一起来保护私有信息。意味着该数据只能在相同的软硬件组合环境下读取。例如,某个用户在电脑上保存一首歌曲,而他们的电脑没有播放这首歌的许可证,则就不能播放这首歌。

(5) Remote attestation 远程认证

远程认证准许用户电脑上的改变被授权方感知。例如,软件公司可以避免用户干扰软件以规避技术保护措施,它通过让硬件生成当前软件的证明书。随后电脑将这个证明书传送给远程被授权方来显示该软件公司的软件尚未被干扰(尝试破解)。

7.4 多处理机的操作系统

7.4.1 主从型操作系统

包含并行性的程序在多处理机上运行时,要有相应的控制机构来实现处理机的分配和进程调度、同步、通信、存储系统的管理,文件系统的管理以及某处理机或设备故障时系统的重组。以上管理功能主要是通过多处理机操作系统用软件的手段来实现。

多处理机操作系统应具有程序执行的并行性、操作系统功能的分布性、机间通信的同步性和系统的容错性等一些基本特点。

多处理机操作系统有主从型(Master-Slave Configuration)、各自独立型(Separate Supervisor)及浮动型(Floating Supervisor)三类。

7.4.1 主从型操作系统

主从型操作系统中,管理程序只在一个指定的处理机(主处理机)上运行。该主处理机可以是专门的执行管理功能的控制处理机,也可以是与其他从处理机相同的通用机,除执行管理功能外也能做其他方面的应用。主处理机负责管理系统中所有其他处理机(从处理机)的状态及其工作的分配,只把从处理机看成是一个可调度的资源,实现对整个系统的集中控制。

缺点包括:对主处理机的可靠性要求很高,一旦发生故障,很容易使整个系统瘫痪,这时必须要由操作员干预才行。当大部分任务都很短时,由于频繁地要求主处理机完成大量的管理性操作,系统效率将会显著下降。

主从型操作系统的优点包括:系统硬件结构比较简单,整个管理程序只在一个处理机上运行,除非某些需递归调用或多重调用的公用程序,一般都不必是可再入的。实现起来简单、经济、方便,是目前大多数多处理机操作系统所采用的方式。

主从型操作系统适合于工作负荷固定,且从处理机能力明显低于主处理机,或由功能相差很大的处理机组成的异构型多处理机。

7.4.2 各自独立型操作系统

各自独立型将控制功能分散给多台处理机,共同完成对整个系统的控制工作。每台处理机都有一个独立的管理程序(操作系统的内核)在运行,即每台处理机都有一个内核的副本按自身的需要及分配给它的程序需要来执行各种管理功能。

各自独立型操作系统的优点包括:很适应分布处理的模块化结构特点,减少对大型控制专用处理机的需求;某个处理机发生故障时,不会引起整个系统瘫痪,有较高的可靠性;每台处理机都有其专用控制表格,使访问系统表格的冲突较少,也不会有许多公用的执行表,同时控制进程和用户进程一起进行调度,能取得较高的系统效率。

而缺点包括:实现复杂进程调度的复杂性和开销加大。一旦某台处理机发生故障,要想恢复和重新执行未完成的工作比较困难。整个系统的输入输出结构变换需要操作员干预。各处理机负荷的平衡比较困难。由于各台处理机需要局部存储器存放管理程序副本,降低了存储器的利用率。

适用场合是:适合于松耦合多处理机。

7.4.3 浮动型操作系统

浮动型操作系统是介于主从型和各自独立型之间的一种折中方式,其管理程序可以在处理机之间浮动。在一段较长的时间里指定某一台处理机为控制处理机,但是具体指定哪一台处理机以及担任多长时间控制处理机都是不固定的。主控程序可以从一台处理机转移到另一台处理机,其他处理机中可以同时有多台处理机执行同一个管理服务子程序。因此,多数管理程序必须是可再入的。

而缺点包括:这种操作系统的设计难度比较大,目前还没有商品化的操作系统。

浮动型操作系统的优点包括:可以使各类资源做到较好的负荷平衡,它在硬件结构和可靠性上具有分布控制的优点,而在操作系统的复杂性和经济性上则接近于主从型。如果操作系统设计得好,将不受处理机机数的影响,因而具有很高的灵活性。

适用于紧耦合多处理机,特别是有公共主存和I/O子系统的多个相同处理机组成的同构型多处理机。

7.5 多处理机的发展

多处理机在发展过程中有共享存储器多处理机(Distributed Shared Memory Multiprocessor)、对称多处理机(Symmetric Multiprocessors,SMP)、分布式计算机(联网计算机)、多向量处理机、并行向量处理机(Parallel Vector Processor,PVP)、大规模并行处理机(MPP)和机群系统等多种形式。

(1)分布式共享存储器多处理机

该结构是介于集中物理共享和分布式非共享存储器之间的一种构型,即之前介绍的非均衡存储器访问NUMA结构的多处理机。该结构采取了共享虚拟存储器的方式,将物理上分散的多台处理机所拥有的本地存储器在逻辑上统一编制,形成一个统一的虚拟空间,以实现存储器的共享,避免编程困难,减少通讯开销。

采用分布式共享存储器的多处理机代表机器有 Stanford DASH，SGI/CRAY，Origin 2000，CRAY T3D 等。

(2)对称多处理机

对称多处理机即之前介绍的 UMA 结构多处理机。对称多处理机 SMP 以大量高性能微处理器芯片经互连网络进行互连。共享主存的多处理机近年来有了很大的发展。其 I/O 流量高、分时共享能力、容错能力都很强，用于频繁进行的中小规模的科学与工程计算、事务处理和数据库管理。SMP 已逐渐取代共享存储器并行向量处理机，其与并行向量处理机的区别处理器不是专用的，而是采用一般的商品化在片 Cache 的微处理器，再外加片外 Cache，经高速总线或纵横交叉开关连到共享存储器上。

采用对称多处理机的典型机器有 DEC Alpha Server 8400，SGI Power Challenge，IBM R50，SUN Ultra Enterprise 1000 和我国的曙光一号等。

(3)向量多处理机

20 世纪 80 年代和 90 年代，美国和日本制造了许多大规模超级向量机，例如美国的 CRAY Y－MP 和 C－90，日本富士通的 VP 2000 和 VPP 500 等。这些系统都可以配置多台处理机、多个向量流水部件和标量部件，且共享主存。

(4)并行向量多处理机

在该结构中，多个数目不等的功能较强的专用向量机经高带宽的纵横交叉开关互连到若干个共享的存储模块。每个处理机的系统性能超过 1 GFLOPS。这类机器一般不带有 Cache，而采用大量向量寄存器和指令缓冲存储器。

采用并行向量处理机的典型系统有 CRAY C－90，CRAY T－90，NEC SX4，VPP500 和我国的银河 2 号等。

(5)大规模并行处理机

大规模并行处理机是 NORMA 结构多处理机代表机型之一。早起的 MPP 大都属于 SIMD 结构，例如 TMC 1987 年的 CM－2。后来大都采用 MIMD 结构，例如 TMC 的 CD－5。20 世纪 90 年代，已有很多商品化的 MPP 在市场上销售，例如因特尔 1991 年推出的 Paragon XP/S，MasPar 公司 1992 年推出的 MP－2；日本富士通公司 1992 年推出的 AP 1000；CRAY 公司 1993 年推出的 SC6400；NEC 公司 1993 年推出的 Conju－3；TMC 公司 1993 年推出的 CM－5E；IBM 公司 1994 年推出的 SP2；Convex 公司 1994 年推出的 Exemplar SPP 1000；日本日立公司 1995 年推出的 SR2001，此外像 CRAY T3E，Intel ASCI Option Red 和我国的曙光 1000 等都是 MPP 的代表机型。

(5)机群系统

机群系统也是 NORMA 结构多处理机代表机型之一。机群和 MPP 相比通常采用通用商品化互连网络，随着互连网络技术的进步，松耦合系统的通信瓶颈也得到了缓解。目前的以太网速率已经达到 100MB/S 甚至更快，光纤分布式数据接口 FDDI 的新型网络已逐渐形成，ATM(异步传输方式)的局域网带宽已达 155MB/S 甚至更快，这些都极大地推动了 NORMA 结构多处理机的发展，并逐渐成为当前并行处理系统研究的热点。

典型的机群系统有 Berkely NOW，Alhpa Farm 和 Digital Trucluster 等。

习题7

7-1 多处理机在结构、程序并行性、算法、进程同步、资源分配和调度与并行处理机有什么差别？其根本原因是什么？

7-2 多处理机有哪些基本特点？发展这种系统的主要目的可能有哪些？多处理机着重解决哪些技术问题？

7-3 分别画出用 4×9 的一级交叉开关以及用两级 2×3 的交叉开关组成的 4×9 的 Delta 网络，比较一下交叉开关设备量的多少。

7-4 由霍纳法则给定的表达式如下：

$$E=a\{b+c[d+e(f+gh)]\}$$

利用减少树高的办法来加速运算，要求：

(1)画出树形流程图。

(2)确定 T_P、P、S_P、E_P的值。

7-5 若有下述程序：

U = A + B

V = U/B

W = A * U

X = W - V

Y = W * U

Z = X/Y

试用 FORK、JOIN 语句将其改写成可在多处理机上并行执行的程序。假设现有两台处理机，且除法速度最慢，加、减法速度最快，请画出该程序运行时的资源时间图。

7-6 简述多处理机的操作系统通常分为哪三种类型，每种类型的优点和缺点以及设计中的问题。

7-7 解释以下单词或缩略词在多处理机领域的中文意义

SMP　MPP　Cluster　UMA

NUMA　CMP　MTS　DSM

第 8 章　数据流计算机和规约机

8.1　数据流计算机

8.1.1　数据驱动的概念

按控制机制对计算机模型分类，伦敦大学学院的 Treleaven 教授提出了控制驱动、数据驱动、需求驱动和模式匹配驱动四种驱动方式。其中控制驱动对应于传统的冯・诺依曼型结构。现代计算机自问世以来已历经 70 余年的历史，基本结构形式始终是冯・诺依曼机结构。冯・诺依曼机的基本特征是在程序计数器(PC)集中控制下，顺序地执行指令，即以控制流(Control Flow)方式工作。虽然后续在系统结构、组成和实现、程序语言和编译技术等多方面进行了改进，发展出处流水线计算机、阵列机、多处理机等，但本质上仍是指令在程序计数器控制下顺序执行，从而限制了计算并行性的进一步提高。

数据驱动方式的数据流方式指的是，程序中任意一条指令中所需的操作数(数据令牌)到齐，立即启动执行(称为“点火”)。一条指令的运算结果又流向下一条指令，作为下一条指令的操作数来驱动此指令的启动执行。

数据驱动方式能充分地利用程序中指令级并行性。不存在共享数据，也不存在指令计数器，指令启动执行的时机仅取决于操作数具备与否。只要有足够多的处理单元，凡是相互间不存在数据相关的指令都可以并行执行。

【例 8－1】 计算一元二次方程 $ax^2+bx+c=0$ 的根。设 $b^2-4ac\geq 0$，可以写出如下的 FORTRAN 程序：

```
READ * ,A,B,C
X1 =2 * A
D = SQRT(B * B -4 * A * C)
D = D/X1
X2 = - B/X1
X1 = X2 + D
X2 = X2 - D
PRINT * . X1,X2
END
```

程序中数据间的相关关系如图 8－1 所示。其中(1)与(2)、(3)与(4)、(5)与(6)均可并行操作，但相互之间因为存在数据相关而不能执行。

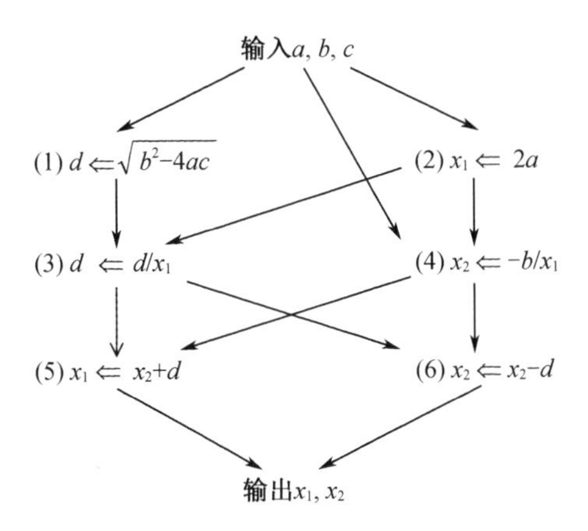

图 8－1　求一元二次方程根的数据相关关系

如果用加、减、乘、除、平方根等基本操作表示相应的数据流程序,则其数据流程序图如图 8－2 所示。

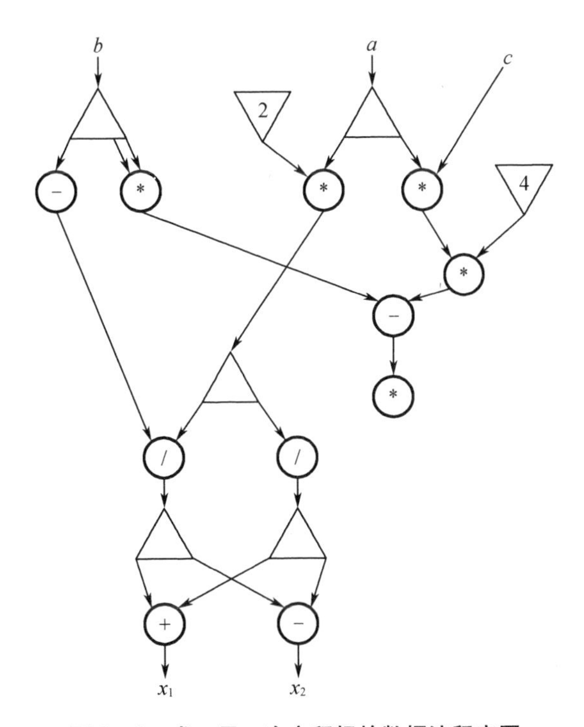

图 8－2　求一元二次方程根的数据流程序图

数据令牌是一种表示某一操作数或参数已准备就绪的标志。一旦执行某一操作的所有操作数令牌都到齐,则标志着这一操作是什么操作,以及操作结果所得到的数据令牌应发送到哪些等待此数据令牌的操作的第几个操作数部件等有关信息,都将作为一个消息包(Message Packet),传送到处理单元或操作部件并予以执行。

数据流驱动有以下四个性质:

(1)异步(Asynchrony)只要本条指令所需要的数据令牌都到达,指令即可独立地执行,而不必关心其他指令及数据的情况如何。

(2)并行性(Parallelism)可同时地并行执行多条指令,而且这种并行性通常是隐含的。

(3)函数性(Functionalism)由于不使用共享的数据存储单元,所以数据流程序不会产生诸如改变存储字这样的副作用。也可以说,数据流运算是纯函数性的。

(4)局部性(Locality)操作数不是作为“地址”变量,而是作为数据令牌直接传送,因此数据流运算没有产生长远影响的后果,运算效果具有局部性。

8.1.2 数据流程序图和语言

数据流程序图通常包括有向图法(Directed Graph)和活动片表示法(Activity Templete)两种表示方法。

1. 有向图法

通过特殊有向图描述数据流计算机的工作过程。由有限个结点(Node)集合以及把这些结点连接起来的单向分支线(Unidirectional Branch)组成,分支线有时也称为弧(Arc)。通过数据令牌沿有向分支线传送来表示数据在数据流程序图中的流动。用结点表示进行相应的操作,结点内的符号或字母表示一种操作,所以也称操作符(Actor)。当一个结点的所有输入分支线上都出现数据令牌,且输出分支线上没有数据令牌时,该结点的操作即可执行。

弧代表数据令牌在结点间的流向。在数据流计算机中,根据这些数据流程序图,通过一个分配器或分配程序(Allocator),不断分配适当的处理部件来实现操作符的操作。如图 8-3 所示的有向图表示了计算 $z=(a+b)*(a-b)$的数据流程序图。

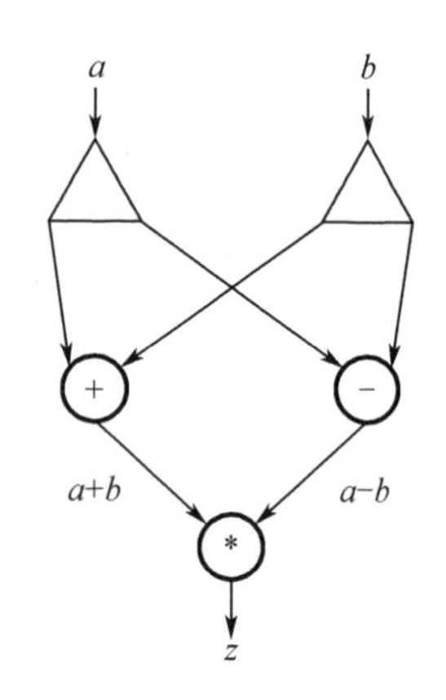

图 8-3 计算 $z=(a+b)*(a-b)$的数据流程序图

为表示数据在程序中的流动状态,用图 8-4 中的实心圆心点代表令牌沿弧移动的过程。假定 $a=3$, $b=5$,则通过令牌沿弧移动的先后过程反映此数据流程序图的执行过程。其中,实心圆心点代表该输入数据已经准备就绪,旁边的数字代表此数据的值。

图中的(a)表示初始数据就绪,激发复制结点,以复制多个操作数;(b)表示复制结点驱动结束,激发+和-结点;(c)表示+和-结点驱动结束,激发*结点;(d)表示*结点驱动结束,输出计算结果。

为了满足数据流程序设计的需要,可进一步引入其他结点,如图 8-5、图 8-6 所示。

(1)常数产生结点(Identity)

如图 8-5(a)所示,没有输入端,只产生常数。激发后输出带常数的令牌。

(2)算术逻辑运算操作结点(Operator)

主要包括+、-、*、/、乘方、开方等算术运算以及与、或、非、异或、或非等布尔逻辑运算。激发后输出带相应操作结果的令牌。

(3)复制操作结点(Copy)

如图 8-5(b)所示,可以是数据的多个复制,也可以是控制量的多个复制。数据端以实心箭头表示,控制端以空心箭头表示。有时也称为连接操作结点。图 8-5(c)分别表示了数据连接结点和控制连接结点及激发的结果。

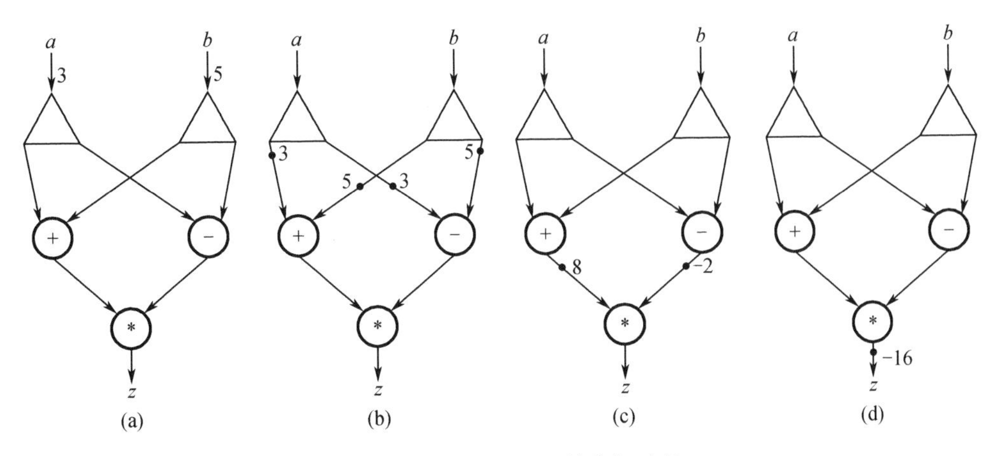

图 8－4　数据流程序图的执行过程

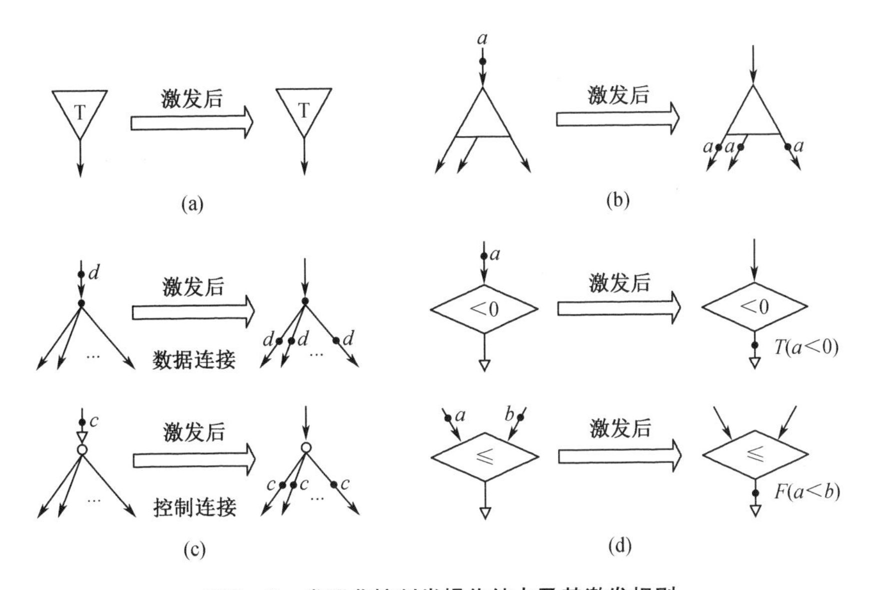

图 8－5　常用非控制类操作结点及其激发规则

(a)常数产生结点;(b)复制操作结点;(c)连接操作结点;(d)判定操作结点

(4)判定操作结点(Decider)

如图 8－5(d)所示,对输入数据按某种关系进行判断和比较,激发后在输出控制端给出带逻辑值真(T)或假(F)的控制令牌。

(5)控制类操作结点

控制类操作结点的激发条件需要加入布尔控制端,如图 8－6 所示。

①图 8－6(a)为 T 门控结点(T gate),布尔控制端为真,且输入端有数据令牌时激发,激发后在输出端产生带输入数据的令牌;

②图 8－6(b)为 T 门控结点(F gate),布尔控制端为假,且输入端有数据令牌时激发,激发后在输出端产生带输入数据的令牌;

③图 8－6(c)为开关门控结点(Switch),有一个数据输入端和两个数据输出端,并受控制端控制,激发后,根据控制端值的真或假,在相应输出端上产生带输入数据的令牌;

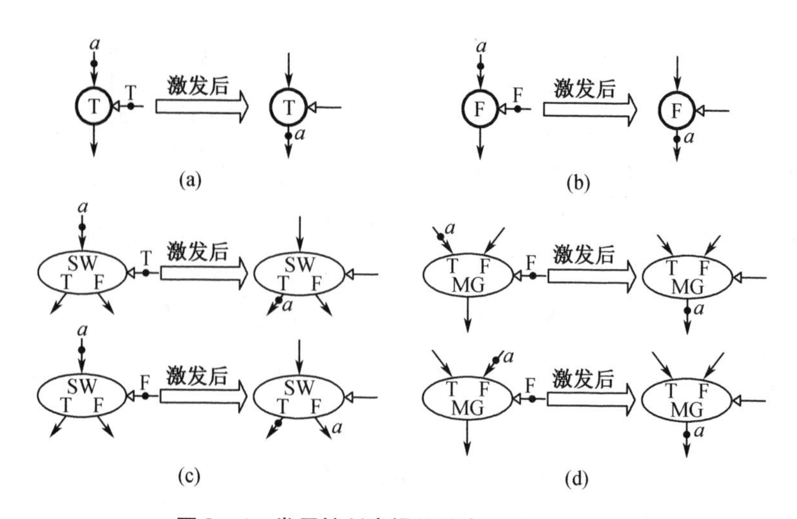

图 8－6　常用控制类操作结点及其激发规则

(a)T 门控结点;(b)F 门控结点;(c)开关门控结点;(d)归并门控结点

④图 8－6(d)为归并门控结点(Merge),有两个数据输入端和一个数据输出端,并受控制端控制,激发后,根据控制端值的真或假,在相应输出端上产生带输入数据的令牌。

利用以上结点,可以画出一些常见程序结构的数据流程序图。

【例 8－2】　图 8－7 是具有条件分支结构的数据流程序图举例,当 $x>0$ 时,实现 $z=x+y$;否则执行 $z=x-y$。图 8－8 是具有循环结构的数据流程序图举例,可以实现对 x 的循环累加,直到 x 的值超过 1000 为止,所得结果为 z。

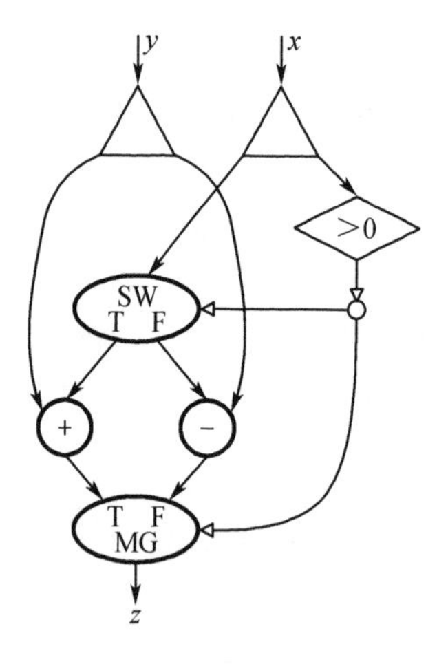

图 8－7　具有条件分支结构的数据流程序图

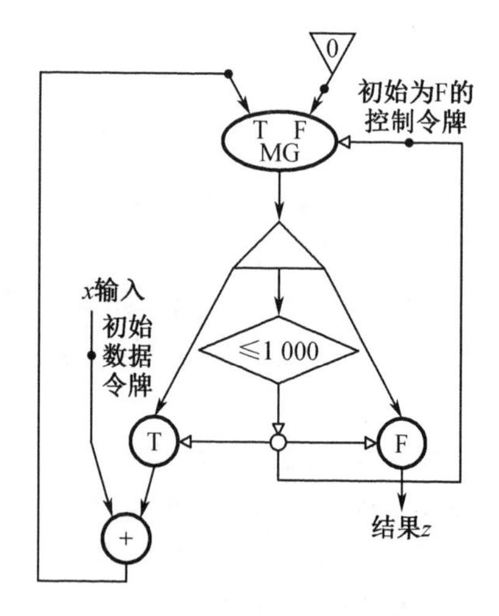

图 8－8　具有循环结构的数据流程序图

2. 活动模片表示法

活动片表示法的基本单元是活动片,每个活动片通常相当于一个或几个操作结点。一个活动片由一个操作码域,一个或几个操作数域,一个或几个后继指令地址域及有关标志等组成。该表示法更接近于机器语言,也更容易理解机器的工作原理。

【例 8－3】　如图 8－9 所示,为例 8－3 计算 $z=(a+b)*(a-b)$ 数据流程序图采用活

动模片表示法表示的例子。

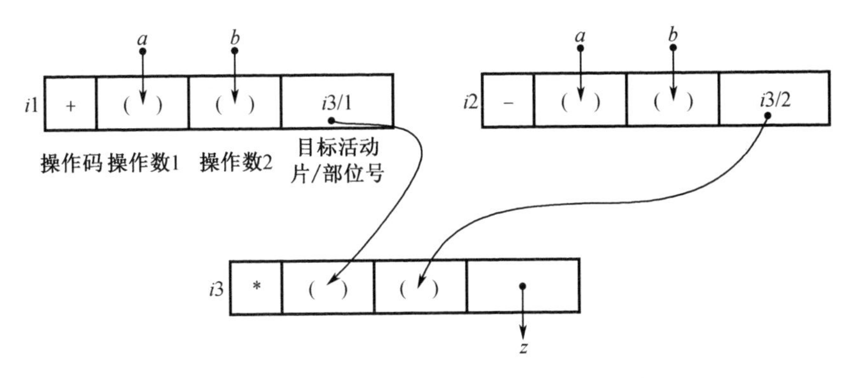

图 8-9　计算 $z=(a+b)*(a-b)$ 的活动模片表示法

活动模片就是结点在数据流机器内部具体实现时的存储器映像,可视为数据流机的可执行的机器代码程序,可由数据流机硬件直接解释执行。数据流机操作系统中的分派程序(Allocator)就是根据活动模片数据流程序图来调度各个活动模片,分配给多个处理器并行执行。

3. 数据流语言

数据流计算机的高级语言可以采用命令式语言作为高级语言。此时,编译程序需要最大限度地描述隐含的并行性,将命令式高级语言转换成数据流编译程序,以便在数据流计算机上执行。例如美国的 IOWA 州立大学相关的研究课题、美国 Texas 仪器公司也成功地将 ASC FORTRAN 编译程序修改后用到其数据流计算机上。

为了克服命令式语言缺乏并行性描述,将其转换为数据流图的过程比较复杂、低效的问题。开发新的、适合于数据流控制机制的高级语言是非常有意义的。目前,主要有单赋值语言(Single Assignment Language)和函数程序设计语言(Functional Programming Language)等。另外像逻辑程序设计语言 PROLOG 这类的描述式(Descriptive)语言,也可以作为数据流机的高级语言。

单赋值语言是指在程序中,每个变量均只赋值一次,即同一变量名在不同赋值语句的左部最多只出现一次。因此,实际上并没有传统计算机中的变量的概念,只是一种值名。例如,一个程序允许出现如下语句序列:

C = A + B
C = C * D
F = (C - D)/E

就不是单赋值语言,可改写为:

C = A + B
C1 = C * D
F = (C1 - D)/E

单赋值语言的语义清晰,程序中并行性易被编译程序所开发。

著名的单赋值语言有美国的 ID(Irvine Data Flow)语言、VAL(Value Oriented Algorithm

Language)语言,以及法国的LAU语言、英国曼彻斯特大学的SISAL语言等。其中,ID语言是块结构式、面向表达式、无副作用的单赋值语言,用这种语言写出的程序不能直接执行,需要编译程数据流程序图,然后再在计算机上运行。VAL语言是美国MIT的J. B. Dennis等人于1979年提出的。

以VAL语言为例列举单赋值语言具备的基本特点:

VAL语言的主要包括以下六个特点。

(1)遵循单赋值规则

没有变量的概念,任何语句执行的唯一结果是给语句左侧的值名赋值,没有副作用。

(2)丰富的数据类型

基本数据类型包括整型、实型、布尔型、字符型等。结构数据有数组和记录。允许数组、记录嵌套定义,深度不限。

(3)很强的类型性

任何函数的自变量和计算结果的数据类型均在函数首部的定义中先说明好,函数内部的值名类型也在函数内部说明好,表达式都有其确定的类型。这样在编译时,通过类型校验,可以减少和易于发现程序中的错误。

(4)具有模块化结构的程序设计思想

整个程序由若干模块组成,每一模块含有一个外部函数供其他模块调用,并含有若干个内部函数来供本模块内部调用。

(5)没有全局寄存器和状态的概念

过程中无记录数据调用跟踪的状态变量,所以过程(Procedure)中没有记忆性。

(6)程序不规定语句的执行顺序

语句的执行顺序不会影响计算出的最终结果。无GO TO类转移语句。IF和LOOP语句的语义基本上是函数式语言,可以满足无副作用和单赋值规则。为表达算法中的并行成分,应提供相应的语句结构。该语句结构完全针对数据流计算模型来设置,以最大限度开发出操作一级的并行性。

数据流程序的函数式设计语言将在下一节介绍。像美国Utah大学研究的FP语言、美国Hughes飞机公司微电子工程实验室提出的HDFL(Hughes Data Flow Language)语言等均是数据流计算机函数式程序设计语言。

8.1.3 数据流计算机的结构

根据对数据令牌处理方式的不同,可以把数据流计算机的结构分成静态和动态两类。

1. 静态数据流计算机

MIT的J. B. Dennis首先提出了MIT静态数据流机。

静态数据流计算机的数据令牌不带任何标号,每条有向分支线上在某一个时刻只能传送一个数据令牌,每个结点一次只能执行一个操作。同时出现两个数据令牌的话,会无法区分,必须另设控制令牌(Control Token),以识别数据令牌由一个结点传送到另一个结点的时间关系,从而区分属于不同迭代层次的各批数据。静态数据流计算机不支持递归的并发激活,只支持一般的循环。

操作过程主要包括:首先,指令存储部件ISU中存放要执行的数据流程序;其次,收到所需数据令牌的指令由取指令部件RU按更新部件UU送来的指令地址逐个取出,送到可执行指令队列 IQ 中,此时若有空闲的处理部件,分派程序将等待执行的指令按次序分配给指令处理部件 PU,使它们并发执行,执行后的结果形成新的数据令牌;最后,新的数据令牌又被送到更新部件中,再按它们的目标地址送往指令存储部件内相应指令的有关位置,当更新部件将所有已收到所需数据令牌的指令地址传送给取指令部件,完成了一次循环流动。

2. 动态数据流计算机

每个数据令牌都带有标记(令牌标记及其他特征信息),使得在任意给定时刻,数据流程序图任何一条弧上允许出现多个带不同标记的令牌。不需要像静态数据流机那样用控制令牌对指令间数据令牌的传送加确认。需要设置硬件(匹配部件)将标记附加到数据令牌上,并完成标记匹配工作。

匹配部件将各个处理部件送来的结果数据令牌赋予相应的标记,并将流向同一指令的数据令牌进行匹配成对或成组,然后将它们送往更新/读出部件。当一条指令所要求的数据令牌都到齐后,就立即从指令存储器中取出这条指令,并把该指令与数据令牌中携带的操作数一起组成一个操作包形成一条可执行指令,送入可执行指令队列。如果指令所要求的数据令牌没有全部到齐(匹配失败),则把刚刚到达的数据令牌暂时存入匹配部件的缓冲存储器中,以供下次匹配时再使用。

动态数据流机由 Arvind 等人研制的 Irvine 数据流机的改进机和英国曼彻斯特大学的 Manchester 数据流机。

8.1.4　数据流计算机存在的问题

数据流计算机和传统的计算机相比,有以下几方面优点。

(1)高度并行运算

不仅能开发程序中有规则的并行性,还能开发程序中任意的并行性。从理论上讲,由于没有指令执行顺序的限制。只要硬件资源充分就能获得最大的并行性。

(2)流水线异步操作

在指令中直接使用数值本身,而不是使用存放数值的地址,从而能实现无副作用的纯函数型程序设计方法,可以在过程级及指令级充分开发异步并行性,可以把实际串行的问题用简单的办法展开成并行问题来计算。例如,把一个循环程序的几个相邻循环体同时展开,把体内、体间本来相关的操作数直接互相替代,形成一条异步流水线,使不同层次的循环体能并行执行。

(3)与 VLSI 技术相适应

数据流计算机结构具有模块性和均匀性。指令存储器、数据令牌缓冲器及可执行指令队列缓冲器等存储部件,可以用 VLSI 存储阵列均匀地构成。处理部件及信息包开关网络也可以分别用模块化的标准单元有规则地连接而成。有可能研制出具有很高性能价格比的计算机系统。

(4)有利于提高软件生产能力

在传统语言如 Fortran、Pascal 等中,由于大量使用全局变量和同义名变量而产生副作用,给软件的生产和调试带来很多困难。而在数据流计算机中,执行的是纯函数操作,使用函数程序设计语言来编程,从含义上取消了“变量”,取消了变量赋值机制。因而消除了巴科斯所说的冯·诺依曼赋值操作的瓶颈口。

数据流计算机也存在一些问题。

(1)不能有效利用传统计算机的研究成果

数据流计算机完全放弃了传统计算机的结构,独树一帜,这样做一方面使它摆脱了传统结构的束缚,具有活跃的生命力。另一方面却使它不能吸取传统计算机已经证明行之有效的许多研究成果。数据流计算机提高了并行性,但并未解决如存储器按模块访问引起的冲突、多进程之间的同步与通信等问题。

数据流机主要目的是为了提高操作级并行的开发水平,但如果题目本身数据相关性很强,内涵并行性成分不多时,就会导致数据流机的效率反而不如传统的冯·诺依曼型机器的高。

(2)操作开销过大

在数据流机器中为了给数据建立标记并识别和处理标记,需要花费较多的辅助开销和较大的存储空间。

数据流机的每条指令都很长。占用较多的存储单元,存取指令过程复杂且费时间。数据流机中有大量中间结果形成的数据令牌在系统中流动,使信息的流动相当频繁,增加冲突。为减小冲突,要设置许多局部缓冲器,增加了开销和通信时延。

数据流机不保存数组。在处理大型数组时,数据流机会因为复制数组造成存储空间的大量浪费,增加额外的数据传输开销。数据流机对标量运算有利,而对数组、递归和其他高级操作较难管理。

数据流计算机操作开销大的根本原因是把并行性完全放在指令级上。在一个实际的计算机系统中,将高一级的并行性都依赖低级的并行性来实现,往往要付出过高的代价。操作开销大的另一个原因是完全采用异步操作,没有集中控制。为解决这些异步操作和随机调度引起的混乱,需要花费大量的操作开销。

(3)数据流语言和编译系统尚不完善

目前,已经见到的数据流语言,例如 ID 及 VAL 等都不完善,输入输出操作因为不是函数运算至今未被引到数据流语言中来。

数据流语言的变量代表数值而不是存储单元位置,使程序员无法控制存储分配。为了能有效地回收不用的存储单元,就增大了编译程序设计的难度。

数据流语言以隐含的方式描述并行性,由编译器开发这种并行成分,并不十分有效。数据流程序中引入了大量隐含的并行性,使得程序的调试工作变得非常困难。数据流机没有程序计数器,给诊断和维护也带来了困难。

(4)互利网络和 I/O 系统有待完善

专门适合于数据流机用的互连网络的设计较困难,输入/输出系统尚待完善。

8.1.5 数据流计算机的发展

随着数据流机研制的深入开展,已提出若干新的数据流机器,它们既继承了传统计算机采用的并行处理技术,又弥补了经典数据流机的一些缺陷。

1. 采用提高并行度等级的数据流计算机

经典的数据流将数据流级的并行性放在指令级上,致使操作开销过大。可以考虑将并行性级别提高到函数或复合函数一级上,用数据来直接驱动函数或复合函数。就可以明显减少总的开销。

1981 年 Motooka 等人以及 1982 年 Gajks 等人提出复合函数级驱动方式,在全操作循环、流水线循环、赋值语句、符合条件语句、数组向量运算及线性递归计算上采用复合函数级的并行。这样就可以用传统高级语言来编写问程序，然后经专门的程序转换软件，实现传统高级语言编制的程序转换成复合函数级的数据流程图，并生成相应的机器码。

2. 采用同、异步结合的数据流计算机

由于数据流采用了完全的异步操作，尤其是指令级的异步会造成系统操作开销的增大。所以，在指令级上适当采用同步操作，而在函数级及函数级智商采用异步操作，就可以减少机器的操作开销。

指令级同步操作可以使中间结果不必保存回存储器，一直被下一操作所用，指令中不需要目标地址，这样可缩短指令字长。指令级同步操作不需要回答信号，减少了系统的通信量，系统采用总线互连即可。虽然函数级并行异步的开销较大，例如取函数标题、取程序要多花费些时间，互连标题也要多占用存储空间，但这些开销分摊到函数中的每条指令就少得多了。

3. 采用控制流与数据流相结合的计算机

控制流与数据流结合，可以继承传统控制流计算机的优点，有效利用传统计算机的研究成果。例如，Cedar 数据流机就实现了函数级宏流水线，其指令级上仍采用控制流方式，如控制流计算机中的向量处理技术，用 FORTRAN 语言，经编译开发程序的并行性技术，照样可以使用。

8.2　规　约　机

在需求驱动模型中，一个操作仅在需要用到其输出结果时才开始启动。如果这时该操作由于操作数未到而不能得到输出结果，则该操作再去启动能得到它的各个输入数的操作，也可能那些操作还要去启动另外一些操作，这样就把需求链一直延伸下去，直至遇到常数或外部输入的数据已经到达为止，然后再反方向地去执行运算。

需求驱动的系统结构也取消了共享数据和指令计数器，但其执行操作的次序与数据驱动方式不同。由于需求驱动方式只对需要用到其结果的操作进行求值，也即只执行最低限度的求值，免除了许多冗余的计算，从总体而言，它比数据驱动执行的计算量小。

规约机采取需求驱动，执行的操作序列取决于对数据的需求，对数据的需求来源于函数式程序设计语言对表达式的规约（Reduction）。

从函数程序设计的角度看，一个程序就是一个函数的表达式。通过定义一组“程序形成算符”（Program Forming Operators），可以用简单函数（即简单程序）构成任意复杂的程序，也就是构成任意复杂函数的表达式。反过来，如果给出了一个函数表达式集合中的复杂函数的表达式，利用提供的函数集合中的子函数经过有限次归约代换之后，总可以得到所希望的结果，即由常量构成的目标。函数表达式指的是函数之间的映射。函数表达式的每一次规约，就是一次函数的应用，或是一个子表达式（子函数式）的代换（还原）。

例如，表达式 $z=z=(y-1)\times(y+x)$ 可以理解成 $z=f(u)$，而 $f(u)$ 等价于 $g(v)\times h(w)$，其中 $g(v)=y-1$，$h(w)=y+x$。即函数 $z=f(u)$ 的求解可规约成求两个子函数 $g(v)$ 和 $h(w)$ 的积，而 $g(v)$ 和 $h(w)$ 又可以分别继续向下规约。

函数集合中包括了所有的原函数和复合函数。原函数（Primitive Function）指的是由一个目标变换为另一个目标的基本映射，是归约机研制时安装上的函数。它们可以包括有：从一个元素序列中选出某一个元素的函数；加、减、乘、除等算术函数；交叉置换函数；比较、测试函数；附加序列函数，加1/减1函数，等等。复合函数指的是利用一组“程序形成算符”由已有的函数（程序）构成更为复杂的函数（程序）。使用的“程序形成算符”一般有组合、构造、条件、插入、作用于全体等多种。

函数式编程主要有如下主要的优点：

（1）程序的每一行语句可以表达出更多有关算法的信息；

（2）没有状态和存储单元的概念，函数自变量的值随函数的应用动态获得，因此不会产生一个过程的变量受到另一过程影响的副作用，即被应用的函数改变不了函数定义时的约束关系；

（3）没有赋值语句，不会出现像命令式语言里的赋值语句 x = x + 1 那样一种与数学里的变量不相符合违反数学中“相等性”演绎推理规则的现象；同时，没有使用 GO TO 类控制语句。

（4）指令执行的顺序只受操作数的需求所制约，只要没有数据依赖关系的函数，原则上都可以在不同处理器上并行处理，所以程序中的并行性较易检测和开发。

（5）程序具有单一的递归结构，即函数又是由函数构成。一个函数程序的功能只与组成该函数程序的各函数成分有关。数据结构是目标的组成部分，不是程序的组成部分，因此同一个函数程序可以处理结构、大小不同的目标，增强了程序的通用性。

函数式程序本质上属于解释执行方式。从函数式的规约来看，机器内部通常采用链表的存储结构，且依赖于动态存储分配，存储空间的大小无法预测，需要频繁第进行空白单元的收回，使空间、时间开销都很大，频繁的函数应用和参数传递，加上自变量动态取值，同样的操作往往要重复多次。所以，必须针对函数程序设计语言的特点和问题来设计支持函数式程序运行的新计算机，这就是规约机。

规约机的结构特点主要有以下几方面。

（1）归约机应当是面向函数式语言，或以函数式语言为机器语言的非 Neumann 型机器。

（2）具有大容量物理存储器并采用大虚存容量的虚拟存储器，具备高效的动态存储分配和管理的软、硬件支持，满足归约机对动态存储分配及所需存储空间大的要求。

（3）处理部分应当是一种有多个处理器或多个处理机并行的结构形式，以发挥函数式程序并行处理的特长。

（4）采用适合于函数式程序运行的多处理器（机）互连的结构，最好采用树形方式的互连结构或多层次复合的互连结构形式。

（5）为减少进程调度及进程间的通信开销，尽量使运行进程的结点机紧靠该进程所需用的数据，并使运行时需相互通信的进程所占用的处理机也靠近，让各处理机的负荷平衡。

根据机器内部对函数表达式所采用的存储方式不同，将归约方式又分成了串归约（String Reduction）和图归约（Graph Reduction）两类。为说明这两种归约方式的区别，仍以表达式 $z=(y-1)*(y+x)$ 为例，假定 x 和 y 分别赋以2和5。

串归约方式是当提出求函数 $z=f(u)$ 的请求后，立即转化成执行由操作符 * 和两个子函数 g 与 h 的作用所组成的“指令”。g 和 h 的作用又引起“指令”（$-y$,1）和（$+y$,x）的执行。于是，从存储单元中分别取出 y 和 x 的值，算出 $y-1$ 和 $y+x$ 的结果，然后将返回值再各自取代 g 和 h，最后求（*4,7），得到结果28。规约方式如图8－10(a)所示。

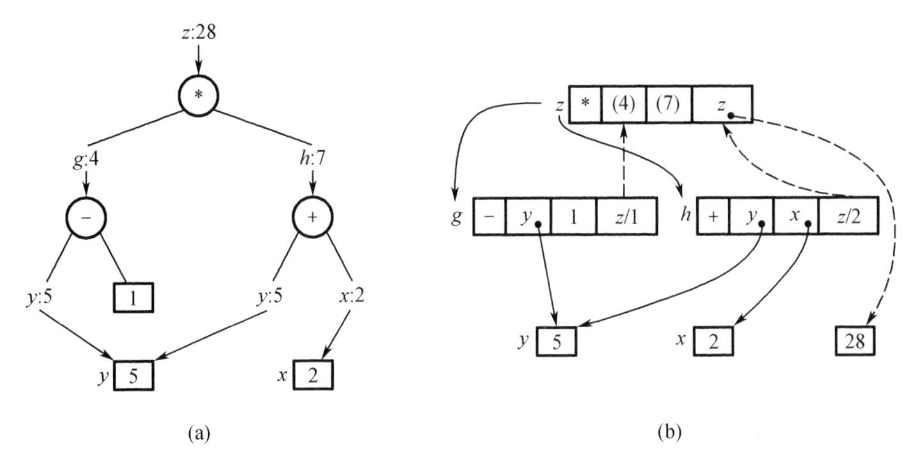

图 8－10　串规约和图规约

图归约方式与串归约方式主要的不同在于,定义表达式时设置了 $z/1$、$z/2$ 等指针,如图 8－11(b)所示。这样下一层作用的放回结果将直接取代上一层作用的自变量,省去了规约时的复制开销;同时,实现了自变量返回值得共享,不用对同一函数作用重复执行,就可以直接引用此函数求值的结果。

总之,规约方式体现了按需求驱动的思想,根据对函数求值的需求来激活相应指令。而且,不论是采用先内后外或先外后内,还是先右后左或先左后右不管是串规约还是图规约,都不影响最终结果值。

根据机器所用规约方式的不同,相应地有串规约机和图规约机两类。

串归约机可看成是一种特殊的符号串处理机,函数定义、表达式和目标都以字符串的形式存储于机器中。函数式语言源程序可以不经翻译,直接在串归约机上进行处理。前面已经说过串归约机一个主要问题是不能共享子表达式,多次应用就得多次复制和求值运算,所以时间和空间的辅助开销相对都比较大。1979 年,美国的 Mago 教授提出的细胞规约机 FFP 就是一种串规约机。

图规约机将函数定义、表达式和目标以图的形式存储于机器中,图是其处理对象。最常用的图是二叉树和 N 叉树。图规约机采用给每个结点设置指针的方式来存储图。图的处理通过指针进行,如图 8－10(b)所示。这使图规约过程免去了规约过程中频繁的复制开销,并通过让多个父表达式的指针指向同一子表达式,实现了子表达式的共享,免去了复制。而且链表中的各结点可分散存储于不同空间,不必强调串规约机要求的邻接性。结点的插删只需改进指针,便于无用存储单元的回收,从而使图规约机的存储空间利用率高。但其缺点是一旦某个结点出错,会使与此结点有关的信息全部丢失,所以可靠性不如串行规约机。墨西哥国立大学的 Guzman 等人提出的并行 LISP,就是图规约机的例子。

习题 8

8－1 什么叫控制驱动、数据驱动、需求驱动?

8－2 静态和动态数据流机的主要区别在哪里?

8－3 简述规约机的驱动方式和工作原理、结构特点及两种构形。

附录　习题参考答案附录

第1章　习题1的参考答案

1-1 硬件层次包括微程序机器层次和传统机器层次;软件层次包括操作系统机器层次、汇编语言机器层次、高级语言机器层次和应用语言机器层次。

1-2 复杂指令集 CISC,精简指令集 RISC,显式并行指令集 EPIC,超长指令集 VLIW。

1-3 系统结构层面:在计算机系统中是否需要设置除法指令;计算机组成层面:如何对其进行逻辑实现;计算机实现层面:物理电路的设计。

1-4 软件费用是 250.025,硬件费用是 10.01。

1-5 峰值指令执行速度是 24 000 MI/S,实际指令执行速度是 6 000 MI/S。

1-6 计算机 A 的加速比为 1.15,计算机 B 的加速比为 1.10。

1-7 第一种情况 A 的速度更快,速度比为 1.3/1.43,第二种情况 B 的速度更快,速度比为 1.3/1.

1-8 自顶向下、自底向上和混合设计方法(又称中间设计方法)。

1-9 向前兼容和向后兼容。

1-10 软件兼容性,相同的系统结构,性能和价格上存在着一种规则的排列,物理设计上制定和采用标准化的规定,由一个设计集团按先期计划设计。

1-11 软件可移植性是 0.69。

1-12 四个类别,单指令流单数据流 SISD、单指令流多数据流 SIMD、多指令流单数据流 MISD 和多指令流多数据流 MIMD。

第2章　习题2的参考答案

2-1 01010,11010,0.101,1.011。

2-2 原码 0,111101,1,001101,0.101111,1.000001,补码 0,000011,1,110011,0.010001,1.111111,反码 0,000010,1,110010,0.010000,1.111110。

2-3 定点机中原码、补码和反码都是 0.0001011000;浮点机中原码是 1,0010;0.1011000000,补码是 1,1110;0.1011000000,反码是 1,1101;0.1011000000。

2-4

25 的移位运算结果

移位操作	机器数	真值
真值	0,0011001	+25
左移一位	0,0110010	+50
左移两位	0,1100100	+100

（续）

移位操作	机器数	真值
右移一位	0,0001100	+12
右移两位	0,0000110	+6

-31 的移位运算结果

移位操作	机器数		真值
移位前原码	原码	1,0011111	-31
左移一位		1,0111110	-62
左移两位		1,1111100	-124
右移一位		1,0001111	-15
右移两位		1,0000111	-7
移位前补码	补码	1.1100001	-31
左移一位		1,1000010	-62
左移两位		1,0000100	-124
右移一位		1,1110000	-16
右移两位		1,1111000	-8
移位前反码	反码	1.1100000	-31
左移一位		1,1000001	-62
左移两位		1,0000011	-124
右移一位		1,1110000	-15
右移两位		1,1111000	-7

2-5 1,1100100,1,1001000。

2-6 $x-y=2^{-101}\times(-0.100001)$。

2-7 $[x\cdot y]_{补码}=11,101;11.0100101$，最后得到 $x\cdot y=2^{-011}\times(-0.1011011)$。

2-8 $[\frac{x}{y}]_{补码}=00,010;11.0101$，则 $\frac{x}{y}=2^{010}\times(-0.1011)=[2^{2}\times\left(-\frac{11}{16}\right)]$。

2-9 0016H,00CBH。

2-10 运算指令共16位，操作码4位、寻址类型2位、两个寄存器地址各5位；取/存指令共32位，操作码4位、寻址类型2位、寄存器地址5位、地址位共21位（5位+16位）；转移指令共16位，操作码4位、寻址类型2位、转移地址字段10位。

2-11 需要包括原有的指令系统，需要缩小与高级语言之间的语义差距。

2-12 复杂指令分解；指令具体属性；单独指令执行速度；硬件增加性能；指令并行执行；控制器方面实现技术；编译程序方面。

第3章 习题3的参考答案

3-1 容量、存取时间、存储周期、存储器带宽。

3-2 称能并行读出多个 CPU 字的单体多字和多体单字、多体多字的交叉访问主存系统为并行主存系统。

3-3 内中断、外中断、软件中断

3-4 每个存储周期平均能访问到的字数为 $B=(1-0.75^{32}0.75^{32})/0.25=4$ 即每个存储周期平均能访问到4个字。

同理,模为16是计算的 $B=(1-0.75^{16}0.75^{16})/0.25=3.96$ 即每个存储周期平均能访问到3.96个字。

由此可见,两者非常接近,就是说,此时,提高模数 m 对提高主存实际频宽的作用已不显著了。实际上,模数 m 的进一步增大会因工程实现上的问题,导致实际性能可能比模16的还要低且价格贵。所以,模数 m 不宜太大。

3-5 由题意得 $0.6\times m\times 4/2\geqslant 4$,解得 $m\geqslant 3.667$,即 m 应取成4。

3-6 IN AX/AL,I/O 端口地址;表示从外部设备输入数据给累加器,如果从外设端口中输入一个字节则给8位累加器 AL,若输入一个字则给16位累加器 AX。OUT I/O 端口地址,AX/AL;表示将累加器的数据输出给外部设备,如果向外设端口输出一个字节则用8位累加器 AL,若输出一个字则用16位累加器 AX。

3-7 链式查询、计数器定时查询、独立请求三种方式。链式查询需要增加3根控制线,计数器定时查询需要增加 log2log 根线,独立请求需要 $2N+1$ 根控制线。

3-8 时钟:用来同步各种操作。

复位:初始化所有部件。

总线请求:表示某部件需要获得总线使用权。

总线允许:表示需要获得总线使用权的部件已经获得了控制权。

中断请求:表示某部件提出中断请求。

中断响应:表示中断请求已被接收。

存储器写:将数据总线上的数据写至存储器的指定地址单元内。

存储器读:将制定存储单元中的数据读到数据总线上。

I/O 读:从指定的 I/O 端口将数据读到数据总线上。

I/O 写:将数据中线上的数据输出到指定的 I/O 端口内。

传输响应:表示数据已经被接收,或已经将数据送至数据总线上。

3-9 (1)外设可通过 DMA 控制器向 CPU 发出 DMA 请求;

(2)CPU 响应 DMA 请求,系统转变为 DMA 工作方式,并把总线控制权交给 DMA 控制器;

(3)由 DMA 控制器发送存储器地址,并决定传送数据块的长度;

(4)执行 DMA 传送;

(5)DMA 操作结束,并把总线控制权交还 CPU。

3-10 (1)$f_{max\cdot byte}=250$ KB/s

(2)挂 C,D,E,H,G5 台设备。

因为

$$\sum_{i=1}^{5} f_{byte.\,i} \sum_{i=1}^{5} f_{byte.\,i} = 100 + 75 + 50 + 14 + 10 = 249\ \text{KB/s} < 250\ \text{KB/s}$$

否则,要么挂不够4台,要么丢失设备信息。

(3)可挂B、C、D、E、F、G、H,但A不可挂,否则$f_{max.\,block}$(3)可挂B、C、D、E、F、G、H,但A不可挂,否则$f_{max.\,block} \geqslant f_{block} f_{block}$的条件不能满足,会丢失设备信息。

第4章　习题4的参考答案

4-1 设置Cache,采用并行主存系统。

4-2 三级存储器系统是由"Cache—主存"和"主存—辅存"两个独立的存储层次组成的。Cache-主存层使得速度近于Cache,主存—辅存使得容量和位价近于辅存。缓解了CPU和主存速度的不匹配问题,并且达到了速度、容量、位价的最佳状态。

4-3 (1)中央处理器访问主存的逻辑地址分解成组号a和组内地址b,并对组号a进行地址变换,即将逻辑组号a作为索引,查地址变换表,以确定该组信息是否存放在主存内。

(2)如该组号已在主存内,则转而执行④;如果该组号不在主存内,则检查主存中是否有空闲区,如果没有,便将某个暂时不用的组调出送往辅存,以便将这组信息调入主存。

(3)从辅存读出所要的组,并送到主存空闲区,然后将那个空闲的物理组号a和逻辑组号a登录在地址变换表中。

(4)从地址变换表读出与逻辑组号a对应的物理组号a。

(5)从物理组号a和组内字节地址b得到物理地址。

(6)根据物理地址从主存中存取必要的信息。

4-4 (1)出发点相同:二者都是为了提高存储系统的性能价格比而构造的分层存储体系,都力图使存储系统的性能接近高速存储器,而价格和容量接近低速存储器。(2)原理相同:都是利用了程序运行时的局部性原理把最近常用的信息块从相对慢速而大容量的存储器调入相对高速而小容量的存储器。

4-5 (1)发生页面失效的全部虚页号就是页映像表中所有装入位为"0"的行所对应的虚页号的集合。本题为2,3,5,7。

(2)由虚地址计算主存实地址的情况见下表:

虚地址	虚页号	页内位移	装入位	实页号	页内位移	实地址
0	0	0	1	3	0	3072
3728	3	656	0	页面失效		无
1023	0	1023	1	3	1023	4095
1024	1	0	1	1	0	1024
2055	2	7	0	页面失效		无
7800	7	632	0	页面失效		无
4096	4	0	1	2	0	2048
6800	6	656	1	0	656	656

4－6 有题意得 $0.6\times m\times 4/2\geq 4$，解题 $m\geq 3.667$ 即 m 应取成4。

有一个虚拟存储器，主存有0～3四页位置，程序有0～7，8个虚页，采用全相连映像和FIFO替换算法。给出如下程序页地址流：2,3,5,2,4,0,1,2,4,6。

4－7（1）主存中所装程序各页的变化过程如下表所示。

主存页面位置	初始状态	页地址流									
		2	3	5	2	4	0	1	2	4	6
0	5	5	5	5	5	5	5	5*	2	2	2
1						4	4	4	4*	4*	6
2	3	3	3	3	3	3	3*	1	1	1	1
3	2	2	2	2	2	2*	0	0	0	0	0
命中		H	H	H	H					H	

（2）H＝5/10＝50%

4－8

（1）增大主存容量，对 H_cH_c 基本不影响。虽然增大主存容量可能会使 t_mt_m 稍微有所加大，但是如果 H_cH_c 已经很高，那么这种 t_mt_m 的增大对 t_at_a 的增大不会有明显的影响。

（2）组的大小和 Cache 的总容量不变，增大 Cache 块的大小，会是 t_at_a 缩短，但要视目前的 H_cH_c 水平而定。如果 H_cH_c 已已经很高了，则增大 Cache 块的大小对 t_at_a 的改进也就不明显了。

（3）提高 Cache 本身器件的访问速度，即减小 t_ct_c，只有当 H_cH_c 命中率已经很高时，才会显著缩短 t_at_a。如果 H_cH_c 命中率较低，对减小 t_a 的作用就不明显了。t_a 的作用就不明显了。

4－9 页面大小为200字，主存容量为400字，可知实存页数为2页。其虚页地址流为0,0,1,1,0,3,1,2,2,4,4,3。下表给出了采用FIFO替换算法时的实际装入和替换过程。其中，"＊"标记的是候选替换的虚页页号，*H* 表示命中。

虚地址 虚页地址	20 0	22 0	208 1	214 1	146 0	618 3	370 1	490 2	492 2	868 4	916 4	728 3
n＝2	0	0	0*	0*	0*	3	3	3*	3*	4	4	4*
			1	1	1	1*	1*	2	2	2*	2*	3
		H		*H*	*H*		*H*		*H*		*H*	

计算可得主存的命中率 $H=6/12=0.5$。

4－10（1）用堆栈对A道程序页地址流的模拟处理过程如下表：

程

页地址流	2	3	2	1	5	2	4	5	3	2	5	2	1	4	5
堆栈内容	2	3	2	1	5	2	4	5	3	2	5	2	1	4	5
		2	3	2	1	5	2	4	5	3	2	5	2	1	4
				3	2	1	5	2	4	5	3	3	5	2	1
					3	3	1	1	2	4	4	4	3	5	2
							3	3	1	1	1	1	4	3	3
命中($n=4$) 情况($n=5$)				H			H			H			H	H	H
	H														
			H			H				H	H	H	H	H	H
	H	H													

由表可知，分配4页时，$H=7/15$；分配5页时，$H=10/15$。

(2)给A分配5页，给B分配4页，其系统效率要比给A分配4页，给B分配5页的高。因为前者总命中率为$(10/15+8/15)/2=9/15$。

后者系统的总命中率为$(7/5+10/15)/2=8.5/15$。

第5章　习题5的参考答案

5－1 将指令的执行划分为取指、分析和执行三个阶段，然后进行时间重叠的方式执行。先行控制方式主要采取了缓冲技术和预处理技术。

5－2 将各段执行时间不相等的流水线中执行时间最长的子功能段定义为流水线的瓶颈段。消除瓶颈段一种方法是分离瓶颈段，另外一种方式为重复设置瓶颈段。

5－3 猜测法；加快和提前形成条件码；采用延迟转移；加快短循环程序的处理。

5－4 不精确断点法，精确端点法，前者实现简单，但结果不准确，后者准确，但实现需要大量后援寄存器。

5－5(1)时空图如下所示。

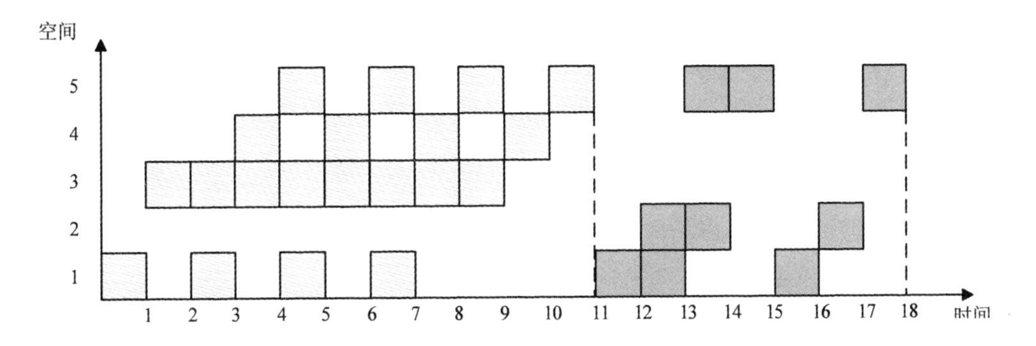

(2)吞吐率为 $7/18\Delta t$、加速比 29/18、效率为 29/90

5－6 (1)时空图如下所示。

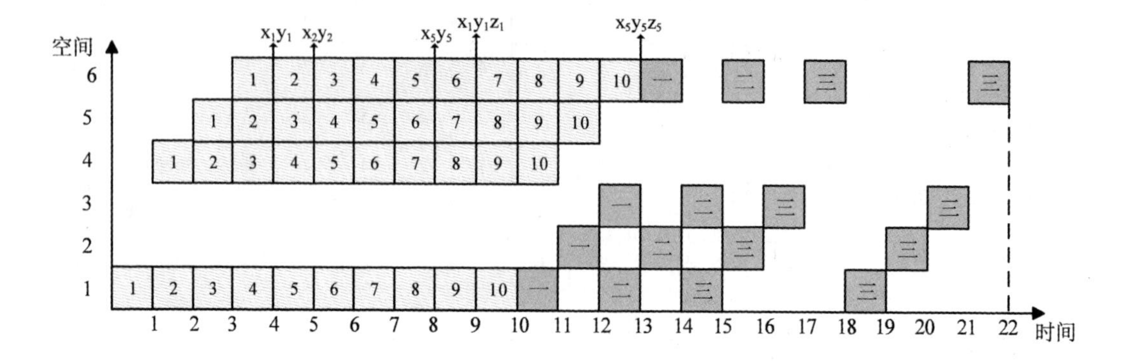

(2)吞吐率为 $7/18\Delta t$、加速比 29/18、效率为 29/90

5－7 (1)禁止表 $F=\{1,5\}$ 初始冲突向量 $C=(10001)$ 状态有向图如下图所示。

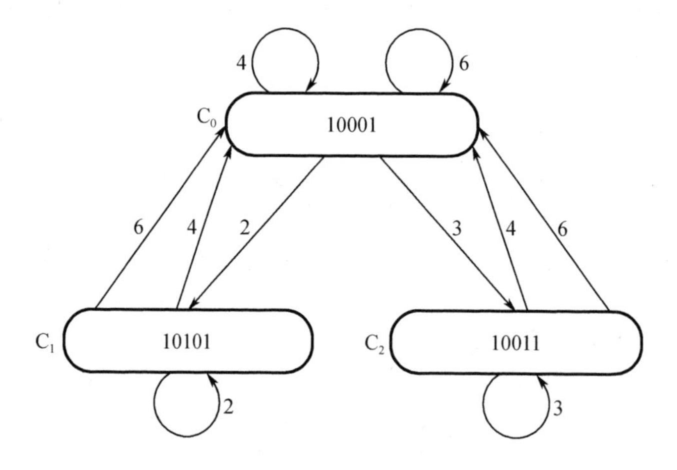

(2)各种调度方案及相应平均间隔拍数如下表所示。

调度方案	平均间隔拍数
2	2
3	3
4	4
6	5
(2,4)	3
(2,6)	4
(3,4)	3.5
(3,6)	4.5

最优调度策略为每隔 2 拍流入一个任务，当任务数 $n\to\infty$ 时流水线的最大吞吐率最大吞吐率为 $1/2\Delta t$。

5－8 (1) 时空图略。

(2) 吞吐率为 $9/17\Delta t$、加速比 31/17、效率为 31/85。

5－9 (1) 时空图略。

(2) 加速比分别如下：

超标量处理机 $S=\dfrac{14}{5}=2.8$；

超长指令字处理机 $S=\dfrac{14}{5}=2.8$；

超流水线处理机 $S=\dfrac{14}{5.75}=2.435$。

第 6 章　习题 6 的参考答案

6－1 (1) 三条指令没有 V_i 冲突也没有功能部件冲突，也不存在先写后读相关，可以全并行执行，完成时间以它们之中时间最长的乘法指令的执行时间为准，完成时间 $=1+7+1+63=72$ 拍。

(2) 第一条和第二条指令可以并行执行，第 3 条指令和前两条指令没有 V_i 冲突也没有功能部件冲突，但存在先写后读相关，所以第 3 条指令和前两条指令进行链接执行。完成时间 $=1+7+1+1+6+1+63=80$ 拍。

(3) 第一条链接第二条，与第三条串行，与第四条串行，完成时间为 222 拍。

(4) 全链接，完成时间 104 拍。

6－2 13 号处理器对应的二进制编号为 1101

(1) $Cube_3(1101)=0101=5$ 号

(2) $PM2_{+3}(13)=(13+2^3)\bmod 16=5$ 号

(3) $PM2_{-0}(13)=(13-2^0)\bmod 16=12$ 号

(4) Shuffle(1101) = 1011 = 11 号

(5) Shuffle(Shuffle) = Shuffle(1011) = 0111 = 7 号

6－3 (1) 网络连接示意图如下图所示。

(2) 11 号单元和 5 号单元，以及 7 号单元和 9 号单元连接时，有关交换开关单元的控制状态如下图中的虚线所示。

(3) 该网络不是一个全排列网络。

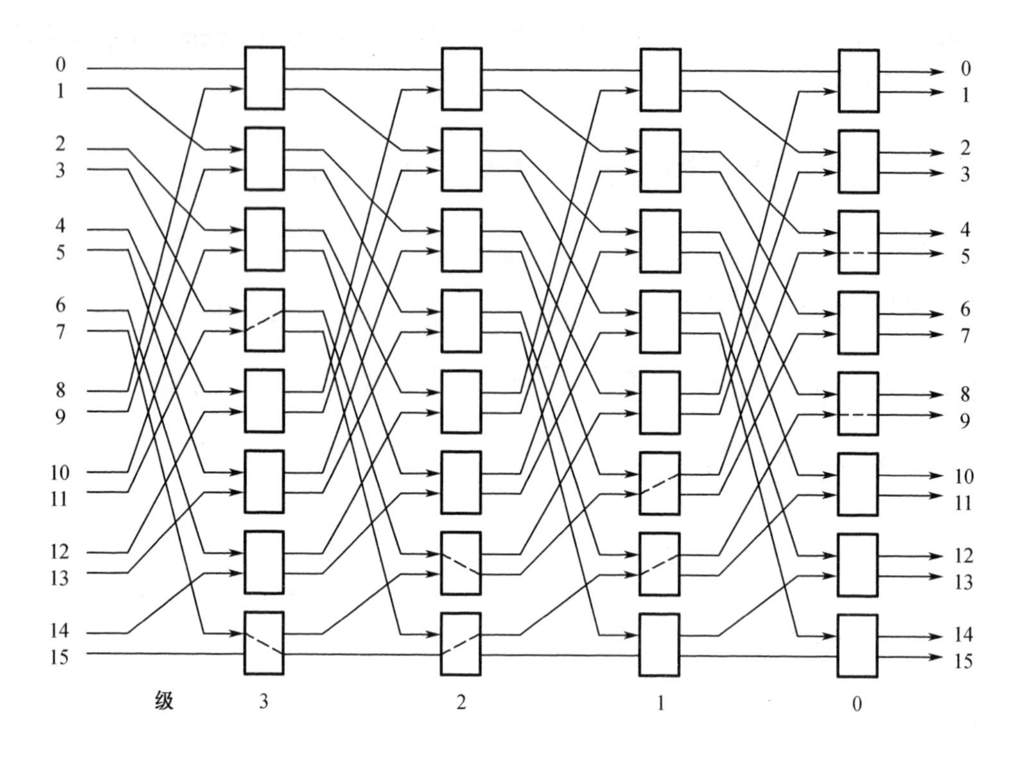

6－4 (1) N 个输入总共可有 $N!$ 种不同的排列。

(2)该 Omega 网络通过一次可以实现的置换可有

$$2^{\frac{N}{2}\cdot \text{Log}_2 N}=(2^{\text{Log}_2 N})^{\frac{N}{2}}=N^{\frac{N}{2}}$$

种是不同的。

(3)若 $N=8$,通过 Omega 网络一次可以实现的不重复置换有 $8^4=4\ 096$ 种;8 个输入总共可实现的不重复排列有 $8!\ =40320$ 种。所以,一次通过能实现的置换数占全部排列数的百分比为 $4\ 096/40\ 320\times 100\%\approx 10.16\%$

6－5 数组元素在各存储分体中分布的情况如下表所示。

分体数 $M=5=2^{2P}+1$,$P=1$,因此二维数组中同一列上两个相邻元素错开的体号距离 $\delta_1=2^P=2$;二维数组同一行上相邻各元素错开体号距离 $\delta_2=1$。

体内地址	分体号				
	0	1	2	3	4
$i+0$	a_{02}	a_{03}	—	a_{00}	a_{01}
$i+1$	a_{10}	a_{11}	a_{12}	a_{13}	—
$i+2$	a_{23}	—	a_{20}	a_{21}	a_{22}
$i+3$	a_{31}	a_{32}	a_{33}	—	a_{30}

6－6 脉动阵列结构具有以下特点:

(1)结构简单、规整、模块化强、可扩充性好,非常适合用超大规模集成电路实现。

(2)脉动阵列中所有 PE 能同时运算,具有极高的计算并行性,可通过流水获得很高的运算效率和吞吐率。PE 间数据通信距离短、规则，使数据流和控制流的设计、同步控制等均简单规整。

(3) 只有位于阵列边缘的处理单元才能与存储器或 I/O 端口进行数据通信，输入数据能被多个处理单元重复使用，大大减轻了阵列与外界的 I/O 通信量，降低了对系统主存和 I/O 系统频宽的要求。

(4) 脉动阵列结构的构型与特定计算任务和算法密切相关，具有某种专用性，限制了应用范围，这对 VLSI 不利。

第 7 章　习题 7 的参考答案

7－1 略

7－2 略

7－3 4×9 的一级交叉开关网络下图所示。

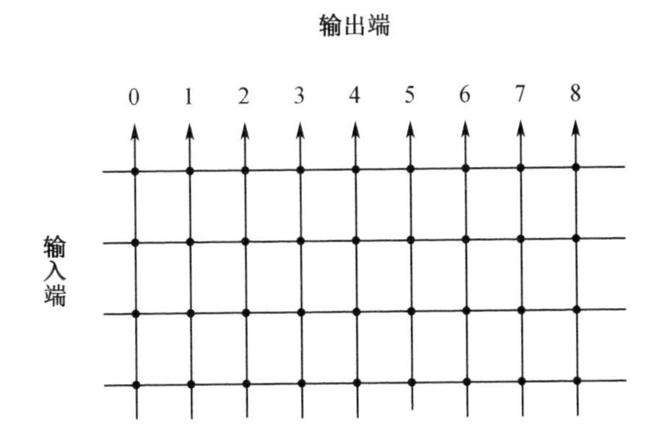

用两级 2×3 的交叉开关组成的 4×9 的 Delta 网络如下图所示。

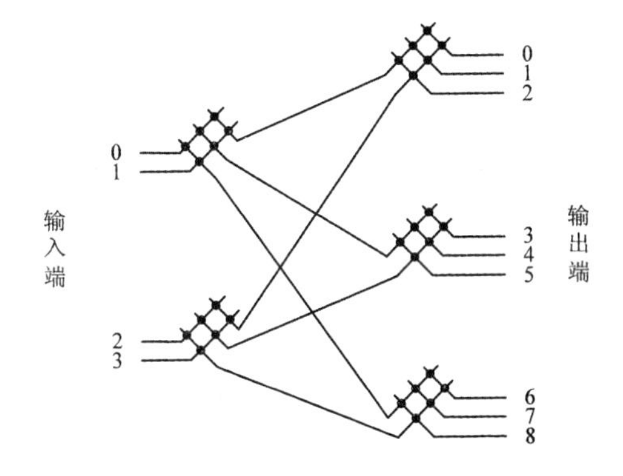

7－4 (1) 若用单处理机处理，$T_1=7$，改为 $E=ace(f+gh)+a(b+cd)$，其计算的树形流程图如下图所示。

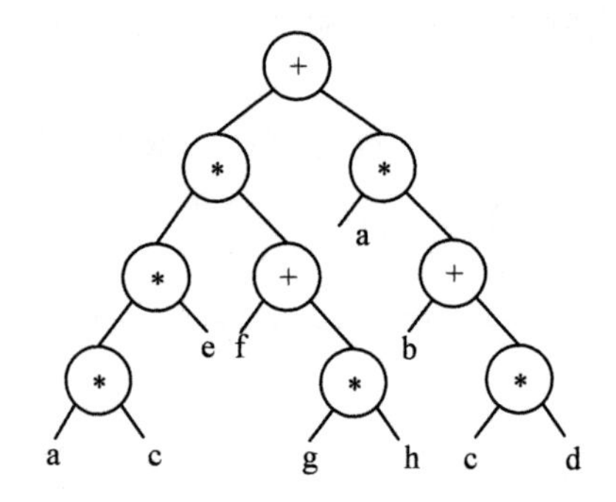

(2)此时 $P=3, T_P=4, S_P=7/4, E_P=7/12$。

7－5 改写后的程序为：

```
10    U = A + B
      FORK30
20    V = U/B
      JOIN 2
      GOTO 40
30    W = A * U
      JOIN 2
40    FORK 60
50    X = W - V
      JOIN 2
      GOTO 70
60    Y = W * U
      JOIN 2
70    Z = X/Y
```

该程序在有 2 台处理机的多处理机系统上运行时的资源时间图如下图所示。

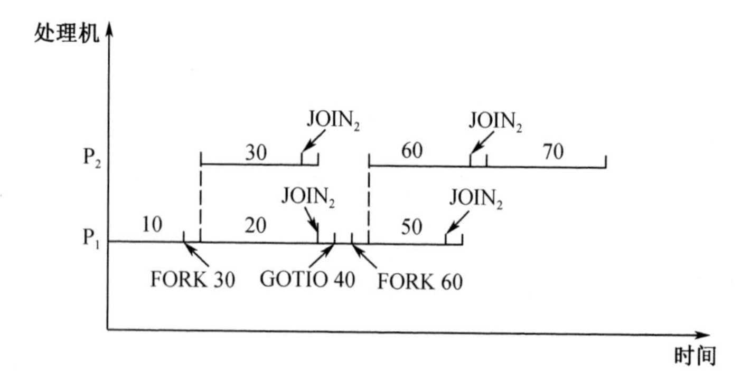

7－6 略

7－7

对称多处理机、大规模并行处理机、机群(或集群)、均衡存储器访问结构、非均衡存储器访问、片上多处理器、消息传递系统、分布式共享存储器。

第8章　习题8的参考答案

8-1 控制流驱动：即指令的执行是在PC（程序计数器）的控制下，按照事先指定的序列进行的，指令的执行顺序隐含在控制流中。

数据流驱动：即指令的执行是按照数据相关和资源可用性确定的序列进行的，指令的执行基本上是无序的。只要一条指令所需的操作数全部就绪，就可以被激发并执行。

需求驱动：即指令的执行是按照数据需求确定的序列进行的。

8-2 静态数据流机的数据令牌未加标记，不支持递归的并发激活，只能支持一般的循环。动态数据流机让令牌带有标记，通过对令牌标记的配对来支持递归的并发激活。

8-3 规约机采用需求驱动，执行的操作序列取决于对数据的需求。在规约机中，对数据的需求又来源于函数式程序设计语言对表达式的规约。

规约机的结构特点是：面向函数式语言或以函数式语言为机器语言的非控制流计算机，采用需求驱动或数据驱动控制方式；有大容量存储器或虚拟存储器，有高级动态存储分配和管理的软、硬件；有多个处理器（机），可高度并行；采用适合于函数式程序运行的处理器（间）互连结构，特别是树形或多层次复合式互连结构。

根据所规约的方式不同，规约机可分为串规约机和图规约机两种构形。

参 考 文 献

[1] 李学干. 计算机系统结构[M]. 5 版. 西安:西安电子科技大学出版社,2011.
[2] 李学干. 计算机系统结构[M]. 北京:机械工业出版社,2012.
[3] 李学干.《计算机系统结构》学习指导与题解. 西安:西安电子科技大学出版社,2001.
[4] 张晨曦,王志英. 计算机系统结构[M]. 北京:高等教育出版社,2014.
[5] 徐炜民,严允中. 计算机系统结构[M]. 北京:电子工业出版社,2011.
[6] 黄铠,徐志伟. 可扩展并行计算技术、结构与编程[M]. 北京:机械工业出版社,2000.
[7] 陈智勇. 计算机系统结构[M]. 北京:电子工业出版社,2012.
[8] John L. Hennessy David. 计算机体系结构:量化研究方法[M]. 5 版. 北京:人民邮电出版社,2013.
[9] 白中英. 计算机组成与系统结构[M]. 3 版. 北京:科学出版社,2014.
[10] 胡伟武. 计算机体系结构基础[M]. 北京:机械工业出版社,2017.
[11] 国务院学位委员会办公室. 同等学力人员申请硕士学位计算机科学与技术学科综合水平全国统一考试大纲及指南[M]. 3 版. 北京:高等教育出版社,2010.

计算机系统结构
自学考试大纲

I　课程性质与课程目标

一、课程性质和特点

计算机系统结构是全国高等教育自学考试计算机及应用(独立本科段)专业考试计划中规定必考的专业课程之一,是一门从组织和结构的角度学习、领会计算机系统的课程。计算机系统是一个软、硬件综合体。随着计算机应用的发展,软件设计日趋复杂,硬、器件在功能、性能、集成度、可靠性、价格上的不断改进,需要研究如何更好地对软、硬件进行功能分配,如何更好、更合理地实现分配给硬件的功能,让系统有高的性能价格比,这是计算机系统结构课程学习和研究的主题,也是计算机系统结构设计、硬件设计、高层次应用系统开发和系统软件开发必须掌握的内容。

设置本课程的目的是使考生能进一步树立和加深对计算机系统整体的理解,熟悉有关计算机系统结构的概念、原理,了解常用的基本结构,领会结构设计的思想和方法,提高分析问题、解决问题的能力,了解近十几年里计算机系统结构的进展和今后发展的趋势。

计算机系统结构课程的特点是概念性、理论性都很强,要求知识面宽,是计算机应用、软件、硬件、器件、语言、操作系统、编译原理等课程知识的综合运用,重视对考生的逻辑思维和软硬件知识综合分析处理能力的培养,提出系统结构设计研究的思路和方法,学习起来有一定的难度和深度。

二、课程目标

课程设置的目标是要求考生掌握下几方面内容。

1. 建立有关计算机系统结构的基本概念,弄清结构、组成和实现三者的定义、内涵和相互关系,透明性概念,计算机系统软、硬件取舍原则,软件可移植实现手段,系统结构开发并行性思路。

2. 掌握数据表示、寻址方式、指令系统、存储系统、总线、中断系统、I/O 系统、存储体系等的组织、软硬件功能分配和设计思路,掌握系统性能优化改进的途径,了解 RISC 结构的特点,掌握其所采用的基本技术。

3. 掌握用重叠和流水方式提高系统运行性能的原理、时空图画法、性能指标的计算、各种相关的处理、流水线的调度方法等知识。理解指令级高度并行的超级处理机的结构原理和工作方式。

4. 了解向量处理机的两种形式。掌握向量流水处理机中向量的流水处理、向量指令间并行与链接、阵列处理机的结构原理、互连网络设计等。了解阵列处理机某些典型的并行算法。

5. 掌握多处理机的结构、特点、机间互连、程序的并行性分析、并行任务的派生与汇合。了解多处理机性能的分析、多 Cache 的一致性问题、操作系统的类型、多处理机的发展。

6. 了解数据流计算机和归约机的工作原理和结构类型。对基本概念和基本原理要着重于理解,能归纳出基本要点。对基本结构要领会其构成思想,掌握分析和解决问题的方法。对各章的重点和难点要领会实质、融会贯通、会综合运用。对书中的例题和习题能正确领会和解答。

三、与相关课程的联系和区别

本课程的学习需要有数字电路、程序设计语言、计算机组成原理、概率论与数理统计、数据结构、操作系统等课程的知识基础。

本课程的先修课程有概率论与数理统计、数字电路、高级语言程序设计、汇编语言程序设计、计算机组成原理、数据结构。部分先修或并行开设的相关课程有操作系统、计算机通信和计算机网络等。

本课程不同于计算机组成原理,后者只讲是什么,而本课程更多的是讲为什么。

四、课程的重点和难点

本课程的重点是:计算机系统在数据表示,寻址方式,指令系统,存储系统,总线系统,中断系统,I/O 系统的软、硬件功能分配和如何最佳、最合理地实现其硬件功能的研究,标量处理机、向量处理机、多处理机开发并行性采用的结构的原理、特点、实现及性能改进的办法。

本课程的难点是:指令格式的优化设计,中断处理过程的示意,通道流量的设计与分析,存储体系中的地址映像和替换算法模拟,流水处理的时空图描绘、性能指标计算,提高向量流水性能的办法,阵列处理机的互联网络架构,多处理机的并行算法、并行任务的派生与汇合。

Ⅱ 考核目标

本大纲在考核目标中,按照识记、领会、简单应用和综合应用 4 个能力层次来规定其应达到的能力层次要求。这 4 个能力层次是递升的关系,后者必须建立在前者的基础上,各能力层次的含义如下。

1. 识记

要求考生能识别和记忆系统结构设计中有关的知识点和概念(如名词、术语、定义、公式、原则、结论、方法、步骤、特征、特点等),并能根据考核的不同要求,做出正确的表述、选择和判断。

2. 领会

要求考生能够领悟和理解系统结构各部分有关软、硬件功能分配的知识点、内涵和外延,理解标量处理机、向量处理机、多处理机的工作原理、结构特点、相互区别及各自要解决的主要技术问题,并能根据考核的不同要求,做出正确的解释、说明和论述。

3. 简单应用

要求考生能够运用本课程中的少量知识点，题，如简单的计算、绘图、分析、论述或论证等。

4. 综合应用

要求考生能够运用本课程中的多个知识点，杂的应用问题，如性能指标计算、过程图描绘、时空图描绘、程、性能分析及论证、性能优化的结构设计等。

Ⅲ　课程内容与考核要求

第1章　概　　论

一、课程内容

分析和解决一般的应用问题。

1. 计算机系统的多级层次结构。
2. 计算机系统结构、计算机组成和计算机实现。
3. 计算机系统的软、硬件取舍及定量设计原理。
4. 软件、应用、器件的发展对系统结构的影响。
5. 系统结构中的并行性开发及计算机系统的分类。

二、学习目的与要求

分析和解决结构设计较复结构设计、算法设计、编本章的学习目的是让考生了解计算机系统结构的基本概念和知识，为进一步学习后续各章打好基础。

总的要求是要理解一个完整的计算机系统可被看成是由多个机器级构成的多级层次结构，知道层次的划分；掌握结构、组成、实现三者的定义和内涵，对透明性能做出正确的判断；理解软、硬件取舍的基本原则和计算机系统的定量设计原理；掌握计算机系统设计的3种思路及各自的优缺点，理解“从中间向两边”设计是好的思路；掌握实现软件移植的途径、方法、适用场合、存在问题和对策；了解应用和器件的发展对系统结构的影响；掌握并行性概念，以及计算机系统结构中并行性开发的途径和结构分类；了解计算机系统的分类。

本章重点为结构、组成设计研究的方面，计算机系统的设计思路，实现软件可移植的途径，系统结构并行性开发的途径，计算机系统的分类，并行性的级别。难点为透明性分析。

三、考核内容与考核要求

1. 计算机系统的多级层次结构，要求达到“识记”层次
(1)现代通用计算机系统可分成哪几级，它们的相对位置；
(2)各机器级的实现所用的是翻译技术还是解释技术。
2. 计算机系统的结构、组成和实现，要求达到“领会”层次
(1)计算机系统结构、组成和实现的定义和研究方面；
(2)计算机系统结构是软、硬件的主要界面；
(3)系统结构、组成和实现的关系和影响；
(4)透明性概念，对具体问题能正确给出是否应透明的选择。
3. 软、硬件取舍与计算机系统的设计思路，要求达到“领会”层次
(1)软、硬件实现的优缺点；
(2)软、硬件取舍的基本原则；
(3)计算机系统的定量设计原理；
(4)计算机系统的3种设计思路和存在的问题；
(5)计算机系统“由中间开始”设计的方法和优点。
4. 系统结构设计要解决实现软件移植，要求达到“领会”层次
(1)软件可移植性的定义、实现途径，为什么要实现软件可移植；
(2)采用统一高级语言实现软件移植的方法、适用场合、存在问题和对策；
(3)采用系列机实现软件移植的方法、适用场合、存在问题和对策；
(4)软件向前、向后、向下、向上兼容的定义，系列机对软件兼容的要求；
(5)正确判断系列，机发展新型号机器的哪些做法可取；
(6)采用模拟与仿真实现软件移植的方法、适用场合、优点、存在问题和对策；
(7)软件移植手段综述。
5. 应用与器件的发展对系统结构的影响，要求达到“领会”层次
(1)明白非用户片、现场片、用户片的定义；
(2)概述器件发展是推动系统结构和组成前进的因素；
(3)器件发展如何改变逻辑设计的方法。
6. 系统结构中的并行性开发及计算机系统的分类，要求达到“识记”层次
(1)并行性定义、二重含义及开发途径；
(2)并行性等级划分；
(3)沿3种并行性开发途径的多机系统类型和特点；
(4)耦合度概念；
(5)计算机系统弗林分类法。

第2章　数据表示、寻址方式与指令系统

一、课程内容

1. 数据表示。
2. 寻址方式。
3. 指令系统的设计和优化。
4. 指令系统的发展和改进。

二、学习目的与要求

本章从数据表示、寻址方式、指令系统设计与改进几个方面分析如何合理分配软、硬件功能，给程序设计者提供好的机器级界面。在保持高级语言与机器语言、操作系统与计算机系统结构、程序设计环境与计算机系统结构之间适当的语义差距下，如何来改进系统结构、缩小语义差距。

本章总的要求是要理解数据表示与数据结构的关系；掌握引入、发展数据表示的标准；理解自定义、堆栈、向量3种数据表示的内涵；掌握浮点数尾数基值大小和尾数下溢处理方法的分析；理解基址寻址和变址寻址的不同，静态再定位与动态再定位技术；理解信息在存储器按整数边界存储的概念；熟练掌握有哈夫曼压缩思想的扩展操作码编码；掌握指令格式优化设计的方法；掌握按增强指令功能发展和改进指令系统的目的、方法和途径；理解精简指令系统计算机的思想，掌握其所用的基本技术。

本章的重点：浮点数尾数基值的选择和下溢处理，自定义数据表示，再定位技术，信息按整数边界存储，操作码优化，指令字格式优化，指令系统改进途径，RISC思想及基本技术。难点是浮点数尾数基值选择，指令字格式的优化设计。

三、考核内容与考核要求

1. 数据表示，要求达到“综合应用”层次

(1)数据表示的定义，数据表示与数据结构的关系；

(2)引入数据表示的原则；

(3)标志符数据表示的优点，与数据描述符的差别；

(4)堆栈机器(堆栈数据表示)和向量数据表示的基本特征；

(5)浮点数尾数基值大小的利和弊，能熟练计算尾数基值不同时浮点数可表示值的范围、可表示数的个数等参数；

(6)综述和比较尾数下溢处理的4种方法、误差特性、优缺点及适用场合；

(7)查表舍入法填下溢处理表的原则，能具体填表。

2. 寻址方式，要求达到“领会”层次

(1)寻址方式的3种面向，逻辑地址和物理地址的定义；

(2)寻址方式在指令中的两种指明方式及其优缺点；

(3)程序的静态再定位和动态再定位的含义和实现；

(4)信息在内存中按整数边界存储的含义、编址要求、存在问题和适用场合。

3. 指令格式的优化设计,要求达到"综合应用"层次

(1)指令格式优化的含义;

(2)哈夫曼编码、优化的扩展操作码编码,能求出操作码平均码长;

(3)扩展操作码的短码不能是长码的前缀;

(4)综述指令格式优化设计措施;

(5)根据指令设计的全部要求,优化设计指令格式。

4. 按 CISC 方向发展、改进指令系统,要求达到"领会"层次

(1)面向目标程序优化实现改进指令系统的目标和思路;

(2)面向高级语言优化实现改进指令系统的目标和思路;

(3)高级语言机器的定义和两种形式,高级语言机器难以发展的原因;

(4)面向操作系统优化实现改进指令系统的目标和思路。

5. 按 RISC 方向发展改进指令系统,要求达到"领会"层次

(1)CISC 的问题和 RISC 的优点;

(2)设计 RISC 机器的一般原则;

(3)设计 RISC 机器的基本技术。

第 3 章　存储、中断、总线与 I/O 系统

一、课程内容

1. 存储系统的基本要求和并行主存系统

2. 中断系统

3. 总线系统

4. I/O 系统

二、学习目的与要求

本章介绍并行主存、中断、总线、通道处理机的设计。

本章总的要求:了解主存系统的主要指标,用并行主存系统提高存储器频宽的可能性、局限性和发展存储体系的必要性;理解中断为什么要分类和分级;掌握通过设置中断级屏蔽位的不同状态达到所要求的中断处理次序的做法;熟练掌握绘制中断处理过程示意图;了解中断系统的软、硬件功能分配原则;掌握总线的类型、非专用总线的控制方式、通信技术、数据宽度和总线线数等设计的各种方案,以及其优缺点和适应场合;理解输入/输出系统的基本概念;掌握通道处理机输入/输出的过程;掌握通道的流量设计;掌握绘制字节多路通道响应和处理各设备请求的时空图。

本章的重点:中断响应次序和中断处理次序的实现,总线控制方式,通道流量计算。难点是:绘制中断处理过程的示意图,通道的流量设计,绘制通道响应和处理各设备请求的时空图。

三、考核内容与考核要求

1. 存储系统,要求达到"领会"层次

(1)领会并行主存系统的组成形式,极限频宽和实际频宽的计算,要求达到"简单应用"层次;

(2)领会通过使用并行主存的组成技术,提高主存实际频宽的可能性、局限性和发展存储体系的必要性。

2. 中断系统,要求达到"综合应用"层次

(1)中断分类和分级的目的,一般分哪几类、哪几级,要求达到"领会"层次;

(2)设置中断级屏蔽位的作用及中断嵌套的原则;

(3)按中断处理要求的次序设置中断级屏蔽位状态,正确画出发生中断请求时,CPU 程序执行状态的转切过程图;

(4)中断系统软硬件功能分配状况。

3. 总线设计,要求达到"领会"层次

(1)专用和非专用总线的定义、优缺点及适用场合;

(2)非专用总线中 3 种总线控制方式的总线分配过程、优缺点、所增加的控制线线数及适用场合;

(3)同步和异步通信控制方式的通信过程、优缺点及适用场合;

(4)数据宽度的定义、分类及优缺点。数据宽度与数据通路宽度的不同。

4. 输入/输出系统的基本概念,要求达到"领会"层次

(1)高性能多用户计算机系统中,I/O 系统应当面向操作系统设计;

(2)I/O 系统的 3 种方式,I/O 处理机的两种形式。

5. 通道处理机,要求达到"领会"层次

(1)通道处理机的输入/输出过程;

(2)通道的 3 种类型,相应采用的数据宽度及适用场合。

6. 通道流量计算,要求达到"综合应用"层次

(1)通道的极限流量计算,外设对通道要求的流量计算;

(2)I/O 系统的流量计算。

(3)带多台外设的字节多路通道的流量计算、通道工作周期设计,画出通道响应和处理各台外设请求时刻的时空图

第 4 章　存 储 体 系

一、课程内容

1. 基本概念
2. 虚拟存储器
3. 高速缓冲存储器
4. 三级存储体系

二、学习目的与要求

本章介绍计算机存储系统的主要组成及其设计。

本章总的要求是:了解存储体系的基本概念;理解存储系统的性能指标;掌握三级存储结构的组成;熟练掌握虚拟存储器的管理方式及其每种方式的实现原理,高速缓冲存储器的基本组成、工作原理、页面替换算法。

本章的重点是:虚拟存储器和高速缓冲存储器的实原理。难点是:虚拟存储器的管理方式和高速缓冲存储器的地址映像和变换。

三、考核内容与考核要求

1. 基本概念,要求理解存储系统的基本概念

(1)领会存储体系的构成及其分支;

(2)领会存储体系的构成依据;

(3)领会存储体系的性能参数。

2. 虚拟存储器,要求达到综合应用层次

(1)虚拟存储器的管理方式,重点掌握达到熟练应用的程度;

(2)页式虚拟存储器的构成,重点掌握地址的映像和变换以及页面替换算法;

(3)虚拟存储器的工作过程,重点掌握达到"综合应用"的层次;

(4)页式虚拟存储器实现中的问题,达到"领会"层次。

3. 高速缓冲存储器,要求达到"综合应用"层次

(1)高速缓冲存储器的工作原理和基本结构,熟练掌握工作原理;

(2)高速缓冲存储器的地址变换和映像,重点掌握达到"综合应用"的层次;

(3)LRU 替换算法的实现,重点掌握算法的实现原理;

(4)Cache 存储器的透明性分析及其解决办法,理解 Cache 存储器的透明性领会及其解决办法。

4. 三级存储体系,要求达到"领会"层次

(1)物理地址 Cache,领会物理地址的组成;

(2)虚拟地址 Cache,领会虚拟地址的组成;

(3)全 Cache 技术,达到"了解"层次。

第 5 章　标量处理机

一、课程内容

1. 重叠方式

2. 流水方式

3. 指令级高度并行的超级处理机

二、学习目的与要求

本章介绍在组成设计上采用重叠和流水提高速度的原理、性能分析、相关处理与控制机构等内容，以及指令级高度并行的超标量、超长指令字、超流水线处理机的原理。

本章总的要求是：理解重叠和流水的工作原理。理解各种相关，掌握各种相关处理的方法。熟练掌握画流水的时空图，计算吞吐率、效率、加速比。掌握单功能非线性流水线的调度。了解流水机器的中断处理。了解指令级并行的超级处理机的结构原理。

本章的重点是：流水的性能分析及时空图，相关处理、流水线调度。难点是：针对所要求的重叠关系，计算全部指令完成的时间。根据题目要求画二功能静态流水时空图，计算吞吐率、效率和加速比。单功能非线性流水线的调度。

1. 重叠方式，要求达到简单应用层次。

(1)顺序方式习重叠方式的定义和特点，重叠方式解决访存冲突的办法；

(2)“一次重叠”、“二次重叠”的含义及好处；

(3)条件转移指令与后续指令之间的相关及其处理办法；

(4)指令相关、主存数相关、通用寄存器组的数相关和变(基)址值相关的定义及处理办法，设置相关专用通路的作用。

(5)给出指令间微操作重叠的时间关系，计算执行完若干条指令所需的时间。

2. 流水方式的原理、分类，要求达到“识记”层次

(1)流水是重叠的引申，流水的向上扩展、向下扩展，指令级、处理机级、系统级流水的定义；

(2)单功能和多功能、静态和动态、线性和非线性流水线，标量和向量流义。

3. 流水线相关处理和性能瓶颈消除，要求达到“领会”层次

(1)消除流水线速度性能瓶颈的办法，时空图画法，吞吐率、效率、加速比的计算；

(2)同步流动和异步流动，异步流动会出现的 3 种相关的定义。结合 IBM 360/91 计算机综述局部性相关的处理办法；

(3)全局性相关的处理办法；

(4)中断的处理办法。

4. 流水线性能、非线性流水线任务调度，要求达到“综合应用”层次

(1)给出计算式，在两功能静态流水线上，调整指令流入顺序，画出流水时空图，计算吞吐率、效率和加速比；

(2)单功能非线性流水线调度方案，并按此方案实际调度若干条指令流入，画出时空图，计算实际的吞吐率和效率。

5. 指令级高度并行的超级处理机，要求达到“领会”层次

(1)超标量处理机、超长指令字处理机、超流水线处理机、超标量超流水线处理机的工作原理和结构；

(2)上述 4 种处理机的时空图画法及加速比计算。

第6章　向量处理机

一、课程内容

1. 向量的流水处理与向量流水处理机
2. 阵列处理机的原理
3. SIMD 计算机的互联网络
4. 共享主存构形的阵列处理机中并行存储器的无冲突访问
5. 脉动阵列流水处理机

二、学习目的与要求

本章讲述向量的流水处理和向量流水处理机,向量流水处理机的结构,通过向量指令间并行、链接提高速度性能的办法。还讲述阵列处理机的工作原理、构形、特点、并行算法、处理单元的互联、并行存储器的无冲突访问等。最后讲述脉动阵列流水处理机。

本章总的要求是:理解什么是向量的流水处理,通过向量指令的并行和链接提高性能,阵列处理机的工作原理和结构,了解流水处理机与阵列处理机的差异;理解阵列处理机对并行算法、存储单元分配、互联网络的要求;熟练掌握基本单级互联网络的互联函数表示;理解循环互连网络的实现;熟练掌握多级网络、全排列网络的画法;理解共享主存构形的阵列处理机解决并行存储器无冲突访问的办法;理解脉动阵列流水处理机的原理和通用结构。

本章的重点是:向量流水处理机中向量指令间的并行、链接,阵列处理机互联网络、互连函数、多级互联网络。难点是:向量处理机的向量指令间的并行、链接,完成全部指令的时钟拍数计算,阵列处理机的并行算法和多级互联网络。

三、考核内容与考核要求

1. 向量的流水处理与向量流水处理机,要求达到"领会"层次
(1)向量处理的3种方式,向量的流水处理方式;
(2)向量指令间并行、链接、串行的条件,以 CRAY－I 为例,分析向量指令间的情况,计算全部向量指令执行完的最少时钟数。这部分要求达到"简单应用"层次。
2. 阵列处理机原理,要求达到"识记"层次
(1)阵列处理机的工作方式和构形;
(2)阵列处理机与流水处理机的比较。
3. 阵列处理机的并行算法,要求达到"领会"层次
(1)ILLIACⅣ的互联结构模式,最大传送步数;
(2)分布式存储器的阵列处理机并行算法对信息在存储器分布的要求,累计和算法;
(3)并行算法对处理单元互连的要求。
4. SIMD 计算机的互联网络,要求达到"识记"层次
(1)互联网络设计目标;

(2)互联函数表示;

(3)立方体、PM21、混洗交换、蝶形等单级网络的互联函数个数、表示、最大距离。

5. SIMD 计算机的循环和多级网络的思想和 3 个参数,要求达到"领会"层次

6. 多级互联网络的设计,要求达到"简单应用"层次

(1)画 8 或 16 个端的多级立方体、多级混洗交换网络;

(2)按算法要求,找出互连规律,选择适合算法的互联网络和控制方式,画出网络拓扑图,定开关状态。

7. 阻塞式网络和全排列网络,要求达到"领会"层次

(1)立方体、omega、PM21 多级网络都是阻塞式网络的原因;

(2)全排列网络定义及两种实现方式。

8. 共享主存构形的阵列处理机中并行存储器的无冲突访问,要求达到"简单应用"层次

(1)实现一维数组步距为 2‘ 的无冲突传送,对存储器模数 m 的要求;

(2)实现方阵或长方阵数组的无冲突访问的要求。

9. 脉动阵列流水处理机,要求达到"领会"层次

(1)脉动阵列流水处理机的工作原理;

(2)通用脉动阵列结构的实现方法。

第 7 章　多处理机

一、课程内容

1. 多处理机的概念、问题和硬件结构
2. 紧耦合多处理机多 Cache 的一致性问题
3. 多处理机的并行性和性能
4. 多处理机的操作系统
5. 多处理机的发展

二、学习目的与要求

本章讲述多处理机结构、构形、机间互连、紧耦合多处理机多 Cache 的一致性、并行算法、程序并行性、并行语言、操作系统、多处理机的发展。

本章总的要求是:了解多处理机的特点、主要技术问题;理解紧耦合和松耦合的构形和各种机间互连;了解紧耦合多处理机多 Cache 的一致性问题与解决办法;掌握并行算法研究思路,程序并行性分析,并行任务的派生和汇合;理解任务粒度、通信开销对性能的影响;了解操作系统类型、特点、应用场合,以及多处理机的发展。

本章的重点是:多处理机的结构特点,程序并行性,并行任务的派生与汇合,大规模并行处理机 MPP 和机群系统的特点。难点是:并行算法的研究,程序中并行任务的派生和汇合。

三、考核内容与考核要求

1. 多处理机的特点和主要技术问题,要求达到"领会"层次

(1)多处理机的定义和并行性等级;

(2)多处理机与阵列处理机的对比;

(3)多处理机的主要技术问题。

2. 多处理机的硬件结构,要求达到"领会"层次

(1)紧耦合和松耦合两种构形、特点;

(2)多处理机间互联、特点、问题和适用场合。

3. 紧耦合多处理机多 Cache 的一致性,要求达到"领会"层次

(1)多 Cache 的一致性问题;

(2)解决多 Cache 一致性的办法。

4. 程序并行性,要求达到"综合应用"层次

(1)并行算法的研究思路;

(2)给出表达式,画出串行运算树和并行运算树,计算 P、T、T、Sp 和 Ep;

(3)给出程序中的语句或指令,分析并行情况;

(4)给出计算式或高级语言源程序,加 FORK. JOIN. GOTO 语句,改成在多处理机并行的程序,画出其多处理机上运行的时空图。

5. 多处理机的性能,要求达到"领会"层次

(1)任务粒度概念;

(2)多处理机机数增加因辅助开销增加降低性能;

(3)任务粒度与系统性能的关系。

6. 多处理机的操作系统,要求达到"识记"层次

(1)主从型操作系统的定义、特点和适用场合;

(2)各自独立型操作系统的定义、特点和应用场合;

(3)浮动型操作系统的定义、特点和应用场合。

7. 多处理机的发展,要求达到"识记"层次

(1)多处理机发展的几种形式;

(2)大规模并行处理机 MPP 和机群系统的特点。

第 8 章　数据流计算机和归约机

一、课程内容

1. 数据流计算机

2. 归约机

二、学习目的与要求

本章介绍数据流计算机和归约机。

本章总的要求是了解数据流计算机和归约机的原理、构形和发展。

本章的重点是:数据流计算机和归约机的基本原理和构型。难点是:画出数据流计算机的数据流程序图。

三、考核内容与考核要求

1. 数据流计算机的工作原理、构形、特点、近年来的发展,要求达到"识记"层次。
2. 归约机的结构、特点,要求达到"识记"层次。

Ⅳ 关于大纲的说明与考核实施要求

一、自学考试大纲的目的和作用

课程自学考试大纲是专业自学考试的要求,结合自学考试的特点制订。其目的是对个人自学、社会助学和课程考试命题进行指导和规定。

课程自觉考试大纲明确了课程自学内容及其深、广度,规定出课程自学考试的范围和标准,是编写自学考试教材的依据,是社会助学的依据,是个人自学的依据,也是进行自学考试命题的依据。

二、关于考核内容及考核要求的说明

1. 课程中各章的内容均由若干知识点组成,在自学考试命题中知识点就是考核点。因此,课程自学考试大纲中所规定的考核内容是以分解为考核知识点的形式给出的。因各知识点在课程中的地位、作用以及知识自身特点的不同,自学考试将对各知识点分别按 4 个认识层次确定其考核要求。

2. 按照重要性程度的不同,考核内容分为重点内容和一般内容。为有效地指导个人自学和社会助学,本大纲已指明了课程的重点和难点,在各章的"学习目的与要求"中一般也指明了本章内容的重点和难点。在本课程试卷中,重点内容所占分值一般不少于 60%。

三、关于自学方法的指导

本课程是综合性较强的专业课,内容多,要求的知识面广。课程内容的概论性、理论性强,有一定深度,学习起来难度大。考生如果只有微处理机的知识,对中、大型机的许多结构缺乏感性知识,就不太容易深刻领会和吃透每个知识点。因此,考生在自学的过程中需要注意：

1. 在学习本课程教材前，应仔细阅读本大纲的第一部分，了解本课程的性质、特点和目标，熟悉本课程学习的基本要求，与相关课程的关系，使接下来的学习能紧紧围绕本课程的基本要求进行。

2. 在学习教材的每一章前，应阅读本大纲中关于该章的考核内容和考核知识点，搞清对各知识点的能力层次要求。学习时，紧紧围绕各章节的重点和难点，理解精神实质，弄清相关关系，着眼于基本概念、基本原理的理解和基本分析方法的掌握，能综合运用。对某些一时搞不清的问题可暂时搁置，等学习完后，再反复重读、领会和加深。

3. 在学完一个章、节时，应认真完成教材中所列的习题。这样可以帮助考生理解、消化和巩固所学知识，加深、拓宽知识面，培养分析问题、解决问题的能力。只看书不做题是达不到上述目的的。

4. 学习每一章节时，应充分利用编者过去在多个出版社编写出版的本课程自学指导丛书，辅助学习。对所学的基本原理、方法等理论性、概念性强的内容，注意加以归纳、小结，提取出要点和思路。

四、考试指导

在考试过程中应做到卷面整洁，书写工整，段落与行间距合理，有助于阅卷老师评分，因为阅卷者只能为他能看懂的内容打分，书写不清楚会导致不必要的丢分。如果答错了，需要修改，必须将答错处划去，再另行改写，不能叠写在上面，否则，这部分不给分。不要答非所问，超出题意，简答题应围绕要点简明扼要。对于单项选择题可用排除法淘汰错误的选项，留下正确的选项。

考试前可以请教已通过该课程考试的考生，借鉴考试经验。考试前应注意合理膳食和休息，保持心态平和、冷静和旺盛的精力。可根据考试大纲对课程内容理顺线索。阅读考卷时，有了思路就快速记下，一时答不上的可先搁置，不要卡壳。为每个考题合理分配时间，力争最后留出适当的时间进行校核，避免粗心或题意未搞清而出错。

五、对社会助学的要求

1. 要熟悉考试大纲对课程所提出的总要求和各章节知识点要求，掌握好各知识点要达到的层次，深刻领会对知识点的考核要求。

2. 辅助时必须使用指定教材，以考试大纲为依据，不要随意增删内容或更改要求，以免与考试大纲脱节。

3. 辅导时应着眼于基本概念、基本原理的理解，以及基本的分析和解决问题的方法和思路。对课程中各章节内有代表性的概念、内容，可帮助考生进行小结、归纳。对于典型的应用计算题型，可帮助考生进行分析，领会其解题的方法、步骤。

4. 本课程共 4 个学分，建议授课辅导时间不应少于 100 课时。

六、关于考试命题的若干规定

1. 考试采用闭卷笔试形式，时间为 150 分钟。试题分量以中等水平考生在规定时间内答完全部试题为度。评分采用百分制,60 分及格。考试时无须考生使用除笔、橡皮、直尺之外的任何器具。

2. 本大纲各章所规定的课程内容与考核要求中所列各知识及知识点内的项目均属于考核的内容。试题覆盖到章,并适当突出重点,加大重点内容的覆盖密度。

3. 试卷中对不同能力层次要求的比例大致为:“识记”点 20% ,“领会”占 30% ,“简单应用”占 30% ,“综合应用”占 20% 。

4. 试题的难易程度与能力层次高低有着一定的关联,但不一定吻合,因为这二者不是一个概念。不同能力层次都会有不同的难度。试题的难度可分为易、较易、较难和难 4 个档次。在每份试卷中,它们所占的比例依次为 2∶3∶3∶2。

5. 不应命制超出大纲中考试知识点范围的题目,考核目标不得高出大纲中所规定的相应的最高能力层次要求。命题应着重考核考生对基本概念、基本原理、基本知识的理解和掌握,基本的分析方法是否会用或熟练运用。不应命制与基本要求不符的偏题或怪题。

6. 试题的题型一般为:单项选择题、填空题、简单应用题、综合应用题等。题型举例参见附录。

附录 题型举例

一、单项选择题(在每小题的四个备选项中只选出一个符合题目要求的项的代码,写在题干的括号里,错选、多选、未选的均无分)

1. 在计算机系统多级层次结构中,机器级由低到高,相对正确的顺序应当是( )。
(1)传统机器语言——汇编语言——操作系统
(2)微程序——传统机器语言——高级语言
(3)高级语言——汇编语言——传统机器语言
(4)传统机器语言——应用语言——高级语言
2. 与全相连映像比,组相连映像的优点是( )。
A. 目录表小　　　B. 主存利用率高
C. 块冲突概率低　　D. 命中率高

二、填空题(在每小题的空格中填上正确的答案,错填、未填均无分)

1. 浮点数尾数基值 RM 在巨、大、中型机上宜取______,在微型机上宜取______。
2. 影响流水极限吞吐率的提高主要是______段的经过时间,影响流水实际吞吐率的提高主要是连续流入的______多少。

三、简答题

1. 总线控制方式有哪 3 种?各需要增加几根用于总线控制的控制线?总线控制优先级可否程序改变?
2. 什么是全排列网络?实现全排列网络有哪两种方法?

四、简单应用题

1. 若系统要求主存实际频宽至少为 8 MB/s,采用模 m 多体交叉存取,但实际频宽只能达到最大频宽的 0.55 倍。
(1)现设主存每个分体的存取周期为 2lxs,宽度为 8B,则主存模数 m(取 2 的整数幂)应取多少才能满足要求?
(2)若主存每个分体的存储周期为 2pLs,宽度为 2B 呢?
2. 实现 16 个处理单元的单级立方体,写出所有互连函数的一般式,3 号处理单元可直接将数据传送到哪些处理单元上?

五、综合应用题

1. 设中断级屏蔽位“1”对应于开放，“0”对应于屏蔽，各级中断处理程序的中断级屏蔽位设置如表：

中断处理程序级别	中断级屏蔽位			
	1 级	2 级	3 级	4 级
第 1 级	0	0	0	0
第 2 级	1	0	1	1
第 3 级	1	0	0	0
第 4 级	1	0	1	0

(1) 当中断响应优先次序为 1。2 - +3 ~4 时，其中断处理次序是什么？

(2) 如果所有的中断处理都各需 3 个单位时间，中断响应和中断返回时间相对中断处理时间少得多。当机器正在运行用户程序时，同时发生第 2、3 级中断请求，经过 2 个单位时间，又同时发生第 1、4 级中断请求，试画出程序运行过程示意图。

2. Cache 存储器，主存有 0 ~7 共 8 块，Cache 有 4 块，采用组相连映像，分 2 组。假设 Cache 已先后访问并预取进了主存的第 5、1、3、7 块，现访存块地址流又为 1、2、4、1、3、7、0、1、2. 5、4. 6 时，试

(1) 画出用 LRU 替换算法，Cache 内各块的实际替换过程，并标出命中时刻。

(2) 求出在此期间的 Cache 命中率。